前　言

伴随着我国国民经济向纵深发展，对油气能源的需求日渐旺盛，导致石油天然气的对外依存度逐年提高，充分利用国际、国内两个市场，研究海外、海上石油与天然气地质油藏特征是当前严峻的石油天然气形势下的最好选择。

中东是世界油气资源最富集的地区，素有"石油宝库"之称。中东的油气资源集中分布在阿拉伯板块的阿拉伯盆地、扎格罗斯盆地和阿曼盆地中，其中广泛发育于古生界二叠系，中生界侏罗系、白垩系，新生界古近系和新近系的碳酸盐岩油气储层在这三大盆地中占据着极其重要的地位，分析研究三大盆地中广布的碳酸盐岩油气藏地质不仅有利于深入了解中东地区的油气资源特征，对于意图介入中东油气勘探及开发的科研工作者和石油公司也是有益的帮助。

全书共分为四篇，按总–分的格局排布；第一篇为整本书的总论；第二篇、第三篇和第四篇分别为阿拉伯盆地、扎格罗斯盆地和阿曼盆地各论。三篇各论的内容也按总–分格式安排，第4章、第8章和第11章分别论述各个盆地的总体特征，第5～7章、第9～10章，以及第12～13章则分别阐述阿拉伯盆地、扎格罗斯盆地和阿曼盆地不同时代典型碳酸盐岩油气藏的具体特征。通过总–分格式安排全书内容，意图在分析中东碳酸盐岩油气藏地质特殊性的同时，揭示其共通性。

第一篇中东地区碳酸盐岩油气藏基本地质特征，包括第1～3章。首先，论述中东地区的地理及大地构造位置、构造及沉积演化背景、构造单元分区与油气资源潜力；然后，在威尔逊碳酸盐岩沉积模式的基础上，系统总结中东地区碳酸盐的沉积环境和相、岩石类型及特征，以及油气储层中的空隙类型及其发育特征。

第二篇阿拉伯盆地典型碳酸盐岩油气藏地质特征，包括第4～7章。介绍阿拉伯盆地的构造位置，论述该盆地的构造演化特征、地层沉积特征、石油地质特征和油气资源分布特征。按阿拉伯盆地碳酸盐岩油气藏地层沉积次序和发育程度，分别提取了古生界1个典型气藏，中生界3个典型油藏、1个典型油气藏，新生界1个典型油藏、1个典型油气藏进行详细解剖，揭示阿拉伯盆地内各个时代典型碳酸盐岩油气藏的构造、圈闭、地层、沉积、储层和生产动态特征。

第三篇扎格罗斯盆地典型碳酸盐岩油气藏地质特征，包括第8～10章。介绍扎格罗斯盆地的构造位置，论述该盆地的构造演化特征、地层沉积特征、石油地质特征和油气资源分布特征。按扎格罗斯盆地碳酸盐岩油气藏地层沉积次序和发育程度，分别提取中生界2个典型油气藏、1个典型油藏，新生界4个典型油气藏进行详细解剖，揭示扎格罗斯盆地内各个时代典型碳酸盐岩油气藏的构造、圈闭、地层、沉积、储层和生产动态特征。

第四篇阿曼盆地典型碳酸盐岩油气藏地质特征，包括第11～13章。介绍阿曼盆地的构造位置，论述阿曼盆地的构造演化特征、地层沉积特征、石油地质特征和油气资源分布特征。按阿曼盆地碳酸盐岩油气藏地层沉积次序，分别提取了古生界 2 个典型油藏、1 个典型油气藏，新生界 1 个典型油藏进行详细解剖，揭示阿曼盆地内各个时代典型碳酸盐岩油藏的构造、圈闭、地层、沉积、储层和生产动态特征。

全书通过对选取的 18 个特征各异的碳酸盐岩油、气藏特征的详尽论述，力图为读者呈现中东碳酸盐岩油气资源的独特韵味，在此基础上，经过系统分析和归纳总结，形成对中东碳酸盐岩油气藏地质特征和规律的深入认识。

上述研究是在国家重点基础研究发展计划课题（973 计划 2014CB239201）、"十二五"国家科技重大专项子课题（2011ZX05030-005-03）和油气藏地质及开发工程国家重点实验室联合资助下完成的。在研究与成书过程中，参考了大量来源于 C&C、IHS Prob 等专业数据库，SPE、AAPG、CNKI、超星等文献数据库的资料，引用了白国平编著的《中东油气区油气地质特征》一书的部分内容，同时受到中海油研究总院邓运华副院长，中海油研究总院开发院胡光义院长、杨莉副院长、高云峰首席工程师等的关心、指导和支持，在此表示深深的谢意。

西南石油大学陈景山教授审阅了本书的初稿，提出了非常宝贵的修改意见；中国科学院刘宝珺院士在审查书稿后，欣然为本书作序。在此，作者对两位老专家严谨的治学态度和深厚的学术功底致以最崇高的敬意，对为本书给予的指导和帮助致以最诚挚的谢意。

由于编著者水平有限，不妥之处，敬请批评指正。

目 录

第 一 篇　中东地区碳酸盐岩油气藏基本地质特征

中东碳酸盐岩油气藏地质

欧成华　王　星　康　安　周守信　雍海燕　编著

科学出版社

北　京

内 容 简 介

本书共分 4 篇 13 章,系统阐述中东地区阿拉伯盆地、扎格罗斯盆地、阿曼盆地典型碳酸盐岩油气藏地质特征。内容涵盖中东地区主要含油气盆地的构造演化特征、地层沉积特征、石油地质特征和油气资源分布,以及各个盆地内典型碳酸盐岩油气藏构造、圈闭、地层、沉积、储层、生产动态等。

本书是对中东油气区碳酸盐岩油气藏地质研究成果的系统总结,适合油气勘探、能源化工等领域的科研人员、工程技术人员阅读,也可作为相关专业高等院校师生的教学参考书,尤其可供在该地区从事油气勘探开发以及对该区域感兴趣的科技工作者参考。

图书在版编目 (CIP) 数据

中东碳酸盐岩油气藏地质/欧成华等编著.—北京:科学出版社,2016.5

ISBN 978-7-03-048211-2

Ⅰ.①中… Ⅱ.①欧… Ⅲ.①碳酸盐岩油气藏–石油天然气地质–研究–中东 Ⅳ.①P618.130.2

中国版本图书馆 CIP 数据核字 (2016) 第 090919 号

责任编辑:韩卫军 / 责任校对:王 翔
责任印制:余少力 / 封面设计:墨创文化

科 学 出 版 社 出版

北京东黄城根北街 16 号
邮政编码:100717
http://www.sciencep.com

成都锦瑞印刷有限责任公司印刷
科学出版社发行 各地新华书店经销

*

2016 年 8 月第 一 版 开本:787×1092 1/16
2016 年 8 月第一次印刷 印张:25 1/2
字数:650 千字

定价:278.00 元

本书由

国家重点基础研究发展计划课题（973 计划 2014CB239201）

"十二五"国家科技重大专项子课题（2011ZX05030-005-03）

油气藏地质及开发工程国家重点实验室

联合资助出版

本书编委会

主　　编：欧成华

副主编：王　星　康　安　周守信　雍海燕

编　　委：王　楠　张宇焜　党　花　曹　亮　刘红岐

　　　　　陈　伟　董兆雄　杨凌海　智松林　马军鹏

序

中东地区处于欧亚大陆板块、印度板块和非洲板块的交界处，独特的地理位置、稳定的构造演化历史、多变的古气候环境、巨厚的海相沉积地层，造就了该区域得天独厚的油气成藏条件，蕴藏了世界其他地区望尘莫及的油气资源。据《BP 世界能源统计》2013 年数据，中东地区的石油探明储量占全世界的 48.4%、天然气探明储量占全世界的 43%，成为世界石油天然气工业当之无愧的领头羊。

中东地区 90%以上的油气聚集在阿拉伯盆地和扎格罗斯盆地中，其余聚集在阿曼等外围盆地。阿拉伯盆地 58.6%的油气储集在白垩系碳酸盐岩储层，40%的油气储集在侏罗系碳酸盐岩及碎屑岩储层；扎格罗斯盆地 10%的油气储集在白垩系碳酸盐岩储层，90%的油气储集于古近系和新近系碳酸盐岩与碎屑岩的混积储层；阿曼盆地也有 40%左右的油气分布在寒武系、二叠系和白垩系碳酸盐岩储层中。中东地区碳酸盐油气藏地质对于中东地区油气勘探开发的重要性由此不言而喻，对于意图充分利用国际与国内两种资源解决日益加剧的石油供需矛盾的我国石油工业而言，也是不无裨益的。

由欧成华主编，王星、康安、周守信、雍海燕等执笔的《中东碳酸盐岩油气藏地质》一书包括四篇 13 章内容。在阿拉伯盆地、扎格罗斯盆地和阿曼盆地构造演化特征、地层沉积特征、石油地质特征和油气资源分布论述的基础上，通过对 18 个各具特色的碳酸盐岩油气藏构造、圈闭、地层、沉积、储层和生产动态等的详细解剖，充分展示了中东碳酸盐岩油气藏地质的基本特征与规律。全书结构严谨、思路清晰、内容丰富、图文并茂，为关注中东油气勘探与开发的石油公司和研究人员呈现了一道知识盛宴，对于丰富我国海外海相石油地质理论也是有益的补充。

中东地区是我国三大石油公司海外投资的重点区域之一。目前，我国石油公司在中东作为作业者正在建设一批油气项目，本书的出版对于这些在建的油气项目也是及时的精神食粮。

中国科学院院士　刘宝珺

2015年5月11日

第 二 篇　阿拉伯盆地典型碳酸盐岩油气藏地质特征

第 四 篇　阿曼盆地典型碳酸盐岩油气藏地质特征

第 一 篇

中东地区碳酸盐岩油气藏基本地质特征

第1章 大地构造特征与油气资源潜力

1.1 地理及大地构造位置

中东地区地处亚洲、欧洲和非洲的交界处，因其重要的地理位置和丰富的石油资源而在世界政治和经济上具有极其重要的战略地位。中东地区包括沙特阿拉伯（沙特）、伊朗、伊拉克、科威特、阿拉伯联合酋长国（阿联酋）、埃及、阿曼、也门、卡塔尔、巴林、土耳其、叙利亚、黎巴嫩、约旦、以色列、塞浦路斯和巴勒斯坦17个国家；总面积740×10⁴km²，人口近3亿（图1-1）。

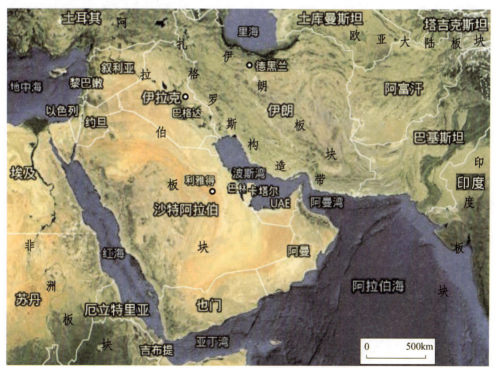

图 1-1　中东地区地理及大地构造位置图（据 Google 地图完善，2014）

中东地区位于北纬 13°～38°，东经 35°～60°，除黎巴嫩和土耳其个别地区外，大部分地区均位于干燥的亚热带地区。该地区拥有沙特北部的内夫得沙漠和沙特南部的鲁卜–哈利沙漠，以及更北边的叙利亚荒漠。人类主要居住在底格里斯–幼发拉底河流域和波斯湾沿岸。

中东是世界上油气资源最为丰富的地区。截至2012年底，中东地区石油探明储量占全世界的48.4%，其中居前9位的国家分别是沙特、伊朗、伊拉克、科威特、阿联酋、卡塔尔、阿曼、也门和叙利亚。天然气探明储量占全世界的42.9%，居前10位的国家分别是伊朗、卡塔尔、沙特、阿联酋、伊拉克、科威特、阿曼、也门、叙利亚和巴林。

正是由于处于欧亚大陆板块、印度板块和非洲板块交界处（图1-1）的特殊大地构造位置，才形成了阿拉伯板块与伊朗板块特有的大地构造演化历史，由此产生了扎格罗斯构造带与阿拉伯大陆架（图1-1和图1-2）的构造格局，形成了受扎格罗斯构造带控制和影响的扎格罗斯盆地与阿曼盆地，以及受阿拉伯大陆架控制和影响的阿拉伯盆地。中东富油气区集中分布在阿拉伯盆地、扎格罗斯盆地和阿曼盆地中，其西北以死海裂谷-托罗斯构造带为界，东北边为扎格罗斯构造带，东边为阿曼湾-候格夫隆起，东南为阿拉伯海-亚丁湾裂谷，西邻红海裂谷和阿拉伯地盾（图1-2）。

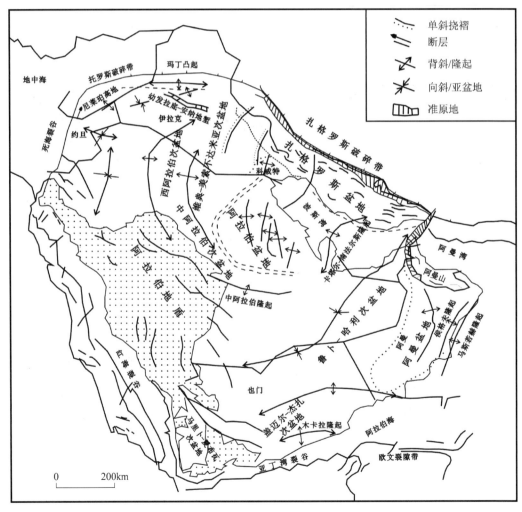

图1-2　阿拉伯板块大地构造纲要图（据 Alsharhan 和 Narin，1997 修改）

1.2　构造及沉积演化背景

中东地区的主体所在地阿拉伯大陆架整体上呈宽席状由西北向东南延伸（图 1-2）。西边的阿拉伯地盾地势相对较高，向东地势减缓，逐渐过渡至地势较低的波斯湾和底格里斯—幼发拉底河谷，再向东是构成中东油气区东部边界的扎格罗斯构造带。波斯湾的水体较浅，平均水深 60m，水体最深的南端也只有 240m；在波斯湾的南端，海岸走向发生突变，海湾变窄，形成了霍尔木兹海峡；霍尔木兹海峡之外为阿曼湾，向外向南是亚丁湾，该区域向东则为阿拉伯海。波斯湾位于陆壳之上，而霍尔木兹海峡之外的阿曼湾—亚丁湾—阿拉伯海则位于洋壳之上。阿拉伯大陆架的现今构造格局是历经漫长的地质历史演化过程才逐渐形成的（白国平，2007）。

元古宙晚期，固结状态的冈瓦纳大陆开始活化。首先是 1200Ma 前发生的裂陷；其后是 975～715Ma 前发生的俯冲和岛弧增生，形成了苏丹、埃塞俄比亚和沙特境内的蛇绿岩带；最后为 640Ma 左右的陆陆斜交碰撞，形成了非洲莫桑比克构造带内的推覆褶皱带和逆冲断层，该构造带一直延续至阿拉伯半岛和伊朗。阿拉伯地盾克拉通化以后，区内形成了南北走向的长轴片麻岩穹窿和类似走向的其他构造，被元古代末期—古生代初期形成的北西—南东走向的走滑断裂（610～520Ma）水平错开。Najid 走滑断裂带宽 300km 左右，延伸长度超过 1200km[图 1-3（a）]；其最后一期断裂活动为左旋，断裂系统由若干条呈雁形的“S”形断裂组成，这些断裂朝西北方向轻微聚敛。阿拉伯地盾克拉通化和 Najid 左旋构造活动于 520Ma 前结束，随后发生了差异陆缘沉降，形成了广阔的古生代盆地。

元古代末期—晚古生代，阿拉伯板块、伊朗板块、阿富汗板块、西藏板块和印度–巴基斯坦板块等共同构成了冈瓦纳大陆的北部被动大陆边缘，其北面为古特提斯洋[图 1-3（a）、（b）]，该被动大陆边缘的大部分地区被与低洼地接触的浅陆表海间歇性淹没。古生代期间，冈瓦纳大陆漂移造成其北部被动大陆边缘发生海进、海退变化，大陆边缘陆架区在南半球的热带—温带的纬度范围内发生变化（图 1-4）。发生在晚古生代、晚奥陶世和晚石炭世—早二叠世冈瓦纳大陆向高纬度的漂移造成的冰川作用影响了阿拉伯板块的部分地区。早泥盆世，随着古特提斯洋板块的向南俯冲而转换为活动大陆边缘。此外该大陆边缘的方位也发生了旋转，震旦纪末期，陆架面向西北，寒武纪时面向西，然后又转向西北，到了泥盆纪则面向北；石炭纪时，陆架边缘面向了东北，二叠纪时则面向了近乎正东方向[图 1-3（a）、（b）]。在古生代的大部分时间里，阿拉伯板块经历了周期性的造陆运动，以陆缘碎屑岩为主的沉积物沉积于大型古生代盆地内，盆地周缘的隆起或盆地间的高地为这些沉积物的主要物源区。暖水碳酸盐岩沉积局限于中寒武世、泥盆纪和晚二叠世；冰川作用发生于晚奥陶世和晚石炭世—早二叠世（图 1-5 和图 1-6）。

晚二叠世，新特提斯洋逐渐开启并持续向东北扩张，原先的被动大陆边缘发生裂谷断陷下沉[图 1-3（c）]。到了三叠纪，扩张和裂陷进一步发育为板块接替及沉陷；处于冈瓦纳北部大陆边缘的伊朗板块、阿富汗板块、西藏板块等逐渐从阿拉伯板块边缘分离出去，构成 Cimmeria 大陆的一部分[图 1-3（c）]。Sengor（1990）认为新特提斯洋的起始张裂为一个弧后盆地，此时的阿拉伯板块成了新特提斯洋的被动大陆边缘。一个异常宽广的浅海陆架发育于中生代阿拉伯板块东北被动大陆边缘之上。这个浅海的巨大面积导致了均质性非常良好的沉积物的沉积，潜在的生储盖层的岩性在侧向上的很大范围内呈连续分布。东南（阿曼–索马里）边界和北–西北（黎凡特）边界与东北边界或是同期形成或形成的稍晚。随着东、西冈瓦纳大陆的裂解，阿富汗地块和伊朗地块的一部分也沿着转换断层从阿拉伯板块和印度洋板块之间的地区分离出来，从而形成了阿拉伯板块的东南边界。北–西北边缘的形成起因于新特提斯洋扩张中心的北西向迁移和土耳其地块向北的漂移[图 1-3 （c）、（d）]。

三叠纪时，气候干燥–半干燥，沉积物以红色、浅水碳酸盐岩和蒸发岩与页岩的交互层为主；在外陆架／陆棚区沉积有深水碳酸盐岩，而在陆架的靠陆地一侧沉积有陆缘碎屑岩。在侏罗纪和白垩纪的大部分时间里，沉积环境为稳定的大陆架，沉积以浅水碳酸盐岩为主。中生界以碳酸盐岩占统治地位的沉积特征表明，阿拉伯板块在中生代时位于热带和赤道气候带内。到了三叠纪末，地中海盆地开启并向西北扩张，土耳其的克斯黑尔（Kirsehie）小地块向北发生了漂移，新特提斯洋沿着北部边界向西扩展[图 1-3 （d）]。侏罗纪末期，东北边缘两端的构造运动产生了差异地块隆升，隆起一般呈南北走向，隆升的地区有时经历了严重的剥蚀；但是，东北陆缘的其他地段持续下降，继续接受沉积。三叠纪时期，沉积主要发生在弧形盆地内，该弧形盆地断开中伊朗和阿拉伯板块，最终在阿拉伯板块和向北漂移与欧亚大陆南部边缘相撞的伊朗岩块之间形成了新特提斯洋（图 1-3）（Stoneley，1990a，1990b）。

新生代期间，非洲–阿拉伯板块继续向北东方向俯冲，新特提斯洋逐渐闭合[图 1-3 （e）、（f）]。中新世时，非洲–阿拉伯板块与欧亚板块发生碰撞，新特提斯洋消亡，此时阿拉伯板块的东北被动大陆边缘变为了一个碰撞边缘[图 1-3 （g）]。阿拉伯板块与欧亚板块的不均匀聚敛形成了挤压前缘褶皱，同时在抬升的造山带内，构造变形更为复杂。这种挤压缩短只是阿拉伯板块与欧亚板块的伊朗／土耳其部分之间的构造活动的一部分。除此之外，随着阿拉伯板块的北移，应力增大，结果沿扎格罗斯破碎带产生了右旋走滑构造运动；土耳其板块东北缘的走滑断层发生了右旋运动，东南缘的走滑断层发生了左旋运动[图 1-3 （g）]。新近纪，红海和亚丁湾裂谷开始形成，它们分别构成了阿拉伯板块的西南和东南边缘。至此，阿拉伯板块的现今大地构造格局基本形成。

阿拉伯板块主要处于温和的气候环境，暖水碳酸盐岩沉积局限于中寒武世、泥盆纪和晚二叠世。两次证实的冰川作用发生于晚奥陶世和晚石炭世—早二叠世，此外阿曼的沉积数据表明晚元古代也曾发生过一次冰川作用（图 1-4）。

总体上看，阿拉伯大陆架在全球构造中处于一个比较特殊的位置，它经历了多次板块间相互作用，在反复的板块离散—聚敛、扩张—碰撞过程中形成了今天的构造格局，大陆架内地层的沉积（图 1-7～图 1-10）就是在这种构造背景下进行的。

三叠纪沉积厚度巨大（7000ft）的碳酸盐岩储层和密封性良好的蒸发岩，比如 Kurrachine 组（图 1-5）。在晚三叠世，Euphrates 和 Anah 地堑开始在 Rutbah 和 Khleissia 隆起之间形成。局限碳酸盐岩陆棚环境一直持续到早侏罗世，中侏罗世沉积环境逐渐变为深海环境，目前以 Sargelu 组页岩为典型代表。由于沿北非特提斯洋的走滑运动与大西洋向西扩张相关，造成这一时间段阿拉伯板块的构造运动加强，构造不稳定性加剧。侏罗纪沉积物被白垩纪不整合面剥蚀，同时白垩纪厚沉积物被地堑限制，例如辛加尔地堑、幼发拉底地堑和巴尔米拉地堑[图 1-3 （e）和图 1-6]。

　　白垩系 Sarvak、Ilam 组和渐新统—中新统 Asmari 组沉积于阿拉伯地台东部（图 1-7～图 1-9）。中二叠世至晚白垩世时期，被动陆缘阶段，阿拉伯板块向非洲突入新特提斯洋，在此期间，沉积二叠系 Dalan 组碳酸盐岩和 Nar 组蒸发岩。因地处热带低纬度地区和长期的海浪作用，沿阿拉伯板块北东向的侏罗纪—早白垩世大陆架宽达 1000 多公里（Sharland et al.，2001）。宽阔的大陆架降低了海水的循环速度，并周期性沉淀有蒸发盐，如下侏罗系 Gotnia 组岩层。底部缺氧环境使主要油源岩间断性沉积，如侏罗系 Sargelu 组和阿尔必阶 Kazhdumi 组。阿尔必阶—坎佩尼阶，海水作用产生丰富的碳酸盐岩和海相页岩（如阿尔必阶 Kazhdumi 物源），碳酸盐大陆架沿北西向加深（如森诺曼阶—土伦阶 Sarvak）[图 1-10（a）]。

　　渐新世—中新世时期红海开始扩张，地壳收缩，导致阿拉伯板块抬升剥蚀，硅质碎屑物来自内陆西部，晚中新统砂岩物源来自东部 Ahwaz 油田[图 1-10（b）]。该区域未受硅质碎屑物注入的影响，渐新统顶—中新统底 Asmari 组浅海碳酸盐岩是 Khuzestan 省的主要储集层。Asmari 组为含裂缝空隙的灰泥质碳酸盐岩。Asmari 组沉积后，阿拉伯板块东侧开始与亚洲板块碰撞，Sanandaj-Sirjan 岩层向板块东部边界逆冲[图 1-3（g）]，致使 5000 多米厚的陆相沉积物成为 Dezful 海湾三角洲碎屑岩，浅海页岩迅速堆积于扎格罗斯前渊拗陷西部。由于盆地加速填充，中新统 Gachsaran 组和下 Fars 组的浅海碳酸盐在海湾处聚集。新近纪期间，沉积相带沿西南向迁移过程中伴随有序变化，主要前陆沉积中心也逐渐向西南向迁移。厚度达到 2.5～3.0km 的 Bakhtiari 组陆源碎屑、粗大硅质碎屑在简单褶皱带西部前渊拗陷聚集。前渊拗陷的 Dezful 区域由于构造和沉积载荷，沉陷尤为明显（Ziegler，2001）。

　　中东油气区幅员辽阔，覆盖国家较多，地层时空、横向上变化非常大。从元古代到新生代，地层出露较完整，由于沉积相和岩性随地区变化，不同国家地层划分标准和命名也有很大差别，加之有些油气藏穿越了地层的界面，因此中东油气区的地层划分和对比比较困难。本书在前人的研究基础上，将在第二篇、第三篇、第四篇分别对中东三个主要盆地的主要油气藏的地层系统进行详细的描述和划分。图 1-11 是对伊朗、伊拉克、科威特、卡塔尔、沙特、阿曼等国的地层划分对比图，具有代表性。

1.3　构造单元分区与油气资源潜力

　　阿拉伯板块通常被细分为三个大地构造单元：阿拉伯地盾、稳定大陆架和扎格罗斯—阿曼山褶皱区（白国平，2007）（图 1-2）。

　　阿拉伯地盾的主体是震旦纪地块，包括阿拉伯半岛西部和中部的部分地区。阿拉伯地盾西边以红海断裂带为界，与红海的第四纪沉降带和北非的 Nubian 地盾分开。在整个显生宙，阿拉伯地盾都表现为一个坚硬的地块，其基底主要由震旦纪岩浆岩和变质岩构成，有些地方覆盖有古近纪—新近纪火山岩，基底的放射性年龄测定为 740~870Ma。由于阿拉伯地盾经历了长期复杂的震旦纪地质构造改造过程，所以早期地质事件及物质保存很少。

　　稳定大陆架位于阿拉伯地盾北侧和东北侧。该区在大部分时期内都表现为稳定的地区，并逐渐向东北部的主要沉降区倾斜，可细分为陆架内单斜和陆架内台地。前者与阿拉伯地盾东缘相邻，为一平坦的单斜区，平均宽度 400km，其下伏基底为平缓的单斜挠

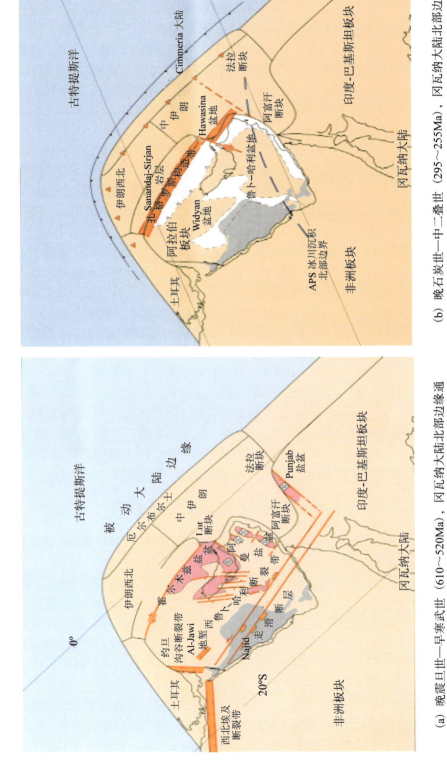

(a) 晚震旦世—早寒武世（610～520Ma），冈瓦纳大陆北部边缘通过扩张和挤压运动，形成北西—南东向的 Najid 走滑断裂带

(b) 晚石炭世—中二叠世（295～255Ma），冈瓦纳大陆北部边缘经海西运动后陆地后陆地伸展为"Cimmeria"大陆

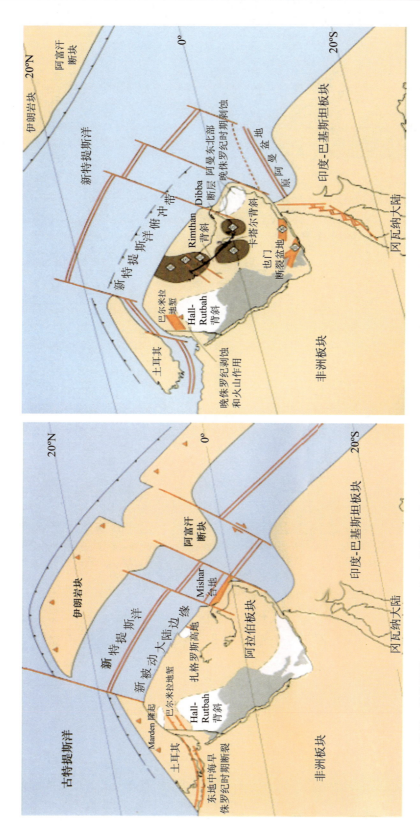

（d）早侏罗世—晚侏罗世（182～149Ma），地中海盆地开启并向西北扩张，被动大陆边缘裂续后下沉

（c）中二叠世—早侏罗世（255～182Ma）新特提斯洋开启并向东北扩张被动大陆边缘发生裂后下沉

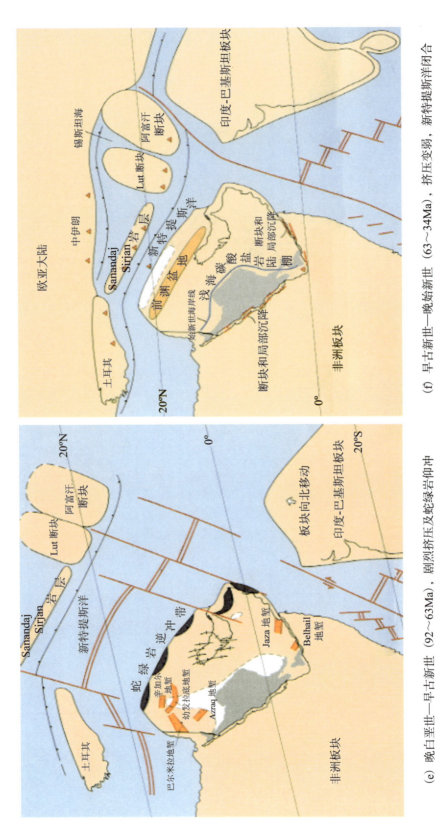

(f) 早古新世—晚始新世（63～34Ma），挤压变弱，新特提斯洋闭合

(e) 晚白垩世—早古新世（92～63Ma），剧烈挤压及蛇绿岩仰冲

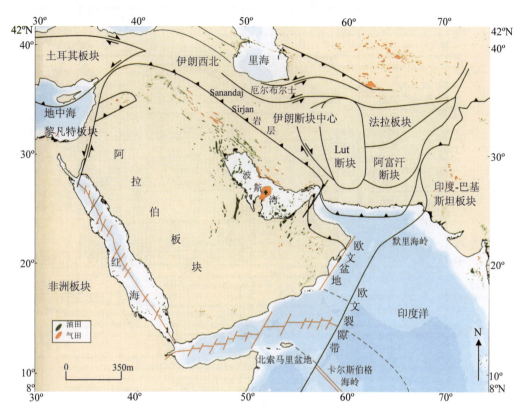

(g) 始新世至今（34～0Ma），随着亚丁湾裂谷和红海裂谷的进一步裂开，阿拉伯—伊朗板块与欧亚大陆板块陆陆碰撞的升级，扎格罗斯构造带隆起成山，形成今天的构造格局

图 1-3　中东地区大地构造演化图[从晚震旦世末期至今（Sharland et al.，2001）]

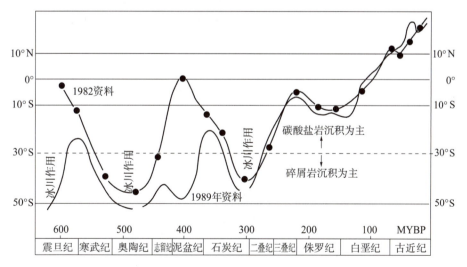

图 1-4　震旦纪—古近纪，阿曼和南阿拉伯半岛所处古纬度的变化曲线图
（据 Beydoun，1991；有修改）

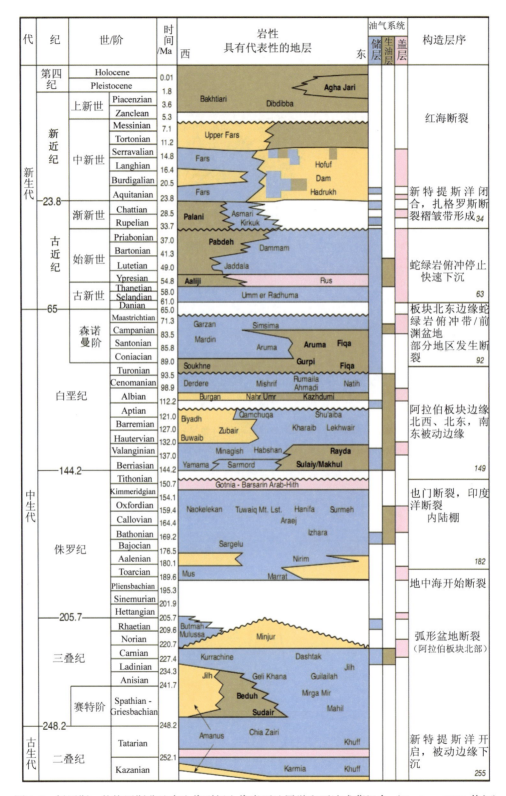

图 1-5　托罗斯—扎格罗斯盆地古生代到新生代岩石地层学和石油成藏组合（Ziegler，2001 修订）

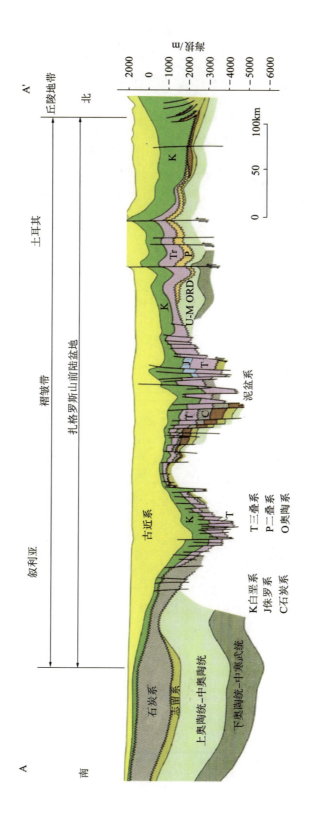

图 1-6　托罗斯前缘盆地南北向的构造截面

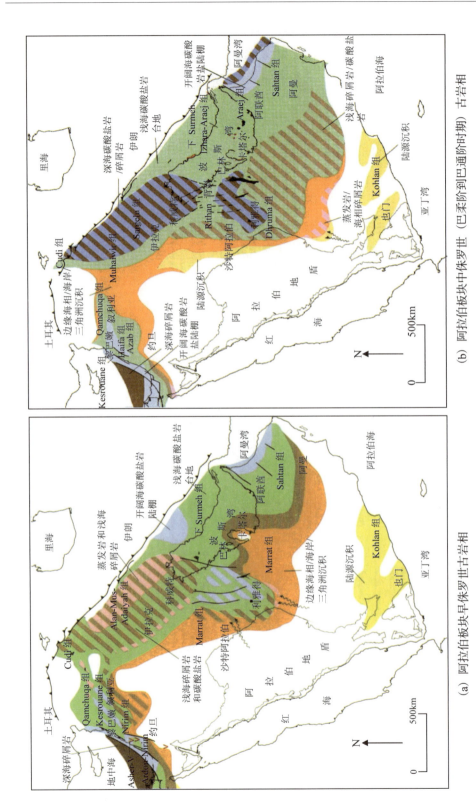

（b）阿拉伯板块中侏罗世（巴柔阶到巴通阶时期）古岩相

（a）阿拉伯板块早侏罗世古岩相

图 1-7　阿拉伯板块早侏罗世—中侏罗世古岩相（Ziegler，2001）

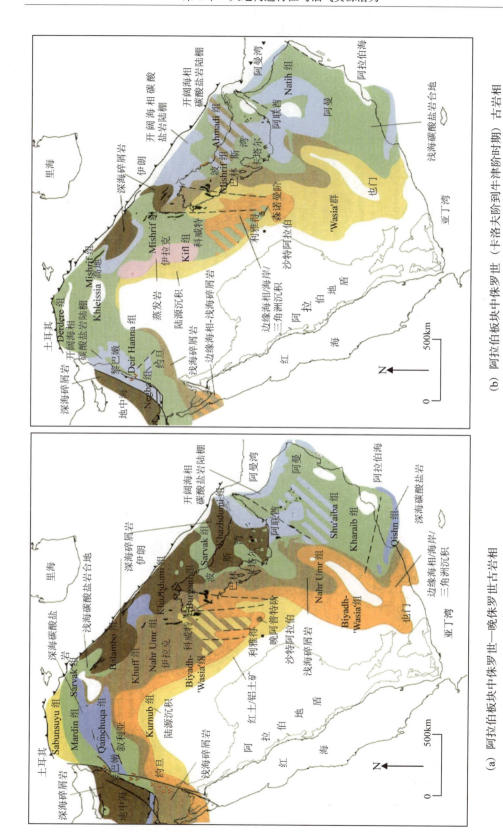

(a) 阿拉伯板块中侏罗世—晚侏罗世古岩相

(b) 阿拉伯板块中侏罗世（卡洛夫阶到牛津阶时期）古岩相

图 1-8 阿拉伯板块中侏罗世—晚侏罗世古岩相（Ziegler，2001）

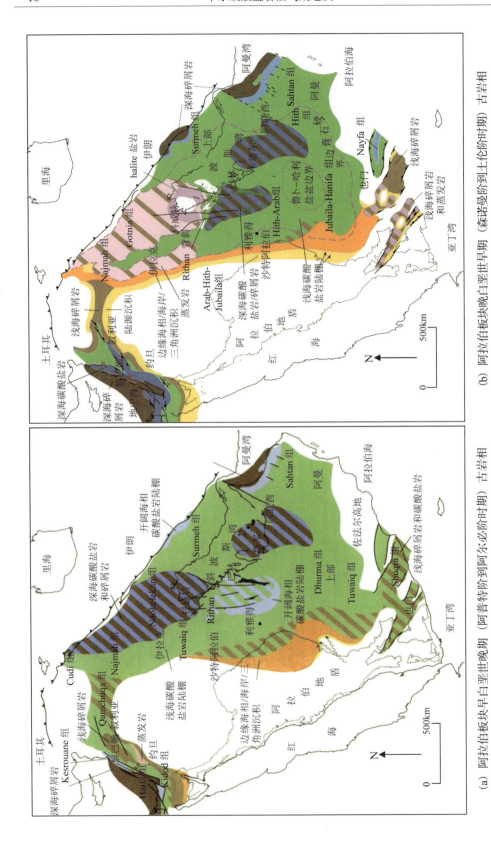

(a) 阿拉伯板块早白垩世晚期（阿普特阶到阿尔必阶时期）古岩相

(b) 阿拉伯板块晚白垩世早期（森诺曼阶到土伦阶时期）古岩相

图 1-9　阿拉伯板块早白垩世—晚白垩世古岩相（Ziegler，2001）

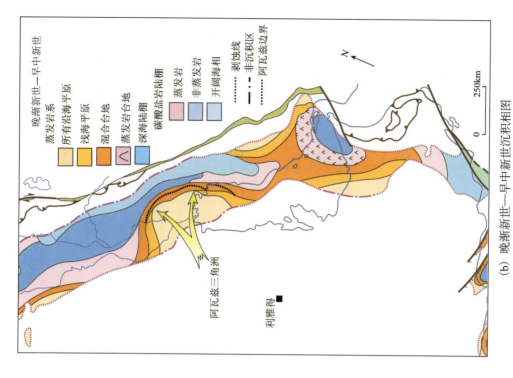

（b）晚渐新世—早中新世沉积相图

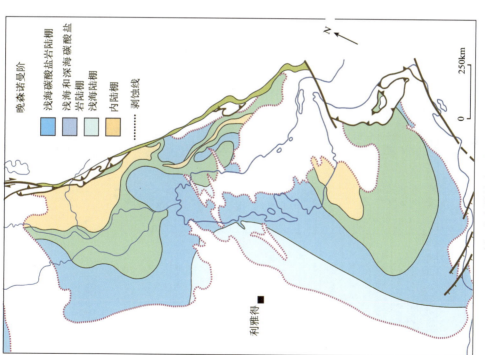

（a）晚森诺曼阶沉积相图

图 1-10 中东地区阿拉伯板块沉积相图

层位（系/统）	伊朗	伊拉克	科威特	卡塔尔	沙特阿拉伯	阿曼
新近系 上新统	阿贾里（Agha Jari）组 米山（Mishan）组	巴克提尔瑞（Bakhtiari）组	狄勃狄巴（Dibdibba）组	侯弗夫（Hofuf）组 达姆（Dam）组	哈杰（Kharj）组 侯弗夫（Hofuf）组 达姆（Dam）组	法尔斯（Fars）组
古近系 渐新统	加奇萨兰（Gachsaran）组	法尔斯（Fars）组 哲瑞勃（Jeribe）组	下法尔斯（Fars）组 甘萨（Ghar）组	下法尔斯（Fars）组		
古近系 始新统	阿斯马里（Asmari）组	英玛库尔（Kirkuk）组 君姆拉（Jaddala）组/达曼（Damman）组	达曼（Damman）组	达曼（Damman）组	达曼（Damman）组	达曼（Damman）组
古近系 古新统	贾赫鲁姆（Jahrum）组/帕卜德森（Pabdeh）组	鲁斯（Rus）组 乌姆厄瑞德玛瑞（Um Er Radhuma）组	鲁斯（Rus）组 乌姆厄瑞德玛瑞（Um Er Radhuma）组	鲁斯（Rus）组 乌姆厄瑞德玛瑞（Um Er Radhuma）组	鲁斯（Rus）组 乌姆厄瑞德玛瑞（Um Er Radhuma）组	鲁斯（Rus）组 乌姆厄瑞德玛瑞（Um Er Radhuma）组 海卓麦特群（Hadhramout）
白垩系 上	塔勃（Tarbur）组 古尔普（Gurpi）组 伊拉姆（Ilam）组	太尔亚特（Tayarat）组/希尔尼什组 哈尔塔（Hartha）组 萨教（Sadi）组 坦努玛（Tanuma）组 赫塞勃（Khasib）组	巴赫若（Bahrah）组 塞教（Sadi）组 赫塞勃（Khasib）组 米什里夫（Mishrif）组 Rumaila组	锡姆锡玛（Simsima）组 菲盖/菲莱特（Fiqa）/（Ruilat）组 哈卢勒（Halul）组 莱凡（Laffan）组 米什里夫（Mishrif）组	阿鲁马（Aruma）组	锡姆锡玛（Simsima）组 多古（Shargi）组/Arada 纳提赫（Natih）组
白垩系 中	萨尔瓦克（Sarvak）组	柯夫（Kifl）组 鲁迈拉（Rumaila）组 毛杜德（Mauddud）组	赫提雅（Khatiyah）组 哈马迪（Ahmadi）组 瓦拉（Wara）组 毛杜德（Mauddud）组	赫提雅（Khatiyah）组 哈马迪（Ahmadi）组 毛杜德（Mauddud）组	沃希亚（Wasia）组	沃希亚群（Wasia）
白垩系 下	法利阳（Fahliyan）组/盖德万（Gadvan）组	奈赫尔欧迈尔（Nahr Umr）组 祖拜尔（Zubair）组 拉塔威（Ratawi）组/Yamama组	布尔干（Burgan）组 舒艾拜（Shuaiba）组 祖拜尔（Zubair）组 拉塔威（Ratawi）组 米纳吉什（Minagish）组	奈赫尔欧迈尔（Nahr Umr）组 舒艾拜（Shuaiba）组 赫瓦尔（Hawar）组 克莱卜（Kharaib）组 拉塔维（Ratawi）组 耶马马（Yamama）组	拜央第（Biyadh）组 布韦卜（Buwaib）组 耶马马（Yamama）组	奈赫尔欧迈尔（Nahr Umr）组 舒艾拜（Shuaiba）组 克莱卜（Kharaib）组 莱赫韦尔（Lekhwari）组
侏罗系 上	格特尼亚（Gotnia）组/希塞（Hith）组	苏莱伊（Sulaiy）组 卡提拉（Karfila）组 巴萨门（Barsarin）组 奈奥克勒坎（Naokelekan）组 格特尼亚（Gotnia）组	苏莱伊（Sulaiy）组 马克胡尔（Makhul）组 格特尼亚（Gotnia）组 希塞（Hith）组	苏莱伊（Sulaiy）组 希塞（High）组 阿拉伯（Arab）组 朱拜拉（Jubailah）组	苏莱伊（Sulaiy）组 希塞（High）组 阿拉伯（Arab）组 朱拜拉（Jubailah）组	克黑美（Kahmah）群 朱拜拉（Jubailah）组
侏罗系 中	奈季迈（Najmah）组	萨季迈（Najmah）组	奈季迈（Najmah）组 萨金奇（Sargelu）组	哈尼法（Hanifa）组 迪亚卜（Diyab）组 阿帕杰（Araej）组	哈尼法（Hanifa）组 图韦克（Tuwaiq）组	哈尼法（Hanifa）组/图韦克（Tuwaiq）山
侏罗系 下	苏尔马（Surmah）组/内里兹（Neyriz）组	木海伊尔（Muhaiwir）组 塞克哈尼亚（Sekhanian）组 萨尔克（Sarki）组 穆什（Mus）组 阿代耶（Adaiyah）组/布图迈（Butmah）组 乌拜德（Udaid）组	多鲁玛（Dhruma）组 玛拉特（Marrat）组	伊扎若（Izhara）组 哈摩拉（Hamlah）组	多鲁玛（Dhruma）组 玛拉特（Marrat）组	故鲁亚（Dhruma）组 玛拉特（Marrat）组

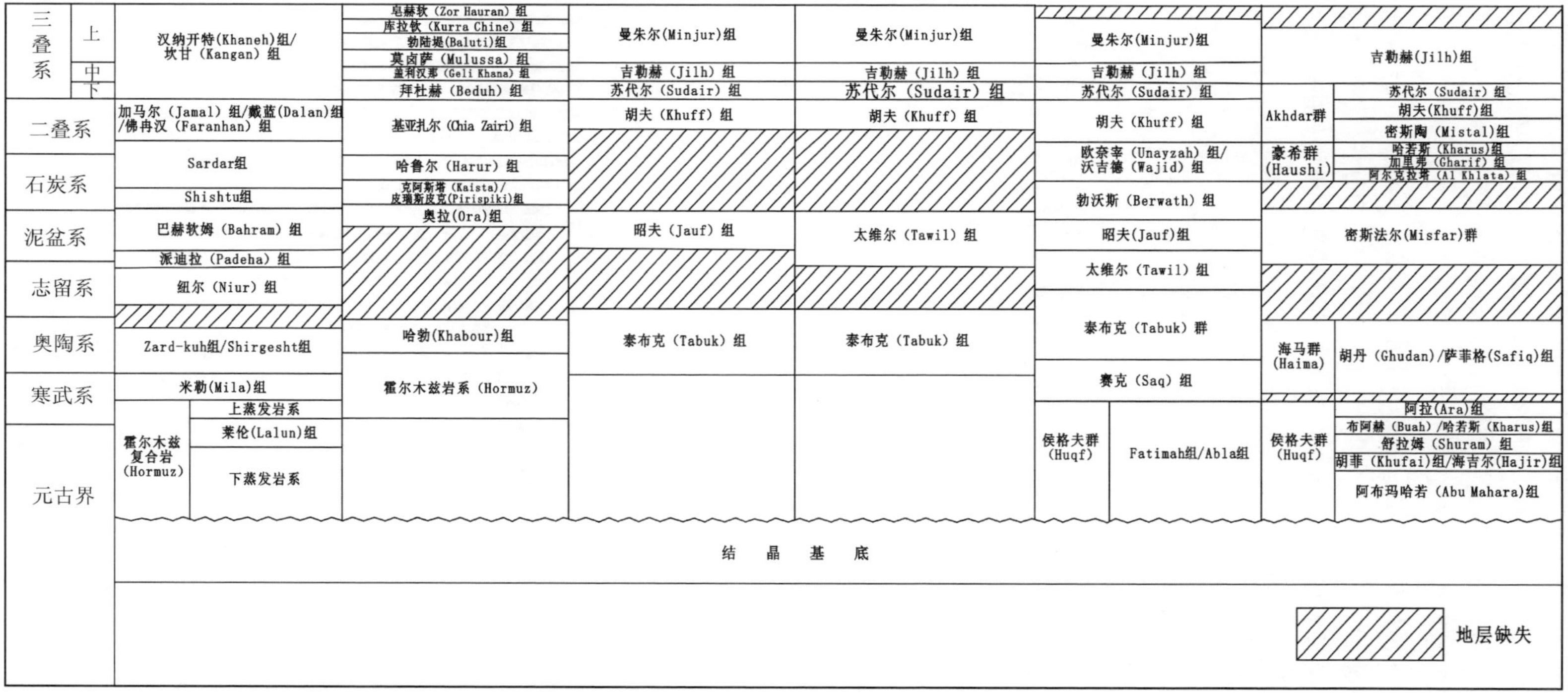

系		伊朗	伊拉克—科威特	卡塔尔—沙特	阿曼
三叠系	上	汉纳开特(Khaneh)组/坎甘(Kangan)组	夏尔赫(Zor Hauran)组 库拉牧(Kurra Chine)组 莫路撒(Mulussa)组 盖利哈麻(Geli Khana)组	曼朱尔(Minjur)组	吉勒赫(Jilh)组
	中	加马尔(Jamal)组/戴兰(Dalan)组/傣莱双(Farahan)组	拜杜赫(Beduh)组 基阿孔尔(Qhia Zairi)组	吉勒赫(Jilh)组 苏代尔(Sudair)组 胡夫(Khuff)组	苏代尔(Sudair)组 密斯陶(Mistal)组 哈里斯(Kharus)组 加里夫(Gharif)组 阿尔克基(Al Khita)组
	下				
二叠系		Sardar组 Shishtu组	哈鲁尔(Harur)组 克阿基者(Kaista)/威瑞斯皮克(Pirispiki)组 奥拉(Ora)组	欧奈宰(Unayzah)组/瓦吉德(Wajid)组 勃沃斯(Berwath)组	豪希群(Haushi) 密斯法尔(Misfar)群 Akhdar群
石炭系		巴赫软姆(Bahram)组			
泥盆系		溪迪拉(Padeha)组 纽尔(Niur)组		昭夫(Jauf)组 太维尔(Tawil)组	昭夫(Jauf)组 太维尔(Tawil)组
志留系		Zard-kuh组/Shirgesht组	哈勃(Khabour)组	泰布克(Tabuk)组	泰布克(Tabuk)群
奥陶系		米勒(Mila)组			赛克(Saq)组
寒武系		霍尔木兹复合岩(Hormuz) 上蒸发岩系 莱伦(Lalun)组 下蒸发岩系	霍尔木兹盐岩系(Hormuz)	候格夫群(Huqf) Fatimah组/Abla组	海马群(Haima) 候格夫群(Huqf) 胡丹(Ghudan)/萨菲格(Safiq)组 阿拉(Ara)组 布阿赫(Buah)/哈若斯(Kharus)组 督拉峰(Shuran)组 胡菲(Khufai)组/薄吉尔(Bajir)组 阿布玛哈若(Abu Mahara)组
元古界					

地层缺失

图 1-11　伊朗—伊拉克—科威特—卡塔尔—沙特—阿曼地层划分纪地层对比

褶，有少量的二叠纪—晚白垩世的沉积。陆架内台地位于陆架内单斜的东侧，沉积比较厚，是阿拉伯板块主要的沉积区，阿拉伯盆地和阿曼盆地即位于陆架内台地中。稳定大陆架的构造以基底断裂为主，过渡到外侧则以盐流动形成的构造为主，其构造形态由南北向背斜过渡为穿窿状背斜，构造较平缓。

扎格罗斯—阿曼山褶皱区为一个分布于霍尔木兹海峡至土耳其东南的带状区，它与陆架内台地的构造样式有很大的不同，这也构成了它们的分界线。扎格罗斯地区的构造多位于古近纪—新近纪形成的北西—南东向的现状构造。该区是中东地区沉积最厚的地区，在其西北部的沉积中心超过了 13.5km。扎格罗斯盆地即位于扎格罗斯褶皱区内，为一个典型的前陆盆地。

中东地区油气资源极其丰富，素有"石油宝库"之称，其探明剩余可采储量占全球总量的 2/3。该地区已发现的油气田主要分布于三个区域：①阿拉伯台东缘油气区，沙特阿拉伯板块东部、科威特、伊拉克南部、巴林、卡塔尔和阿联酋；②扎格罗斯山前褶皱油气区，伊朗板块西南部、伊拉克北部、叙利亚东北部和土耳其南部；③外围地区，红海盆地、伊朗中部、土耳其、南里海和卡拉库姆盆地在伊朗北部的延伸部分。

根据 BP 世界能源统计数据 2013 年的统计表制作了中东地区石油/天然气探明储量、产量年度变化直方图，如图 1-12～图 1-15 所示。

据中东地区石油探明储量年度直方图可以看出：1980～1984 年中东地区的石油探明储量一直呈上升趋势；1984～1985 年石油探明储量略有下降；1985～1989 年石油探明储量上升幅度明显；到了 1989 年，中东地区石油探明储量已经达到 893.35×10⁸t；1989～2006 年石油探明储量呈小幅度上升趋势；2006～2009 年石油探明储量略有下降，但下降幅度达不大；2009 年探明储量达到 1030.26×10⁸t；2009～2012 年储量又呈现上升趋势，截至 2012 年，探明储量已经达到 1104.91×10⁸t。

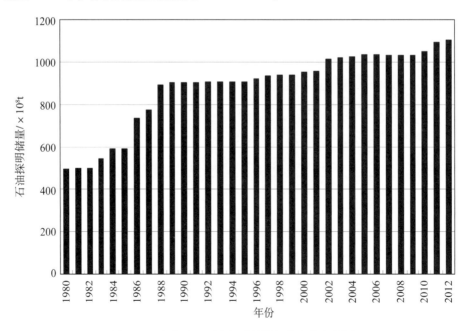

图 1-12　中东地区石油探明储量年度变化直方图

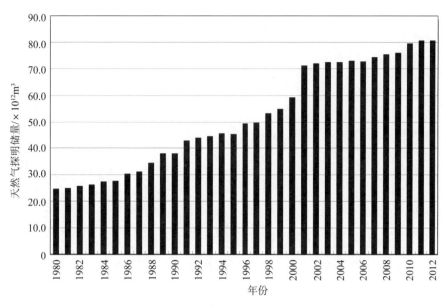

图 1-13　中东地区天然气探明储量年度变化直方图

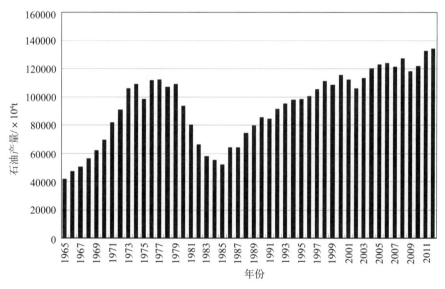

图 1-14　中东地区石油产量年度变化直方图

据中东地区天然气探明储量年度直方图可以看出，中东地区天然气探明储量随时间变化一直呈现上升趋势。1980～2001 年，中东地区的天然气探明储量一直呈上升趋势，且上升幅度明显；到 2001 年，天然气探明储量达到 $70.9 \times 10^{12} m^3$；2001～2005 年，天然气探明储量依旧呈现上升趋势，但上升幅度很小；2006 年，储量略有下降，2006 年以后天然气探明储量不断增长；到 2012 年，探明储量达到 $80.5 \times 10^{12} m^3$。

据中东地区石油产量年度变化直方图可以看出，阿曼盆地石油产量随时间变化波动幅度较大，1965～2008 年石油产量出现六个高峰值。1965～1974 年产量增长迅速，1974 年产量达到第一个波峰 $10.89 \times 10^8 t$；1975 年产量跌落至 $9.8 \times 10^8 t$；1977 年达到第二

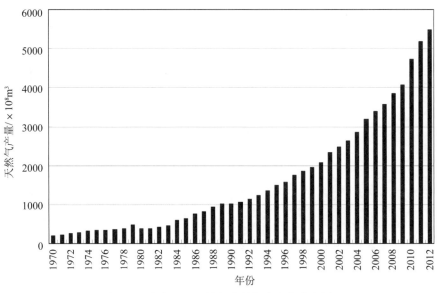

图 1-15　中东地区天然气产量年度变化直方图

个产量高峰 11.18×10⁸t；1978 年再次递减至 10.6×10⁸t；1979 年以后，石油产量迅速递减；至 1985 年，产量递减至 5.16×10⁸t；1985～1996 年，石油产量开始上升；1998 年，石油产量达到第三个产量高峰，达 11.11×10⁸t；2000 年达到第四个产量高峰，达 11.51×10⁸t；2001～2003 年，产量递减，2003 年达到 11.33×10⁸t；2003～2006 年，石油产量又开始上升，2006 年产量达到第五个生产高峰，为 12.35×10⁸t；2008 年产量达到第六个产量高峰，为 12.68×10⁸t，此后石油产量还是呈现上升趋势。

据中东地区天然气产量年度变化直方图可以看出，中东地区天然气产量随时间总体呈现上升趋势，且上升幅度巨大。1978～1979 年天然气产量上升幅度较小；1980 年产量略有下降，为 375.4×10⁸m³；1982～2012 年中东地区天然气产量则呈现飞速增长趋势。

中东油气区待发现的油气勘探潜力（发现新油气田的勘探潜力），特别是新油田的勘探潜力还是巨大的。波斯湾／扎格罗斯盆地的油气勘探潜力巨大，该地区今后石油可采储量的增加可能通过两种方式获得：一是在现有油田中利用提高采收率和老油田的储量挖潜获得，二是发现新的油气田。

第2章 碳酸盐岩沉积模式与相

中东油气区广泛分布优质储层，这些储层以厚度大、孔隙度（包括原生孔隙和次生孔隙）高、渗透率高和裂缝系统广泛发育为主要特征。储层的垂向非均质性十分明显。从目前产层分布来看，在阿曼南部，主要产层为古生界碎屑岩储层；在阿曼北部，主要产层为中生界储层；在阿拉伯地台中部，以中生界产层为主；在扎格罗斯山前褶皱带，以新生界产层为主。总体而言，中生界是中东油气区最重要的产层。

在前文研究基础上，对选取的中东地区 18 个特征各异的碳酸盐岩油气藏储层发育特征进行了分析总结，碳酸盐岩储层主要分布在寒武系、石炭系、二叠系、三叠系、侏罗系、白垩系、古近系和新近系。本章从碳酸盐岩油气储层的沉积模式、沉积环境和相、岩石类型及特征以及空隙系统及特征对中东地区典型碳酸盐岩油气藏进行深入剖析。

2.1 理论沉积模式

沉积模式已成为研究沉积相和沉积环境的重要方法。到目前为止，碳酸盐岩的沉积模式有多种，其中威尔逊的沉积模式在国内外流传比较广，是一个理想化的碳酸盐岩综合模式。

威尔逊根据海底地形、海水能量、海水充氧情况、气候条件及其他因素，归纳了陆棚上碳酸盐岩台地和边缘温暖浅水环境中碳酸盐岩沉积类型的地理分布规律，把碳酸盐岩划分为 3 个大沉积区、9 个相带、24 个标准微相。这个划分目前在国内外流传比较广，是一个理想化的碳酸盐岩综合模式。

横切陆棚边缘的剖面，从海至陆 9 个相带依次是：①盆地相；②开阔陆棚（广海陆棚）相；③碳酸盐岩台地的斜坡脚（或盆地边缘）相；④碳酸盐岩台地的前斜坡（或台地前缘斜坡）相；⑤台地边缘的生物礁相；⑤簸选的台地边缘砂（或台地边缘浅滩）相；⑦开阔台地（或陆棚潟湖）相；⑧局限台地相；⑨台地蒸发岩（或蒸发岩台地）相。

2.1.1 盆地相

指远海洋深水盆地相。位于浪底（或浪基面）和氧化界面以下，水深超过几十米至几百米，为静水还原环境。由于水太深、太暗，所以不利于底栖生物生长和碳酸盐的沉积，其沉积作用决定于黏土质和硅质的流入量以及浮游生物的数量。停滞缺氧和过咸化的条件均可能存在。盆地相又可分为以下几种类型。

1. 石灰岩浊积相

来自陆棚或陆棚斜坡带的碳酸盐角砾、微角砾及砂屑等内碎屑(异化颗粒)，也常含外来岩块或漂砾，夹有深海结核和泥质岩层，厚度较大，但常有变化。因强烈拗陷及沉积物不稳定性，所以具复理石结构和构造的巨厚深海沉积。

2. 深水欠补偿地槽相

以深海沉积物为主，无大量异地石灰岩堆积。当黏土注入量很少且水深超过碳酸盐补偿深度时，常聚集硅质沉积。常见放射虫岩、红色泥晶石灰岩及红色结核石灰岩、浅色远洋泥晶石灰岩、暗色盆地泥晶石灰岩、骨针石灰岩，以及含有菊石、放射虫、管状有孔虫、远洋瓣鳃类和棘皮类的微球粒泥晶石灰岩等。红色是因细粒物质缓慢沉积，且缺乏有机物质，高价铁未能还原所致。

3. 克拉通盆地（非补偿的和停滞缺氧的）碳酸盐岩相

这是一个位于氧化面以下的静水沉积环境。水深至少30m，一般几百米。由于水太深、太暗，故缺少底栖生物生长。主要岩石类型为暗色薄层石灰岩、暗色页岩或粉砂岩，以及一些薄石膏层。发育有毫米级的纹理，也有波状交错层。陆源碎屑为薄层石英粉砂岩及页岩，与石灰岩互层出现，常见有燧石。生物群主要为自游及浮游生物；大型生物化石有笔石、浮游瓣鳃类、菊石、海绵骨针等；微体化石有钟纤虫、钙球、硅质放射虫、硅藻等。

2.1.2 开阔陆棚（广海陆棚）相

为典型的较深的浅海沉积环境，此环境水深几十米到100m，一般为氧化环境，盐度正常，水循环良好。海底一般在浪底以下，但是大的风暴也可以影响底部沉积物。陆棚较宽阔，沉积作用相当均匀。层理薄—中，或呈波状—结核状。泥灰岩—见球状或流动状构造，还可见泥丘和尖塔礁。陆源物质有石英粉砂岩、页岩等，与石灰岩互层，成层性好。生物群：代表正常盐度的介壳化石，狭盐性动物群的腕足类、珊瑚、头足类及棘皮类等很发育。与开阔台地相很相似，常难以区别。

2.1.3 碳酸盐岩台地的斜坡脚（或盆地边缘）相

位于碳酸盐岩台地的斜坡末端，其沉积物由远洋浮游生物及来自相邻的碳酸盐岩台地的细碎屑组成；为薄层、层理完好的碳酸盐岩，夹少量黏土质及硅质夹层。此岩石类似盆地相沉积物，但含泥质较少，厚度较大。某些韵律性或类似复理石层理的薄层石灰岩可达数百米，有滑塌现象。

2.1.4 碳酸盐岩台地的前斜坡（或台地前缘斜坡）相

位于深水陆棚与浅水碳酸盐岩台地的过渡沉积。从浪底一直延续到浪底以下，但一般位于含氧海水的下限以上。斜坡的角度可达30°，主要由各种碎屑（灰砂或细粒碳酸盐岩）组成，堆积在向海的斜坡上。沉积物不稳定，其大小和形状变化极大，可呈层状，有细粒层，也有巨大的滑塌构造，或为前积层及楔形体岩层。广海生物十分丰富。

2.1.5 台地边缘的生物礁相

其生态特征取决于水体的能量、斜坡陡峻程度、生物繁殖能力、造架生物的数量、黏结作用、捕集作用、出露水面的频率以及后来的胶结作用。生物建造可分为三种类型：碳酸盐泥和生物碎屑的下斜坡堆积、带有生物碎屑的圆丘礁缓坡、生物骨架建筑的环礁。主要由块状石灰岩和白云岩组成，几乎全由生物组成，也有许多生物碎屑。

2.1.6　簸选的台地边缘砂（或台地边缘浅滩）相

此相带碳酸盐砂主要呈沙洲、海滩、扇状或带状的滨外坝或潮汐坝，或风成沙丘岛。一般位于海平面之上 5～10m 的水深。组成的颗粒经潮汐水流和岸流的簸选，因此比较洁净。此带盐度正常，循环良好，氧气充足。但由于底质经常变动，因此不适于海洋生物繁殖。

2.1.7　开阔台地（或陆棚潟湖）相

位于台地边缘之后的海峡、潟湖及海湾中，因此也可以用陆棚潟湖或台地潟湖来命名。此环境水较浅，由数米到数十米，正常—略偏高盐度，水流环境中等。适合各种生物生长，但无狭盐性生物。沉积物结构变化大，但含相当数量的灰泥。广阔分布的海草对不急和稳定细沉积物起着重要的作用。

2.1.8　局限台地相

这是一种真正的潟湖相。海水循环受到很大限制，盐度显著提高。从地堑上看，潟湖可分为堤礁(堡礁)之间或堤礁(堡礁)之后的潟湖，沿岸砂嘴之后的潟湖环礁内的潟湖；还包括潮间带环境。主要沉积物为灰泥，堆积于天然堤、潮汐坪、潟湖内。粗粒沉积物见于潮汐沟以及局部海滩内。主要岩石类型为灰泥沉积，也发育有白云岩，岩石颜色浅。纹理、鸟眼、藻叠层石、小型的递变层理、白云石及钙质层等构造现象发育的潮汐水道的砂沉积，还出现交错层理。陆源碎屑少，但局部地区有风成碎屑物质堆积，常呈分选良好的砂层。动物及植物化石均较少，主要为腹足类、藻类、有孔虫、介形虫等。

2.1.9　台地蒸发岩（或蒸发岩台地）相

台地蒸发岩相带即为潮上带，干热地区的潮上盐沼地或萨巴哈沉积均为此带典型代表。此带经常位于海平面之上，仅在特大高潮或特大风暴时才被水淹没。主要岩石类型为白云岩及石膏或硬石膏。常与红层共生。岩石颜色为红、黄、褐等。陆源碎屑极为普遍，主要为风成及红层沉积。纹理发育，常有泥裂、藻叠层等构造，还发育有同生及成岩期的变形构造，如结核、肠状构造、羽状构造等。很少原地生长的生物群，只有藻叠层石及盐水虾。

在威尔逊碳酸盐岩沉积模式的 9 个相带中，①、②、③ 所述相带相当于陆棚沉积区；④、⑤、⑥ 所述相带相当于障壁岛、礁滩沉积区；⑦、⑧、⑨ 所述相带相当于潮坪、潟湖沉积区。以上 9 个相带的划分基本格局仍然是低能—高能—低能这三大相区。威尔逊 9 个相带的碳酸盐岩沉积模式是一个综合性的模式，是碳酸盐岩沉积相类型的总代表。

2.2　沉积环境和相

根据整个中东地区碳酸盐岩油气藏的分布特征，通过对中东地区 18 个特征各异的碳酸盐岩的沉积环境进行深入剖析，碳酸盐的沉积环境大体上可以分为海洋、海岸（海滨）、大陆，主要的沉积相为潮坪相、局限台地相、开阔台地相、广海陆棚相、台地边缘相。进一步可识别出碎屑潮坪、局限潟湖、台内滩、台内礁、潟湖、半局限潟湖、点礁、风暴岩、陆棚泥、颗粒滩和生物礁 11 种亚相（表 2-1），并可进一步细分为 15 个微相。

表 2-1　沉积相类型划分表

相	亚相	微相
潮坪	碎屑潮坪	砂坪
		泥坪
局限台地	局限潟湖	云质潟湖
		膏质潟湖
	台内滩	砂屑滩
		生屑滩
开阔台地	台内礁	厚壳蛤礁
	潟湖	静水灰泥
	半局限潟湖	泥质潟湖
	点礁	—
广海陆棚	风暴岩	风暴砂岩
		风暴碳酸盐岩
	陆棚泥	陆棚泥
台地边缘	颗粒滩	
	生物礁	礁前
		礁核
		礁后

2.2.1　潮坪相

潮坪是指地形平坦、随潮汐涨落而周期性淹没、暴露的环境，多发育在无强烈海浪作用的潟湖周围，海湾和障壁岛后面。根据平均海平面的位置可分为潮上带、潮间带和潮下带。其中，碎屑潮坪是发育于半局限—局限台地向陆侧海岸带的碎屑潮坪亚相，沉积界面处于平均海平面附近，环境受限，沉积动力以潮汐作用为主。微相分为泥坪和砂坪。泥坪岩石类型以泥岩为主，含有少量的泥质砂岩。砂坪岩石类型主要为细砂岩和粉砂岩。

1. 泥坪

岩石类型以泥岩为主，含有少量的泥质砂岩。岩心观察见岩石致密，裂缝溶洞不发育，颜色为紫红色、灰色、灰绿色，不含油。

2. 砂坪

岩石类型主要为细砂岩和粉砂岩。岩心观察见发育正粒序，以交错层理，砂纹层理为主，裂缝和溶洞不发育。

2.2.2　局限台地相

碳酸盐岩台地是广阔平坦的滩，常常被较浅的海水所淹没，近岸与陆地相连，远岸向被陡坡和深海包围。局限台地所处的环境水体循环受限，水体能量不高，蒸发作用较强，导致盐度较高。与开阔台地相比，生物种类单调，数量较少，大多属于广盐度生物，如藻类、瓣鳃类和介形虫类。岩性主要为泥晶云岩、泥晶生物云岩和膏质白云岩。根据水动力条件和环境的不同，可以进一步识别出局限潟湖和台内滩亚相。

1. 局限潟湖

局限潟湖是局限台地上的地势较低的地带，水体循环受到限制，水体能量低，主要为静水沉积。生物稀少，主要为藻类和介形虫等广盐度生物。按照沉积物的成分，将其划分为云质潟湖和膏质潟湖。

1）云质潟湖

岩石类型以泥晶云岩和泥晶生物云岩为主，溶蚀作用明显。层理主要为水平层理，生物扰动发育。镜下观察，岩石成分主要由泥晶白云石和内碎屑组成，偶见少量石膏，生物类型主要为有孔虫和藻类。岩石孔隙较发育，分布较均，连通性较好，孔隙类型主要见粒间溶孔和晶间孔。

2）膏质潟湖

岩石类型以含硬石膏泥晶云岩和硬石膏质泥晶云岩为主，生物数量较少。镜下观察，可见少量生物碎屑和鲕粒，岩石成分主要由白云石、硬石膏和泥质组成。岩石孔隙较发育，分布不均，局部富集，连通性较差，孔隙类型主要见晶间孔、晶间溶孔。岩石内见发育微裂缝。

2. 台内滩

局限台地的台内滩一般发育于局限台地内的地势较高的地方，沉积水体能量不高，主要受潮汐和波浪作用的影响，发育多种颗粒岩。岩性主要为颗粒白云岩，颗粒主要是砂屑和生屑，还有少量的鲕粒和砾屑。根据组成台内滩的成分，可分为砂屑滩和生屑滩微相。

1）砂屑滩

岩石类型以砂屑粉晶云岩和泥晶粒屑云岩为主，岩心观察可见溶沟发育，部分为碳酸盐砂充填。镜下观察，岩石矿物成分主要为白云石，少量硬石膏、泥质及石英、长石，少量泥质及粉砂级石英、长石较均匀分布于泥晶白云石中，见少量硬石膏呈亮晶状分布于粒屑间，局部见硬石膏充填微裂缝；岩石孔隙发育较差，分布较均匀，主要为粒间孔及粒内孔，见微裂缝不定向分布，个别被硬石膏充填。

2）生屑滩

岩石类型以泥晶生屑白云岩和泥晶云岩为主，岩心观察可见溶沟和溶洞发育，部分为碳酸盐砂和石膏充填。生物数量较多，主要为藻屑。镜下观察，岩石矿物成分主要为白云石，少量硬石膏、泥质及石英长石，局部见硬石膏充填微裂缝。岩石孔隙发育较差，分布较均匀，主要为粒间孔、晶间孔及粒内孔。

2.2.3　开阔台地相

开阔台地是指位于台地靠内陆一侧，它与广海之间隔有滩、礁或障壁岛等。由广海向内陆推进的波浪作用在受到台地边缘礁滩和台内高地的消能作用后，到达开阔台地侧时，能量已极大削弱，在台内局部地貌高地的限制下，水体循环受限制。开阔台地潮下部分水体能量弱，沉积物粒度非常细。

开阔台地和局限台地相比，范围更广阔，水体循环较好，属于正常盐度范围，水体深度较浅，通常为十几米。和局限台地相比，生物种类和数量更加丰富，常见的生物主要有棘皮类、腕足类、介形虫类，还有一些海绵、腹足类、瓣鳃类、苔藓虫及藻类。岩性主要为细晶灰岩、泥晶灰岩、生屑灰岩、砂质灰岩、细晶白云岩，还有少量的白云质砂岩和细砂岩。可以进一步识别出台内滩、台内礁、潟湖、半局限潟湖和点礁亚相。

1. 台内滩

开阔台地的台内滩形成于开阔台地的高地形处，和局限台地的台内滩相比，沉积水体能量更高，为中—高。受波浪作用的影响，淘洗较充分，颗粒分选、磨圆好。生物类型以腹足类、有孔虫类和绿藻类为主。是有利储层发育的沉积环境。按组成台内滩的沉积物成分，可分为砂屑滩和生屑滩微相。

1）砂屑滩

岩石类型以亮晶砂屑灰岩和砂质灰岩为主，偶见灰质细砂岩。溶蚀作用较明显，部分岩心观察可见毫米级的溶洞发育。镜下观察岩石矿物主要类型为方解石，岩石组构包括团粒、亮晶和泥晶，分布较均匀，磨圆较好。

2）生屑滩

生屑滩为最有利的储集微相。岩石类型以亮晶生屑灰岩和结晶生物灰岩为主，溶蚀作用较明显，岩心观察可见溶沟和小型溶洞发育。镜下观察岩石矿物成分主要为方解石，岩石组构包括亮晶、生物碎屑及重结晶，见大量生物碎屑分布，生物碎屑多为藻屑和有孔虫。

2. 台内礁

台内礁亚相发育于高地形区。

3. 潟湖

潟湖沉积环境主要发育泥晶灰岩、生物泥晶灰岩，伴有厚壳蛤碎屑、底栖有孔虫亚纲、海绵骨针、介形类、绿藻类等，发现一些缝合线构造。

4. 半局限潟湖

半局限潟湖是开阔台地上的地势较低的地带，水体循环比局限潟湖强，水体能量较低，主要为静水沉积。生物种类和含量比局限潟湖丰富，有栗孔虫类、苔藓虫、介形虫类、藻类等生物。按照沉积物的成分，将其划分为泥灰质潟湖。泥灰质潟湖岩石类型主要为泥晶灰岩和生物泥晶灰岩，伴有厚壳蛤碎屑、棘皮类、海绵、介形虫类、绿藻类等，见一些缝合线构造。

5. 点礁

在开阔台地内部也发育生物礁，主要是由厚壳蛤等生物形成的点礁。

台内点礁相对于台地边缘生物礁水动力弱，粒间灰泥很少被带走，所以点礁亚相以泥晶生屑灰岩为主，生屑以造礁生物厚壳蛤为主。

2.2.4　广海陆棚

广海陆棚是大陆边缘至大陆坡内边缘的广阔的大陆架环境，水深在200m以内。宽度数十公里到数百公里不等，沉积物主要以细粒沉积物为主，如泥岩、泥质粉砂岩，还有少量风暴作用细砂岩和粉砂岩。根据岩性可进一步划分为陆棚泥和风暴岩亚相。与镶边台地边缘陡坡相比，缓坡缺乏大规模的重力流沉积，主要以细粒沉积物为主，如深灰色薄层状泥晶灰岩、泥晶生物灰岩，生物扰动强烈等。

1. 陆棚泥

岩性主要为粉砂质泥岩和泥质粉砂岩，颜色多为灰色。岩心观察见表面致密，无裂缝或溶洞发育，以水平层理为主。

2. 风暴岩

风暴岩为风浪破坏正常天气的沉积物并携带搬运，当风暴减弱时，在风暴浪基面之下形成的沉积物或岩石。岩性主要为粉砂岩和细砂岩，还有少量的中砂岩，颗粒大小不一，分选较差，见交错层理。

2.2.5　台地边缘

1. 颗粒滩

颗粒滩位于台地前缘斜坡和碳酸盐岩浅水台地之间的部位。岩性以颗粒（生屑或（和）砂屑）灰岩为主，粒间充填亮晶体方解石。沉积水体浅，水动力极强，颗粒分选、磨圆好，生物碎屑分选较好，泥质含量低。生物群主要为有孔虫亚纲（小圆片虫类、小栗虫科、马刀虫类）、绿藻类、类泥栖生物等。是有利的储层发育沉积环境。

2. 生物礁

生物礁沉积和发育的主要环境是台地边缘。生物礁是造礁生物参与与营造的碳酸盐岩建造，它具有抗风浪的骨架，与周围同期沉积物的差别是可以具有独特的外部形态。

生物礁位于台地边缘浅滩向内陆一侧，多呈线状和长垣状，与颗粒滩密切共生。造架生物主要为厚壳蛤，偶见藻类和苔藓虫。

　1）礁前

礁前微相（位于浅滩之上）面向外陆架方向，其沉积物主要来自礁复合体的浅水部分，它们通过重力作用、漂移和沉降进入到该环境。礁前亚相主要发育亮晶生物灰岩，伴有大量的厚壳蛤碎屑、棘皮动物类等。遭受了不同程度的溶蚀作用和生物钻孔作用，该亚相是有利的储集层。

　2）礁核

礁核是指礁体中能够抵抗风浪作用的部分，是礁的主体。它主要有厚壳蛤。生物的含量很高，主要是造礁生物以及一些附礁生物。礁核微相以厚壳蛤骨架灰岩为主，也发育亮晶生屑灰岩。反映很强的水动力条件，水循环性好，抗浪性强，使得骨架孔和生物体腔孔得以保存。以至孔隙结构很好、储集空间非常发育，十分有利储层发育。

　3）礁后

礁后指受到台地边缘生物礁向内陆一侧，由于波浪横过礁核，其能量大大降低，间歇性的风暴能把礁骨架破碎的物质从礁复合体向外陆一侧搬运到礁后环境中。岩性主要为生物碎屑灰岩，也发育一些厚壳蛤骨架灰岩。常见厚壳蛤碎屑、棘皮类和有孔虫碎片。

第 3 章 碳酸盐岩岩石类型及空隙系统特征

3.1 岩石类型及特征

碳酸盐岩是主要由方解石和白云石等碳酸盐岩矿物组成的沉积岩。以方解石为主的碳酸盐岩称为石灰岩，以白云石为主的碳酸盐岩称为白云岩，石灰岩和白云岩是碳酸盐岩中最主要的岩石类型。对中东地区 18 个碳酸盐岩油气藏的岩石类型及特征进行剖析后发现，主要的岩石类型有石灰岩、白云岩、砂岩和其他岩类，具体分类如表 3-1 所示。

表 3-1 沉积相类型划分表

石灰岩	颗粒灰岩	内碎屑灰岩
		生屑灰岩
		鲕粒灰岩
		球粒灰岩
	泥晶灰岩	生物泥晶云岩、致密泥晶云岩、生物碎屑泥晶灰岩
	生物礁灰岩	厚壳蛤骨架灰岩
	白云质灰岩	
白云岩	颗粒云岩	生屑白云岩
		内碎屑白云岩
		砂屑白云岩
	泥晶白云岩	生物泥晶云岩、致密泥晶云岩
	含石膏白云岩	
砂岩	粗粒砂岩	含石膏砂岩、白云质粗粒砂岩
	中—粗粒砂岩	白云质中—粗粒砂岩
	中粒砂岩	白云质中粒砂岩
	细—中粒砂岩	白云质细—中粒砂岩、泥质细—中粒砂岩、灰质细—中粒砂岩
	粉砂岩	泥质粉砂岩、白云质粉砂岩、灰质粉砂岩
其他岩类	含石膏泥岩、页岩	
	泥岩	
	膏岩	

3.1.1 石灰岩

颗粒石灰岩是碳酸盐颗粒含量大于 50% 的石灰岩，颗粒可以是生物碎屑、内碎屑、鲕粒、藻粒、球粒等其中的一种或几种。常见内碎屑灰岩和生物碎屑灰岩，偶见砂屑和生物碎屑组合的灰岩。颗粒石灰岩常见以下几种类型：

1. 内碎屑灰岩

内碎屑灰岩类主要为泥晶粒屑灰岩、亮晶砂屑灰岩和亮晶生屑—砂屑灰岩，一般呈灰色、灰白色，粒间孔隙充填亮晶方解石，如图 3-1(a) 所示，颗粒分选较好、磨圆好。常见生物碎屑颗粒，甚至能见到保存完整的生物化石，主要发育在高能滩相环境。

2. 生屑灰岩

生屑灰岩主要有亮晶生屑灰岩和泥晶生屑灰岩，亮晶生屑灰岩是在水动力强的环境下形成的，一般呈灰色、灰白色，粒间充填方解石胶结物，主要发育在高能浅滩环境中。泥晶生屑灰岩是在水动力稍弱的环境下形成的，生屑主要为厚壳蛤、有孔虫、腹足类、介壳类等，粒间充填灰泥，主要发育在开阔浅海和潮下水体能量较弱的环境中，如图 3-1(b) 所示。

3. 泥晶灰岩

泥晶灰岩以生物泥晶灰岩为主，也见致密状灰岩，一般泥晶方解石占 60%～75%，生物碎屑占 20%～30%，呈灰色—深灰色，见有孔虫、棘皮、介形虫、腹足、瓣鳃等生物碎屑。该类岩石一般形成于水动力较弱的沉积环境中，主要分布在潮下静水等环境之中，如图 3-1(b) 所示。

4. 鲕粒灰岩

鲕粒通常由两部分组成，即核心和同心层。核心可以是内碎屑、化石、球粒、陆源碎屑颗粒等；同心层主要由泥晶方解石组成。有的鲕粒具有放射状结构，此放射结构有的可以穿过整个同心层，有的则只限于几个同心层中。

5. 生物礁灰岩

生物礁岩石的造礁生物主要是厚壳蛤，造礁形成厚壳蛤骨架灰岩，主要发育在台地边缘，在开阔台地内部也发育一些点礁，附礁生物主要有大型生物介壳化石，瓣鳃类、腹足类等。

6. 白云质灰岩

白云质灰岩主要来自灰岩的白云化作用，薄片观察方解石含量大于 50%，白云石含量为 25%～50%，见生物碎屑分布，生屑多已破碎，颜色多呈灰色，主要形成于台内滩环境中，如图 3-1(d) 所示。

3.1.2　白云岩

白云岩的主要类型为颗粒云岩，包括生屑白云岩和内碎屑白云岩，泥晶白云岩、灰质颗粒白云岩、纹层状泥晶白云岩等。此外，还见有与泥质岩呈纹层状互层的泥晶白云岩。

1. 颗粒云岩

颗粒云岩是指碳酸盐颗粒含量大于 50% 的白云岩，在研究区内常见的有：粒屑白云岩和生屑白云岩，偶见砂屑白云岩。

1) 内碎屑白云岩

内碎屑白云岩主要为泥晶粒屑白云岩，一般呈灰色、灰白色，粒间孔隙充填石膏，粒屑以 0.2～0.3mm 为主。通过薄片观察，发现藻团粒、有孔虫等生物，如图 3-1 (e) 所示。岩石孔隙较发育，分布较均，连通性较好，孔隙类型主要见粒间溶孔和粒屑内溶孔，孔径在 0.02～0.3mm。主要发育在台内滩环境。

2）生屑白云岩

生屑白云岩主要为微晶生屑云岩和泥晶生屑云岩，泥晶生屑云岩是在水动力较弱的环境下形成的，一般生物化石含量 30%～50%，生屑主要为藻屑、球团粒，如图 3-1(f)所示，主要发育在台内滩和云质潟湖环境。

3）砂屑白云岩

砂屑白云岩主要为砂屑粉晶云岩，通过薄片观察，岩石矿物成分主要为白云石，少量硬石膏、泥质及石英、长石，见粉晶白云石较均匀分布，局部见硬石膏充填微裂缝；岩石孔隙发育较差，分布较均匀，主要为粒间孔及粒内孔，连通性差，见微裂缝不定向分布，个别被硬石膏充填，如图 3-1(g) 所示，主要发育在台内滩和云质潟湖环境。

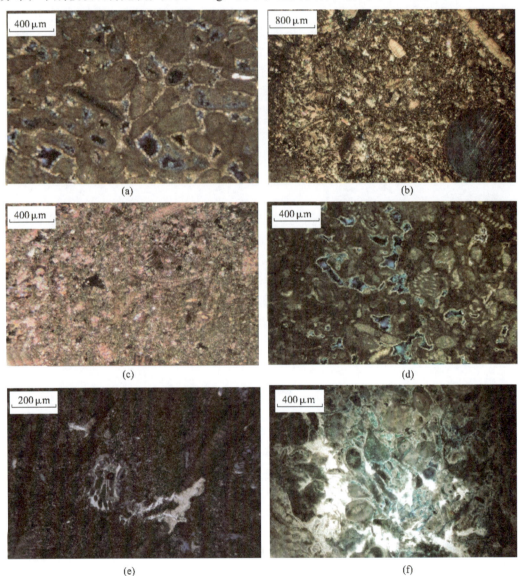

　　（a）伊拉克东南部 AG 油田 24 井，3046.27m，亮晶虫屑砂屑灰岩，正交，25 倍

　　（b）伊拉克东南部 AG 油田 24 井，3042.5m，泥晶生屑灰岩见孔隙，正交，12.5 倍

　（c）伊拉克东南部 AG 油田 24 井，3052.2m，泥晶灰岩，矿物成分为方解石；正交，25 倍

　　（d）伊拉克东南部 AG 油田 24 井，3055.6m，白云质灰岩，单偏光见溶孔；

　（e）伊拉克东南部 AG 油田 24 井，2971.7m，泥晶粒屑云岩见有孔虫和藻屑，单偏，50 倍

　（f）伊拉克东南部 AG 油田 24 井，2989.6m，生屑云岩见藻屑和球团粒，单偏，25 倍

　　（g）伊拉克东南部 AG 油田 24 井，3016.48m，砂屑云岩孔隙较差，正交，12.5 倍

（h）伊拉克东南部 AG 油田 24 井，2982.45m，硬石膏质泥晶云岩见晶间孔少量生物碎屑，单偏，25 倍

　　（i）伊拉克东南部 AG 油田 24 井，2987.99m，泥晶云岩，见晶间溶孔，正交 25 倍

　　　　（j）伊拉克东南部 AG 油田 24 井，3096m，土黄色细砂岩

　　　　（k）伊拉克东南部 AG 油田 24 井，3089.26m，暗紫红色泥岩

　　　　（l）伊拉克东南部 AG 油田 24 井，3017.5m，灰白色石膏岩

图 3-1　碳酸盐岩岩性照片

2. 含石膏白云岩

含石膏白云岩为硬石膏质白云岩和含膏质白云岩，当硬石膏含量在 15%～30%时为硬石膏质白云岩，含量在 5%～15%时为含膏质白云岩，如图 3-1（h）所示。该岩石一般形成于较强的蒸发沉积环境中，主要发育在局限台地环境中。

3. 泥晶白云岩

泥晶云岩主要为生物泥晶云岩和致密状泥晶云岩，一般白云石占 70%～90%，生物碎屑占 10%～20%，颜色为灰色—深灰色，如图 3-1（i）所示，见生物碎屑。该岩石一般形成于水动力较弱的沉积环境中，主要发育在潟湖环境。

3.1.3　砂岩

砂岩按粒度可分为粗粒砂岩、中—粗粒砂岩、中粒砂岩、细—中粒砂岩及粉砂岩，常见含石膏砂岩、白云质粗粗粒砂岩、白云质中—粗粒砂岩、白云质中粒砂岩、白云质细—中粒砂岩、泥质细—中粒砂岩、灰质细—中粒砂岩及泥质粉砂岩、白云质粉砂岩、灰质粉砂岩，如图 3-1(j) 所示。砂岩的碎屑比较复杂，通常砂级碎屑组分以石英为主，其次是长石及各种岩屑，有时含云母和绿泥石等碎屑矿物，主要发育在砂坪和风暴砂环境中。

3.1.4　其他岩类

见少部分的含石膏泥岩、页岩以及膏岩。泥岩主要为纯泥岩和粉砂质泥岩，还有少量的钙质泥岩，颜色为紫红色、灰色和灰绿色，如图 3-1(k) 所示。绿色和灰绿色一般形成于水动力较弱的还原环境中，主要发育在广海陆棚环境；紫红色代表一种氧化环境，主要发育在海平面附近的泥坪环境中。

石膏岩颜色多为白色或灰白色，如图 3-1(l) 所示。该类岩石一般形成于干旱气候条件下高盐的蒸发环境，主要发育在干旱气候条件下封闭的（与开阔海隔离，且缺乏地表径流的注入）高盐蒸发潟湖环境。

3.2　空隙系统特征

碳酸盐岩的储集空间包括孔隙、裂缝和溶洞三类，一般来说，孔隙和溶洞是主要的储集空间，裂缝是主要的渗滤通道。

碳酸盐岩的储集空间特征和发育程度主要取决于碳酸盐岩的矿物成分、结构和形成条件，同时也与成岩作用环境和后期改造有重要关系。前者主要是指原生孔隙，而后者则指次生孔隙。原生孔隙主要包括形成于沉积阶段的原始孔隙；次生孔隙主要形成于成岩及后生作用过程，由原生组构溶蚀改造形成的孔隙。本节深入剖析中东地区 18 个碳酸盐岩油气藏的空隙系统，在储层控制因素分析的基础上，将储集空间类型划分为 4 个大类，11 个亚类，如表 3-2 所示。

3.2.1　原生孔隙

在沉积作用结束时，沉积物或岩石中已存在的任何孔隙都叫原生孔隙。碳酸盐岩储层主要有 4 类原生孔隙：生物礁灰岩和球粒灰岩中未被胶结物等完全充填而残余的原生孔隙，即生物骨架孔和粒间孔，还有生物体腔孔和泥晶灰岩中的基质孔等。

表 3-2　碳酸盐岩空隙空间类型

储集空间类型		形成机理	主要的岩石类型
原生孔隙	生物骨架孔	沉积阶段由生物硬体和其他颗粒原地堆积而成	生物礁灰岩
	粒间孔		颗粒灰岩、生屑灰岩
	生物体腔孔		生屑灰岩、生屑泥晶灰岩
	基质孔		泥晶灰岩中
次生孔隙	生屑溶孔	溶蚀作用	生物礁灰岩、颗粒灰岩
	粒间溶孔		生屑灰岩
	粒内溶孔		生屑灰岩、骨架灰岩
	晶间溶孔		生屑泥晶灰岩、泥晶灰岩
	铸模孔		杂砂岩
裂缝	缝合线	压溶作用	屑泥晶灰岩和泥晶生屑灰岩为主
	构造缝	成岩收缩和构造应力	
溶洞		岩溶作用	颗粒灰岩、白云岩

1. 生物骨架孔

生物骨架孔是由造礁生物生态发展而形成的一种原生孔隙。这类岩石具有很高的孔隙度和渗透率。具生物骨架孔隙的生物礁储集层往往和具粒间孔隙的生物碎屑灰岩储集层相伴生。由于成岩作用阶段发生的胶结作用、晶体化作用和充填作用等使得孔隙空间大量减少。

2. 粒间孔

原生粒间孔是沉积阶段由颗粒相互支撑构成的孔隙。粒间孔隙只有在粒屑含量很高（一般应大于 50%）形成颗粒支撑格架时才能出现。粒间孔隙的发育程度与粒屑的含量、大小、形状、分选程度以及粒屑的堆积方式，胶结物含量等因素密切相关，而它能否得以保存还取决于沉积后的地质历史时期淀晶方解石或其他可溶矿物的充填程度。但由于成岩胶结作用和充填作用，原生粒间孔遭到一定的破坏，如图 3-2(a) 所示。

3. 生物体腔孔、钻孔孔隙

钻孔孔隙是钻孔生物对硬的物体进行钻蚀形成的孔隙，通常被钻孔生物遗体碎屑或胶结物充填。由于孔隙间无法沟通，很少具有经济意义。

生物体腔孔分布于生物壳内，由有机质腐烂而成，多被胶结充填。具此类孔隙的岩石绝对孔隙度大，有效孔隙度不大，因此由它单独构成储集层的储集空间少见，多半和粒间孔隙相伴生，如图 3-2(b) 所示。

4. 基质孔

基质是小于 0.03mm 的细粒碎屑物质及黏土矿物，由各种微孔及微细构造缝组成的孔隙就称为基质孔。基质孔主要发育在泥晶灰岩中，储集空间小，如图 3-2(c) 所示。

3.2.2　次生孔隙

沉积作用之后，在沉积物或岩石内部形成的各种孔隙都叫次生孔隙，也叫沉积后孔隙。次生孔隙主要为溶蚀孔（洞），包括生屑溶孔、粒间溶孔、粒内溶孔和晶间溶孔。

1. 生屑溶孔

它是在选择性溶蚀作用下，使原生的粒保留原来粒屑或晶粒外形的一种孔隙。大量的生屑溶孔主要见于泥晶生物灰岩。一般是完整的腹足类和介壳类生物或生屑发生溶蚀，或者是生物体腔充填物被溶蚀。这类孔隙的量较多，大小不一，完整生物被溶蚀的孔隙就大得多，大的溶蚀孔孔径约 0.5cm；生屑被溶蚀掉就相对较小，如图 3-2(d) 所示。

2. 粒间、粒内溶孔

粒内孔隙是指颗粒内部发育的孔隙，原生也有发育，但主要是颗粒内部因选择性溶蚀作用所形成的孔隙，如鲕内溶孔。当溶解作用继续进行，把颗粒全部溶蚀，并形成与颗粒形态、大小完全相似的孔隙，则称为溶模孔，如鲕模孔（又称负鲕）、介模孔、晶体溶模孔等。

粒间溶孔是指溶蚀颗粒之间的灰泥基质或胶结物而形成的孔隙，其溶蚀范围可以部分涉及周围的颗粒。淋滤粒间灰泥是粒间溶孔常见的一种类型。它往往有较好的孔隙度和渗透率，构成良好的油气储集空间，如图 3-2(e) 所示。

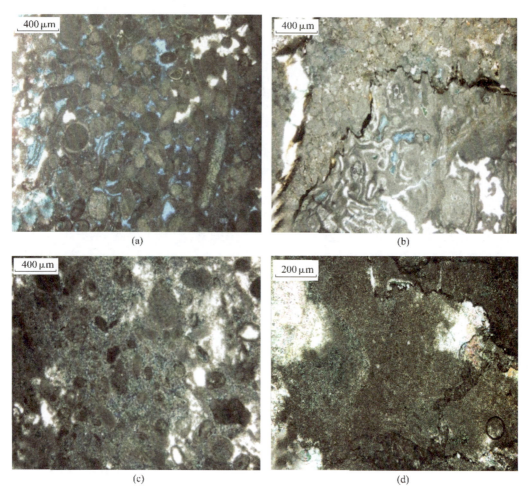

(a)

(b)

(c)

(d)

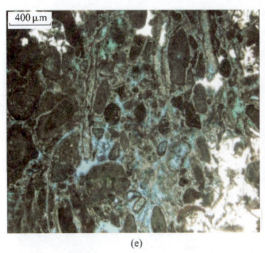

(a) 伊拉克东南部 AG 油田 24 井，3006.64m，粒间溶孔，砂屑云岩

(b) 伊拉克东南部 AG 油田 24 井，2986.07m，孤立的体腔孔不含油，裂缝缝合线含油

(c) 伊拉克东南部 AG 油田 24 井，3023.01m，泥晶生屑砂屑云岩，基质微孔连通性差，不含油

(d) 伊拉克东南部 AG 油田 24 井，2985.86m，泥晶生屑砂屑灰岩，花斑状石膏交代，见针孔状微溶孔，
　　分布不均，发育缝合线

(e) 伊拉克东南部 AG 油田 24 井，2988.58m，粒间孔及粒间溶孔，砂屑云岩

(f) 伊拉克东南部 AG 油田 24 井，3017.28m，晶间溶孔，溶沟被粉晶及砂充填

图 3-2　碳酸盐岩孔隙类型薄片照片

3. 晶间溶孔

晶间溶孔指组成碳酸盐岩的矿物晶粒之间的孔隙，常见的晶间溶孔是白云石晶粒之间的孔隙。一般呈棱角状，其溶孔大小除与晶粒大小及其均匀性有关外，还受排列方式的影响。一般以粉晶、细晶、排列不均匀者孔隙较发育，如砂糖状白云岩具良好的晶间溶孔。晶间溶孔主要是白云石化作用、重结晶作用的结果，尤以白云石化作用形成的晶间溶孔最为重要。如图 3-2(f) 所示。

3.2.3　裂缝

碳酸盐岩性脆，易破裂，裂缝发育。碳酸盐岩的裂缝类型很多，按成因可分为构造裂缝和非构造裂缝。构造裂缝指在构造应力作用下，构造应力超过岩石的弹性限度，岩石发生破裂而形成的裂缝，它的特点是边缘平直，延伸远，成组出现，具有明显的方向性。构造裂缝在白云岩中最发育，在石灰岩中次之，在泥灰岩中最差。缝合线是碳酸盐岩中常见的一种岩石构造。其形态呈锯齿状、波状、柱状弯曲，是两个岩石块之间的复杂界面（压溶面）。

裂缝主要有缝合线、构造高角度裂缝，水平裂缝较少。缝合线宽度为 0.2～10mm，整体呈水平锯齿状，其上下部分吻合，在岩心中普遍存在。从岩心观察发现大多数的缝合线呈黑色，为原油运移留下的痕迹。从岩心观察到的垂直裂缝，普遍裂缝宽 0.1～0.4mm，裂缝长 0.3～30cm。有大量的垂直微裂缝（裂缝长度 0.3～1cm）与缝合线相伴而生。从岩心观察到的水平裂缝相对较少，主要是溶蚀作用形成的未闭合的缝合线，普遍裂缝宽度 0.1～0.3mm，裂缝长度 0.3～15cm。显微薄片观测的裂缝发育情况如图3-3 所示。

3.2.4 溶洞

溶洞和溶孔之间没有严格的区别，一般孔径大于 5mm 或 1cm 者称溶洞，小于此者称为溶孔。溶洞多半发育在厚层质纯的石灰岩和白云岩中。溶洞发育情况如图 3-4 所示。

 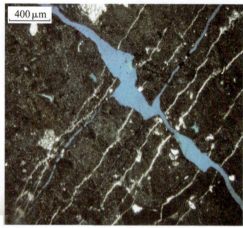

（a）伊拉克东南部 AG 油田 24 井，2982.42m，两期裂缝发育，早期石膏半充填，晚期裂缝含油　　（b）伊拉克东南部 AG 油田 24 井，2985.26m，两期裂缝发育，早期石膏全充填，颗粒泥晶云岩

图 3-3　两期裂缝发育薄片照片

（a）伊拉克东南部 BU 油田 22 井，3916.9m，溶蚀孔洞，小洞　　（b）伊拉克东南部 BU 油田 22 井，3916.9m，溶蚀孔洞，中洞

图 3-4　溶洞发育照片

第 二 篇

阿拉伯盆地典型碳酸盐岩油气藏地质特征

第 4 章　阿拉伯盆地油气藏地质总体特征

4.1　盆地位置

阿拉伯盆地横跨沙特阿拉伯、阿联酋、卡塔尔、约旦、也门、巴林、黎巴嫩、以色列、伊拉克、伊朗等国，总面积达 $1.95 \times 10^6 km^2$，是中东地区面积最大的含油气盆地。参照国内外学者的划分方法，可将阿拉伯盆地分为 6 个次盆地（国内或称为拗陷）：鲁卜–哈利（Rub al Khali）、中阿拉伯（Central Arabian）、西阿拉伯（Western Arabian）、马里卜–夏布瓦（Marib-Shabwah）、盖迈尔–杰扎（Qarnar-Jeza）、维典—美索不达米亚（Widyan-Mesopotamian）（图 4-1）。其中，鲁卜–哈利和中阿拉伯两个次盆地的碳酸盐岩油气资源非常丰富，本章着重以鲁卜–哈利次盆地和中阿拉伯次盆地为例论述阿拉伯盆地典型碳酸盐岩油藏特征。

鲁卜–哈利次盆地位于阿拉伯板块东南部，总面积 739260km²，陆上面积占 87.8%，波斯湾海域面积占 12.2%。该次盆地跨过沙特阿拉伯、阿联酋、阿曼、卡塔尔、伊朗和也门等国的部分地区。

中阿拉伯次盆地位于阿拉伯半岛及近海地区，总面积 493225km²，其中陆上部分占 75%，海上部分占 25%。该次盆地跨过沙特阿拉伯、伊朗、卡塔尔、科威特、伊拉克和伊朗等国的部分地区。

鲁卜–哈利和中阿拉伯次盆地的东北边界为扎格罗斯褶皱带的西南界，东南边界为鲁卜–哈利亚盆地的西北界，西南边界是出露的阿拉伯地盾，西北与扎格罗斯盆地相邻（图 4-1）。

4.2　构造演化特征

鲁卜–哈利属多旋回内克拉通到环克拉通型次盆地，该次盆地内所有的构造几乎都是背斜和向斜，由盐岩构造作用或基底隆起上的挠曲披盖形成（童晓光等，2004）。鲁卜–哈利次盆地最初表现为：中生代时演变为一个陆内凹陷，新生代逐渐形成前陆盆地（图 4-1）。鲁卜–哈利次盆地开始形成于晚震旦纪后期到寒武纪早期，由一系列克拉通内裂谷盆地构成。随后经历了沙特阿拉伯西部 Najd 断裂体系的左旋走向滑动，以及海西

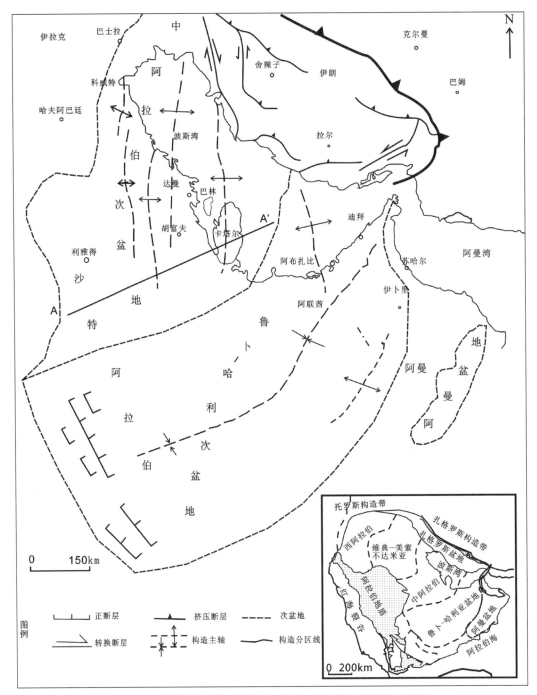

图 4-1　中阿拉伯次盆地和鲁卜-哈利次盆地位置及构造纲要图

期（石炭纪）造山运动使盆地发生倒转。早二叠世盆地发生了断陷下沉；在中二叠世新特提斯大洋开始在阿拉伯板块和伊朗板块间生成，此时鲁卜-哈利盆地的南、西部分演化为被动陆缘盆地。在晚白垩世新特提斯洋开始收缩，向南西方向下沉，并逐渐被阿拉伯板块覆盖。在晚始新世到新近纪，新特提斯洋开始闭合，由此产生的一系列"阿尔卑斯"构造运动导致了扎格罗斯山脉的形成。最终，鲁卜-哈利次盆地逐渐演化为一个北东走向克拉通型的前陆盆地，嵌入阿拉伯大陆架和扎格罗斯构造带之间。

中阿拉伯次盆地属大陆聚敛边缘多旋回盆地，可分为中阿拉伯穹窿和波斯湾两个构造单元（童晓光等，2004），前者为一宽广的东西向延伸的正向构造，其上的中生界盖层很薄，后者由四个狭长的南北向的轴状凸起和相间的凹陷构成，它们向北倾没于波斯湾，较难截然分开，这四个凸起自西向东依次为萨曼（Summan）台地、安纳拉（An Nala）凸起、盖瓦尔（Ghawar）凸起和卡塔尔凸起（图 4-2；白国平，2007）。从晚元古代到中石炭世，中阿拉伯次盆地所在的区域为冈瓦纳大陆北部被动大陆边缘内部，广阔而稳定。在石炭纪—早二叠世，位于伊朗中部的冈瓦纳大陆北部前缘开始向南俯冲，阿拉伯板块东北部处于弧后背景，区域构造的不稳定导致盆地发生持续的拉伸和挤压脉动；系列的北向地垒式抬升运动和侵蚀作用形成了区内的海西期不整合面。晚二叠世，多次抬升与伸展运动成功地将伊朗板块从冈瓦纳大陆分离出来，形成了南特提斯洋；阿拉伯板块东北部形成了一个新的、广阔的被动陆缘（阿拉伯大陆架），其宽度超过1000km，中白垩统地层在其中得以完好保存。巨大的大陆架阻止了水的有效循环，周期性形成缺氧环境；中阿拉伯次盆地所在区域发育了大量碳酸盐、硬石膏和盐岩沉积旋回。在土伦阶，中阿拉伯次盆地边缘开始压缩调整，从西北方向蛇绿岩逆冲到东北钝化边缘前面，形成了上白垩统的区域不整合面（图 4-2）。在马斯特里赫特阶晚期，构造作用减少，中阿拉伯次盆地再次回到了稳定大陆架环境。晚始新世见证了古地中海南部圈闭的形成，以及阿拉伯板块与欧亚大陆的碰撞，第一次碰撞发生在土耳其的西北部，到渐新世逐渐移动到阿拉伯板块东南边缘；地壳开始向东北方向收缩，西南方向早期红海断裂带热力成穹作用导致地壳隆起，阿拉伯板块边缘地带的侵蚀作用使越来越多的碎屑沉积物进入阿拉伯前陆盆地。随着盆地加速充填，浅海滩碳酸盐岩和蒸发岩逐渐沉积下来。中中新世—晚中新世，红海的通道触发了持续的地壳收缩，导致了扎格罗斯山脉的形成，中阿拉伯次盆地也由此形成了现今的构造格局（图 4-1 和图 4-2）。

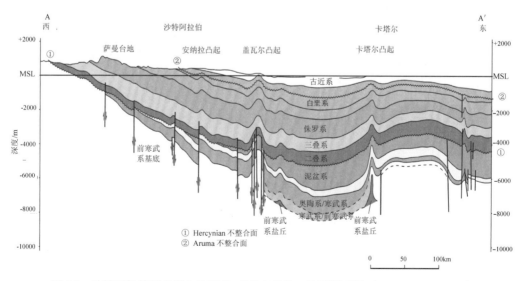

图 4-2　沙特阿拉伯到卡塔尔的西南-东北向构造、地层剖面图（Konert et al.，2001）

4.3　地层沉积特征

4.3.1　沉积演化背景

阿拉伯盆地的结晶基底固结于晚震旦世。从晚震旦世到早寒武世，盆地内发育了一些隆起，这些隆起之上沉积了浅海相碳酸盐岩、细粒碎屑岩及蒸发岩。在晚奥陶世—早志留世和晚石炭世—早二叠世，盆地内发育了冰川沉积，奥陶纪—石炭纪板块向北移动导致了轻微的挤压。晚二叠世沿着冈瓦纳大陆的北缘，发生了古特提斯洋板块的向南俯冲，从而引发了弧后裂谷盆地，地壳变薄，沿扎格罗斯一线发生了东北—南西向的拉张，导致了基梅里地块从冈瓦纳大陆分离出来。晚二叠世—古新世，阿拉伯板块的北缘是一个广泛的被动大陆边缘碳酸盐岩台地，在陆架内的滞海盆地内沉积了烃源岩，而在邻近的台地边缘发育了颗粒石灰岩建造，蒸发岩和区域广布的页岩构成了盖层。中新世，欧亚板块与阿拉伯板块相撞，特提斯洋变得日益局限，沉积了大量的蒸发岩和碳酸盐岩，并伴有一些细粒的碎屑岩，上新世和更新世挤压作用持续进行，在形成的前陆盆地内沉积了很厚的磨拉石，基底断裂活动再次活跃，并发生了进一步的盐构造运动，导致阿拉伯板块腹地轻微抬升，海相环境最终转变为陆相环境（图4-2~图4-7）。

4.3.2　地层及其分布特征

阿拉伯盆地基底与阿拉伯地盾的结晶基底构成类似，其上是寒武纪至现今的沉积地层，总厚度可达12km。自下而上发育寒武系、奥陶系、志留系、泥盆系、石炭系、二叠系、三叠系、侏罗系、白垩系、古近系和新近系地层。其中，寒武系、奥陶系、志留系、泥盆系和石炭系主要发育碎屑岩；二叠系、三叠系、侏罗系、白垩系、古近系和新近系主要发育碳酸盐岩（图4-3~图4-6）。

1. 震旦系

在中东地区，盐流动和盐底辟在油气成藏过程中起着非常重要的作用，该套地层在沙特和阿曼被称为侯格夫（Huqf）群，在伊朗等地将其称为霍尔木兹（Hormuz）混合岩。这套地层不整合于基底之上，由两个完整的沉积层序组成，地层厚约1200m。两个层序底部都由冲积成因的砂岩构成，向上变为浅海及潮汐相的砂岩和石灰岩，层序的上部为海退形成的沉积，顶部为蒸发岩。

2. 寒武系

赛克（Saq）组分为上下两部分，下部为一套辫状河流相砂岩层系，砂岩显示出平面和板状交错层理；上部为一套滨岸—浅海相碎屑岩层系，由细粒泥质砂岩、云母粉砂岩、页岩和钙质砂岩组成，夹有砾岩条带。赛克组在泰布克亚盆地和维典亚盆地的最大厚度超过了1000m（A1 Laboun，1986）。A1 Laboun（1986）将赛克组分成了四段，自下而上依次为乌姆塞姆（Umm Sahm）砂岩段、软姆（Ram）砂岩段、奎若（Quweira）砂岩段和赛克（Saq）砂岩段。Mila组由白云岩组成。萨菲格（Safiq）组沉积环境为局部边缘海，由石英砂岩、泥质砂岩、粉砂岩和页岩组成。

3. 奥陶系—志留系

泰布克（Tabuk）群整合于赛克组之上，厚度超过1700m，是一套海相页岩和陆

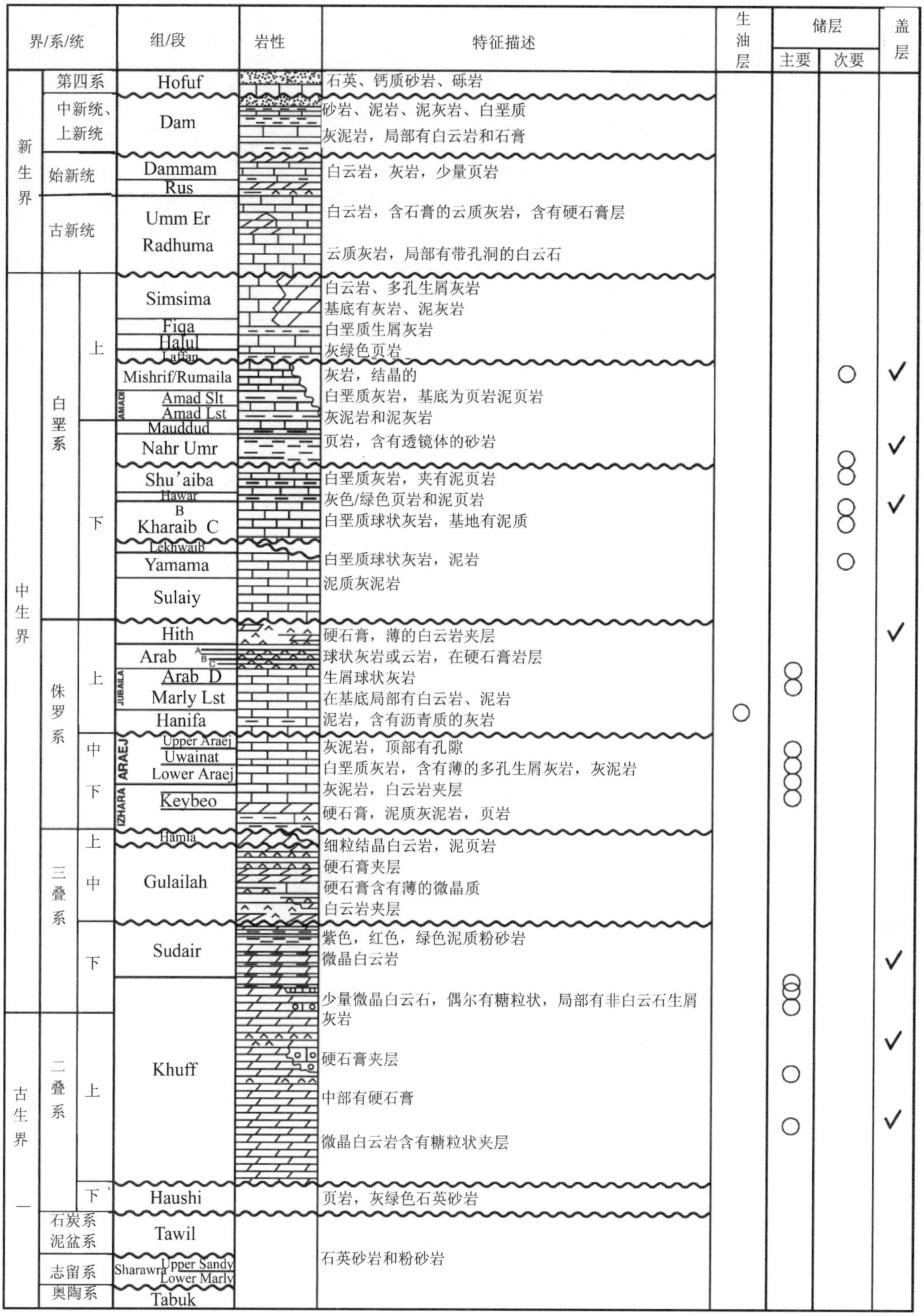

界/系/统			组/段	岩性	特征描述	生油层	储层		盖层
							主要	次要	
新生界	第四系		Hofuf		石英、钙质砂岩、砾岩				
	中新统、上新统		Dam		砂岩、泥岩、泥灰岩、白垩质 灰泥岩，局部有白云岩和石膏				
	始新统		Dammam Rus		白云岩，灰岩，少量页岩				
	古新统		Umm Er Radhuma		白云岩，含石膏的云质灰岩，含有硬石膏层 云质灰岩，局部有带孔洞的白云石				
中生界	白垩系	上	Simsima		白云岩、多孔生屑灰岩 基底有灰岩、泥岩				
			Figa		白垩质生屑灰岩				
			Halul Laffan		灰绿色页岩				
			Mishrif/Rumaila		灰岩，结晶的			○	✓
			Amad Slt Amad Lst		白垩质灰岩，基底为页岩泥页岩				
			Mauddud		灰泥岩和泥灰岩				
		下	Nahr Umr		页岩，含有透镜体的砂岩			○○	✓
			Shu'aiba		白垩质灰岩，夹有泥页岩			○○	
			Hawar B		灰色/绿色页岩和泥页岩			○○	✓
			Kharaib C		白垩质球状灰岩，基地有泥质				
			Lekhwair					○	
			Yamama		白垩质球状灰岩，泥岩			○	
			Sulaiy		泥质灰泥岩				
	侏罗系	上	Hith		硬石膏，薄的白云岩夹层				✓
			Arab A B		球状灰岩或云岩，在硬石膏岩层	○	○○		
			Arab D		生屑球状灰岩				
			Marly Lst		在基底局部有白云岩、泥岩				
			Hanifa		泥岩，含有沥青质的灰岩				
		中	Upper Araej Uwainat Lower Araej		灰泥岩，顶部有孔隙 白垩质灰岩，含有薄的多孔生屑灰岩，灰泥岩		○○○		
		下	Keybeo		灰泥岩，白云岩夹层		○○○		
			Hamla		硬石膏，泥质灰泥岩，页岩				
	三叠系	上 中	Gulailah		细粒结晶白云岩，泥页岩 硬石膏夹层 硬石膏含有薄的微晶质 白云岩夹层				
		下	Sudair		紫色，红色，绿色泥质粉砂岩 微晶白云岩				✓
古生界	二叠系	上	Khuff		少量微晶白云石，偶尔有糖粒状，局部有非白云石生屑灰岩		○○		✓
					硬石膏夹层		○		✓
					中部有硬石膏				
					微晶白云岩含有糖粒状夹层		○		✓
		下	Haushi		页岩，灰绿色石英砂岩				
	石炭系 泥盆系		Tawil						
	志留系		Sharawra Upper Sandy Lower Marly		石英砂岩和粉砂岩				
	奥陶系		Tabuk						

图 4-3　卡塔尔及其邻近区域地层及含油气系统综合柱状图（QGPC 和 AQPC，1991）

时间/Ma	界/系/统			群	组	厚度/m	构造作用
	新生界	古近系—新近系	更新统	Kuwait	Dibdibba	45~365	
23.3			上新统		Lower Fars		● 扎格罗斯断层带发育
			中新统		Ghar		
42.1			渐新统	Hasa	Dammam	180~240	※ Taurus 碰撞开始
47.2			始新统		Rus	100~140	
53.3					Umm Er Radhuma	450~550	● Sanandaj-Sirjan 层从西北到东南发生跨时代合拢
60.5			古新统				※ 陆外渊的形变作用
67.8	中生界	白垩系	马斯特里赫阶	Aruma	Tayarat	200~350	●
72.7					Qurna	18~90	
77.8			坎潘阶		Hartha	450~550	
85.5			三冬阶		Sadi	10~350	
86.6			康尼亚克阶		Mutriba Khasib	30~260	阿拉伯板块边缘的蛇绿岩发生逆冲作用
89.7			土伦阶	Wasia	Mishrif	0~80	●
91.9					Rumaila	0~150	特提斯洋南部边缘的构造线变短，北部发生断裂
93.6			森诺曼阶		Ahmadi	50~130	●
95.3					Wara	0~70	● ※ 特提斯洋南部边缘的构造线变短，北部发生断裂
97					Mauddud	0~130	
104.5			阿尔必阶		Burgan	275~380	● ※
112							
122.4			阿普特阶	Thamama	Shu'aiba	40~110	● 新特提斯洋的容量达到最大
130.1			巴雷姆阶		Zubair	350~450	
135			欧特里夫阶		Ratawi Shale Mbr / Limestone Mbr	100~180 / 90~390	
137.5			凡兰吟阶				
143.8			贝利阿斯阶		Minagish	160~360	● Ⓢ 发生洪涝
148.1					Sulaiy	120~275	Ⓢ
154.7		侏罗系	提塘阶	Riydh	Hith	70~300	※ 特提斯洋南部从冈瓦纳发生偏移
			基末利阶		Gotnia	240~430	
161.3			牛津阶		Najmah	40~70	● Ⓢ ※
			卡洛夫阶		Sargelu	55~75	●
			巴通阶				
170			巴柔阶		Dharuma	40~65	
			阿林阶				
			土阿辛阶		Marrat	580~700	●
			普林斯巴阶				印度板块从冈瓦纳地层发生隆起和断裂
203			辛涅缪尔阶				
208			赫塘阶				※
		三叠系	瑞替阶		Minjur	260~325	特提斯洋北部边缘的古特提斯洋逐渐消失
235			诺利阶				
			卡尼阶		Jilh	240~385	
241			拉丁阶				
			安尼阶				
			奥伦尼克阶		Sudair	60~275	新特提斯洋冈瓦纳开始断裂
			印度阶				
250	古生界	二叠系	长兴阶		Khuff	>600	
			卡匹敦阶				
			沃德阶				新特提斯洋冈瓦纳地层发生断裂
			空谷阶				
			阿瑟尔阶				

　　　　● 储层　　　Ⓢ 烃源岩　　　※ 主要地震反射层

图 4-4　科威特及其邻近区域地层及含油气系统综合柱状图　(Carman, 1996; Abdullah et al., 1997)

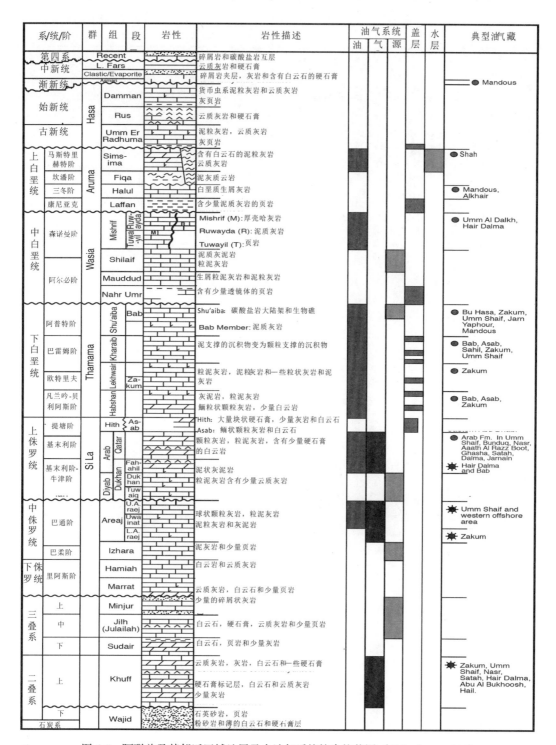

图 4-5　阿联酋及其邻近区域地层及含油气系统综合柱状图（Alsharhan，1993）

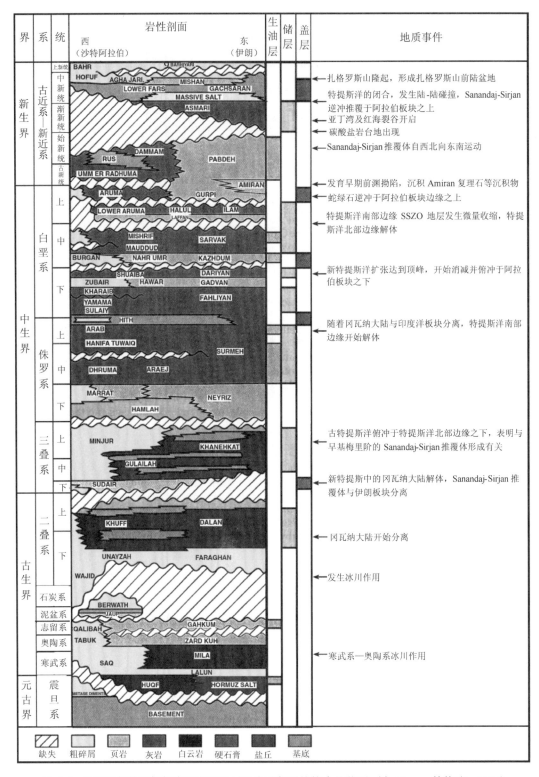

图 4-6 沙特阿拉伯到伊朗东西向的地层及含油气系统综合柱状图（由 Hooper 等修改，1994）

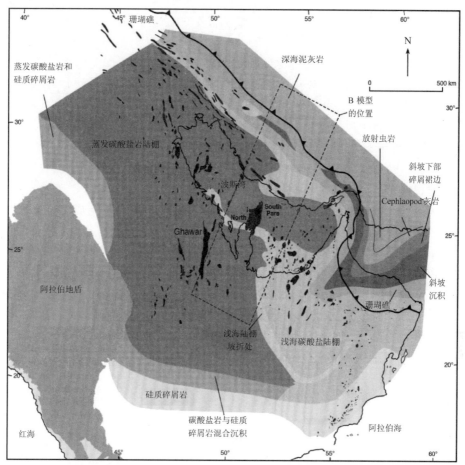

（a）晚二叠系—早三叠系海湾地区 Khuff 时期的沉积相分布图

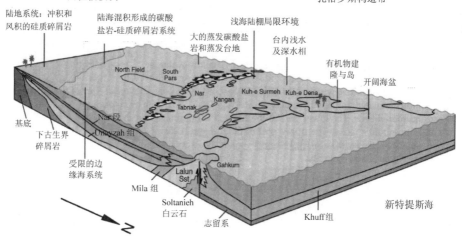

（b）横跨海湾中部地区的 Khuff 地层沉积相分布三维立体图（Insalaco et al.，2006）

图 4-7　Khuff 地层沉积演化及分布图

相—边缘海砂岩的交互层。Alsharhan 和 Nairn（1997）将该群分为五个组，自下而上依次为汉那蒂尔（Hanadir）组、奥陶砂岩组、若安（Ra'an）组、萨若赫（Sarab）组和阔里巴赫（Qalibah）组。

汉那蒂尔组（早奥陶世）：该组主要由页岩和泥岩构成，偶夹薄层粉砂岩、砂岩和砾岩条带。层内的页岩很特殊，为海侵潮下沉积物，该组上部偶见的砂岩层为海洋环境的风暴沉积物。

奥陶砂岩组（中奥陶世）：该组又称为卡赫法赫（Kahfah）组，由细—中粒云母砂岩组成，夹薄层粉砂岩和页岩。该组沉积于波基面之下的浅海环境。

若安组（晚奥陶世）：该组为一套页岩层系，由灰紫色、绿色笔石页岩组成，夹有薄层砂岩和粉砂岩，沉积环境为受三角洲影响的外陆架。

萨若赫组（早志留世）：该组厚 90～300m，由细—中粒砂岩组成，伴有冰川—海相冰碛岩。萨若赫组下部沉积于冰川峡谷和河流—海洋环境，上部形成于水下沉积环境。

阔里巴赫组（早志留世）：该组由细粒砂岩和页岩组成，整合于萨若赫组之上，假整合于晚志留世—早泥盆世太维尔（Tawil）段（组）或不整合石炭纪—二叠纪欧奈宰（Unayzah）组之下。阔里巴赫组可分为古赛巴（Qusaiba）段和上覆的沙若伍若（Sharawra）段。古赛巴段由富含有机质的页岩组成，夹粉砂岩和砂岩，为外陆架沉积的产物，该段是一套十分优越的烃源岩。沙若伍若段为一套粉砂质云母页岩和细粒砂岩的交互层，沉积环境为浅海。

4. 泥盆系—石炭系

沙特北部的下泥盆统称为昭夫组（Jauf），该组沉积于一个与古特提斯洋接壤的宽广稳定台地内，沉积物为来自南部和西部物源区的陆源碎屑。当有大量陆源碎屑供应时，沉积以碎屑岩为主。若沉积发生于波基面之下，则以沉积页岩为主，否则以砂岩沉积为主。当陆源碎屑供应量不足时，发育碳酸盐岩沉积。依据岩性特征，昭夫组可以分为五段，自下而上依次为太维尔（Tawil）山砂岩段、晒巴赫（Shaibah）页岩段、阔斯（Qasr）石灰岩段、萨巴特（Sabbat）页岩段和哈迈米亚特（Hammamiyat）石灰岩段。在沙特西南部，太维尔砂岩段独立出来单独命名为太维尔组，该组是一套以陆相碎屑岩为主的层系。

瑟卡卡组（Sakaka）整合于昭夫组之上，不整合于前欧奈宰（Pre-Unayzah）组之下，瑟卡卡和前欧奈宰组均为陆相碎屑岩层系。瑟卡卡组和前欧奈宰组与沙特西南部的侏巴赫（Jubah）组和勃沃斯（Berwath）组相当。

上石炭统—下二叠统在沙特北部和中部称为欧奈宰（Unayzah）组，该组厚度变化大，主要由暗色页岩、粉砂岩、泥岩组成，其下部是厚层细—中粒石英砂岩，属于沼泽三角洲平原沉积。勃沃斯组由砂岩、粉砂岩和页岩组成。

在阿联酋，瓦基得（Wajid）组岩性主要为石英砂岩、页岩、粉砂岩以及薄的白云石和硬石膏。

Gahkum 组由富含有机质的页岩组成。

5. 二叠系

阿拉伯半岛的上二叠统称为胡夫（Khuff）组，其标准剖面在沙特的艾阿—胡夫（Ain-

Al Khuff) 附近，厚约 171m，主要岩性为白云岩、灰泥石灰岩、薄层页岩和泥岩，岩性特征反映出了一个海进沉积序列。在阿布扎比，胡夫组厚 900m 左右，主要是厚层浅海相石灰岩，其次是白云岩，另外还含有少量页岩。

在卡塔尔，该组由石灰岩、白云质石灰岩和硬石膏组成，沉积环境为开放性浅海到潮上带。胡夫组地层向东、东北和东南增厚，在中东油气区的中部和东部，厚度为 365～388m。

6. 三叠系

具有明显三分性的沙特三叠系可以细分为三个组，自下而上依次为苏代尔（Sudair）组、吉勒赫（Jilh）组和曼朱尔（Minjur）组。

苏代尔（Sudair）组（早三叠世—中三叠世）：其典型剖面位于哈什姆苏代尔（Khashm Sudair）镇（19°12′ N，45°6′ E），此处出露的苏代尔组由砖红色和绿色页岩组成，夹粉砂岩、砂岩、石膏条带和几个碳酸盐岩透镜体，厚 116m，该组的沉积环境为洪积平原—潟湖和潮坪环境，与上覆的吉勒赫组呈过渡接触关系。

吉勒赫（Jilh）组（中三叠世）：其典型剖面位于吉勒赫伊沙尔（Jilh al Ishar）镇附近的一个低陡崖处，此处的吉勒赫组厚 326m，由细—中粒交错层理砂岩组成，夹有石灰岩和页岩层，顶部是一套鲕粒石灰岩。横向上，该组的岩相变化快，因此不同地区的岩性和沉积环境不同。岩性从碎屑岩到碳酸盐岩，沉积环境为陆相和近岸—滨海环境。

曼朱尔（Minjur）组（晚三叠世）：该组主要由砂岩组成，夹有少量砾岩和页岩。曼朱尔组为一套陆相层系，它标志着沉积环境从混合碎屑岩与碳酸盐岩到单一碎屑岩的转变。在露头区的大部分地区，曼朱尔组整合与吉勒赫组之上，不整合与下侏罗统迈拉特（Marrat）组的红色页岩之下。

随着与西部阿拉伯地盾物源区距离的增加，三叠系层系内砂岩含量逐步减少。在阿布扎比，苏代尔组和吉勒赫组以碳酸盐岩为主，曼朱尔组以碎屑岩为主。苏代尔组自下而上构成一个沉积旋回，有白云岩和泥质石灰岩、厚层白云岩（含薄层硬石膏）和页岩及页岩与白云岩的交互层组成，顶部为细粒泥质碎屑岩沉积。吉勒赫组为巨厚的硬石膏—白云岩石灰岩，含脊椎动物化石。

在卡塔尔，三叠系下部称为苏韦（Suwei）组，与苏代尔组相当，由云母页岩、粉砂岩、白云岩、硬石膏和泥质灰岩构成，与吉勒赫组相当。由于卡塔尔隆起的隆升，卡塔尔、阿布扎比海以及迪拜等地区缺失上三叠统曼朱尔组。

在伊朗，早三叠统—中三叠统发育有坎甘（Kangan）组、代师太克（Dashtak）组，沉积环境均为浅海沉积，坎甘组由白云化石灰岩、页岩、白云岩和硬石膏组成；代师太克组由页岩和粉砂质页岩与白云石和硬石膏互层组成。

7. 侏罗系

沙特阿拉伯侏罗系所有地层的名称均源自其出露地点，这些露头位于北纬 18°～25°，东经 37°～45°。

迈拉特（Marrat）组（早侏罗世）：沙特阿拉伯的下侏罗统称为迈拉特组，在其典型露头剖面处（沙特中部），该组可以分为三部分。下部由泥质石灰岩、白云岩、含颗粒灰泥石灰岩和钙质砂岩组成，中部为一套页岩层系夹颗粒质泥灰岩/含颗粒灰质石灰岩，上部以泥质石灰岩为主，见含颗粒灰泥石灰岩和页岩夹层。该组沉积于潮坪、潟湖和浅海环境，与下伏的上三叠统呈不整合接触。

兹鲁迈（Dhruma）组（中侏罗世）：在沙特阿拉伯中部，该组三分特征明显。下部由页岩、膏质页岩组成，夹薄层泥质石灰岩和含颗粒灰泥质石灰岩；中部为一套含颗粒灰泥石灰岩和颗粒灰质泥石灰岩层；上部由泥质石灰岩、钙质页岩和含颗粒灰泥石灰岩组成，夹少量砂岩。该组的岩性横向上不稳定，岩性自北而南从混合的碎屑岩、碳酸盐岩岩系变为碎屑岩岩系，岩性的变化表明碎屑岩源自南边的海卓茫特（Hadhramout）隆起，而非西边的阿拉伯地盾。该组沉积于潮坪、潟湖和浅海—较深海环境，与下伏的迈拉特组呈整合接触。

在卡塔尔，萨金鲁（Sargelu）组（中侏罗世）：该组为边缘海沉积，由泥质石灰岩和钙质页岩组成。伊扎拉（Izhara）组（中侏罗世）：该组为浅水大陆架沉积，由致密泥质石灰岩和白云岩夹少量页岩和泥灰岩组成。迪亚卜（Diyab）组（晚侏罗世）：为开阔海大陆架沉积，由泥质、粉砂质含白云石灰岩和致密灰泥石灰岩组成。

图韦克山（Tuwaiq）组（中侏罗世—晚侏罗世）：该组为生物微晶石灰岩层系，下部地层内富含海绵针和软体生物碎屑岩，上部地层富含珊瑚、地孔虫和藻类，沙特阿拉伯中西部地区的图韦克山组的下部沉积于低能的碳酸盐岩陆架或斜坡环境，上部形成于中—高能量的沉积环境。沙特阿拉伯东部油田区的图韦克山组沉积于水体流通不畅的陆架内盆地环境。该组假整合于兹鲁迈组之上。

哈尼费（Hanifa）组（晚侏罗世）：由泥质石灰岩、颗粒质泥石灰岩/含颗粒灰泥石灰岩和页岩组成，夹蒸发岩、鲕粒石灰岩和球粒石灰岩。该组沉积于较深—深水环境，与下伏图韦克山组呈整合接触。

朱拜拉（Jubailah）组（晚侏罗世）：该组是一套以浅水碳酸盐岩为主的层系，由泥质石灰岩、含颗粒灰泥石灰岩和含颗粒质泥石灰岩组成，夹白云岩。朱拜拉组假整合于哈尼费组之上。

阿拉伯（Arab）组（晚侏罗世）：与其他侏罗系的地层不同，该组出露不好，因此建立典型剖面的依据不是露头而是达曼（Dammam）油田的 Dammam-7 井。在该井处，阿拉伯组厚 127.5m，由互层的含颗粒灰泥石灰岩、泥质石灰岩、白云岩和蒸发岩组成。该组有四个碳酸盐岩地层单元，自下而上依次为 Arab-D、Arab-C、Arab-B 和 Arab-A 段，段与段之间被硬石膏层分开。每段地层以浅海相碳酸盐岩开始，以硬石膏沉积结束。阿拉伯组整合于朱拜拉组之上。

Arab-D 段：该段由部分白云岩化的灰泥石灰岩组成，夹多孔颗粒质泥石灰岩和颗粒石灰岩以及白云岩，向上渐变为块状硬石膏。

Arab-C 段：由部分白云化的颗粒质灰泥石灰岩、薄层部分白云化的泥质石灰岩和含颗粒灰泥石灰岩组成，向上相变为块状硬石膏。

Arab-B 段：以致密泥质石灰岩为主，下部夹薄层含颗粒灰泥石灰岩/颗粒质灰泥石灰岩，向上变为块状硬石膏。

希瑟（Hith）组（晚侏罗世）：主要由硬石膏构成，夹白云岩、灰泥石灰岩和含颗粒灰泥石灰岩，该组整合于阿拉伯组之上。

在阿联酋，中侏罗统发育阿拉杰（Araej）组，沉积环境为较静—静水大陆架，由球粒质灰泥石灰岩，球粒石灰岩、含颗粒灰泥石灰岩和泥质灰泥石灰岩组成。晚侏罗统发育杜汉（Dukhan）组，沉积于陆架内还原盆地相，由富含有机质的灰泥石灰岩，少量颗粒质灰泥石灰岩、颗粒石灰岩和砂糖状白云岩组成。

8. 白垩系

沙特阿拉伯的下白垩统苏马马群可以进一步细分为五个组，自下而上依次为苏莱伊（Sulaiy）组、耶马马（Yamama）组、布韦卜（Buwaib）组、拜亚德（Biyadh）组和舒艾拜（Shu'aiba）组。

苏莱伊组：厚 154～185m，地表的苏莱伊组分为两部分，下部是一套致密结晶石灰岩，上部由颗粒质灰泥石灰岩和含颗粒灰泥石灰岩组成。地下的苏莱伊组分为两部分，下部是一套致密结晶石灰岩，上部由颗粒质灰泥石灰岩和含颗粒灰泥石灰岩组成。该组沉积于潮下—潮间环境，与下伏的希瑟组可能呈假整合接触。

耶马马（Yamama）组：厚 45～150m，地表的耶马马组由球粒—生粒质灰泥石灰岩组成，夹薄层灰泥石灰岩和含颗粒灰泥石灰岩。地下的耶马马组分为两部分，下部为一套致密石灰岩，上部由灰泥石灰岩和含颗粒灰泥石灰岩组成，夹颗粒质灰泥石灰岩。该组沉积于开阔地台、陆架潟湖环境，与下伏的苏莱伊组呈整合接触。

布韦卜（Buwaib）组：厚 11～112m，地表的布韦卜组岩性复杂，为一套页岩、白云岩、颗粒质灰泥石灰岩和灰泥石灰岩的交互层，偶夹石英砂岩。地下的布韦卜组的下部为块状石灰岩，向上过渡为石灰岩与页岩的交互层，顶部为致密石灰岩。该组沉积于极浅海环境，与下伏的耶马马组呈整合接触。

拜业德（Biyadh）组：厚 300～625m，沙特阿拉伯西部的拜亚德组为一套陆相砂、页岩层系，向东过渡为浅海相页岩。

舒艾拜（Shu'aiba）组：厚 25～110m，该组在沙特阿拉伯境内没有出露，主要岩性为浅海块状白云岩，与下伏的拜亚德组呈整合接触。

哈巴山（Habshan）组沉积于高能潮坪，由薄层泥质灰泥石灰岩、含颗粒灰泥石灰岩和泥灰岩组成。莱赫韦尔（Lekhwair）组沉积环境为浅局限滩，由泥质灰岩、含生粒灰泥石灰岩和球粒—生粒质灰泥石灰岩。

波斯湾周边国家（阿联酋、阿曼、卡塔尔、伊拉克和科威特）将中白垩统称为沃希亚（Wasia）群，沙特阿拉伯则称为沃希亚（Wasia）组。沃希亚群发育两个沉积旋回：下部由奈赫尔欧迈尔（Nahr Umr）组和毛杜德（Mauddud）组构成，是一套以碎屑岩为主的层系；上部由瓦拉（Wara）组、哈马迪（Ahmadi）组、鲁迈拉（Rumaila）组、米什里夫（Mishrif）段以及与之相当的地层构成，是一套以碳酸盐岩为主的层系。沙特阿拉伯的沃希亚组可以细分为 7 个段，自下而上依次为海夫吉（Khafji）段、萨法尼亚（Safaniya）段、毛杜德（Mauddud）段、瓦拉（Wara）段、哈马迪（Ahmadi）段、鲁迈拉（Rumaila）段和米什里夫（Mishrif）段。沙特阿拉伯的海夫吉—萨法尼亚段、科威特的布尔干（Burgan）组与中东其他国家的奈赫尔欧迈尔组相当。

如前所述，沙特阿拉伯的中白垩统称为沃希亚组。出露地表的沃希亚组一般由棕—黑色风化砂岩组成，下部夹有红色和绿色页岩，是一套岩性变化很大的陆相—浅海相地层。出露的沃希亚组与下伏的古老地层呈不整合接触，两者间的界面为一区域不整合面。向东，沃希亚组增厚，并且发生迅速相变。在沙特阿拉伯油田区，该组细分为七个层段，其特征简述如下。

海夫吉砂岩段：位于沃希亚的最下部，厚274m，为一套向上变细的层系，由砂岩、粉砂岩和页岩的复杂交互层组成。该组不整合于下伏的舒艾拜组之上，组内的砂岩为曲流河河道沉积，粉砂岩和页岩为洪积平原沉积。

萨法尼亚砂岩段：该段是萨法尼亚油田的重要储集层，厚55～130m。由砂岩和页岩组成，夹砂质泥灰岩、石灰岩和海绿石粉砂岩，沉积环境为海相。

毛杜德石灰岩段：该段为一浅水石灰岩楔体状，一直延伸至鲁卜-哈利亚盆地中部，由纹理状结晶石灰岩组成，夹页岩，其沉积环境为极浅水局限陆架或潟湖—潮坪环境。

瓦拉段：厚约45m，为一套非均质性很强的地层，岩性变化快，西部由砂岩组成，向东向变为页岩和砂岩，再向东到了卡塔尔的以东地区，则由石灰岩组成。在盖瓦尔油田，该组以海岸平原红层、潮坪和三角洲沉积为主。

哈马迪段：厚约70m，由砂岩、页岩和石灰岩组成，沙特阿拉伯西部的哈马迪段为陆相沉积，而中部和东部的哈马迪段则为潟湖—潮坪相沉积。

鲁迈拉段：厚约80m，为一套浅海相石灰岩和页岩层系，与上覆地层一般呈整合接触，但在构造的顶部，如盖瓦尔（Ghawar）、盖格（Abqaiq）和萨法尼亚（Safaniya）等穹窿构造的顶部，鲁迈拉段遭受了剥蚀。

米什里夫段：厚30～140m，下部以石灰岩为主，上部由灰色页岩组成，夹薄层石灰岩和少量砂岩。米什里夫段沉积于浅开阔海和局限海之间的过渡浅海环境，在构造的顶部，如盖瓦尔、盖格和萨法尼亚等穹窿构造，前阿鲁马（Pre-Aruma）发生于晚白垩世阿鲁马群沉积之前，剥蚀作用剥蚀掉了该段的全部或绝大多数地层。

沙特阿拉伯的上白垩统称为阿鲁马（Aruma）组，而非阿鲁马群。该组厚度可达670m，主要由石灰岩组成，夹页岩，阿鲁马组可分为四个地层段：下厄特芝（Atj）段[或赫那瑟/(Khanasir）段]、中厄特芝（Atj）段 [或下哈佳佳/(Hajajah）段]、上厄特芝（Atj）段（或上哈佳佳段）和林那（Lina）段。

在阿联酋，上白垩统发育莱凡（Laffan）组，沉积环境为开阔海，岩性为纹理片状钙质页岩、偶夹泥灰岩夹层；同时发育菲盖组（Fiqa），由钙质页岩、泥质灰泥石灰岩以及含颗粒灰泥石灰岩和泥灰岩组成。下白垩统发育赫提耶（Khatiyah）组，属于开阔海深盆地相，由泥质沥青质灰泥石灰岩、含颗粒灰泥石灰岩和少量颗粒质灰泥石灰岩组成。同时发育伊拉姆（Ilam）组，沉积环境为浅水陆架，由泥质灰泥石灰岩和泥灰岩夹少量生物碎屑石灰岩组成。

在卡塔尔，下白垩统发育拉塔威（Ratawi）组，沉积环境为浅—较深开阔海，由致密泥质石灰岩夹内碎屑石灰岩和球粒石灰岩、泥灰岩或泥灰质石灰岩组成。

在伊拉克，下白垩统发育盖鲁（Garau）组，为潟湖沉积，由砂质鲕粒石灰岩夹泥灰岩，砂岩和少量石灰岩组成。基亚盖若（Chia Gara）组（晚侏罗世—早白垩世），沉积环境为开阔海，由薄层石灰岩、钙质页岩、泥灰质石灰岩和泥灰岩组成。格特尼亚（Cotnia）组（晚侏罗世），为高盐潟湖沉积，由层状硬石膏夹少量钙质页岩、石灰岩和页岩的交互层组成。赦软尼失（Shiranish）组，沉积环境为深水开阔海，由薄层泥质石灰岩和泥灰岩组成。

在科威特，下白垩统发育米纳吉什（Minagish）组由致密石灰岩与泥灰岩和燧石的互层组成，石灰岩偶尔为白云质。下白垩统的祖拜尔（Zubair）为滨岸和部分三角洲沉积，由砂岩夹页岩和少量石灰岩组成。赫赛勃（Khasib）组的沉积环境为深潟湖，由致密碎屑石灰岩夹少量页岩组成。

在伊朗，下白垩统发育盖德万（Gadvan）组的沉积环境为浅海沉积，由生物碎屑石灰岩与泥灰岩、页岩或泥质石灰岩的交互层组成。下白垩统的法利耶（Fahliyan）组为浅水碳酸盐岩陆架沉积，由块状鲕粒球粒石灰岩组成。古尔珠（Gurpi）组的沉积环境为浅海，由硬石膏石灰岩和礁石灰岩组成。萨尔瓦克（Sarvak）组为深海沉积，由泥质、结核—层状石灰岩、生物碎屑石灰岩和结核状燧石组成。

9. 古近系—新近系

沙特阿拉伯的古新统—中始新统构成了哈萨（Hasa）群，为一套典型的浅水台地沉积层系。从沙特阿拉伯到巴林，卡塔尔和西阿联酋，哈萨群的岩性和厚度变化不大，但是跨过科威特和伊朗南部，在台地的边缘附近，地层厚度增大，表明有较深的沉降。在通向盆地沉积区的斜坡上，粉砂岩和砂岩的含量增大，表明其物源区位于西北的扎格罗斯山。

哈萨群的三套地层组的特征如下：

乌姆厄瑞德胡玛（Umm Er Radhuma）组（古新世—早始新世）：该组命名于沙特阿拉伯东部的乌姆厄瑞德胡玛水井。在其典型剖面处，由灰泥石灰岩、含颗粒灰泥石灰岩/颗粒质灰泥石灰岩、白云质石灰岩和白云岩组成。地下乌姆厄瑞德胡玛组的石灰岩经受了强烈的白云化作用，层内的化石表明属于浅海沉积。该组不整合与上白垩统阿鲁马之上。

鲁斯（Rus）组（早始新世）：该组命名于沙特阿拉伯东部达曼穹窿东翼之上一个称为乌姆厄鲁斯（Umm Er Ru'us）的小山丘。主要由微晶（白垩质）石灰岩组成，夹结晶石膏、石英晶球、细晶硬石膏和少量的白云质石灰岩和页岩。鲁斯组整合于乌姆厄瑞德胡玛组之上。

达曼（Dammam）组（中始新世）：该组命名于沙特阿拉伯东部的达曼穹窿构造。由台地碳酸盐岩组成，夹细较碎屑岩（页岩和泥岩）和少量的深灰碳酸盐岩。

沙特阿拉伯的新近系细分为如下地层：

赫爪克（Hadrukh）组（早中新世）：该组的标准剖面位于沙特阿拉伯的杰宝黑达茹克（Jabal al Haydarukh）镇，地层厚约84m，由陆相砂质石灰岩和钙质砂岩组成，夹少量的燧石和石膏。赫爪克组不整合于达曼组之上。

达姆（Dam）组（中中新世）：该组的标准剖面位于沙特阿拉伯的杰卜立丹（Jebel al Lidan）镇，地层厚91m，由泥灰岩、泥岩、石灰岩和生物壳石灰岩组成，夹少量的砂岩夹层。石灰岩和生物壳石灰岩含海相化石，为浅海沉积。该组整合于下伏的赫爪克之上，与科威特和伊拉克南部的盖尔（Ghar）砂岩、伊朗的阿瓦兹（Ahwaz）砂岩相当。

侯弗夫（Hofuf）组（晚中新世—早上新世）：该组的命名源自沙特阿拉伯的奥侯弗夫（Al Hofuf）镇，在其标准剖面处，地层厚95m。下部由浅绿—灰色泥灰岩、红色砾岩和白色石灰岩组成，上部由浅色砂质石灰岩、红色和白色泥质砂岩和灰色泥灰质石灰岩组成。该组为非海相沉积。

卡塔尔的新近系分为如下层系：

下法尔斯（Lower Fars）组（早中新世—中中新世）：该组的典型剖面位于伊朗东南部。在卡塔尔，该组厚约79m。下部由砂质泥灰岩、砂质石灰岩、砂岩和页岩的交互层组成；上部由白垩质石灰岩和泥灰岩组成，中部夹薄层石膏，顶部为砂质石灰岩。

达姆（Dam）组（中中新世）：该组分为上下两部分。下部厚30m，由海相石灰岩和泥岩组成；上部厚约48m，由潟湖相石灰岩和泥岩组成。从沙特阿拉伯到卡塔尔，达姆组的碎屑岩含量减少碳酸盐岩含量增加，岩性的这种变化表明卡塔尔处于一个受海洋影响更大的沉积背景。该组的下部沉积于浅海环境，上部沉积于蒸发浅水环境。

侯弗夫（Hofuf）组（晚中新世—早上新世）：与沙特阿拉伯侯弗夫组的岩性类似，由砂岩、砾岩和少量石灰岩组成。该组沉积于陆相环境，与下伏的达姆组呈整合接触。

阿联酋的新近系分为如下地层：

加奇萨兰（Gachsaran）组（早中新世）：厚约480m，可细分为三部分。下部由硬石膏组成，夹砂质白云岩、泥岩和薄层砂岩；中部由白云质石灰岩、石灰岩、钙质泥岩和泥灰岩组成，夹钙质砂岩、粉砂岩和硬石膏条带；上部由层状硬石膏组成，夹生粒白云岩、白云质石灰岩和泥岩。加奇萨兰组沉积于浅海—较咸水环境，与下伏的阿斯马里组呈整合接触。

米山（Mishan）组（早中新世—中中新世）：在瑞斯—黑马赫亚盆地，米山组细分为三部分。下部由微孔生粒石灰岩和泥岩组成，夹石膏条带和结核、薄层钙质砂岩；中部由松软的泥灰岩组成；上部由贝壳石灰岩组成，夹含石膏结核的薄层泥灰岩。在阿布扎比的海上，米山组厚290m，分为上、下两段。该组整合于加奇萨兰组之上，不整合于上新统砂、砾岩之下。

侯弗夫（Hofuf）组（中新世）：该组仅分布与阿布扎比的西部和中部。地层厚约110m，由固结不好的非海相—海相砂岩组成，夹泥灰岩和薄层湖相石灰岩和石膏。

更新统—全新统沉积物在阿联酋广泛分布，由交错层理钙质砂岩、砂质石灰岩和小栗虫石灰岩组成。近代沉积物包括碳酸盐岩碎屑岩、潟湖白云质泥岩、潮间藻席和潮上萨布哈石膏、硬石膏和盐岩。

在伊拉克，盖尔（Ghar）组为滨海沉积，由砂和砾石夹极少量硬石膏和石灰岩组成。

在伊朗，帕卜德赫（Pabdeh）组为深海盆地沉积，由页岩、泥质石灰岩、泥灰岩和结核状燧石组成。

4.4　石油地质特征

4.4.1　烃源岩特征

鲁卜-哈利次盆地：鲁卜-哈利次盆地有四套比较重要的烃源岩：震旦系胡菲（Khufai）组、上奥陶统—下志留统萨菲格（Safiq）组、上侏罗统杜汉（Dukhan）组和中白垩统史莱夫（Shilaif）组。

中阿拉伯次盆地：在中阿拉伯次盆地及其附近地区，存在众多已知的和潜在的烃源岩，从老至新依次为：震旦系—下寒武统霍尔木兹岩系、奥陶系汉娜蒂尔（Hanadir）

组和若安（Ra'an）组。下志留统阔里巴赫（Qalilbah）页岩段、泥盆系昭夫（Jauf）组、二叠系胡夫组、中生界烃源岩层和新生界烃源岩层，中阿拉伯次盆地的主要烃源岩为古赛巴页岩和中生界生油岩。

4.4.2　储集层特征

鲁卜-哈利次盆地：鲁卜-哈利次盆地发育多套储层，已证实的有 14 层，主要储层分布于白垩系和侏罗系，二叠系也有一些较重要的储层。储层岩性以石灰岩占绝对优势，仅有少量碎屑岩储层。

下白垩统苏马马（Thamama）群的哈巴山（Habshan）组、莱赫韦尔（Lekhwaar）组和舒艾拜（Shu'aiba）组都是储层，其中大部分油气储于舒艾拜组。由于很多油田的储量只划分到苏马马群，而未进一步划分到组，因此苏马马群作为一个储集单元来讨论。苏马马群分布于鲁卜-哈利亚盆地中的广大地区，该组是 63 个油（气）田的储层，其油气储量占次盆地油气总储量的 72.93%。

上侏罗统阿拉伯（Arab）组是鲁卜-哈利次盆地第二重要的储层，它是 51 个油（气）田的储层，其油气储量占次盆地总储量的 15.76%。

中阿拉伯次盆地：中阿拉伯次盆地已发现的油气分布于 50 个储层系内，主要的储层系描述如下：

上侏罗统阿拉伯组石灰岩：这套储层是最重要的原油储层，其原油储量占次盆地原油总储量的 29.7%，天然气储量占天然气总储量的 7.5%。本组不含凝析油，按油气当量计，储于该组的油气占整个次盆地油气总储量的 24.1%。该组是世界最大油田——盖瓦尔油田的储层。

中白垩统布尔干组砂岩：这套储层是第二重要的原油储层，其原油储量占次盆地原油总储量的 12.9%，天然气储量占天然气总储量的 3.7%。本组也不含凝析油，按油气当量计，储于该组的油气占整个次盆地油气总储量的 10.6%。该组是世界第二大油田——大布尔干油田的储层。

上二叠统胡夫组石灰岩：这套储层是最重要的天然气储层，其天然气储量占次盆地天然气总储量的 39.4%，凝析油储量占总储量的 67.2%。本组不含原油，按油气当量计，储于该组的油气占整个次盆地油气总储量的 10.3%。该组是世界最大气田——诺斯气田的储层。

上侏罗统哈尼费（Hanifa）组石灰岩：这套储层是第三重要的原油储层，其原油储量占次盆地原油总储量的 7.5%，天然气储量占天然气总储量的 0.75%。本组不含凝析油，按油气当量计，储于该组的油气占整个次盆地油气总储量的 6.6%。

上石炭统—下二叠统欧奈宰（Unayzah）组砂岩：这套层位也是重要的原油储层，其原油储量占次盆地原油总储量的 6%，天然气储量占天然气总储量的 3.8%。凝析油储量占凝析油总储量的 0.59%，按油气当量计，储于该组的油气占整个次盆地油气总储量的 5.4%。

其他储层的油气储量都达不到油气总储量的 5%，因此不再单独描述。就大的层系而言，侏罗系是最重要的储油层系，其原油储量占次盆地总储量的 40.7%，其次为白垩系（占 35.4%）、古生界（占 18.1%）和三叠系（占 4.5%）。天然气总储量的 54% 和凝析油总储量的 68% 储于古生界储层。

4.4.3　盖层特征

鲁卜-哈利次盆地：鲁卜-哈利次盆地发育多套区域和局部盖层，盖层岩性以页岩为主，另外还有致密石灰岩和硬石膏。

上石炭系—下二叠系豪希（Haushi）群内的层间页岩是该群砂岩储层的局部盖层，上二叠统胡夫（Khuff）组的石灰岩和下三叠统苏代尔（Sudair）组页岩是胡夫组油气藏的盖层。

中侏罗统内的致密石灰岩是中侏罗统阿拉杰（Araej）组储层的盖层，阿拉伯组内的蒸发岩是阿拉伯组的局部盖层，上侏罗统希瑟组是阿拉伯组以及更老储层的区域盖层。下白垩统苏马马（Thamama）群内的致密石灰岩是本群内储层的盖层，中白垩统奈赫尔欧迈尔（Nahr Umr）组页岩为舒艾拜（Shu'aiba）组储层提供了区域盖层。中白垩统毛杜德（Mauddud）组和赫提耶（Khatiyah）组内的致密碳酸盐岩为组内的储层提供了局部盖层。上白垩统莱凡（Laffan）组页岩是中白垩统米什里夫（Mishrif）组的区域盖层，上白垩统菲盖（Fiqa）组页岩构成了下伏上白垩统伊拉姆（Ilam）组的盖层。

古新统—始新统乌姆厄瑞德胡玛（Umm Er Radhuma）组的底部页岩是上白垩统锡姆锡迈（Simsima）组的盖层，中新统下法尔斯组的页岩和蒸发岩构成了阿斯马里组和下法尔斯组石灰岩储层的盖层。

中阿拉伯次盆地：中阿拉伯次盆地具有多套盖层，有些是区域性的，有些是局部盖层。下泥盆统—中泥盆统昭夫（Jauf）组的页岩段是组内储层的区域性盖层，上石炭统—下二叠统欧奈宰组内的页岩是组内砂岩储层的局部盖层，上二叠统胡夫组的致密蒸发岩以及石灰岩和白云岩为胡夫组裂隙碳酸盐岩储层的区域盖层。

下三叠统—中三叠统卡塔尔的苏韦（Suwei）组和其他地区的苏代尔（Sudair）组页岩构成了胡夫组裂隙碳酸盐岩储层的区域性盖层，下三叠统—中三叠统代师太克（Dashtak）组是下三叠统坎甘（Kangan）组储层的半区域性盖层。下侏罗统—中侏罗统的瑟玛（Surmah）组、迈拉特（Marrat）组、兹鲁迈（Dhruma）组和萨金鲁（Sargelu）组内的致密泥质石灰岩和页岩，为同组地层内裂隙碳酸盐岩储层的半区域—区域性盖层。上侏罗统朱拜拉（Jubailah）组的致密石灰岩构成了上侏罗统哈尼费（Hanifa）组碳酸盐岩储层的区域性盖层。下侏罗统阿拉伯（Arab）组内的硬石膏构成了同组石灰岩储层的区域性盖层，提塘期卡塔尔和沙特阿拉伯的希瑟（Hith）组和其他地区的格特尼亚（Gotnia）组的硬石膏，是阿拉伯组顶部石灰岩储层的区域性盖层。

下白垩统苏莱伊（Sulaiy）组和耶马马（Yamama）组的致密石灰岩和页岩是同组石灰岩储层的局部盖层。下白垩统拉塔威（Ratawi）组的页岩和致密石灰岩是伊拉克东南部的下白垩统盖鲁（Garau）组和拉塔威组、科威特和中立区的米纳吉什（Minagish）组碳酸盐岩储层的局部和半区域性盖层。在伊朗西南部，下白垩统盖德万（Gadvan）组的页岩构成了下白垩统拉塔威（Ratawi）组、耶马马（Yamama）和法利耶（Fahliyan）组储层的区域性盖层。在伊拉克东南部、科威特和中立区，下白垩统祖拜尔（Zubair）组内的页岩构成了同组砂岩储层的半区域性盖层。

在科威特、伊拉克和伊朗，中白垩统布尔干（Burgan）组和海夫吉（Khafji）段内的页岩构成了与之交互的砂岩储层的半区域盖层。中白垩统撒法尼亚（Safaniya）段的页岩不仅是同组砂岩储层的半区域性盖层，而且也是下伏石灰岩储层的半区域性盖层。在伊朗西南部和伊拉克东南部，中白垩统毛杜德（Mauddud）组的致密石灰岩是布尔干组和奈赫尔欧迈尔（Nahr Umr）组砂岩储层的半区域性盖层，中白垩统哈马迪（Ahma-di）组的页岩是裂隙发育的毛杜德组石灰岩的区域性盖层。在卡塔尔，上白垩统莱凡（Laffan）组的页岩是中白垩统米什里夫（Mishrif）组的半区域性盖层。

　　上白垩统赫赛勃（Khasib）组的页岩和泥质石灰岩是米什里夫组的区域性盖层。上白垩统阿鲁马（Aruma）组的致密石灰岩是组内石灰岩储层的局部盖层，其底部的页岩是米什里夫组石灰岩储层的局部盖层。上白垩统古尔珠（Gurpi）组的页岩为中白垩统萨尔瓦克（Sarvak）组和上白垩统伊拉姆（Ilarn）组的碳酸盐岩储层提供了区域性盖层。

　　始新统鲁斯（Rus）组的硬石膏是下伏乌姆厄瑞德胡玛（Umm Er Radhuma）组顶部石灰岩储层的区域性盖层，乌姆厄瑞德胡玛组内的硬石膏构成了同组内石灰岩储层的区域性盖层。中新统加奇萨兰（Gachsaran）组的蒸发岩是阿斯马里石灰岩储层的区域性盖层，中新统下法尔斯组蒸发岩为盖尔（Ghar）组砂岩储层提供了区域性盖层（白国平，2007）。

4.4.4　油气运移

　　在中阿拉伯次盆地，储于上石炭统—下二叠统欧奈宰（Unayzah）组的油气源自下志留统古赛巴（Qusaiba）段烃源岩。在中阿拉伯隆起和其东南侧的鲁卜-哈利亚盆地，这套烃源岩最早于卡洛期（中侏罗世晚期）开始生油，在埋藏较浅的地区，开始生油的时间为土伦期（中白垩世晚期）（Abu Ali et al., 1991）。最早的生气时间为早白垩世或土伦期。据 Bishop（1995）的研究，波斯湾海域的志留系烃源岩于三叠纪开始生油，于中侏罗世—晚侏罗世开始生气。而鲁卜-哈利亚盆地内的志留系烃源岩则于晚白垩世开始生油，于中新生代—晚新生代开始生气。

　　上二叠统胡夫组和中三叠统吉勒赫（Jilh）组的烃源岩于阿林期（中侏罗世初期）—提塘期（晚侏罗世晚期）开始生油（Lijmbach et al., 1992）。中侏罗统萨金鲁组生油岩于土伦期—马斯特里赫特期开始生油（Stoneley, 1990）。中侏罗统兹鲁迈组和阿拉杰组的生油岩在土伦期时开始生油，在马斯特里赫特期和古新世早期生油达到高峰。早中新世之后，中侏罗统烃源岩开始生气。上侏罗统烃源岩的生油时间为晚白垩世—始新世。

　　下白垩统烃源岩开始生油的时间早为古新世—始新世，晚为中新世（Stoneley, 1990）。中白垩统卡兹杜米生油岩于早中新世开始生油，鲁卜-哈利亚盆地东部的中白垩统赫提耶（Khatiyah）生油岩从早中新世开始生油。

　　Stoneley（1994）认为古近系—新近系帕卜德赫（Pabdeh）组生油岩的生油时间不会早于晚中新世，而且只在扎格罗斯盆地的最深处，这套生油岩才具有足够的埋深，从而成熟生油。

　　正断层和相关的裂隙系统是油气运移的垂向通道。在中阿拉伯次盆地，油气垂向运移的距高可达千米以上，如中侏罗统源岩生成的油运移了约 1500m 的垂直距离之后，才在上侏罗统储层内聚集成藏（Ayres et al., 1982）。由于该次盆地的构造平缓、输导层物性良好，因此水平运移距离可以很长。Stoneley（1990）认为科威特和伊拉克南部中白垩统布尔干组砂岩储层内的油源自扎格罗斯盆地的中白垩统卡兹杜米组生油岩，油气的水平运移距离约200km，砂岩构成了水平运移的输导层。

在中阿拉伯次盆地的一些油田里，有大量的证据表明一些年轻储层的油藏为次生油藏，这些次生油藏是油从老储层向年轻储层再次运移的结果。在巴林的阿瓦利（Awali）油田，中侏罗统生油岩生成的油在古近纪充注于上侏罗统储层中，晚新生代运动破坏了盖层的封闭性，结果储于上侏罗统的油气发生再次运移，在白垩系储层内重新聚集成藏（Chaube 和 Al Samahiji，1994）。相关的地化资料（Beydoun et al.，1992）阐明了扎格罗斯盆地内中白垩统—中新统储层的油均源自中白垩统卡兹杜米组生油岩。构造裂隙在不同构造阶段反复开启闭合为油气再次运移提供了通道，从而聚集于深层储层的油气能够再次向上运移，在更年轻的储层内聚集成藏。扎格罗斯盆地的这种成藏模式可能也适用于相邻的中阿拉伯次盆地。

4.4.5　含油气系统

鲁卜-哈利次盆地：鲁卜-哈利亚盆地内的油气归属于四个含油气系统：霍尔木兹（Hormuz）群、萨菲格（Safiq）组、迪亚卜（Diyah）组和史莱夫（Shilaif）组含油气系统。

霍尔木兹岩系含油气系统：霍尔木兹岩系存在于伊拉克的东南部，即北部海湾盐盆。该套地层在鲁卜-哈利次盆地被认为是重要的烃源岩，因为中生界生油岩不足以提供盆内的油气（Grantham et al.，1998）阿曼盆地中与之相当的生油岩层为侯格夫（Huqf）群胡菲（Khufai）组的沥青质白云岩（Gerin et al.，1982），通过类比可知该地层亦存在于北部海湾盐盆。在蒸发盐盖层未受破坏的地方输导层为白云岩，但在蒸发盐范围以外，输导层则为更年轻的地层，这些地层具有原生和次生孔隙。系统很可能包括古生界储层 [赛克（Saq）组、哈勃（Khabou）组和泰布克（Tabuk）组和与它们相当的地层]，盖层为层间页岩。因埋深足够大，因此生油岩的成熟度没有问题。伊拉克广泛存在油气苗，这表明石油由老储层到新储层的再次运移，该系统今天仍然活跃。本系统很可能分布于邻近北部海湾盐盆的地方，也可能出现于几乎没有勘探的维典亚盆地。

萨菲格（Safiq）组含油气系统：萨菲格组海相页岩为烃源岩，输导层很可能是豪希（Haushi）群碎屑岩，唯一肯定的储层是豪希群，盖层是豪希群内的页岩。何时达到成熟临界值尚无定论，据 McGillivaray 和 Husseini（1992）的推测，萨菲格组生油岩的生油时间为晚白垩世—古近纪。该系统出现于鲁卜-哈利亚次盆地的阿曼部分，在阿曼盆地的西部可能也有分布。

迪亚卜（Diyah）组含油气系统：烃源岩为迪亚卜组的沥青质海相陆架内盆地相泥质石灰岩。这套烃源岩在阿曼盆地内没有分布，而是出现在其西北边的鲁卜-哈利亚盆地内，输导层为横向上与烃源岩层相当的孔渗陆架石灰岩。与本系统有关的唯一肯定的油藏为舒艾拜组油藏，在 Lekhwair 油田和 Al Bashair-1 发现井，舒艾拜组储层内的油源自迪亚卜组生油岩。奈赫尔欧迈尔（Nahr Umr）组为该系统的盖层。在阿曼盆地，这一系统只出现于费胡德（Fahud）盐盆。

史莱夫（Shilaif）组含油气系统：生油岩为中白垩统史莱夫组的沥青质石灰岩，输导层为中白垩统米什里夫（Mishrif）组和与之相当的其他渗透性地层，也很可能包括断层和裂隙带。储层包括米什里夫组、上白垩统伊拉姆（Ilam）组以及更年轻的白垩系和古近系储层。

中阿拉伯次盆地：中阿拉伯次盆地的震旦系—始新统层系内发育多套烃源岩，因此也存在多个含油气系统，这些含油气系统有的是推测的，但大多数是已经证实存在的。

震旦系含油气系统：该含油气系统在中阿拉伯次盆地尚未证实，其存在是根据与阿曼盆地的类比，展布范围对应于南海湾盐盆的分布范围。烃源岩是霍尔木兹（Hormuz）群中富含有机质的碳酸盐岩。输导层是碳酸盐岩源岩自身，在霍尔木兹盐岩缺失的地方，上覆于霍尔木兹群之上的寒武系—下奥陶统赛克（Saq）组及与其相当的地层为输导层。最老的储层为沉积于南海湾盐盆的震旦系碳酸盐岩。Grantham 等（1988）认为中生界烃源岩的体积有限，不足以生成波斯湾地区储于中生界储层的那么多油气，因此推测中生界储层的油实际上源自震旦系。不过我们认为这种可能性不大，一是因为这套烃源岩在中阿拉伯次盆地的生烃潜力有待研究，二是缺少充分的油气垂向运移通道。

震旦系含油气系统的盖层为霍尔木兹群内的蒸发岩，但在这套蒸发岩系未发育的地区油气可充注至更年轻的储层，胡夫组、希瑟组、格特尼亚组和加奇萨兰组构成了区域性盖层。有限的地化数据表明霍尔木兹群烃源岩从早古生代起开始生油，圈闭在烃源岩沉积时就已存在，并一直持续生长至今，波斯湾东北侧的圈闭从晚中新世开始受到扎格罗斯造山运动的影响。

该含油气系统不同储层的成藏期受控于有效封堵层形成的时期，古生界油气藏的充注时间为晚二叠世，中生界油气藏的充注时间为中生代。

下志留统古赛巴（Qusaiha）段含油气系统：烃源岩为下志留统阔里巴赫（Qalilbah）组的古赛巴（Qusaiba）段的海相页岩。输导层包括阔里巴赫组的沙若伍若（Sharawra）段、上志留统—下泥盆统太维尔（Tawil）段（组）、中泥盆统—上泥盆统昭夫（Tauf）组、下石炭统勃沃斯（Berwath）组和上石炭统—下二叠统欧奈宰（Unayzah）组。中阿拉伯次盆地欧奈宰组储层的油是唯一肯定来自古赛巴段生油岩的油，油的硫含量只有0.06%，而阿拉伯组油藏中的硫含量为 0.54%，这表明阿拉伯组内的油不可能来自古赛巴生油岩，而是源自其他的生油岩。欧奈宰组内的页岩构成了盖层，胡夫组的致密碳酸盐岩也是可能的盖层。

如前所述，古赛巴烃源岩于卡洛期—土伦期开始生油，但在埋深较浅的地区，生油时间也许更晚，甚至尚未成熟。圈闭形成于三叠纪—早侏罗世（McGillivary 和 Husseini，1992），由于基底断裂重新活动，因此还有形成更晚的圈闭。欧奈宰（Unayzah）组储层可以圈闭古赛巴组生成的石油，如果油气的生成时间晚于欧奈宰组圈闭形成的时间，那么侏罗系—白垩系储层也可圈闭古赛巴组生成的石油。

侏罗系含油气系统：侏罗系广泛分布的生油层构成了中阿拉伯次盆地重要的生油层。由于这些烃源岩遍及侏罗系层系，而且生油岩之间没有主要盖层分割，因此侏罗系被看做为一个统一的含油气系统。烃源岩包括沙特阿拉伯、中立区和科威特的下侏罗统迈拉特（Marrat）组、卡塔尔和阿联酋的中侏罗统伊扎拉（Iahara）组、伊拉克和科威特的中侏罗统萨金鲁（Sargelu）组、沙特阿拉伯的中侏罗统兹鲁迈（Dhruma）组、卡塔尔和阿联酋的中侏罗统阿拉杰（Araej）组、沙特阿拉伯的中侏罗统—上侏罗统图韦克山（Tuwaiq）组、卡塔尔和阿布扎比的上侏罗统迪亚卜（Diyab）组、沙特阿拉伯的上侏罗统哈尼费（Hanifa）组和朱拜拉（Jubailah）组。输导层为烃源岩自身的微裂隙，还有层间的石灰岩夹层和上覆及下伏的孔渗石灰岩。储层包括所有的侏罗系储层，在希瑟组盖层不完备的地区，还很可能包括年轻的储层。区域性盖层为希瑟组和格特尼业组的蒸发岩。

中阿拉伯次盆地侏罗系生油岩的油气生成时间不确定，通过与邻区类比，我们推测其生油时间一般为晚白垩世—古近纪。众多圈闭位于隆升的霍尔木兹盐底辟之上，因此圈闭在生油岩沉积时就已存在，随后这些圈闭持续生长至今。波斯湾东北边的圈闭从晚中新世开始受到扎格罗斯造山运动的影响。油气成藏期受控于生油岩的演化程度，最早充注时间可能为晚白垩世。

下白垩统苏莱伊（Sulaiy）和法利耶（Fahliyan）组含油气系统：中阿拉伯次盆地的苏莱伊和法利耶组与扎格罗斯盆地伊拉克地区的下侏罗统—下白垩统基亚盖若（Chiatiara）组层位相当，它们共同构成了一个混合含油气系统。生油岩为伊拉克东南部、科威特和沙特阿拉伯的苏莱伊组和伊朗的法利耶组的海相页岩。输导层为发育微裂隙的烃源岩自身，层间石灰岩与砂岩薄层，还有上覆的下白垩统耶马马（Yamama）、拉塔威（Ratawi）、米纳吉什（Minagish）和盖鲁（Garau）组。储层包括上侏罗统格特尼亚（Cotnia）组之上的所有白垩系储层。区域盖层为上白垩统赦软尼失（Shiranish）组，在其缺失的地方，下法尔斯组蒸发岩则构成了区域盖层。

下白垩统生油岩的生油期为古新世—始新世，圈闭的形成时间同侏罗系含油气系统的圈闭形成时间一样。因此石油充注期主要为古新世—始新世。中白垩统卡兹杜米组含油气系统：生油岩为卡兹杜米组海相页岩，输导层为横向上与之相当的奈赫尔欧迈尔（Nahr Umr）和布尔干（Burgan）组砂岩，储层包括伊朗的萨尔瓦克（Sarvak）组、伊拉姆（Ilam）组和阿斯马里（Asmari）组，科威特、伊拉克东南部和中立区的奈赫尔欧迈尔组和布尔干组。生油岩于中新世开始生油，圈闭的形成时间与其他两个中生界含油气系统相同，因此油气成藏期不会早于中新世。

总体而言，下列因素控制着中阿拉伯次盆地的油气分布特征。

（1）震旦系—上白垩统层系内发育了多层烃源岩，这些烃源岩在区域分布上可相互叠置。

（2）中生代期间，地台非常广阔而且构造活动平静，周而复始的海进和海退产生了多个生储盖旋回，中生界储层分布相当广泛。

（3）在科威特和伊拉克东南部，古近系—新近系储层内的油气非常有限，且可能来自局部早期成熟的烃源岩，在伊朗的西南部也是如此，因此古近系—新近系储层可能是中白垩统卡兹杜米（Kazhdumi）组含油气系统的一部分。

4.5　油气资源分布

4.5.1　油气勘探开发简史

1. 沙特阿拉伯地区

1933 年 5 月，雪佛龙公司从加州阿拉伯石油标准公司（CASOC）获得沙特阿拉伯地区的油气资源开采权。Ahu Hadriya 和 Abqaiq 油田被发现两年后，1938 年 Dammam 油田被发现。1948 年 Ghawar 大油田也被发现，该油田至今仍是世界上最大的常规油田。Abqaiq 油田的构造通过地质地表测绘、浅钻井和重力测量数据描绘出来。1940 年 10 月，Abqaiq 油田的发现井 Abqaiq-1 井开钻，钻至上侏罗统的 Arab-D 组，日产量达 9720Bbl/d。1941 年钻了四口评价井，1946 年上侏罗统 Arab-D 组第一次投产。1944 年 CASOC 改名为 ARAMCO（阿美石油公司），1976 年沙特政府买下了 ARAMCO 所有的股份，于是沙特政府拥有了这个国家的油气储量和基础设施的所有权。上侏罗统 Hanifa 油藏于 1947 年发现，1954 年第一次投产。

2. 卡塔尔地区

卡塔尔的油气勘探活动始于 1931 年，当时英国—伊朗石油公司进行了一项国家级的详细地质调查，确定了 Dukhan 油藏地表背斜为最具有前景的地质构造。1935 年获得 Dukhan 整个陆上区域的勘探特许权，英国—伊朗石油公司联合成立卡塔尔石油公司。1938～1940 年，在卡塔尔钻了第一口油井——Dukhan-1 井，并在上侏罗统 Arab 组碳酸盐岩地层钻出石油（Alsharhan 和 Nairn，1994）。1952 年，壳牌海外勘探公司获得卡塔尔所有近海地区的油气开采许可权（AL-Siddiqi 和 Dawe，1994）。1953 年，壳牌公司首次获得重力和地震勘探权。与此同时，1954～1955 年毗邻阿联酋近海岸，D'Arcy 石油公司（后来称为 BP）收集到地震勘探数据并发现 Umm Shaif、El Bunduq 和 Zakum 构造。1959 年在 Idd El Shargi 构造上钻出卡塔尔第一口海上商业油井。接着，1963 年发现了 Maydan Mahzam 油田，1969 年发现了 Bul Hanine 油田。1971 年伊朗的海上边界被重新划分，Bul Hanine 油田被划入卡塔尔。同年，卡塔尔的大型 North 油田被壳牌卡塔尔分公司发现，随后地震数据的使用发现该油田延伸到伊朗水域。1989 年，Elf Aquitaine 被任命为区块 6 的开发商（后来成为全部区块的开发商），区块 6 包括 Al Khalij 油田当前区域，1991 年转让该区块的 45% 给 Agip 公司。Al Khalij 油田的勘探区通过 2D 地震勘测区域的振幅异常来界定。Mishrif 组内部的一个地震水平叠加剖面是由无缺失构造的 Laffan 组页岩不整合侵入形成的多孔灰岩反射形成的。1991 年，完钻了发现井 ALK-1 井。在 Mishrif 组钻遇 41m 油柱，从 1/2 英寸油嘴处测得日产量为 1600Bal/d（Beckman，2003）。1993 年，钻了六口探边井，地震数据证实整个勘探区都是高产的（AL-Siddiqi 和 Dawe，1999）。2002 年，Agip 公司放弃对该区域的勘探开发。

3. 阿联酋地区

1936 年，对阿布扎比进行了第一次详细的地质调查（Hajash，1967）。3 年后，特鲁西尔海岸石油开发公司理论上拥有阿联酋第一个油气资源开采权。覆盖面积包括所有的陆上区域和部分滨海区域。早期地球物理勘探得出的结论显示，阿布扎比的大部分地区被盐滩和风沙覆盖。1940～1950 年，经过广泛的重力和磁力勘探解释了地下广泛的构造趋向。1949 年进行第一次地震勘探，从沿海地带开始，最终到 1960 年跨越阿布扎比的大部分地区。尽管在 1950 年已经钻了第一口井，但直到 1954 年才第一次在 Bab 油田发现了商业油气。1965 年，特鲁西尔海岸石油开发公司更名为阿布扎比石油公司（ADPC），2002 年又更名为 APRC。1965 年 5 月，Abu Jidu-1 井发现 Asab 油田，该井钻于 Shah-Asab-Sahil 构造走向上。在下白垩统 Kharaib 组发现纯净的轻质原油（Thamama B 层和

C 层），一直延伸到上侏罗统，总深度达 11388ft（Alsharhan, 1993）。油田起初名为 Abu Jidu，后来的钻井将该油田分成了两个不同的构造体系，随后分别称为 Asab 和 Shah 油田。1996 年在 Asab 构造上钻了四口评估井。1973 年，该油田初期日产量为 3.5×10⁴Bbl/d。

4. 科威特地区

1920~1930 年，Anglo-Persian 石油公司通过钻浅井进行了进一步勘探。这些勘探工作证实了沥青渗出和天然气渗漏，随后在三个地方打了初探井。对该地区的勘探源于 1932 年 Bahrain 岛大量油气的发现。两年后，海湾石油公司（后来为雪佛龙）和 Anglo-Persian 石油公司的合资企业科威特石油公司（KOC）成功签订了覆盖整个科威特地区长达 75 年的油气开采权。1936~1937 年，科威特石油公司（KOC）在沥青渗出的科威特北海岸钻了的第一口探井 Bahrah-1 井。这口井虽然是干井，但是在随后的重力和磁力勘探、地震反射结果显示 Burgan 地表是一个前景较好的含油气构造。1938 年，科威特石油公司钻入该构造后，在巨型 Burgan 油田的白垩系砂岩层发现了原油，1946 年该油藏投产。1952 年相继在 Magwa 和 Ahmadi 油田发现原油，1955 年 Raudhatain 油田发现，1956 年 Bahra 油田发现，1958 年 Sabrivah 油田发现，1959 年 Minagish 油田发现。Minagish-1 井是在地质勘探证明所有油区前景较好的基础上开钻的，勘探层位包括所有含油层和侏罗系 Arab 组地层。该井测试下白垩统 Minagish 含鲕粒层段日产量为 1×10⁴Bbl/d，原油密度 34°API（Carman, 1996；Alsharhan 和 Nairn, 1997）。1963~1964 年，在白垩系 Burgan 组、Wara 组碎屑岩层和白垩系 Mishrif 组石灰岩层发现石油，并且分别于 1983 年和 1985 年在侏罗系 Marrat 组和 Sargelu/Najmah 组碳酸盐岩层发现石油。到 1996 年，通过在 60km 内布置 2km×1km 的不规则网格和 56 口井进行地震测试，最终确定 Minagish 构造，其中有 14 口井已经钻至下侏罗统 Marrat 组地层（Carman, 1996）。1996 年，三维地震勘探遍及该油田，面积达 225km²。1998 年在以主要注入井为中心的 24km 范围内进行了四维地震勘探。2001 年，西 Minagish-3 探边井（WMN-3）在 Sargelu/Najmah 组和 Marrat 组地层 1500ft 处完钻。这口井显示，该油藏的储量比预期储量要大，测试产量为 8000Bbl/d。2002 年，南 Minagish-2 探边井（SMN-2）测试 Marrat 油层组平均日产量为 6547Bbl/d，平均气油比为 749SCG/STB。

5. 叙利亚地区

1934 年，叙利亚地区油气勘探工作开始，由伊拉克石油公司的下属公司叙利亚石油公司（SPC）勘探油区东北部。1934~1937 年，在 Gebel-Jebissa 山海拔最高点 1286ft 处依靠地质填图发现了 Jebissa 构造（Metwalli et al., 1972）。1939 年，SPC 钻了第一口深井。1940 年，完成了 Jebissa-1 井，在中中新统碳酸盐岩钻遇油气，但由于地处偏远，当时被认为没有商业价值。1941 年完成了 Jebissa-2 井，在 Jeribe 组发现干气，并在中新统地层中发现含水石油。1949 年，完成了 Jebissa-3 井，目标为白垩系地层，发现油气显示。1951 年 SPC 已钻了 28 口干井，同时将油气开采权交给了叙利亚通用石油公司（SGPC）。1968 年在 Jebissa 构造钻了两口井：Jebissa-4 井，测试中新统 Jeribe 组有少量石油；Jebissa-5 井，钻遇了与三叠系 Kurrachine 油藏类似的 Jubaissah 油藏（Metwalli et al., 1974）。Jubaissah 油田的发现井 Jebissa-1 井后来被重新作为生产井开发。Jebissa-1 井测试 Jeribe 组天然气日产气量为 2300×10⁴ft³/d，下中新统 Dhiban 组日产油量 2800Bbl/d。

到 1971 年中期，Jubaissah 油田的十口井已经发现了三叠纪到中新世七个层位的产层。Jeribe 组为该油田主要产层，产量占石油可采储量的 55%。

4.5.2　油气资源及分布特点

根据 BP 世界能源统计数据 2013 统计表制作了阿拉伯盆地石油/天然气可采储量、产量年度变化直方图如图 4-8～图 4-11 所示。

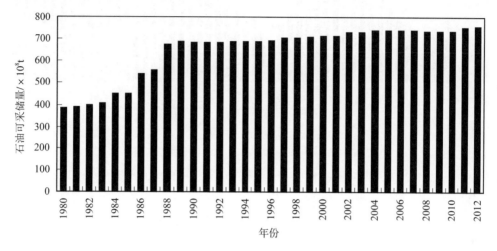

图 4-8　阿拉伯盆地石油可采储量年度变化直方图

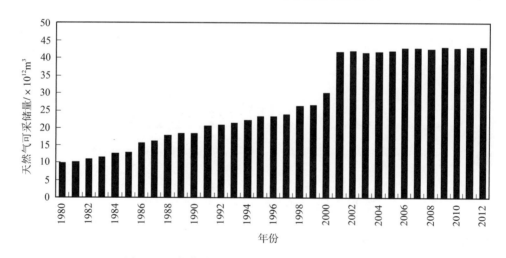

图 4-9　阿拉伯盆地天然气可采储量年度变化直方图

结合直方图可以看出，1980～1998 年阿拉伯盆地的石油可采储量呈明显上升趋势，在 1988～2012 年成稳步增长趋势。至 2012 年石油可采储量达到 7552×10^8Bbl。1980～2001 年天然气可采储量上升幅度较大，随后呈现稳步上升趋势，截至 2012 年天然气可采储量达到 430×10^8m³。

由石油产量直方图 4-10 可以看出，阿拉伯盆地石油产量随时间变化波动幅度较大，1965～1979 年产量增长迅速，在 1979 年达到顶峰，年产量为 8×10^8t。随后产量大幅下滑，在 1985 年降到最低 6620×10^4t。在 1985～1989 年开始陆续恢复生产，产量稳步增

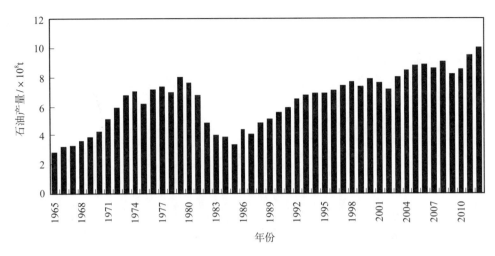

图 4-10　阿拉伯盆地石油产量年度变化直方图

加。1990～2012 年石油产量总体上呈增长趋势，但是在 2001 年和 2009 年出现了短暂的下降。

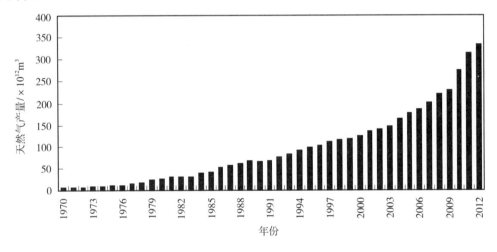

图 4-11　阿拉伯盆地天然气产量年度变化直方图

由天然气产量直方图 4-11 可以看出，阿拉伯盆地天然气产量随时间变化总体呈现上升趋势，1970～1976 年天然气产量上升但上升幅度较小，1981～1984 年天然气产量出现小幅度下降。1985～1991 年天然气产量上升但是上升幅度较小，从 1991 年开始产量急剧上升直至 2012 年以后。

4.5.3　典型油气田

阿拉伯盆地受基底断块运动和深部盐岩运动的影响，盆地北部发育南北向的长垣和隆起带，形成羽状排列的构造带，这些构造在成因上多具有长期继承性，有利于油气的聚集。这也是中东油气最富集的地区。

阿拉伯盆地主要的油气田分布在中阿拉伯盆地和鲁卜-哈利盆地，油气田分布具体位置如图 4-12 所示。

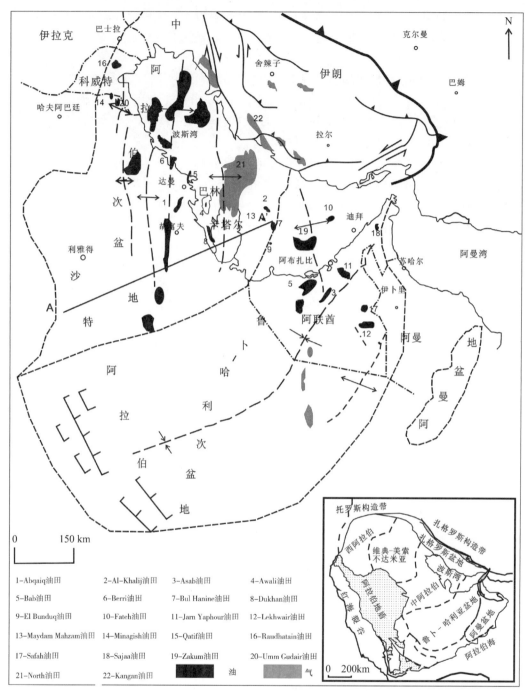

图 4-12　阿拉伯盆地油气田位置及油气资源分布

　　鲁卜-哈利亚盆地内已发现 135 个油气田，探明石油（包括凝析油）储量约 $8.81\times$
$10^{10}Bbl$ 当量，天然气约 $4.8\times10^{12}m^3$，合计约为 $1.2\times10^{11}Bbl$ 当量。油气丰度为 $1.2\times10^6Bbl/km^2$
（包括凝析油）和天然气 $6.5\times10^6m^3$ 或 $1.6\times10^5Bbl/km^2$ 当量。

　　在鲁卜-哈利次盆地西半部分，有大量的厚的古生代层段未测试过，而次盆地的东部，与之对应的层位：下白垩统油藏在 Shaybah 油田被发现，上侏罗统油气藏在 Ramlah 和 Kidah 油田被发现，该次盆地内最大油田是阿布扎比的 Zakum 油田，最大的气田是阿布扎比的 Umm Shaif 气田。

中阿拉伯区中阿拉伯次盆地已发现 109 个油气田，探明石油（原油和天然气液）储量 4.22×10^{11}Bbl，天然气储量 2.1×10^{13}m³，合计为 5.46×10^{11}Bbl 当量。油气丰度为 8.56×10^5Bbl/km²（包括凝析油）和 4.2×10^7m³ 气，或 1.1×10^6Bbl/km³ 当量。该次盆地是中东油气区油气最富集的地区，面且油气丰度也最大。

在阿拉伯盆地，主要的油气产层为侏罗系和白垩系，非伴生天然气的产层为二叠系。大部分位于沙特阿拉伯东部、科威特、伊拉克南部、巴林、卡塔尔和阿联酋等地。

阿拉伯盆地内已探明原油储量 7.6×10^{10}t，主要储油层为白垩系和侏罗系，次要储集层为古生界和三叠系储集层。白垩系储集层内的原油探明储量为 4.46×10^{10}t，占该盆地原油探明总量的 58.6%。侏罗系储集层内的原油探明储量为 3.04×10^{10}t，占盆地总量的 40%。其余的 1.07×10^9t（1.4%）原油储于古生界、三叠系、古近系和新近系储集层。该盆地已探明天然气储量 3.73×10^{13}m³（其中非伴生气 1.47×10^{13}m³），主要储气层为胡夫组、侏罗系和白垩系，它们的天然气探明储量分别占该盆地探明天然气总储量的 42.5%、31.6% 和 24.6%，其余的 1.3% 储于古生界储集层。非伴生气的 95% 以上储于胡夫组。

据不完全统计，阿拉伯盆地共有油气田约 400 个，大的油气田主要有 Zakum、Greater Burgan、Awali、Minagish 等。阿拉伯典型碳酸盐岩油气田特征如表 4-1 所示。

表 4-1　阿拉伯盆地典型碳酸盐岩油藏特征一览表

油藏名称	构造类型	主力产层	系	沉积特征	储层特征					储量特征			
					岩性特征	空隙类型	孔隙度/%	渗透率/mD	储层结构	原油地质储量/10⁸Bbl	原油可采储量/10⁸Bbl	天然气地质储量/10⁸m³	天然气可采储量/10⁸m³
Zakum	盐底刺穿隆起	Shu'aiba	白垩系	碳酸盐内陆台地/台地边缘	海藻粒屑灰岩,有孔虫粒屑灰岩,玄武质泥岩	粒间孔	23	60	层状-块状	640	212.25	—	3679
Shaybah	双倾伏背斜	Shu'aiba	白垩系	潟湖,开阔浅海	灰质粒灰岩,泥质粒灰岩,粒泥灰岩和泥岩	白垩质微孔	23	15	锯齿状	143	70	7075	—
Sirri	弯隆构造	Ilam	白垩系		泥灰岩-粒灰岩	—							
	弯隆构造	Mishrif	白垩系	浅海盆地	厚壳蛤粒灰岩,颗粒灰岩和浮石	—	20	15	锯齿状	47.72	13.3	—	—
Bul Hanine	弯隆构造	Arab-D	侏罗系	碳酸盐岩大陆架	泥质泥粒灰岩和白云质泥岩	颗粒石灰岩的粒间孔隙	13~23	1000~3500	层状-块状	27	16	1981	1525
	弯隆构造	Uwainat	侏罗系	浅海碳酸盐岩大陆架	粒屑灰岩,泥质	颗粒石灰岩的粒间孔隙度	22.7~25.6	100~1000	层状-块状				
Fateh	脊部层蚀的状开弯穹质	Mishrif	白垩系	碳酸盐岩大陆架	厚壳蛤-青骼粒泥灰岩,泥粒灰岩和粒状灰岩	溶解多孔,介质和特模孔隙	20~25	50	水平层状	40.2	22.1	—	523

油藏名称	构造类型	主力产层	系	储层特征						储量特征			
				沉积特征	岩性特征	空隙类型	孔隙度 /%	渗透率 /mD	储层结构	原油地质储量 /10⁸Bbl	原油可采储量 /10⁸Bbl	天然气地质储量 /10⁸m³	天然气可采储量 /10⁸m³
Qatif	双倾伏背斜	Arab-C	侏罗系	碳酸盐岩大陆架	主要为粒屑灰岩，其次有石灰岩、白云质石灰岩	粒间孔隙	12~31	202	层状-块状	188	60~85	—	1358~3254
	双倾伏背斜	Arab-D	侏罗系	碳酸盐岩大陆架	主要为粒屑灰岩，其次有石灰岩、白云质石灰岩	粒间孔隙	5~26	310	—				
Umm Al Dalkh	拉升弯顶	Mishrif	白垩系	碳酸盐岩大陆架	中~粗粒度的厚壳蛤单元粘结灰岩，生物扰动的有孔虫小球状泥岩粒泥灰岩	多孔介质和铸模孔隙	23	57	块状	83	18	—	16.98
Greater Burgan	双倾伏背斜	Wara	石炭系	三角洲	石英砂岩、粉砂岩、泥岩互层	粒间孔隙	24	100~500	层状	1900	500~870	—	12876
		Burgan	白垩系		石英砂岩、粉砂岩、泥岩互层	粒间孔隙	25~30	4000	锯齿状				
Jarn Yaphour	双倾伏背斜	ThamamaB	白垩系	碳酸盐岩大陆架	膏簪状泥粒灰岩和粒屑灰岩，或泥岩	粒间孔隙	4~25	0.2~118	层状	50	16	4952	—

续表

油藏名称	构造类型	主力产层	系	沉积特征	储层特征					储量特征			
					岩性特征	空隙类型	孔隙度/%	渗透率/mD	储层结构	原油地质储量/10^8Bbl	原油可采储量/10^8Bbl	天然气地质储量/10^8m^3	天然气可采储量/10^8m^3
Jarn Yaphour	双倾伏背斜	ThamamaA	白垩系	—	骨骼状泥粒灰岩和粒屑灰岩，或泥岩	粒间孔隙	—	—	—	—	—	—	—
		BabMb	白垩系	—	骨骼状泥粒灰岩和粒屑灰岩，或泥岩	粒间孔隙	—	—	—	—	—	—	—
Al Khalij	底辟盐丘	Mishrif	白垩系	台地边缘	灰岩，粒屑灰岩，粒泥灰岩	孔洞铸模孔裂缝	20~30	50~300	层状-块状	—	—	5660	—
Al Shaheen	断块背斜	Nahr Umr	白垩系	—	致密石英砂岩	晶间孔隙							
		Kharaib	白垩系	—	白垩质灰岩	基质孔隙	30	1500	层状-块状	170	10~42.5	—	—
		Shu'aiba	白垩系	—	灰岩	铸模孔洞							
Awali	双倾伏背斜	Mauddud	白垩系	碳酸盐岩大陆架	粒屑灰岩，瓦克灰岩，粒泥灰岩，泥粒灰岩	溶蚀孔洞	25	63	连续层状	573	35	—	7075
El Bunduq	弯隆背斜	Arab-D	侏罗系	潟湖	灰泥岩，白云岩	晶间孔隙	14~20	1~25	连续层状	50	27	—	141
		Arab-C	侏罗系	潟湖	生物碎屑岩和灰岩	铸模孔							
Umm Gudair	狭长背斜	Minagish Oolite	白垩系	碳酸盐岩斜坡/三角洲	生物碎屑岩，粒状灰岩	粒间孔隙	22	245	层状-块状	—	—	—	—

续表

油藏名称	构造类型	主力产层	系	沉积特征	储层特征					储量特征			
					岩性特征	空隙类型	孔隙度/%	渗透率/mD	储层结构	原油地质储量/10^8Bbl	原油可采储量/10^8Bbl	天然气地质储量/10^8m^3	天然气可采储量/10^8m^3
Umm Gudair	狭长背斜	Marrat	侏罗系	碳酸盐岩斜坡三角洲	生物碎屑岩,粒状灰岩	粒间孔隙	—	—	—	—	—	—	—
		Ratawi	白垩系		鲕状灰岩	粒间孔隙	—	—	锯齿状	—	—	—	—
Berri	弯隆构造	Hanifa	侏罗系	碳酸盐盐斜坡	含藻粒屑灰岩,砾岩	粒间孔隙	18	160	迷宫状	30	7.9~12.2	—	—
		Hadriya	侏罗系		含藻粒屑灰岩	—	18	160	—				
Safaniya-Khafji	双倾伏背斜	Burgan	白垩系	河流三角洲	细至中颗粒石英质砂岩	粒间孔隙	28	3500	层状	90	39.1	—	—
Jubaissah	双倾伏背斜	Jeribe	古近系	碳酸盐岩陆棚	骨架粒泥灰岩/泥粒灰岩	孔洞微孔隙,裂缝	26	0.1~390	迷宫状	59.1	9.4	143	59
Wafra	双倾伏背斜	Minagish	白垩系	碳酸盐岩斜坡	骸晶球粒状灰岩和泥粒灰岩	粒间孔	18~30	5000	层状-块状	80	30	—	424
	双倾伏背斜	Umm Er Radhuma	古近系	潮上滩	分选好的粗结晶白云石&白云质灰岩	晶间孔	30~35	0.01~1000	迷宫状				
Abqaiq	双倾伏背斜	Arab-D	侏罗系	碳酸盐岩台地	含鲕粒颗粒石灰岩和次级粒泥状灰岩,白云岩,硬石膏	粒间孔隙	21	410	层状-块状	247	—	—	—

续表

油藏名称	构造类型	主力产层	系	沉积特征	储层特征					储量特征			
					岩性特征	空隙类型	孔隙度 /%	渗透率 /mD	储层结构	原油地质储量 /10⁸Bbl	原油可采储量 /10⁸Bbl	天然气地质储量 /10⁸m³	天然气可采储量 /10⁸m³
Abqaiq	双倾伏背斜	Hamifa	侏罗系	碳酸盐岩台地	经压裂的粒泥状灰岩,灰泥岩,次级颗粒石灰岩	白垩状微孔隙	17	1	层状-块状	247	—	—	—
	双倾伏背斜	Arab-C	侏罗系	—	含鲕粒颗粒石灰岩和次级粒泥状灰岩,白云岩,硬石膏	粒间孔隙	—	—		—	—	—	—
Minagish	背斜	Minagish Oolite	白垩系	碳酸盐岩大陆架	粒状灰岩,泥粒灰岩,粒泥灰岩	粒间孔隙	17~23	10~1000	层状-块状	500	220	—	—
	背斜	Wara	石炭系	—	弱胶结,分选好、细到中细粒状石英碎屑岩	—	—	—	迷宫状	—	—	—	—
	背斜	Burgan	白垩系	—	分选好、细到中细粒状石英碎屑岩	—	—	—	迷宫状	—	—	—	—
	背斜	Sargelu/Najmah	侏罗系	碳酸盐岩大陆架	球状泥粒岩和粒泥灰岩	裂缝	<15	—	—	—	—	—	—
	背斜	Marrat	侏罗系	碳酸盐岩大陆架	鲕状灰岩和鲕状泥粒灰岩	裂缝	15	—	—	—	—	—	—

续表

油藏名称	构造类型	主力产层	系	储层特征						储量特征			
				沉积特征	岩性特征	空隙类型	孔隙度/%	渗透率/mD	储层结构	原油地质储量/10⁸Bbl	原油可采储量/10⁸Bbl	天然气地质储量/10⁸m³	天然气可采储量/10⁸m³
Raudhatain	弓隆构造	Zubair	白垩系	海陆过渡相	分选好的弱胶结砂岩	原生晶间孔							
	弓隆构造	Upper Burgan	白垩系	海陆过渡相	分选好的弱胶结砂岩	原生晶间孔	16	30	层状	226	88	—	1953
	弓隆构造	Mauddud	白垩系	海陆过渡相	颗粒灰岩,骨架泥粒灰岩	粒间孔							
Asab	双倾伏背斜	Kharaib	白垩系	碳酸盐岩台地	含有孔虫的包粒、颗粒、泥粒灰岩	颗粒粒间孔	—	—	连续层状	—	—		
	双倾伏背斜	Thamama B&C	白垩系	碳酸盐岩台地	含有孔虫的包粒、颗粒、泥粒灰岩	—	12~37	0.1~800	连续层状	150	67.5	—	—
Bab	弓隆背斜	Thamama B段	白垩系	碳酸盐岩缓坡	包粒,颗粒灰岩,灰质泥岩,粒泥灰岩	粒间孔隙	25	0.1~1000	连续层状	250	110	—	8490
Dukhan	双倾伏背斜	Arab-C和Arab-D	侏罗系	碳酸盐岩大陆架	含结晶质白云岩的镶嵌粒状灰岩/泥粒灰岩	粒间孔隙	18~20	30~70	连续层状				
	双倾伏背斜	Uwainat	侏罗系	碳酸盐岩大陆架	含结晶质白云岩的镶嵌粒状灰岩/泥粒灰岩	粒间孔隙	18	15	连续层状	124	53	5546	3056

续表

油藏名称	构造类型	主力产层	系	沉积特征	储层特征					储量特征			
					岩性特征	孔隙类型	孔隙度/%	渗透率/mD	储层结构	原油地质储量/10^{8}Bbl	原油可采储量/10^{8}Bbl	天然气地质储量/10^{8}m^3	天然气可采储量/10^{8}m^3
Dukhan	双倾状背斜	Khuff组	二叠系	碳酸盐岩大陆架	含结晶质白云岩质的鲕粒状灰岩泥岩灰岩	粒间孔隙	5	30	连续层状	—	—	—	—
Maydan-Mahzam	弯隆构造	Arab-D Arab-C	侏罗系	陆棚-潮坪	粒泥，泥粒灰岩，灰质泥岩，糖粒状白云岩	粒间孔隙	25	500	块状-层状	23	11	1273	877
	弯隆构造	Uwainat	侏罗系	陆棚	颗粒灰岩，富粒泥泥粒，粒泥灰岩，灰质泥岩	—	12~20	100~1000	块状-层状				
North Field-South Pars	弯隆构造	Khuff	二叠系	浅海台地潮汐台地	灰岩，白云质灰岩，白云岩以及少量硬石膏和泥岩	粒间孔隙	15	30~180	块状-层状	400~700	—	396200	325450
Hawtah	—	Unayzah	二叠系	冲积扇	细-粗颗粒岩屑砂岩	次生溶解和晶间孔	—	—	—	—	10~20	—	—
Satah	弯隆背斜	Arab-D Arab-C	侏罗系	碳酸盐岩大陆架到泻湖	泥粒灰岩和含白云岩的粒状灰岩	粒间孔隙	20	0.5~1000	块状	80	24	—	623
Lekhwair	弯隆背斜	Lower Shu'aiba	白垩系	碳酸盐岩斜坡	断裂生物碎屑泥岩，灰泥质颗粒灰岩，灰泥石灰岩	裂缝	25~30	1~20	块状-层状	133.4	—	—	—

续表

油藏名称	构造类型	主力产层	系	储层特征						储量特征			
				沉积特征	岩性特征	空隙类型	孔隙度/%	渗透率/mD	储层结构	原油地质储量/10^8Bbl	原油可采储量/10^8Bbl	天然气地质储量/10^8m^3	天然气可采储量/10^8m^3
Maydan-Mahzam	背斜	Uwainat	白垩系	碳酸盐岩大陆架到潮坪	颗粒灰岩	粒间孔	25	500	连续层状				
	背斜	Arab-D Arab-C	侏罗系	碳酸盐岩大陆架	颗粒灰岩、粒泥灰岩	—	12~20	100~1000	连续层状	23	11	1273	877
Safah	鼻状构造	Shu'aiba	白垩系	陆棚内盆地边缘	粒泥灰岩,泥岩夹杂少量发育的瘤状燧石孔石,粒灰岩	白垩质微孔	22	5	锯齿状	79.2	15.9	—	—
Sajaa	鼻状构造	Thamama	白垩系	陆棚内盆地边缘	厚壳蛤,浮藻/泥粒,珊瑚藻,泥粒	白垩质微孔	22	5	锯齿状	79.2	15.9	—	—
	鼻状构造	Arab	侏罗系										
Salman-ABK	穹隆构造	Arab	白垩系	低角度对冲断层	灰岩、白云岩、粉泥灰岩	粒间孔	25	1000	块状-层状	152	29	3396	1811
	穹隆构造	Khuff	侏罗系	浅海陆棚	灰岩、白云岩、粒泥灰岩、浮石	铸模孔	12.9	55					
Ghawar	狭长背斜	—	—	—	碳酸盐岩	—	—	—	—	—	820	—	9348.4
Bu Tini	背斜	—	—	—	碳酸盐岩	—	—	—	—	—	10	—	945.7
Shah	背斜	—	—	—	碳酸盐岩	—	—	—	—	—	5	—	—
Sahil	背斜	—	—	—	碳酸盐岩	—	—	—	—	—	5.41	—	70.8

第 5 章　阿拉伯盆地古生界 Dukhan 碳酸盐岩气藏地质特征

5.1　基本概况

Dukhan 气藏是典型的孔隙型浅海陆棚鲕粒灰岩背斜构造层状—块状气藏，其所属的二叠系 Khuff 组地层孕育了卡塔尔唯一的陆上气藏（图 4-12），其原始天然气储量为 $19.6 \times 10^{12} \text{ft}^3$，2001 年标定天然气可采储量 $10.8 \times 10^{12} \text{ft}^3$，采收率 55%。Dukhan 油田的 Khuff 气藏自 1960 年发现，1991 年停止生产，主要产干气。气藏构造是一个狭长状的双倾背斜（70km×5km），向四周倾没，其上为一些小型断层切割。Khuff 气藏储层中赋存的天然气主要来自 Dukhan 油田西部 Ghawar 地区富含有机质的 Qusaiba 页岩，气柱高度达 1900ft，其上由泥页岩组成的盖层封闭。

Khuff 组地层岩性主要由灰质泥岩、粒泥灰岩、鲕状球粒灰岩、颗粒灰岩组成，颗粒向上逐渐变粗，沉积环境为碳酸盐岩浅滩、潟湖及潮坪。富含颗粒的灰岩保留了较多原生粒间孔隙度，而通过溶蚀作用和白云岩化作用还增加了印模孔、溶蚀孔和晶间孔。薄层间的渗透率变化很大（1～3000mD），平均渗透率相对较低（<100mD）。

5.2　构造及圈闭

Dukhan 气藏二叠系 Khuff 气藏构造被大量近似于南北走向且相互平行的小型正断层切割，断层断距为 15.2～152.4m，一般小于 30.5m（图 5-1 和图 5-2）。中生界往下，随着埋深增加，Dukhan 构造圈闭西翼倾角逐渐大于东翼。Khuff 气藏高点海拔约 2804.2m，气柱高度高达 579.1m，气水界面海拔 3383.3m。

5.3　地层和沉积相

二叠系 Khuff 组地层总厚度约 518.2m。由白云质鲕状球粒灰岩、颗粒灰岩和粒泥灰岩组成，夹有富含泥质的碳酸盐岩。可划分为 K1—K5 共计 5 个段，是一个大规模向上变浅的地层序列，其中的每个段均由较小规模的向上变浅旋回构成。每个旋回由下至上，依次是低能富泥陆架相，鲕状球粒、颗粒灰岩和含有孔虫含藻球粒、颗粒灰岩构成

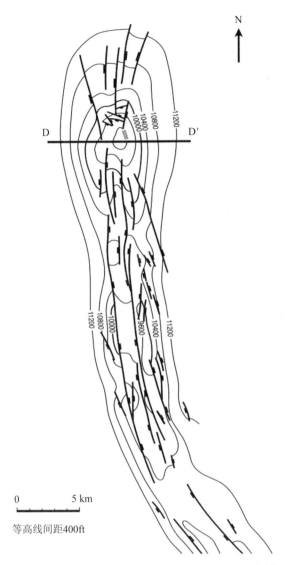

图 5-1　Khuff 气藏顶面构造图（QGPC 和 AQPC，1991），D-D′剖面见图 5-2

的高能浅海滩及滨岸相，最后到泥岩、粒泥灰岩和硬石膏构成的蒸发潮坪相。Khuff 储层往上连续整合沉积了由红色泥岩、粉砂岩和白云岩组成的三叠系 Sudair 组，构成了 Khuff 储层有效的区域性封闭盖层。Khuff 储层发育于广阔的碳酸盐镶边陆架上，这里的沉积速率与海平面长期上升速度一致，水深一般小于 9.1m。从低能陆架潟湖到高能浅海滩与滨岸，再到蒸发潮坪等多种浅水环境共存。因海平面的周期升降造成的沉积环境变化导致上述沉积相带横向周期性变迁，从而形成规模大小不等的各类沉积旋回。

5.4　储层特征

Khuff 组储层由数个旋回规模不等的层状结构。每个旋回的上部渗透率较高，下部

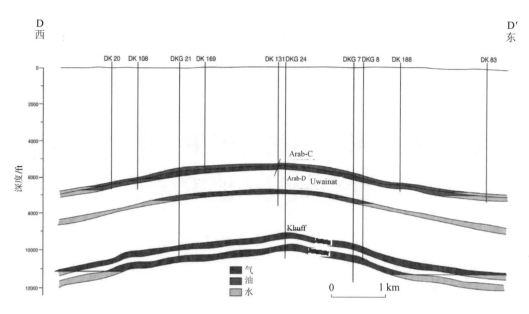

图 5-2　Dukhan 气藏西—东向构造剖面图（QGPC 和 AQPC，1991）。D-D′剖面线位置见图 5-1

为低渗层或致密层。划分出了 5 个储层段，主力产层为上部的 K1 和 K2 两个储层段，其间被非储层分隔开，该非储层未封闭，因此存在一个公共的气水界面（图 5-2）。高渗岩相发育于旋回顶部，横向延申范围有限，导致各个储集层均存在极大的非均质性。断层很发育（图 5-1），但规模较小，未能将 Khuff 组的巨厚储集体分隔开；但因断层伴生的大量裂缝增大了渗透率，为 K1 和 K2 间低渗层提供了流动通道。

　　Khuff 组储层岩性包括白云质鲕状球粒、泥粒灰岩，夹富泥碳酸岩，局部含硬石膏条带与粉砂岩透镜体。与 Arab 储层相比，Khuff 储层孔隙类型较多，包括晶间孔、铸模孔、粒间孔和裂缝等，反映历经的成岩作用与构造演化史更加复杂。平均孔隙度很低，仅 5%，但平均渗透率比预期要好，达到 30mD，这要归功于裂缝的存在（QGPC 和 AQPC，1991）。

5.5　生 产 特 征

　　Khuff 气藏则赋存了 Dukhan 气藏绝大部分非伴生天然气。1976 年，Khuff 气藏开始投产。1980 年开始大规模开采，完钻生产井 18 口井，天然气产能达到 $4 \times 10^8 \text{ft}^3/\text{d}$。到 1991 年初，随着气体处理厂处理能力扩大到 $6 \times 10^8 \text{ft}^3/\text{d}$，Khuff 气藏维持平均产气量 $2.6 \times 10^8 \text{ft}^3/\text{d}$。1991 年下半年，由于北方大油田开始采气，Khuff 气藏暂时关停，而从北方大油田采出的多余气体则被回注到 Dukhan 气藏以增加其产量。

第6章 阿拉伯盆地中生界典型碳酸盐岩油气藏地质特征

6.1 Abqaiq 孔隙型浅海碳酸盐岩台地鲕粒灰岩背斜构造层状–块状油藏

6.1.1 基本概况

Abqaiq 油藏地处沙特阿拉伯中东海岸、Gharwar 油藏北东方向，距离波斯湾海岸线约 20km（图 4-12）。该油藏自 1940 年发现，其中 Arab-D 段油藏于 1946 年全面投产；Hanifa 油藏于 1947 年发现，于 1954 年开始投产。该油藏 2007 年估计的石油原始地质储量为 247×10^{8}Bbl，2008 年报道的可采储量可达 170×10^{8}Bbl，采收率 69%，也有资料报道采收率仅为 60%。Abqaiq 油藏含油面积达 490km^2，其中轻质油储集于晚白垩世—古近纪双倾伏背斜内。目前该油藏有三套侏罗系油藏，分别是 Arab-C 段油藏（最年轻的）、Arab-D 段油藏和 Hanifa 油藏。到 2009 年，Abqaiq 油藏的主要产量来自于 Arab-D 段油藏，其次来自 Hanifa 组油藏。Arab-D 段储层由浅水台地碳酸砂岩经过轻微的成岩作用而形成，平均孔隙度 21%，渗透率 410mD。Hanifa 组储层岩性为细粒灰岩，普遍发育裂缝。Abqaiq 油藏南部背斜内的 Arab-D 段油藏和 Hanifa 组油藏之间发育成群的小断层和裂缝，它们之间的压力是连通的。1950 年，Abqaiq 油藏依靠中等强度水驱辅以顶部注气和边缘注水开采，即将中白垩统 Wasia 组的水引入到 Arab-D 组以维持油藏压力，又称自流注水。1990 年中期又对 Hanifa 组水平井进行边缘注水，但因该油藏非均质性强，渗透率低（平均基质渗透率 1mD），注水结果并不理想。Hanifa 组油藏所有新井和注入井都采用水平完井方式，1973 年日产量大于 1×10^{6}Bbl，到 2006 年日产量下降至 4×10^{5}Bbl/d，累积产量为 122×10^{8}Bbl。

6.1.2 构造及圈闭

Abqaiq 油藏位于北至北北东走向的背斜群内的某个背斜之上，这些背斜形成于土伦统—科尼亚克阶，并继续发育到古近纪。这些背斜形成于不同的基底高度，近期关于 Gharwar 油藏的 3D 地震数据并没有这方面的解释证据，但是这些数据解释出这些背斜是由下伏向北走向的下寒武统裂谷倒转形成的（Fraser et al.，2007）。Abqaiq 油藏内的石油储集在一个北北东走向的狭长双倾伏背斜内（图 6-1～图 6-3），该背斜沿着 Shedgum 区域的 Gharwar 油藏由东北向西南向延伸。Abqaiq 油藏包含三个上侏罗统时代的油藏：Arab-C 油藏（最年轻）、Arab-D 油藏、Hanifa 油藏。油藏主要的产量来自于 Arab-D 油藏，其次来自于 Hanifa 油藏，少量来自 Arab-C 油藏。Abqaiq 油藏区域性盖层为 Hith 组硬石膏层。

　　Abqaiq 油藏长达 60km，宽 7～12km，含油面积达 490km²。沿 Arab-D 油藏背斜构造内发育南北两个构造高点，深度分别为 5550ft（南部穹窿构造）和 6900ft（北部鼻状构造）（图 6-1）。以构造高点之间的鞍部为界，将 Arab-D 油藏分成产油 A 区（南部穹窿构造）和产油 B 区（北部鼻状构造）。南部穹窿构造东南翼部的倾角达到 9°，北部鼻状构造倾角约 2°（Sahin 和 Saner，2001）。Hanifa 组仅在南穹窿构造区域产油（Al-Garni et al.，2005；Abduldayem et al.，2007）；被厚 100～125m 的 Jubaila 组不可渗透碳酸盐岩层将其和上部 Arab-D 油藏分隔开，Arab-D 油藏和 Hanifa 油藏具有同一个原始油水界面，深度为 7100ft［图 6-2（a）］，Arab-D 油藏油柱高度达 1550ft。地震数据显示油藏构造内有微小断层群存在，但断层并未切断构造［图 6-2（b）和图 6-3（a）］，垂直井段的二维地震数据也并没有显示断层存在［图 6-2（a）］，而 3D 地震数据显示整个油藏构造被大角度断层切断。Arab-D 油藏顶部在声波测井曲线上有高波峰显示，Hanifa 油藏顶

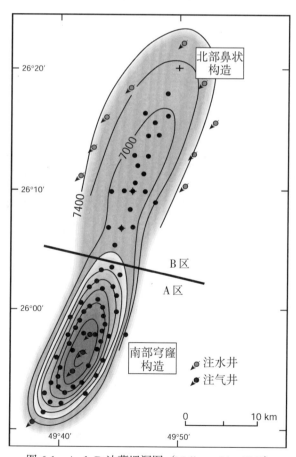

图 6-1　Arab-D 油藏埋深图（Malinowski，1961）

部的声阻抗显示则不明显。Arab-D 油藏内的断层延伸到 Hanifa 油藏，在浅部地层处断层位移最大，并随着深度增加而减少。Arab-D 油藏内的断层断距大于 50ft。Arab-D 组和 Hanifa 组被断距为 25～50ft 的断层所切断。根据地震属性划分断距为 15～25ft 的断层带，地震属性中倾斜方位角最为敏感，因为方位角位移小到 2ms 都可以被测出。据此识别出 Hanifa 油藏微小断层和裂缝发育带（Lawrence，1998）。

在油藏构造的翼部，断层呈放射状分布 [图 6-2 (b)]，在构造的轴部，断层走向几乎与轴线平行，断层之间基本无任何断裂，构造西侧由于不同程度的运动和抬升发生了更明显的断裂，油藏构造的东侧显示有两个高角度、断距达 200ft 的逆断层。这些逆断层的形成时间比大规模的断层群要早，并且不受断层群的影响（Lawrence，1998）。油藏构造内还发育规则分布的裂缝，这些裂缝对储层的质量有一定的影响。

6.1.3　地层和沉积相

Abqaiq 油藏发育三个小油藏，按石油储量由大到小分别为 Arab-D 油藏、Hanifa 油藏和 Arab-C 油藏，均发育于上侏罗统时期连续层段内（图 6-4 和图 6-5）。最底部为 Hanifa 油层组，位于 Tuwaiq 群（也被称为 Tuwaiq Mountain 群）的中部，形成于牛津阶晚期。Hanifa 组的上覆层段是厚度达 100～125m 的 Jubaila 组细粒裂缝型碳酸盐岩，其上覆层段是启莫里支阶至提通阶 Arab 组（也叫 Riyadh 组）。Arab 组和 Hith 组共同构成了 Saner 和 Abdulghani 蒸发岩层序。本书主要针对 Arab-D 油藏和 Hanifa 油藏进行研究。

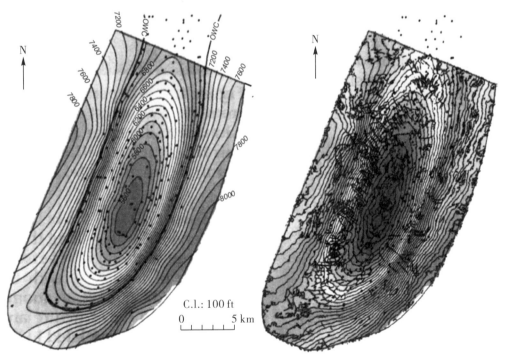

（a）依据早期三维地震数据编制的构造图，显示了油水界面的位置，图中未解释出断层

（b）依据后期三维地震数据编制的构造图，显示了较多的、各向异性走向的枝状断层

图中：C.I.代表等高线间距，OWC 代表油水界面

图 6-2　Abqaiq 油藏南穹窿顶面构造图（Lawrence，1998）

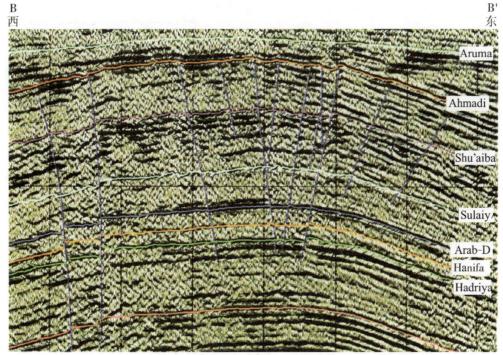

(a) Abqaiq 油藏东西向地震剖面，基于三维地震资料识别出较多断层，
据此便于编制顶面构造图（Lawrence，1998）。断距随埋深减小

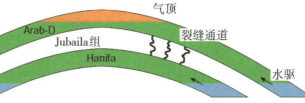

(b) Abqaiq 油藏横剖面示意图，显示了 Arab-D 和 Hanifa 油藏统一的油水界面（Burn，2008）。
Jubaila 组地层断裂沟通了两个油藏。在 1954 年到 1978 年向 Arab-D 中实施的注气形成了气顶。
水体的不均匀上升导致油藏间发生水窜

图 6-3　Abqaiq 油藏剖面图

1. Arab-D 油藏

Arab 油层组由碳酸盐岩层和蒸发岩层交替组成，为 Arab 组划分成四个储层（从上至下为 Arab-A 到 Arab-D 组）提供了依据（图 6-4 和图 6-5）。这四个储层构成了一个从浅海大陆架到潮上滩的沉积旋回，最深部是潮下带的海相泥岩，中间为浅海相碳酸盐岩，顶部为蒸发岩。在侏罗纪晚期，Abqaiq 油藏发育于一个平缓的东北向倾斜的碳酸盐台地内。Arab 油藏的东北部沉积相为深水盆地相，邻近的 Ghawar 油藏西部沉积相为潮上滩相（Powers，1962）。Arab-D 组储层厚度达 50～85 m（图 6-5 和图 6-6），并且被厚 18～27m 的蒸发岩层覆盖。根据孔隙度大小将 Arab-D 组划分为 5 个层段（从上到下依次是层段 1 至 5）（Sahin 和 Saner，2001）。其中层段 2 和 3 储集着大量的石油；层段 4 和 5 为平均厚度达 35m 的泥岩层（Sahin 和 Saner，2001）。层段 1 平均厚度为 7.6m，基

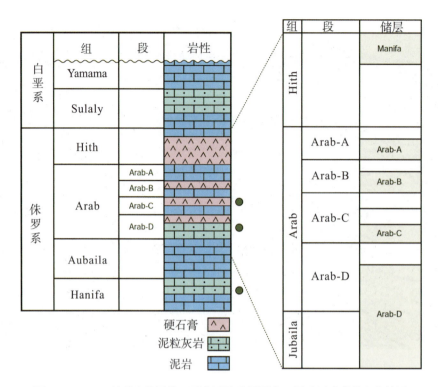

图 6-4　Abqaiq 油藏上侏罗统—下白垩统地层层序，展示了油藏的主力储层
（Cantrell 和 Hagerty，1999），主力储层为 Arab-D 组，其次为 Manifa 组

底为厚度 0.3～0.6m 的白云岩和白云质灰岩层，孔隙度低；中部为高能的灰泥质颗粒灰岩；顶部为白云质泥岩、纹层岩和硬石膏的夹层（Abu Ali et al.，1996）。也有人将层段 1 划分成上下两个小层，中间被低孔隙度的硬石膏隔开（图 6-7）（Al-Jandal 和 Farooqui，2001）。层段 2 是 Arab-D 组中主要的产油层段，层段 1 和层段 2 之间被低孔隙度夹层隔开。层段 2 的平均厚度达 41.2m，岩性为高孔隙度的含生物碎屑的粒屑灰岩，中部夹有白云岩。层段 3 的平均厚度为 30.5m，岩性为低孔隙度的白云质泥岩。层段 1~3 的总厚度达 79.3m。

2. Hanifa 油藏

　　Hanifa 油层组厚 100m，主要由粒状的泥灰岩和白云岩、硬石膏组成。Hanifa 油藏位于南部穹窿构造内（Al-Garni et al.，2005）。Hanifa 油藏沉积于阿拉伯内陆棚深水缺氧环境，主要由灰质泥岩和骸晶状粒泥灰岩组成；骸晶状颗粒包括有孔虫、绿藻、软体动物贝壳、棘皮类动物碎屑和粉砂质碎屑；储层岩石还出现了有机质纹层、虫孔以及大范围的缝合线（Grover，1993）。

6.1.4　储层结构

　　Abqaiq 油藏的储层由（Arab-D 组）横向延伸的碳酸盐岩和蒸发岩构成的互层组成（图 6-6）。储层的连续性和连通性可以用气相色谱法来检测。Arab-D 油藏的原油性质在

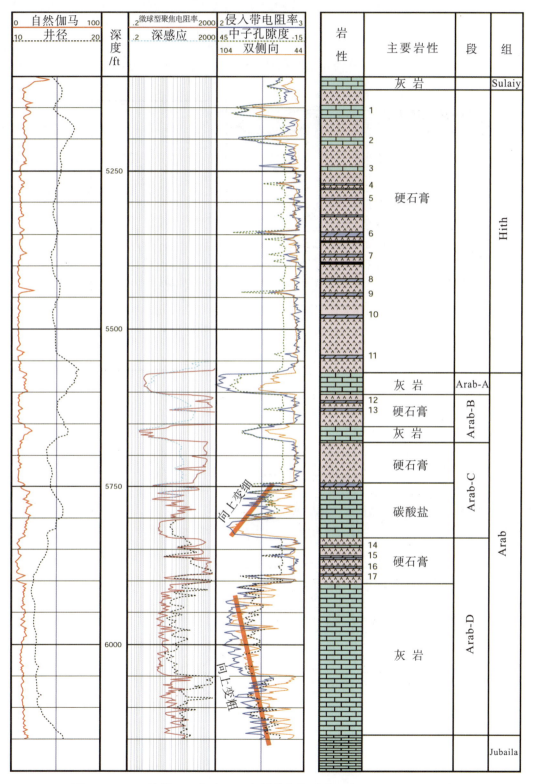

图 6-5 Abqaiq 油藏 Arab 组和 Hith 组测井曲线 (Saner 和 Abdulghani, 1995)

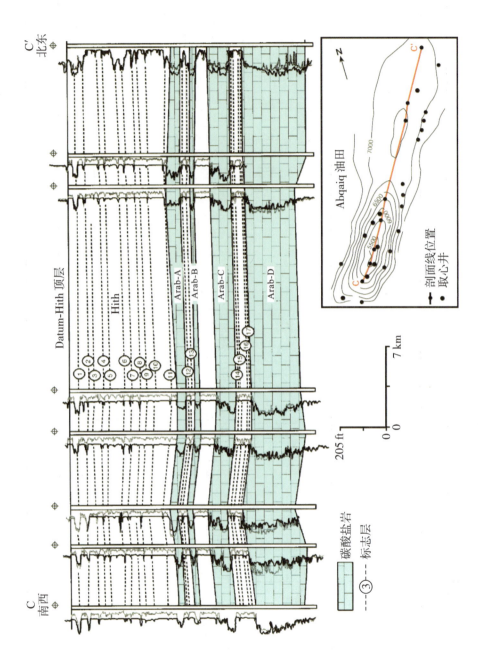

图 6-6　沿着 Abqaiq 油藏长轴南南西—北北东向的地层剖面图，展示了地层的横向连续性和 Arab-D 组储层特征（Saner 和 Abdulghani，1995）

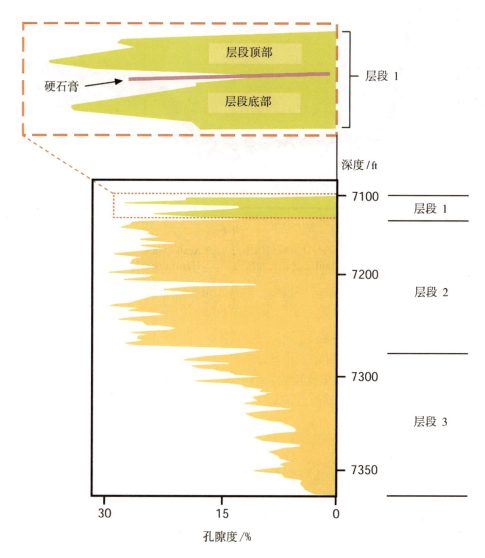

图 6-7　Arab-D 油藏 1、2 和 3 层段孔隙度测井示意图，层段 1 孔隙度测井曲线
被薄硬石膏层分为上下两个凸起（Al-Jandal 和 Farooqui，2001）

整个油藏变化不大。尽管南部穹窿构造内的 Hanifa 组被 Jubaila 组细粒非渗透碳酸盐岩（100～125m）隔开，但原油性质几乎与 Arab-D 组一样，两个油藏的压力变化曲线相似（图 6-8），说明两个油藏之间是连通的。Jubaila 组发育断层和裂缝（Al-Garni et al.，2005）。

　　Arab-D 油藏净产层厚度为 56m（Malinowski，1961）。Arab-D 油藏层段 1 的底部有一厚度为 0.3～0.6m 的非渗透层，从而阻止了水从层段 2 向层段 1 的窜流。常规的测井曲线不能对那些非渗透层进行分析，但可运用精细测井分析技术来预测水平井内的流体

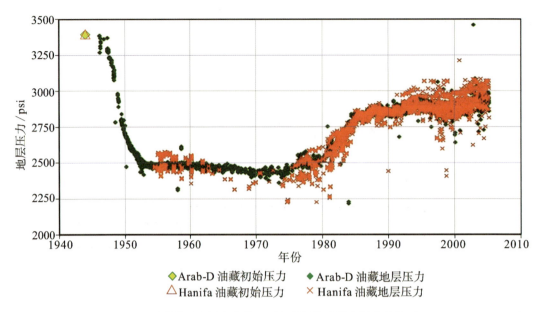

图 6-8　Arab-D 和 Hanifa 油藏的压力历史曲线，两组之间的地层也是连通的（Al-Garni et al.，2005）

分布情况（Abu-Ali et al.，1996）。

　　对 Hanifa 油藏进行深入研究，并划分出了 12 个地层序列和 29 个小层模型（Luthy，1995）。Hanifa 油藏包含 5 个多孔层段，当流体垂直流动时，存在一个厚为 1～2.4m 的无孔白云岩层阻止流体垂直流动（Grover，1993）。

6.1.5　储层性质

1. Arab-D油藏

　　Arab-D 油藏储层的平均孔隙度为 21%，渗透率达 410mD（Malinowski，1961）。Arab-D 组储层主要由含鲕粒和藻粒的碳酸盐岩构成（图 6-9 和图 6-10）。Arab-D 油藏经历了 6 个主要的成岩作用：①早期胶结作用；②重结晶作用，导致了方解石晶体胶结；③泥晶方解石的胶结作用，但因侏罗纪晚期气候干燥，这个过程很少见；④硬石膏的胶结作用；⑤白云岩化作用；⑥溶解作用，包括早期选择性淋滤作用和后期非选择性淋滤作用。

　　2001 年，Sanhin 和 Saner 着手研究了 Arab-D 油藏 1、2 和 3 层段的孔渗特征。由于这三个层段岩性不同，孔隙度和渗透率特征也都不同（图 6-11 和图 6-12，表 6-1）。层段 1 主要为白云岩、石灰岩、硬石膏和泥岩的混合层段，孔隙度和渗透率在曲线上分布正常。层段 2 岩性主要为颗粒分选好的碳酸盐岩，孔隙度和渗透率则呈负向偏态。层段 3 含有大量的泥岩，孔隙度和渗透率呈正向偏态。除层段 3 外，其他层段水平渗透率要高于垂直渗透率，因为层段 3 高度发育垂直裂缝，其垂直渗透率也相应增大。三个层段的孔隙度和渗透率之间的相关性很差，主要因为存在低孔渗性的硬石膏和高孔渗性的石灰岩混合层段（图 6-13 和图 6-14）（Sahin 和 Saner，2001）。Arab-D 油层组的孔渗值范围大，孔隙度为 5%～30%；渗透率则是 0.5～3000mD。

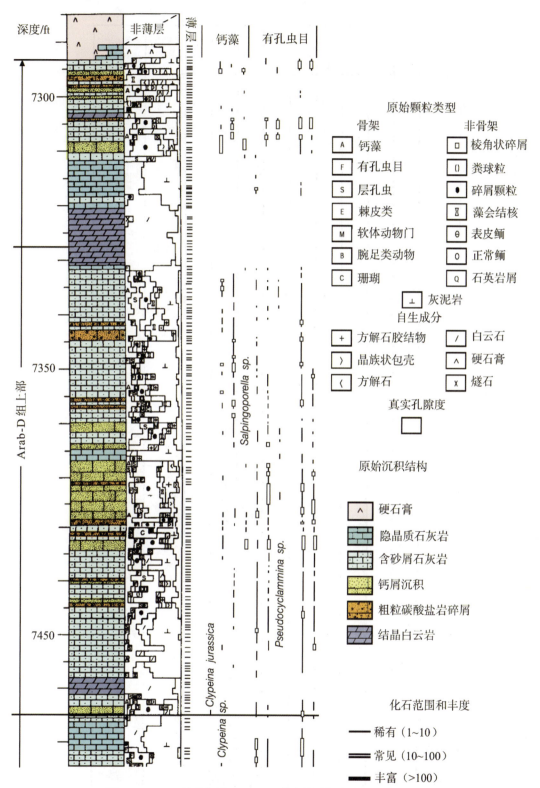

图 6-9　Arab-D 油藏上部 Abqaiq-71 井岩性测井图（Powers，1962）

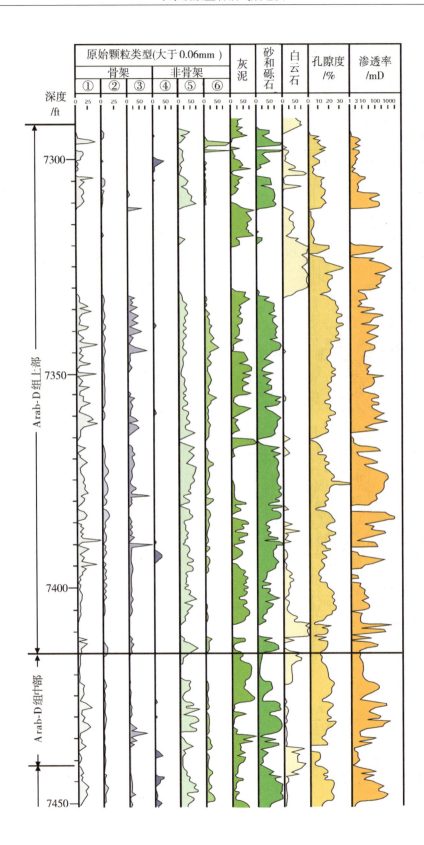

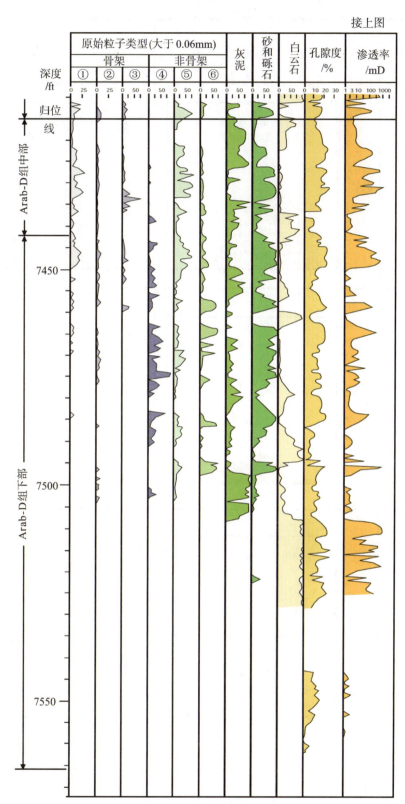

图 6-10　Abqaiq-71 井测井曲线，展示了 Arab-D 储层中部和上部各种骨架和非骨架组分以及孔渗测量值
　　　　　（Powers，1962）。该井岩性和所含生物的信息参见图 6-9 和图 6-19。
图中：①代表钙藻，②代表有孔虫，③代表层孔虫，④代表粪球类，⑤代表骨架颗粒，⑥代表海藻结核

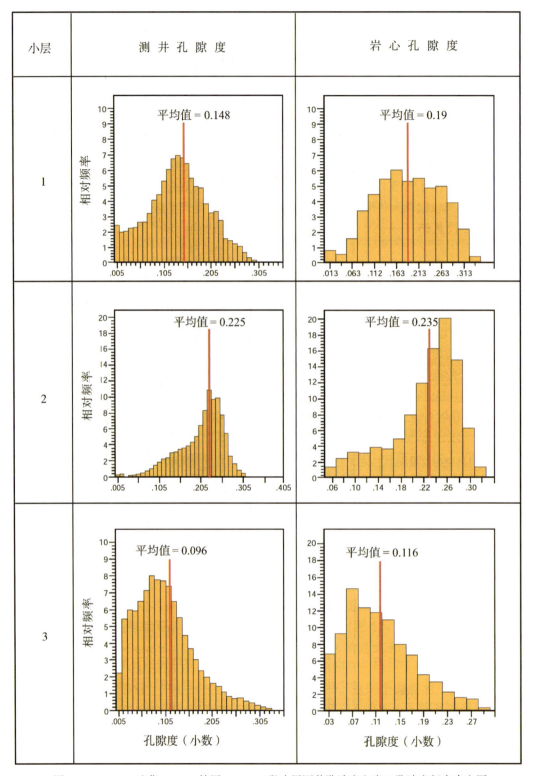

图 6-11　Abqaiq 油藏 Arab-D 储层 1、2、3 段小层测井孔隙度和岩心孔隙度频率直方图
（Sahin 和 Saner，2001）

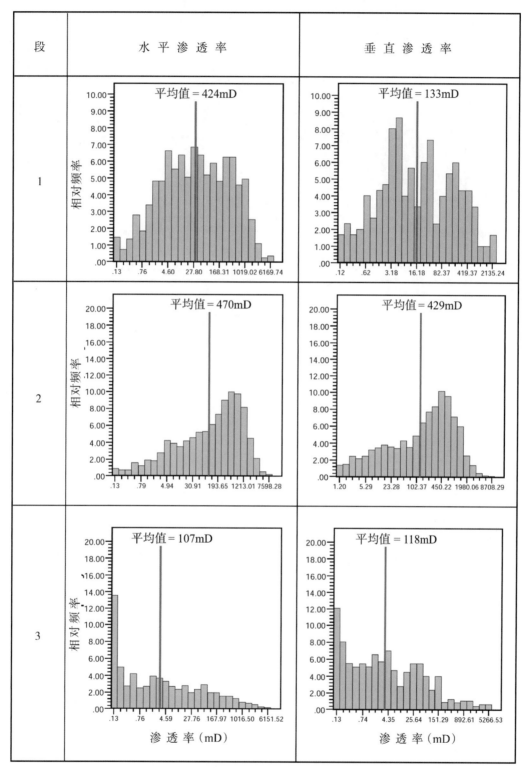

图 6-12　Abqaiq 油藏 Arab-D 储层 1、2、3 段小层水平和垂直渗透率频率直方图
（Sahin 和 Saner，2001）

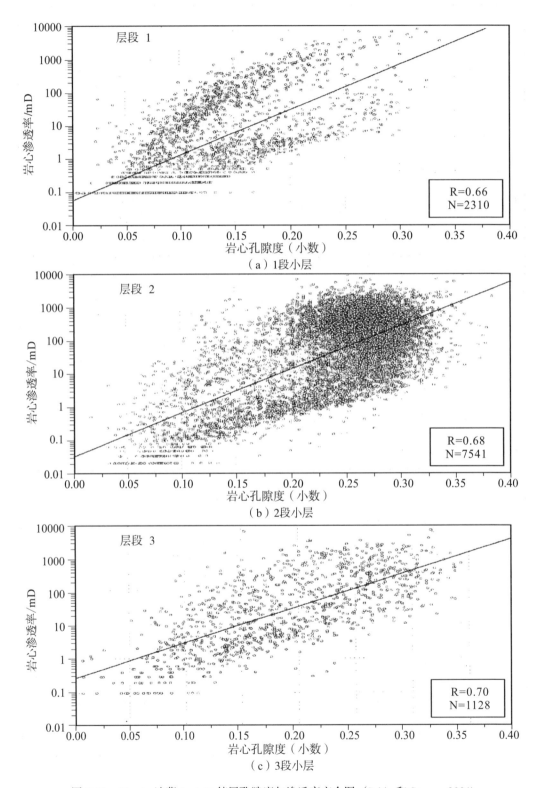

图 6-13　Abqaiq 油藏 Arab-D 储层孔隙度与渗透率交会图（Sahin 和 Saner，2001）

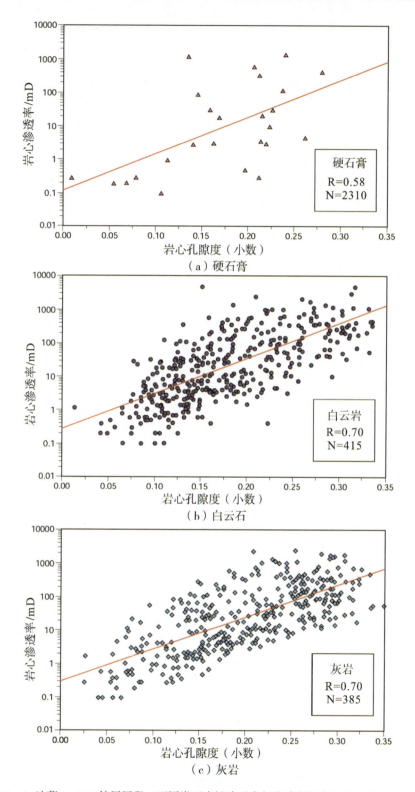

图 6-14　Abqaiq 油藏 Arab-D 储层层段 1 不同类型岩性渗透率与孔隙度交会图 （Sahin 和 Saner，2001）

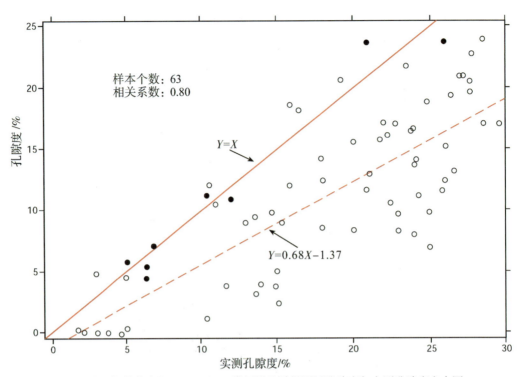

（a）沙特阿拉伯中东部地区 Arab-D 储层样品采样测量孔隙度与实测孔隙度交会图，
丰富的微孔导致视孔隙度值很低

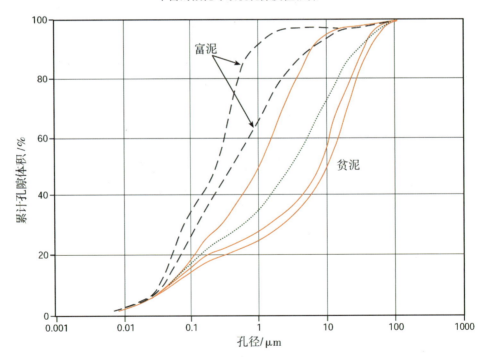

（b）Arab-D 灰岩储层微孔体积随结构成熟度增加而降低

图 6-15　Arab-D 灰岩储层孔隙特征曲线（Cantrell 和 Hagerty，1999）

表 6-1　Abqaiq 油藏 Arab-D 组层段 1、2、3 孔隙度和渗透率

层段	主要岩性	测井孔隙度/%	岩心孔隙度/%	水平渗透率/mD	垂直渗透率/mD
1	灰岩、白云岩、硬石膏	14.8	19	242	133
2	灰岩和白云岩	22.5	23.5	470	429
3	泥岩、白云岩和灰岩	9.6	11.6	107	118

　　对比储层样品孔隙度和实测孔隙度交会图发现 Arab-D 油层组发育大量的微小孔隙 [图 6-15（a）]，将直径小于 62.5μm 的孔隙定义为微孔隙（Choquette 和 Pray，1970）。根据这个定义可判断出 Arab-D 油层组内的大部分孔隙都是微孔隙 [图 6-15（b）]。即使物性最好的储层也只含有 25%～50% 的微孔隙。微孔隙一般在这三种情况下产生：①微晶颗粒里的粒间微孔隙，这些微孔隙粒径为 0.3～3μm，形成了连通性较好的孔隙网格系统；②基质微孔隙，由弯曲的直径小于 1μm 的孔隙与 1～10μm 的半自形方解石晶体随机组合而成；③方解石胶结物内的微孔隙。这些微孔隙的最大的粒径达 6μm，并建立起良好的孔隙网格系统（Cantrell 和 Hagerty，1999）。储层内微孔隙的比例随着沉积环境能量的降低而增加。粒屑灰岩和泥粒灰岩几乎不含基质杂质，它们的孔隙度分别为

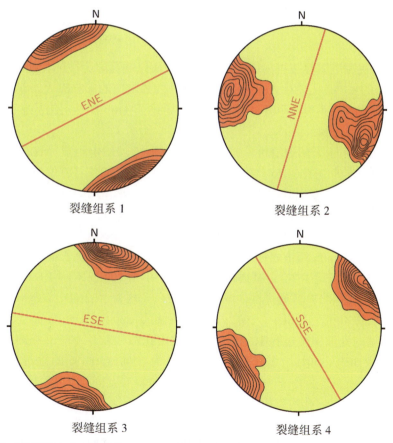

图 6-16　从成像测井和岩心获得的 Abqaiq 油藏 Arab-D 油藏裂缝方位图（Al-Garni et al.，2005）。
裂缝发育的主要方位为 ENE 方向（方位 1）

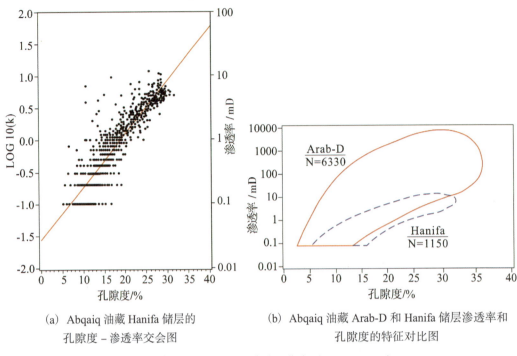

（a）Abqaiq 油藏 Hanifa 储层的　　　　（b）Abqaiq 油藏 Arab-D 和 Hanifa 储层渗透率和
　　　孔隙度 – 渗透率交会图　　　　　　　　　　孔隙度的特征对比图

图 6-17　Arab-D 储层孔渗特征曲线（Grover，1993）

20% 和 37%。灰泥质颗粒灰岩内微孔隙占 54%，而以微孔隙为主的粒泥状灰岩和泥岩，其微孔隙占 100%。微孔隙对 Arab-D 油藏的测井曲线响应的影响极大。碳酸盐岩是亲水的，在微孔隙里存在束缚水和不可流动的水，导致了 Arab-D 油层组异常高的含水饱和度（Cantrell 和 Hagerty，1999）。

　　Arab-D 油藏属于天然裂缝性油藏，根据全井眼地层微电阻成像仪测定数据判定该油藏裂缝有四个走向（图 6-16）。分别为 ENE（方位 1）、NNE（方位 2）、ESE（方位 3）和 SSE（方位 4）。三个裂缝带均位于 Jubaila 组之下，并将 Hanifa 和 Arab-D 油藏之间的压力连通。

2. Hanifa 储层

　　Abqaiq 油藏 Hanifa 组由多微孔的灰泥岩和骨架粒泥灰岩沉积而成，这些岩心孔隙度最高可达 35%（平均 17%），基质渗透率基本上小于 10mD（平均 1mD）（Al-Awami et al.，1998）（图 6-17）。通过试油测得的渗透率平均为 17.2mD（Grover，1993），达到岩心渗透率的 40 倍（Bailey，1991；Akresh et al.，2004）。Hanifa 油层组内没有发育大量宏观可见的孔隙，微观孔隙包括少量的粒内孔隙和粒径小于 0.1mm 的铸模孔隙。岩心孔隙度为 30%～50%，多孔层段（孔隙度为 25%～30%）的渗透率在 1～10mD [图 6-17（a）]，孔隙空间小于 10μm。Hanifa 组灰岩储层发育两个原生构造，主要原生构造的孔隙度为 0～5%，孔喉直径为 0.07～0.15μm；次要构造的孔隙度最大为 30%，渗透率大于 1mD 并且孔喉半径为 0.5～2μm，微晶之间有部分沉淀物胶结（Grover，1993）。

　　试井证实 Hanifa 储层为被柱状裂缝切断的具有良好基质孔隙度的微晶质碳酸盐岩（Lawrence et al.，1996）。Hanifa 油藏经证实存在两种裂缝类型：① 3D 数据显示大规模裂缝成群存在，有的长达 100m 至几千米长，主要走向为北—东北向 [图 6-18（a）]，裂缝群之间间隔 600m，有 30% 的大裂缝从 Hanifa 组延伸至 Jubaila 组再至 Arab-D 组；②柱状裂缝长度则只有几厘米至几分米，它们之间接近平行或近乎垂直 [图 6-18（b）]。这些裂缝主要出现在储层的上部和下部，多数都为张开裂缝（Al-Awami et al.，1998）。Al-Awami 指出单井内流体主要在超大裂缝内渗流，而 Akresh 则表示 Hanifa 储层里的流体主要通过柱状裂缝流动。

根据试井渗透率和模拟裂缝密度数据可以得到裂缝平均缝隙为 0.0142mm。裂缝的渗透率基本上大于 50mD。基岩孔隙度高的岩石裂缝密度就低（Luthy，1995）。通过井眼成像测井测得 Hanifa 油藏的裂缝大多数都是开启的天然裂缝（Grover，1993）。

6.1.6　生产特征

Abqaiq 油藏的原油地质储量为 247×10⁸Bbl（Burn，2008），可采储量达 170×10⁸Bbl，采收率为 69%，对于这些储量存在着一些不确定性，Hanifa 油藏的产量决定了采收率的大小。其他研究测得采收率相对较低，为 60%（Heading Out，2006）。Abqaiq 油藏产出的原油为轻质油，原油密度为 37° API，含硫量为 1.4wt%，原始地层气油比是 850SCF/STB，地层体积系数为 1.53RB/STB。Arab-D 油藏为不饱和油藏，泡点压力是 2545psi，深度为 6500ft 处的原始地层压力为 3395psi（Malinowski，1961）。

Arab-D 油藏于 1946 年投产，依靠水驱进行开采。油藏生产井距为 575ac（Malinowski，1961）。到 1952 年，共有 62 口井投入生产，总日产量为 4.65×10⁵Bbl/d，累积产量达到 7.52×10⁸Bbl。Hanifa 油藏则于 1954 年投产，1973 年全油藏 76 口井最高日产量可超过 1×10⁶Bbl（图 6-19），平均每口井的日产量超过 1×10⁴Bbl/d。20 世纪 80 年代末期，油藏很多井关闭，产量也相应下降，到 1982 年，46 口井总日产量仅 5×10⁵ Bbl/d，累积产量为 67.71×10⁸Bbl。1984～1996 年，日产量又上升到 7×10⁵Bbl/d，此后一直到

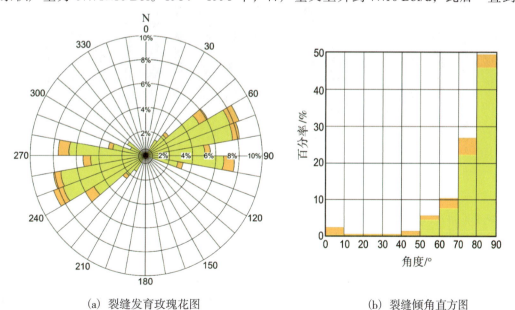

（a）裂缝发育玫瑰花图　　　　　　　（b）裂缝倾角直方图

图 6-18　Hanifa 油藏裂缝（Olarewaju et al.，1997）

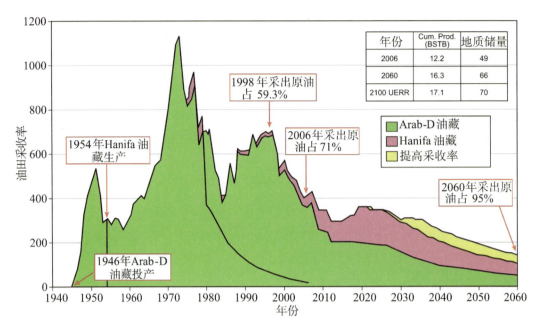

年份	Cum. Prod. (BSTB)	地质储量
2006	12.2	49
2060	16.3	66
2100 UERR	17.1	70

图 6-19　Abqaiq 油藏生产历史与预期图（Burn，2008）

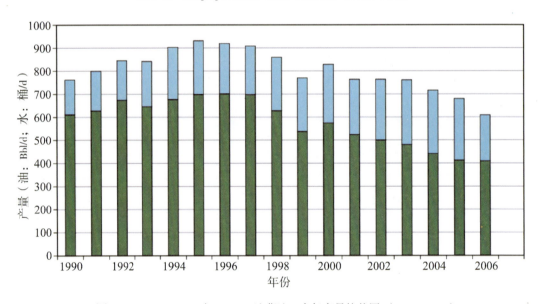

图 6-20　1990～2006 年 Abqaiq 油藏油、水年产量柱状图（Burn，2008）

2006 年，日产量持续下降至 4.1×10⁵Bbl/d（图 6-19）。截至 2006 年，油藏的累积总产量达 122×10⁸Bbl，为原始地质储量的 49%，可采储量的 79%。预计从 2006 年起，Arab-D 油藏和 Hanifa 油藏的生产情况完全相反，随着 Arab-D 油藏的日益枯竭，Hanifa 油藏（也可能是 Arab-C 油藏）将发挥更重要的作用。图 6-19 同时显示了从 2020 年起需要采用提高采收率技术以提高产量。1990～2006 年，油藏日产水量为 150000～250000 桶/d（图 6-20）。采取一些堵水措施后，含水率从 2004 年的 42% 下降至 2006 年的 32%。

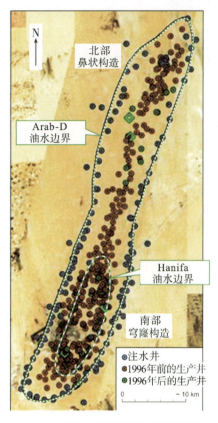

（a）边缘注水井及顶部生产井位置图

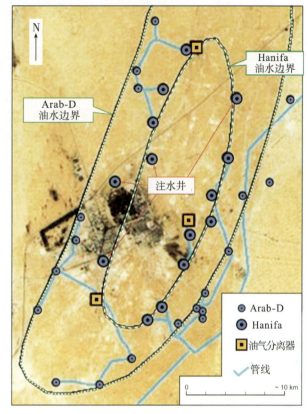

（b）向目标储层 Hanifa 组注水

图 6-21　Abqaiq 油藏卫星图像（Burn，2008）

1. Arab-D 油藏

1954 年，为维持 Arab-D 油藏压力平衡，开始对南部穹窿构造顶部的两口生产井实施注气，注气持续到 1978 年（Al-Garni et al.，2005）。气体注入后形成一个厚 12m 的气顶。1957 年，在北部鼻状构造外围实施注水，目的是使储层维持一个恒定的压力（Malinowski，1961）（图 6-21）。在油水界面下方 2.5km 处钻一口注水井，注入的水源主要来自中白垩统 Wasia 组地层水。最初依靠自流注水，为增大注入率，开始使用抽水泵注水。Wasia 组的地层水内固体悬浮含量颗粒很少（<1ppm），但是溶解了 CO_2 导致地层水具有一定的腐蚀性。1957～1961 年，采取了一系列的措施维持压力，储层的压力上升至 300psi。尽管地层水悬浮颗粒的浓度很低，但是地层水的注入还是对储层造成了一定的伤害，这种伤害需依靠酸化作业来解决（Malinowski，1961）。

重力水驱贯穿整个油藏生产过程。到 1988 年末，共布置了 83 口注水井。1991 年，共有 50 口注水井投入使用，用以维持 Arab-D 油藏和 Hanifa 油藏的储层压力。注水量一般维持在 2000～35000 桶 /d，平均可达 13000 桶 /d。后因注入水对套管腐蚀的影响，可用注水井的数量逐渐减少，为避免 Wasia 地层水的腐蚀作用，开始投入使用耐腐蚀套管，效果明显。

随着生产的进行，水平钻井技术开始应用于 Arab-D 油藏，尤其是在油气柱较薄的区域。在这些区域，底水锥进造成垂直井产量降低，出水率增大。油柱高度为 45ft，一口典型的水平井的水平段剖面高于油水界面 35ft，距 Arab-D 油层组层段 2 的顶部约 10ft（Al-Blehed 和 Hamada，1999）。

当水侵量达到 70%～80% 时，地面的回压过高（3Mpa），垂直井内流体循环停止。在储层顶部，厚度为 9m 的含油柱区域未被流体波及，在长达 304m 的水平段侧钻完井可辅助流体驱替。这些未被流体波及的原油大多都集中在层段 1 和层段 2 段的顶部。在油藏北部侧钻完井方法最见效，层段 1 的上部和下部有不可渗透夹层，层段 1 和层段 2 之间也存在这种夹层（表 6-2）。如果没有这种非渗透层的存在，侧钻井内的地层水会很快侵入地层。层段 1 顶部的生产指数小于 10Bbl/d·psi，下部大于 30Bbl/d·psi，主要受到油水界面的影响。通过在低压条件下将原油产量限制在 2000Bbl/d，以控制油井见水率（Al-Jandal 和 Farooqui，2001）。

表 6-2 Abqaiq 油藏 Arab-D 组层段 1 和层段 2 上部夹层基本情况

1	2	3	4	5	6	7
井位	油柱高度 /ft	水平方向		方位（南/北）	生产时长	累积采油量 /MBLS
		深度/ft	尺寸/ins			
A	38	855	5 7/8	N	938	1452
B	33	400	5 7/8	N	1624	2040
C	21	988	3 3/4	N	313	589
D	41	890	5 7/8	N	243	311
E	43	1000	5 7/8	S	596	1143
F	33	979	3 3/4	N	243	355
G	36	948	3 3/4	N	166	274
H	35	385	5 7/8	N	1586	3360
I	24	770	3 7/8	S	0	0
J	44	367	5 7/8	S	0	0
K	34	900	5 7/8	N	132	266
L	34	957	5 7/8	N	36	80
M	37	1112	3 7/8	N	636	1988

2. Hanifa 油藏

按孔隙度大小，将 Hanifa 油层组划分成五个层段，这五个层段都可对产量产生重要影响，即使相邻近的井产量都没有特别大的相关性（图 6-22）。每口井高达 50% 的产量都来自于一个或两个薄层段。例如在一口井里，82% 的产量来自厚度为 4m 的层段，其余 18% 的产量来自剩下 46m 的层段。并且孔隙度相对较低的层段通常会出现高产量，孔隙度相对较好的层段可能产量较低。出现这些异常现象与裂缝孔隙度有关，但和常规测井数据不相符（Grover，1993）。

1994 年，计划对 Hanifa 南部穹窿构造钻一系列边缘注水井和水平开发井进行开发 [图 6-21（b）]，这是世界上第一个全范围的从水平井边缘注水进行水驱采油的案例（Al-Awami 和 Rahman，1994）。考虑到 Arab-D 油藏产量贡献率很低，该方案会受到一点限制（图 6-19）。因为 Hanifa 油藏的非均质性高，但渗透性低，导致注水量低、产量

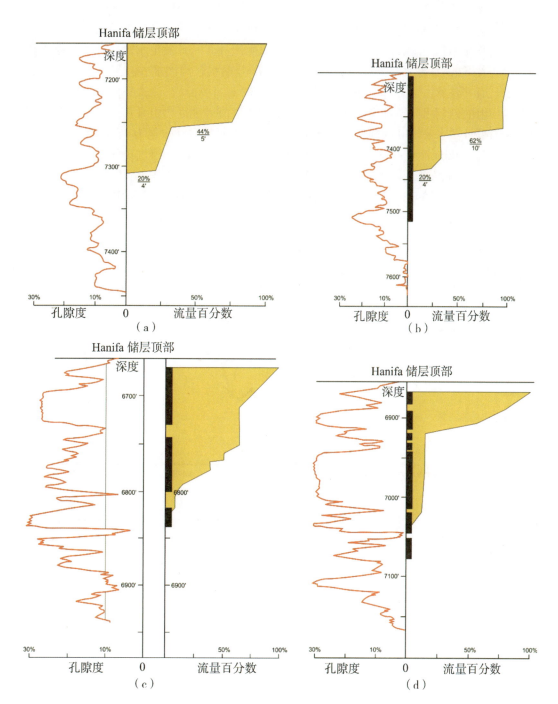

图 6-22　Hanifa 油藏四口油井的流量剖面图（Grover，1993）

注：大部分产量来自上部相对较薄的储层。流量大小与孔隙度之间的相关性不大，
高流量往往从孔隙度较低的层段产出，此图反映裂缝对生产动态的重要性。

低。当含水大于40%时，生产压力就低于泡点压力（Al-Otaibi et al.，2006）。注水井的水源来自地下水，但是这些注水井不能完全维持储层的压力并实现注水的均匀波及。交错裂缝的存在相当于漏失层，注入水因此会进入生产井。一旦发生水窜，这些井很快就会废弃。Abqaiq油藏大部分都是高产区域。大部分抽水泵离注水井较远，水头压力负荷增加。有些注水井采用孤立的双管完井方式［图6-21（b）］。注水井内的水由中白垩统Wasia组的地层水给予补充，注入水通过套管环空流入地面再由泵注入产油层。预测Hanifa油藏日注水量15000桶/d，2000年，每口井的平均日注水量为1500桶/d。

为提高Hanifa油藏产量，目前尝试钻智能井，利用Arab-D组气顶的能量举升，经过18个月的测试发现，当含水增加时产量一直稳定（图6-23）（Al-Otaibi et al.，2006）。在Abqaiq油藏，多相泵已经通过成功测试，可降低回压，复活废弃井并提高产量（Dogru et al.，2004）。

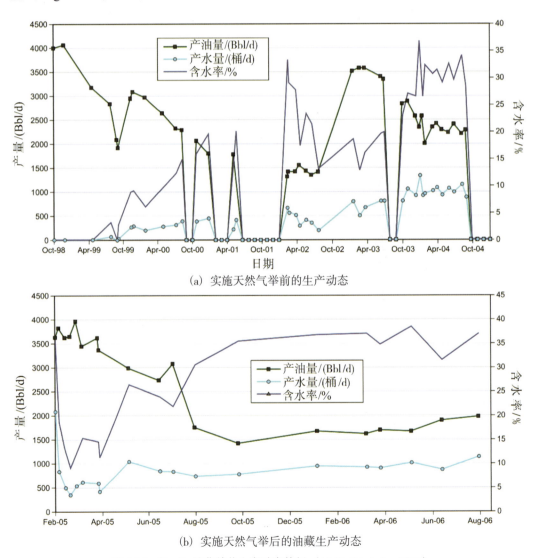

（a）实施天然气举前的生产动态

（b）实施天然气举后的油藏生产动态

图6-23　Hanifa油藏单井生产动态特征（Al-Otaibi et al.，2006）

开发 Abqaiq 油藏过程中，遇到的最大挑战在于 Hanifa 油藏和 Arab-D 油藏的产油层中间夹厚 100～125m 的 Jubaila 组非渗透层，它们之间的压力连通的［图 6-3（b）］。当 Hanifa 油藏的压力维持在 Arab-D 油藏压力之上可阻止水从 Arab-D 油藏内运移。油藏产量可提高。预期未来，Hanifa 油藏的产量相对于 Arab-D 油藏会有一定的上升（图 6-19）。用于处理 Abqaiq 油藏的设备可以处理附近 Arab 特轻质原油和 Arab 轻质原油，每天能处理 $7×10^8$Bbl（Al-Rodhan，2006）。

6.2　Dukhan 孔隙型浅海陆棚富泥颗粒灰岩背斜构造层状–块状油藏

6.2.1　基本概况

Dukhan 油藏所属的侏罗系 Arab 组和 Uwainat 组地层孕育了卡塔尔唯一的陆上油藏（图 4-12 和图 6-24），其原始石油地质储量为 $124×10^8$Bbl，2001 年标定石油可采储量 $53×10^8$Bbl，采收率 43%。其中孕育于上侏罗统 Arab-D 油藏的石油可采储量占 59%，Arab-C 油藏的石油可采储量占 37%，中侏罗统 Uwainat 油藏的石油可采储量仅占 4%。

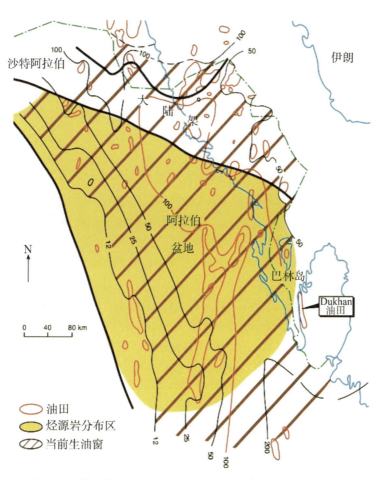

图 6-24　Qatar 西部地区上侏罗统烃源岩 Lopatin 时温指数（TTI）平面分布图（Ayres et al.，1982）

Dukhan 油藏于 1939 年发现，1949 年开始投入生产。Dukhan 油藏构造是一个狭长状的双倾背斜（70km×5km），向四周倾没，其上为一些小型断层切割。侏罗系储层中赋存的石油油柱高度达 1300ft，其上由硬石膏组成的盖层封闭。

Dukhan 油藏储层岩性相似，都是由颗粒向上逐渐变粗的灰质泥岩、粒泥灰岩、鲕状球粒灰岩、颗粒灰岩组成，沉积环境为碳酸盐岩浅滩，潟湖及潮坪。富含颗粒的灰岩保留了较多原生粒间孔隙度，而通过溶蚀作用和白云岩化作用还增加了印模孔、溶蚀孔和晶间孔。薄层间的渗透率变化很大（1~3000mD），但平均渗透率相对较低（<100mD）。在 1970 年开始外围注水之前，Arab-D 油藏开发采用气顶膨胀驱和弱水驱方式进行，Arab-C 油藏开发采用溶解气驱方式进行，由此可见该油藏采用保压措施开采的时间相对较早(1965 年)。

Dukhan 油藏于 1973 年达到采油高峰期的日产油量为 $2.5×10^5$Bbl/d，1986 年日产油量降到 $1.16×10^5$Bbl/d。但在 2001 年通过采取措施日产油量增加到了 $3.35×10^5$Bbl/d，采取的措施包括：①增加水平井以动用低渗层、气顶下的薄油层，以及未驱替到的剩余油；②开发 Dukhan 油藏南部未动用区域；③在老井中安装气举装置；④利用 Arab-D 油藏的气顶循环开采凝析油。如今，Dukhan 油藏正作为一个大型的北方油藏提供着人们需要的大量石油。

6.2.2 含油气系统

Dukhan 油藏位于阿拉伯板块东部中间部位的波斯湾盆地，处于 Zagros 山脉外缘的前陆盆地（图 4-12 和图 6-24）。活跃至今的系列北到北东倾向的基底断层与地垒造成了 Dukhan 油藏及其邻近区域的构造面貌：东部的卡塔尔穹窿和西部的 En Nala 背斜（Ghawar 油藏所处构造）。Dukhan 及其周围油藏构造大多受到基底多幕构造运动及深部盐构造的影响。

上侏罗统 Tuwaiq 和 Hanifa 地层中富含有机质的灰质泥岩，是 Dukhan 油藏油气的主要烃源岩。这些烃源岩的灰质泥岩 TOC 达到了 3%~5%，部分高达 12%；干酪根类型以 I/II 型为主（Ayres et al.，1982）。生排烃高峰期介于中始新世—渐新世（图 6-24 和图 6-25），因距离烃源岩较近，生成的油气只需进行较短距离的侧向运移就能到达 Dukhan 油藏的侏罗系储集体从而聚集成藏（Chaube 和 Al-Samahiji，1994）。与此同时，大陆架上还发育了广阔的碳酸盐斜坡和开阔海泥页岩，一起构成了有效的储盖组合。最后，到了晚侏罗纪，气候炎热干燥，水深周期性变浅，形成了碳酸盐—硬石膏互层沉积。这些储盖的耦合体构成了 Dukhan 油藏的 Arab 组地层。仅在早白垩纪—中白垩纪，大量砂质沉积物才向东卸载到大陆架，但 Dukhan 地区仍然是浅水碳酸岩占主导，结果形成了碳酸岩与碎屑岩的混层沉积（Sharland et al.，2001）。

6.2.3 构造及圈闭

Dukhan 油藏构造是一个北北西到北走向的双倾伏背斜，长 70km，宽 4~6km（图6-26），该构造是由深部盐岩与基底断裂的耦合作用形成的。从二叠纪至今，这种耦合作用导致垂向上不同期次构造的抬升速率不同，从而形成了 Dukhan 油藏从下到上的构造格局（图 6-27）。Dukhan 油藏整个北部区域出现的低重力异常是这种盐底构造模型（QGPC

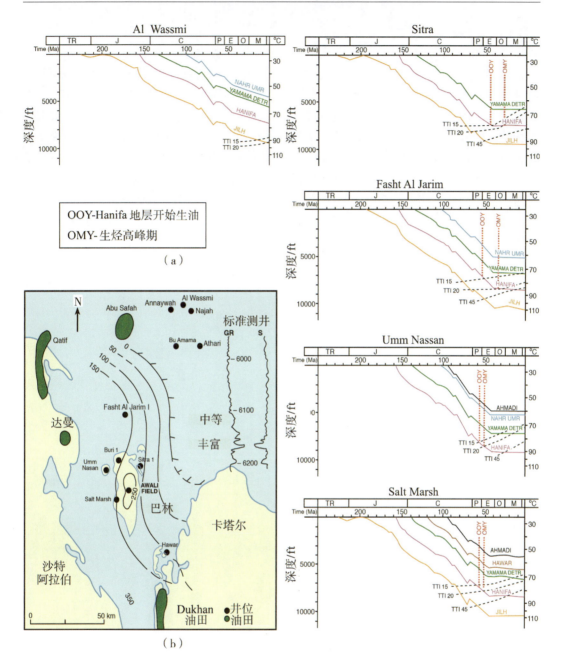

图 6-25　（a）Bahrain 地区 5 口井的埋藏史与热史图，从始新世开始，上侏罗统烃源岩达到石油成熟度的高峰期

（b）Bahrain 地区上侏罗统 Hanifa 源岩厚度分布图（Chaube 和 Al-Samahiji，1994）。井位置如（a）所示

TR 代表三叠系，J 代表侏罗系，C 代表石炭系

和 AQPC，1991）存在的最好证据。

　　Dukhan 油藏上侏罗统的 5 个储层（包括 A、B、C、D 四个 Arab 储层和一个 Uwainat 储层；图 6-28）均赋存了工业油气；下侏罗统 Hamlah 组储层中赋存着凝析气，二叠系 Khuff 组储层中赋存着干气。所有油气藏圈闭都是向四周倾没的背斜构造，其上的盖层除 Arab 油气藏由蒸发岩构成外，其他油气藏的盖层分别由泥岩、灰岩或致密灰岩构成。侏罗系油气藏构造上断层不发育（图 6-26），加上其上的白垩系储层中极少发现油气聚集的事实表明，侏罗系顶部的 Hith 硬石膏层阻止了源于侏罗系的油气通过垂直运移到较新的地层中。这与邻近的 Awali 油藏不同（图 4-12），Awali 油藏在三叠系发生的断层作用为侏罗系储层中的油气逸散到白垩系储层提供了输运通道。

　　Dukhan 构造圈闭内的背斜基本对称，两翼倾角 8°～10°，整个中生界构造剖面特征

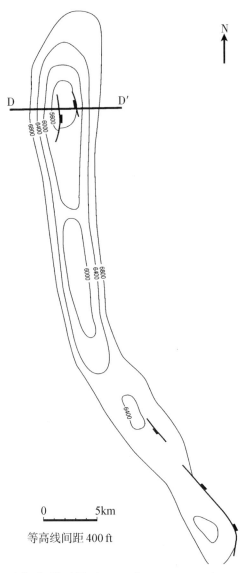

图 6-26　Arab-D 油藏顶面构造图（QGPC 和 AQPC，1991），D-D′剖面见图 6-28

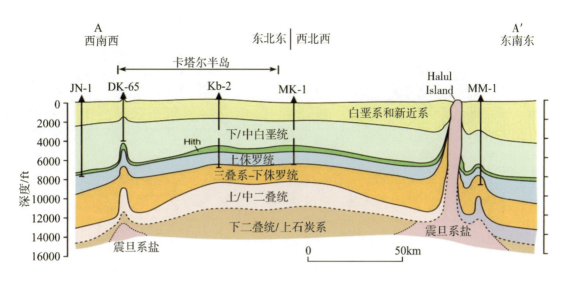

图 6-27　过 Qatar 穹窿的西南西—东北东向的区域构造剖面图（QGPC 和 AQPC，1991），
展示了震旦纪盐岩活动对后期构造的影响

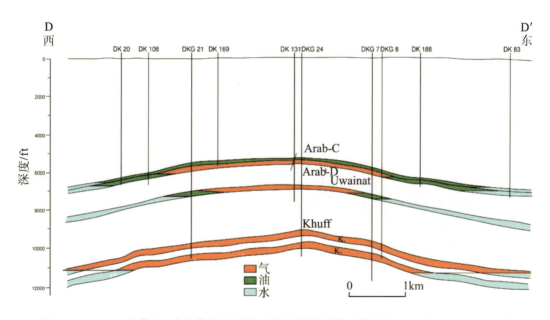

图 6-28　Dukhan 油藏西—东向构造剖面图，展示了油气的分布特征（QGPC 和 AQPC，1991）

变化不大（图 6-28）。中生界往下，随着埋深增加，西翼倾角逐渐大于东翼（图 6-29）；
褶皱幅度随深度增加而增大，从 Arab-D 段的 1600ft 增加到 Khuff 组顶部的 2100ft
（图 6-28）。Arab-D 段的含油面积达 325km²。Arab-D 段存在 4 个构造高点：2 个主构造
高点位于背斜北倾部位，最北部的构造高点（最浅的山脊）海拔标高为 5373ft；另 2 个次
构造高点位于构造南部北北西倾部位（图 6-26）。Arab-D 油气藏油气柱总高度为 1327ft，

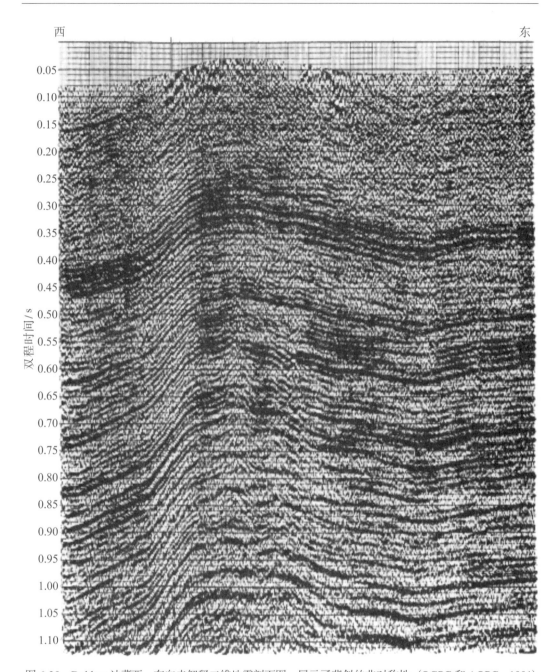

图 6-29 Dukhan 油藏西—东向未解释二维地震剖面图，展示了背斜的非对称性（QGPC 和 AQPC，1991）

油柱高度 650ft，气柱高度 677ft，油气界面深度 6050ft，油水界面深度 6700ft。Arab-C 油藏高点深度 5231ft，油柱高度 1289ft，油水界面深度 6520ft。Uwainat 油藏高点深度 6655ft，油柱高度 306ft，气柱高度 285ft，油气界面深度 6940ft，油水界面深度 7246ft。

6.2.4 地层和沉积相

Dukhan 油藏可采石油储量最多的储层是 Arab-D 段，占 59%，其次是 Arab-C 段，占 37%。在 Dukhan 油藏，将 Arab-C 段归属于 Arab 油层组（有时也被归于卡塔尔组），将 Arab-D 段归于 Jubaila 组地层。在卡塔尔，通常将 Arab 油层组地层按编号从上到下命名为 Arab-I 到 Arab-IV。Dukhan 油藏中侏罗统 Araej 组地层的 Uwainat 油层组中赋存着油气，下侏罗统的 Hamlah 组地层中赋存着凝析气。

　　早侏罗纪，由于盐岩隆升（如 Dukhan 构造）造成的卡塔尔穹窿导致了区域性暴露，形成了深切三叠系地层的区域性不整合面（侵蚀面）。因此次构造抬升，下侏罗统地层仅沉积了 231ft 厚的 Hamlah 组白云岩、粉砂岩和泥岩；而中侏罗统则连续沉积了厚达 1400ft 的富含泥岩、浅海碳酸盐的 Izhara 组与 Araej 组地层。Araej 组内的 Uwainat 油层组由 178ft 厚的泥岩和泥粒灰岩构成，因次生孔隙大量发育而具备了良好的储集性能。在侵蚀作用形成的不整合面之上，沉积了大量由富含深水黏土灰质泥岩组成的上侏罗统 Hanifa 组地层，形成了 325ft 厚富含有机质的烃源岩，为 Dukhan 油藏提供了充足的油气来源。其上连续沉积了 Jubaila 组与 Arab 组地层，其中 Jubaila 组地层中发育 Arab-D 储层，该储层距离 Jubaila 组地层顶有 860ft 厚，Arab 组地层由三个硬石膏—碳酸盐岩旋回构成，总厚度为 280ft。接下来沉积的第四个更厚的硬石膏层（厚度 388ft）命名为 Tithonian 组 Hith 段，构成了整个侏罗系地层的区域性盖层（QGPC 和 AQPC，1991）。

1. Arab-C 段地层

　　Arab-C 段地层总厚度 80～85ft，主要由鲕状球状灰岩、颗粒灰岩、富有机质灰岩、白云岩和少量硬石膏组成，沉积环境包括潟湖、潮坪和盐沼。根据储层质量品质可分为两大单元（Gomes 和 Trabelsi，1998）。可将进一步细分出的 13 个小层归并为 6 套储层（图 6-30；Des Autels et al.，1994）。有效厚度 15ft，净毛比 0.19。Arab-C 段储层的顶部（Arab-B 段底部）覆盖着 48ft 封堵性能良好的硬石膏层。

2. Arab-D 段地层

　　Arab-D 段地层总厚度 231ft，有效厚度 120ft，净毛比 0.52。主要由鲕状球状灰岩、颗粒灰岩、粒泥灰岩组成，含有部分白云岩化的粒泥灰岩与灰岩夹层（图 6-31）。可以进一步划分为四类岩相（图 6-32）：不含泥质的颗粒灰岩、泥粒灰岩与富含有机质的颗粒灰岩、粒泥灰岩与灰质泥岩和糖粒状白云岩（Wilson，1991）。Arab-D 储层为 Jubaila 组地层向上变浅的碳酸盐岩陆棚沉积序列的浅水部分，其本身由两个或更多的向上变浅的较小旋回组成，每个旋回的底部为富含泥质的深水潮下带沉积物，向上渐变为浅水粗粒沉积物，顶部为薄层硬灰岩层覆盖。Arab-D 储层的沉积环境与 Arab-C 段储层类似（图 6-33；Alsharhan 和 Nairn，1994）。Arab-D 储层的顶部（过渡为 Arab-C 储层底部）为盐沼硬石膏沉积，厚 62ft，构成了 Arab-D 储层顶部的蒸发岩封盖层（图 6-31 和图 6-32）。由岩石渗透率变化将 Arab-D 段储层进一步划分成 10 个小层（图 6-34；Tyson et al.，1996）。构造高点处的浅海颗粒灰岩厚度较大，如 Dukhan 构造与 Qatar 穹窿，表明在晚侏罗纪，这些构造所在区域具有正向海底地形特征，尽管这种特质不是很明显。

3. Uwainat 组地层

　　由相对较纯的灰质泥岩和粒泥灰岩组成，夹多孔鲕状球粒灰岩和和颗粒灰岩，是高能浅海滩与低能潟湖间交替变换的产物。总厚度 120ft，有效厚度 75ft，净毛比 0.63

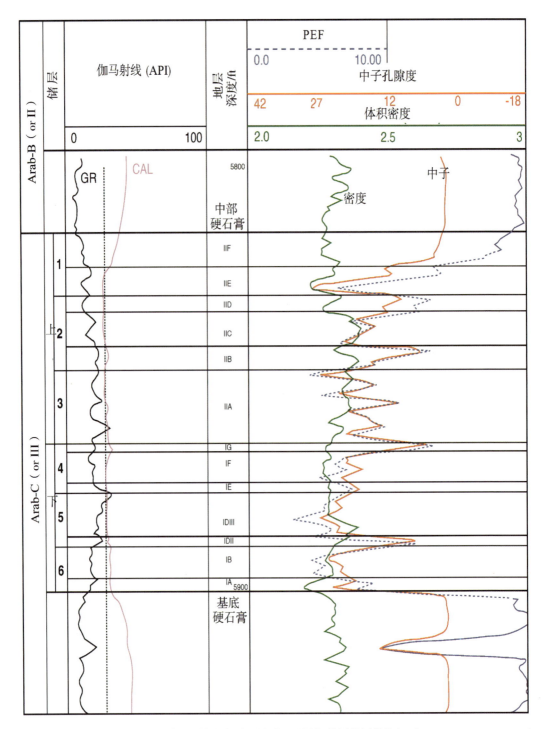

图 6-30 Dukhan 油藏 Arab-C 储层测井响应图，展示了地层与储层的层状格架（Des Autels et al.，1994）

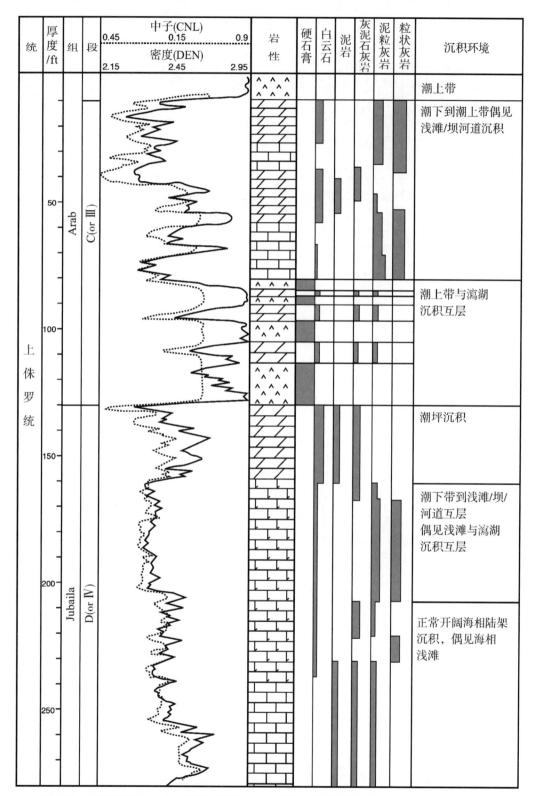

图 6-31　卡塔尔区域 Arab-D 储层的测井响应、岩性与沉积环境（Alsharhan 和 Nairn，1994）

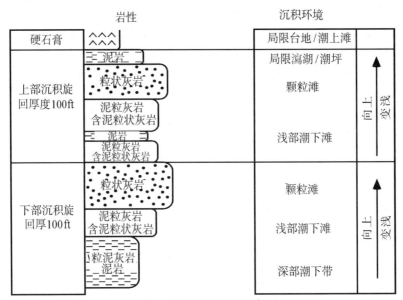

（a）向上变浅的岩相序列

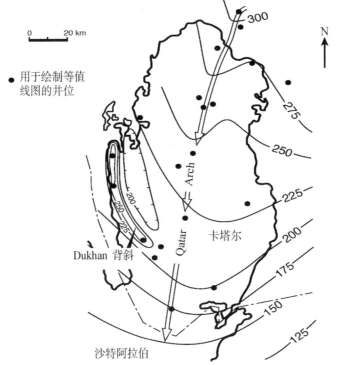

（b）厚度图，展示了Qatar穹窿和Dukhan背斜地层厚度变薄的特征(Wilson,1991)

图 6-32 Qatar 的 Arab-D 储层

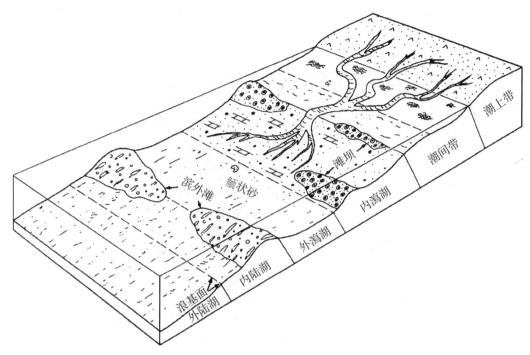

图 6-33　卡塔尔的 Arab-D 油藏沉积模型（Alsharhan 与 Nairn，1994）

（QGPC 和 AQPC，1991）。

6.2.5　储层结构

　　Arab-C段储层：为数个规模不等的多层状结构（图 6-30）。划分为上部和下部两个储集单元，上部储集单元的沉积旋回规模较小，储层品质较差，流体主要通过下部储集单元底部的高渗薄层 10～15ft 流动（Gomes 和 Trabelsi，1998）。根据岩石学特征与测井响应差异，细分出了 13 个单层，为了进行流动模拟，按储层性质相似原则粗化为 6 个储层（Des Autels et al.，1994）。水平井剖面展示出每个储层内均存在一定的非均质性（图 6-35 和图 6-36）。部分井的油水界面处形成了稠油带，在生产过程中阻止了水体的侵入。缝合线在细粒岩相及孤立油斑处较为常见（Dunnington，1962），而细小的断层对流体的传导作用较小。

1. Arab-D 段储层

　　多层状结构，特征类似于 Arab-C 段储层。其中每套储层在 1～2km 外均存在横向岩相变化。依靠地震波阻抗剖面方法绘制的储层岩相横向变化图取得了部分成功，可以通过波阻抗细微变化描述岩相的变化规模与特征，但只能体现孔隙度的变化，不能获得渗透率的变化信息（Wilson，1991）。Arab-D 段储层可以细分为 10 个储集层，其中渗透率较高的是 3、4、5 和 9 储集层。几个在剖面上弯曲的稠油带在储层内形成了低渗屏障，这些弯曲的稠油带或许代表了被后期构造作用变形的古油水界面。Arab-D 段储层中未发现因断层阻挡形成的油气区。

2. Uwainat 段储层

　　规模较小的层状结构，垂向上的渗透率变化极大（QGPC 和 AQPC，1991）。依靠

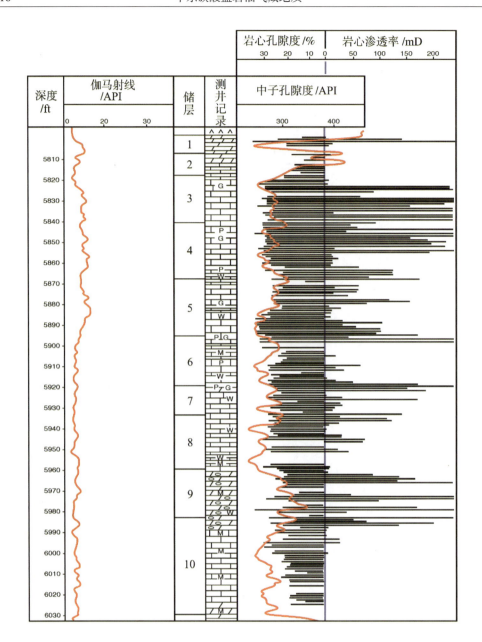

图 6-34　Arab-D 油藏单井剖面孔隙度与渗透率分布图（Tyson et al.，1996）

薄的致密隔层可以将 Uwainat 段储层划分为 20 个小层（Hussain，1993）。一些小层中出现的稠油带大大降低了垂向连通性。根据储层压力数据，发现识别出的 8 条断层中有 2 条具有封堵能力，由此将 Uwainat 段储层分割成了 3 个构造单元。

6.2.6　储层性质

1. Arab-C 段和 Arab-D 段储层

两段储层的岩性相似，分别由鲕状球粒、泥粒灰岩，颗粒灰岩和结晶白云岩组成。

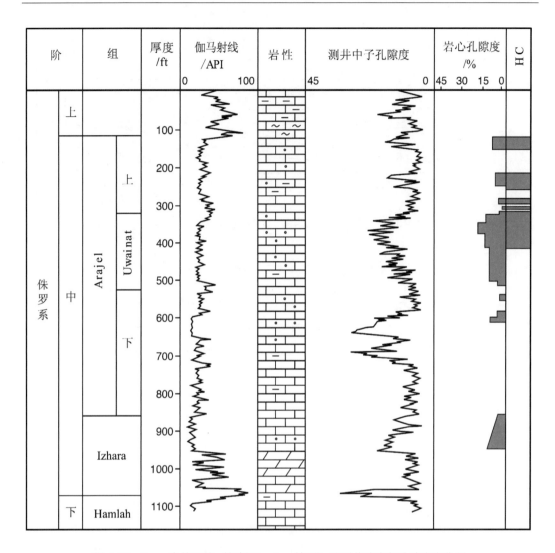

图 6-35　Qatar 中侏罗统（包括 Uwainat 储层）的测井响应与孔隙度变化图

平均孔隙度和渗透率中等（分别是 18%和 20%，30mD 和 70mD）（QGPC 和 AQPC，1991）。其中，不含泥质的颗粒灰岩具有良好的分选性，中—粗粒的碳酸盐岩含有骨质碎屑、鲕粒和球粒；上述两种岩相的原生粒间孔隙因早期环边方解石及新月状方解石胶结薄层覆盖得以完好保留，孔隙中极少存在方解石与石膏充填物，同时还有粒内微孔隙和溶蚀铸模孔；孔隙度和渗透率中—高，分别为 10%～30%（平均 22%）和 10～3000mD（平均 330mD）。而由富含泥质的颗粒灰岩和泥粒灰岩构成的细粒基质中，含有较多连通性差的印模孔隙和微孔隙；其孔隙度中等，为 13%～24%（平均 17%），渗透率较低，为 1～50mD（平均 20mD）。作为夹层的灰质泥岩和粒泥灰岩是非储层。白云岩化后的细粒岩相较为常见，但其 14%的中—低孔隙度和 9mD 的低渗透率对储层的储渗性能贡献较小。糖粒状白云岩相由菱形交织结构粗晶白云岩构成，具备连通性较好的晶间孔隙，孔隙度和渗透率中等，分别为 2%～28%（平均 17%）和 1～1000mD（平

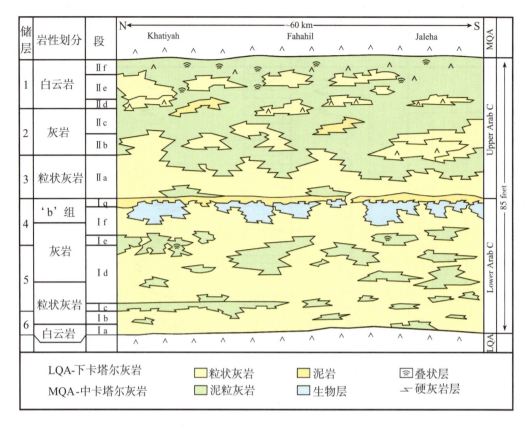

图 6-36 Dukhan 油藏 Arab-C 组北 – 南向地层剖面图。油区名称见图 6-40

均 163mD；Wilson，1991）。白云岩化的细粒岩相可能由早期的浅埋藏成岩作用形成，由于集中在储集体上部，来自上覆盐沼环境的回流液体很容易渗透到其中并活化其为白云岩。在整个剖面中，糖粒状白云岩仅以薄层状分散分布，由其交代的岩相痕迹大多消失，故难以推断其成因，但至少可以判断其为晚期深埋藏成岩作用的结果（Wilson，1991）。两个储层都发现了垂直层面的节理组，尽管这些微裂缝是开启的，但是太细小，难以大规模增大垂直渗透率（Daniel，1954）。糖粒状白云岩的原始含水饱和度一般低于10%，表明是亲油的；而颗粒灰岩的原始含水饱和度一般大于20%，很可能是亲水的（图 6-37；Wilson，1991）。Arab-C 段储层的平均原始含水饱和度为 20%。

2. Uwainat 组储层

岩性相对纯净，主要由多孔灰质泥岩与粒泥灰岩组成，夹鲕状球粒、泥粒灰岩和颗粒灰岩；粒间孔发育，孔隙度中等，平均 18%，平均渗透率较低为 15mD，仅局部存在高渗地层（QGPC 和 AQPC，1991）。压实和压溶作用随储层埋深的增大而导致储层品质迅速变差。储层平均原始含水饱和度 30%。

6.2.7 生产特征

Dukhan 油藏拥有原始石油地质储量 124×10⁸Bbl，天然气地质储量 9.6×10¹²ft³；2001

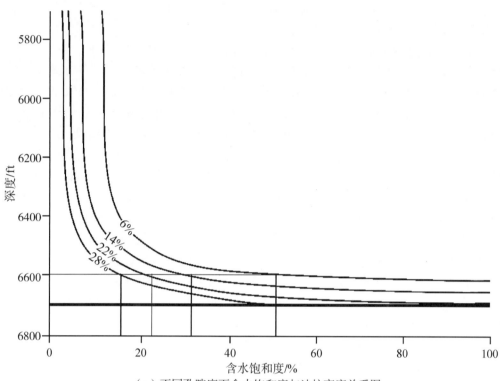

（a）不同孔隙度下含水饱和度与油柱高度关系图

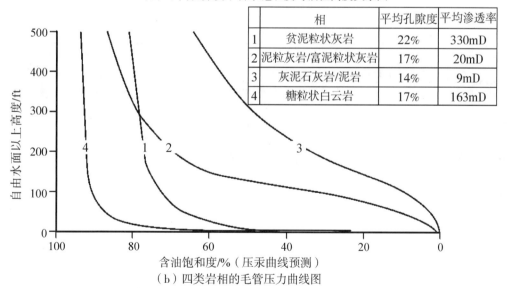

	相	平均孔隙度	平均渗透率
1	贫泥粒状灰岩	22%	330mD
2	泥粒灰岩/富泥粒状灰岩	17%	20mD
3	灰泥石灰岩/泥岩	14%	9mD
4	糖粒状白云岩	17%	163mD

（b）四类岩相的毛管压力曲线图

图 6-37　Arab-D 油藏储层特征（Wilson，1991）

年标定可采石油储量 53×10^8Bbl，采收率 43%，标定可采天然气储量 10.8×10^{12}ft³，平均采收率 55%。其中 Arab-D 油藏的可采油量最高，达 59%，其次是 Arab-C 油藏，为 37%，Uwainat 油藏仅 4%。Arab-D 和 Uwainat 油藏中的伴生气是以气顶的形式出现的。而 Khuff 气藏则赋存了 Dukhan 油藏绝大部分非伴生天然气。

Arab-C 油藏产轻质油，原油密度 37° API，黏度低，含硫量低（1.8wt%），原始气油比中等（735SCF/STB）。生产初期由于水体静止，主要由溶解气驱进行衰竭式开发。Arab-D 油藏的油品更轻，原油密度 42° API，黏度低，含硫量低（1.1wt%），饱和原油（原始气油比 1070SCF/STB），生产初期主要由弱水驱与气顶膨胀辅助驱动开采原油。Uwainat 油藏也产轻质油，原油密度 42.5° API，黏度低（0.25cp），含硫量低（0.8wt%），饱和原油（原始气油比 1060SCF/STB）；生产初期也主要由弱水驱与气顶膨胀辅助驱动开采原油。未开发的 Hamlah 凝析气藏具有较高的凝析油量，达到 143Bbl/10^6ft³ 天然气。Khuff 气藏为酸性干燥天然气，热值低（甲烷 80%、氮气 14%、二氧化碳 4%），通过气体膨胀进行衰竭式开采。1997 年又发现了深部天然气，含油量更多，但尚未开采。

Dukhan 油藏在 1940～1942 年由于二战爆发而停止了小规模的石油生产，1949 年 Arab-C 和 Arab-D 油藏全面投入开发。到 1958 年底，年产量由前几年的 3.3×10^4Bbl/d 迅速增长到 1.75×10^5Bbl /d（图 6-38）。1960 年，Uwainat 油藏投入开发，该油藏在 1976～1989 年曾暂时性关停。到 1970 年，Dukhan 油藏产油量稳定增长到 2×10^5Bbl/d。通过注水开发，使 Arab-C 和 Arab-D 油藏产量在 1986 年达到高峰，年产油量达到 2.51×10^5Bbl/d。在 20 世纪 90 年代初，Dukhan 油藏产量维持在 2×10^5Bbl/d；由于水平井技术的引入和南部油藏的投入开发开发，油藏产量在 20 世纪 90 年代中后期达到了 2.7×10^5Bbl/d。在那段时期，75% 的原油产量来自 Arab-D 油藏（Tyson et al.，1996）。到

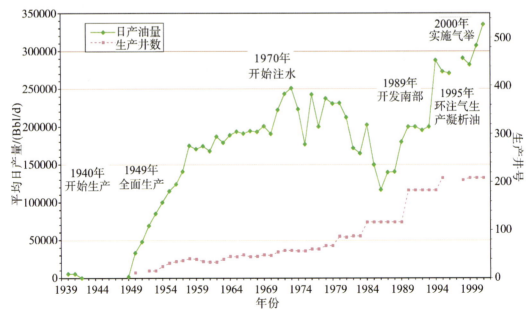

图 6-38　Dukhan 油藏的生产历史图

2002 年，通过生产设备的更新使油藏产量增加到 $3.3×10^5$Bbl/d，而新井的钻进和老井中气举设备安装，使油藏产量进一步提高到 $3.35×10^5$Bbl/d（APRC，2002）。Dukhan 油藏截至 2001 年的累计产油量为 $36.5×10^8$Bbl，采出程度 29%。

在开始的几年里，Arab-C 油藏压力下降较快，主要原因一是未形成水驱，二是原油不饱和，溶解气驱较弱（Dunnington，1962）。1965 年，开始将来自上覆 Nahr Umr 砂

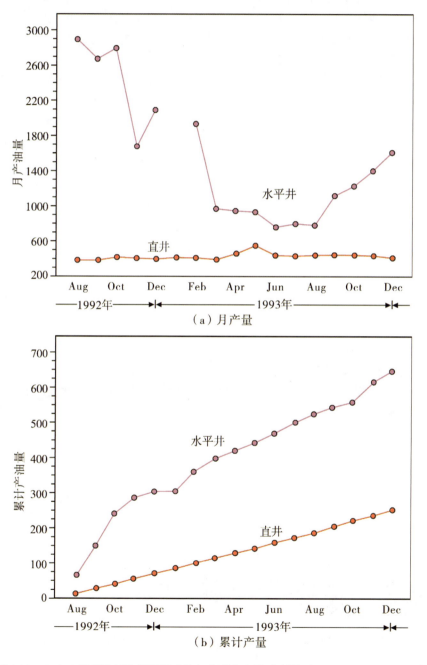

图 6-39　Arab-C 组低渗层上部层段直井与水平井产量对比图（Des Autels et al.，1994）

岩外围的地层水注入 Arab-C 油藏底部油层，1969 年注入水已蔓延到整个 Arab-C 油藏。Arab-C 油藏底部 10～15ft 厚的高渗层贡献了采出流体总流量的 80%，注入水注入高渗层后很快在采出井突破，从而消耗掉了注入水体能量。20 世纪 90 年代初，选择 Arab-C 油藏上部水驱效果差的区域做实验，通过采用水平井生产和注水，与直井相比，不仅减少了井数，还延缓了水驱前缘的指进现象（Des Autels et al.，1994）。起初由于厚度 <10ft 的薄油层与断层切割的影响导致水平井难以准确钻达目标储层，后来通过 3D 地震资料克服了这一难题。1992～1993 年，成功完钻了 5 口水平生产井和 2 口水平注水井。与直井相比，水平井产量增加了 300%（图 6-39）。QGPC 着手编制了 Arab-C 油藏范围内的水平井开采方案，该方案在 2001 年后仍在实施中（APRC，2002）。

　　Arab-D 油藏的水侵量也较小，但没有 Arab-C 油藏的形势严峻，这是因为气顶气体膨胀补偿了油藏压力的下降。据记载，从 20 世纪 50 年代初到 70 年代中叶，Arab-D 油藏压力下降了 600psi（由 3250psi 下降到 2650psi）。1970 年开展了在油水界面之下周缘注水 [图 6-40（b）] 并保持了足够的地层压力；与此同时，气顶气扩张侵入了 20% 事先被原油占据的孔隙空间，致使油气界面下降了 150ft，降低到深度 6200ft [图 6-40（a）]。20 世纪 90 年代中期，为了防止气体锥进，关停了气顶处的生产井，由此发现了气顶下大量存在的阁楼状和薄层状的剩余油区。通过设计使用水平井及多侧向分支井技术，保证了 10% 未动用区的剩余油储量能被开采出来（Tyson et al.，1996）。1989 年，QGPC 对油藏南部地区（Diyab）进行了开发，这里的油层较北区薄，部署的 19 口新井预计增加 5×10⁴Bbl/d 的油产量。到 1992 年，该区域的日产量达到了 3×10⁴Bbl/d。1995 年开始

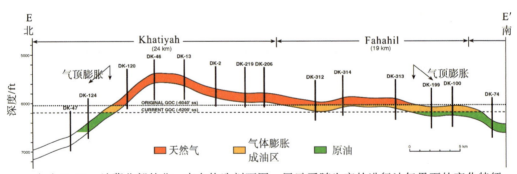

（a）Dukhan油藏北部的北—南向构造剖面图，展示了随生产的进行油气界面的变化特征

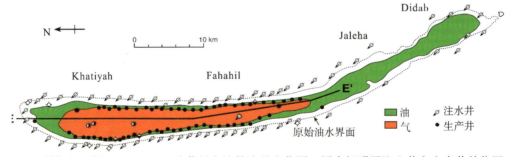

（b）早期与近期(1996)Dukhan油藏的含油外边界变化图。图中标明了注入井和生产井的位置

图 6-40　Dukhan 油藏构造及含油边界剖面图

在气顶周缘循环注入天然气，从 $8×10^8ft^3/d$ 的天然气中提取了 $4×10^4Bbl/d$ 凝析油，同时将提炼后的 $5.5×10^7ft^3$ 干气从构造顶部回注入产层（Shehata 和 Simpson，1997）。

1960～1975 年从 Uwainat 油藏采出原油 $280×10^8Bbl$，采出程度 5%，随后停止了生产。1989 年，依靠天然水驱和气顶膨胀驱动的衰竭式方式重新恢复了生产，随后几年里采用了人工注水的方式开采，通过上述方法开采，使采出程度达到了 40%。由于存在较多高渗薄层，加上地层倾角较低，使得气驱效果很不稳定，从而难以实施注气生产（Hussain，1993）。2000～2001 年，在该油藏实施了水平井生产（APRC，2002）。

6.3　Fateh 孔隙型碳酸盐岩大陆架粒泥、泥粒灰岩背斜构造层状–块状油气藏

6.3.1　基本概况

Fateh 油气藏位于阿联酋境内迪拜近岸浅海区（图 4-12）。1966 年，在下白垩统 Shu'aiba 组和上白垩统 Ilam 组中发现轻质油。1967 年，在中白垩统 Mishrif 组中也发现轻质油。Mishrif 油藏于 1969 年开始投产。含硫天然气储集在二叠系 Khuff 组碳酸盐岩内。Fateh 油气藏原始石油地质储量为 $40.2×10^8Bbl$，其中可采石油地质储量为 $22.1×10^8Bbl$（占 55%），天然气可采地质储量为 $1.85×10^{12}ft^3$。到 1980 年，该油气藏累计产量 $5.56×10^8Bbl$，其中产量的 72% 来自 Mishrif 油藏。Fateh 油气藏构造是一个延伸的、向四周倾没的盐底辟背斜。Mishrif 组顶部被页岩覆盖，底部为致密灰岩，Mishrif 组内油柱高度为 822ft。因构造顶部的侵蚀作用，Mishrif 油藏厚度变化较大，为 0～500ft，形成了一个平均厚度为 250ft 的楔形构造。Mishrif 组地层由沉积于碳酸盐岩大陆架内的颗粒向上变粗的厚壳蛤颗粒粒泥灰岩、泥粒灰岩和颗粒灰岩组成，沉积相包括斜坡相、浅滩相、厚壳蛤—堤岸相和潟湖相。厚壳蛤—堤岸和浅滩相的孔隙度很高（20%～25%），渗透率中等（50mD）；斜坡相的孔隙度也很高（20%～25%），但渗透率低（5～30mD）。因剥蚀面发育了印模孔和溶蚀孔，Mishrif 组储层物性较好。在 Mishrif 组油水界面附近存在不渗透的沥青垫，因此水驱能量较弱。Mishrif 未饱和油藏依靠溶解气驱动开采了几年后，地层压力迅速下降。1974 年，开始对 Mishrif 油藏实施注水开发和气举等措施，产量维持在 $1.4×10^5Bbl/d$。1979 年，因沿裂缝带发生水窜，注水量开始减少。1983 年，产水区被封堵，日产量达到 $2.0×10^5Bbl/d$。此后，Fateh 油气藏的生产数据不详。

6.3.2　构造及圈闭

Fateh 油气藏构造是一个延伸背斜，被东北向断层切割（图 6-41）。该构造是在早白垩世时期，震旦纪盐构造运动下形成的（Jordan et al.，1985），可能受晚白垩世时期挤压力以及区域扭压作用的影响（Marzouk 和 Abd El Sattar，1994）。早阿尔必阶、土伦阶和晚麦斯特里斯特阶，抬升以地层向构造底部剥蚀变薄形成不整合接触，并向上覆岩层变薄为标志。石油储集于白垩系 Mishrif 组中，Mishrif 组地层向构造顶部剥蚀尖灭，其上覆盖层位 Laffan 组页岩，底部是 Khatiyah 组致密灰岩层［图 6-42（a）］。仅有少量的油气聚集在 Laffan 不整合面基底上的一些白垩系储层中，而天然气主要聚集在二叠系 Khuff 组碳酸盐岩中。

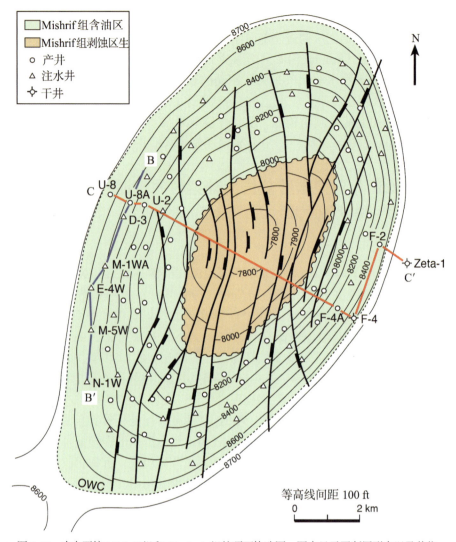

图 6-41　中白垩统 Mishrif 组和 Khatiyah 组的顶面构造图，图中显示了断层形态以及井位
(Videtich et al., 1988)

　　Fateh 油气藏长 15km，宽 10km，含油面积达 17000ac。该油气藏构造西翼倾角 5°，东翼倾角 8°，Mishrif 组东区油水界面深度为 8615ft，西区油水界面深度为 8722ft，在构造西南方向溢出点在油水界面以下（图 6-41）（Crick 和 Singh，1985）。Mishrif 组东西区的油水界面相差 107ft，这表明东西两区之间有个断层隔挡。Laffan 基底不整合面的构造高点位于海拔深度 7800ft 处，由于侵蚀作用，Mishrif 组位于深度 7900ft 以下。Mishrif 组内油柱高度为 715～822ft。构造被一系列蜿蜒、北向倾向的断层截断，断层长 250～1000m（图 6-41）。断距为 30～100ft，这些断层也包括碳酸盐岩储层中的裂缝（Ericsson et al.，1998）。

6.3.3　地层和沉积相

　　Fateh 油气藏的石油源自上白垩统的 Ilamu 组（属 Aruma 群）、森诺曼阶的 Mishrif

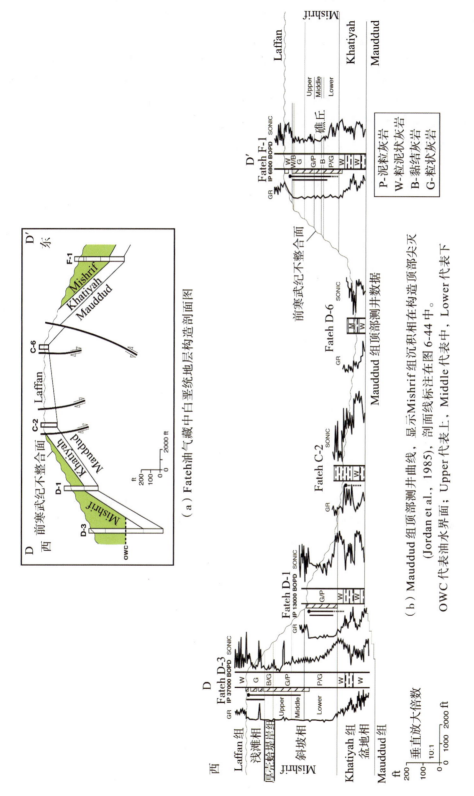

（a）Fateh油气藏中白垩统地层构造剖面图

（b）Mauddud 组顶部测井曲线，显示Mishrif组沉积相在构造顶部尖灭
（Jordan et al., 1985），剖面线标注在图 6-44 中。
OWC 代表油水界面；Upper 代表上，Middle 代表中，Lower 代表下

图 6-42　Fateh 油气藏中白垩统地层东—西向横剖面图

组（属 Wasia 群）和下白垩统的 Shu'aiba 组（属 Thamama 群）。Mishrif 组为主力产层，二叠系 Khuff 组产气。Aruma 群、Wasia 群和 Thamama 群存在不整合边界，并伴随着阶段性构造生长，但这些群组中的油层组都是整合接触的。构造作用造成的结果：①在 Fateh 构造顶部，Wasia 群最底部的 Nahr Umr 组位于 Thamama 不整合面（Shu'aiba 组）之上，仅厚 73ft；②Wasia 群最顶部的 Mishrif 组厚度为 430～500ft，已经遭受构造顶部的侵蚀；③Aruma 群的上覆层段很薄，离构造顶部 371ft（Jordan et al., 1985）。

Mishrif 组以及下伏的 Khatiyah 组都是在海进—海退的周期中沉积的，厚度约 750ft，沉积在内陆棚和前积作用下平缓坡度大陆架环境内。迪拜的 Khatiyah 组相当于 Abu Dhabi 的 Shilaif 组，该组富集烃源岩，是附近 Mishrif 组原油来源。Mishrif 组和 Khatiyah 组共有 6 种沉积相（图 6-43）（Burchette, 1993）：①盆地相：由细粒富含有机质的泥粒灰岩和粒泥灰岩组成，呈结核状，层理发育，伴有远海生物群；②斜坡相和礁前相（Jordan et al., 1985）：颗粒向上变粗，下部为细粒层理发育的骨架粒泥灰岩，上部为粗粒生物扰动的骨架泥粒灰岩，伴有棘皮动物和软体动物；③浅滩相：由分选差、交错层理的骨架泥粒灰岩、粒状灰岩和砾屑碳酸盐岩颗粒组成，其中颗粒主要是厚壳蛤和其他一些软体动物；④厚壳蛤—堤岸相：由粗粒砾屑碳酸盐岩组成，并伴有厚壳蛤和珊瑚；⑤礁后相：由粗粒、薄—中粒生物扰动的骨架粒泥灰岩、泥粒灰岩以及粒状灰岩组成；⑥潟湖相：由生物扰动的骨架—球状的粒泥灰岩和底栖有孔虫、棘皮动物和介形虫碎片的泥岩组成。

在 Fateh 油气藏中，浅滩相厚度范围是厚壳蛤—堤岸相的五倍以上。厚壳蛤—堤岸相厚度小于 50ft，但延伸范围广，有几平方公里。台地顶部的沉积相有浅滩相、厚壳蛤—堤岸相、礁后相和潟湖相，后因侵蚀作用，斜坡相成为该油气藏的最主要的沉积相［图 6-42（b）］。Mishrif 组在 Fateh 构造两翼变薄最终尖灭形成了油环（Jordan et al., 1985）。最初 Mishrif 组总厚度为 430～500ft，但因侵蚀作用平均厚度减少到了约 250ft（Trocchio, 1989）。

Fateh 油气藏白垩系地层沉积在一个相对稳定的碳酸盐岩大陆架沉积环境下，该沉积环境在海侵盆地（页岩、泥质丰富的灰岩）与海退碳酸盐岩缓坡环境（石灰岩）的周期性变化中发育。白垩系 Thamama 群岩性主要为泥质丰富的非渗透层和粗颗粒的多孔灰岩互层，顶部的 Shu'aiba 组储层发育很好，与 Mishrif 组都是很好的产油层。Wasia 群形成于一次大的海侵过程，Nahr Umr 组页岩逐步沉积成为浅水石灰岩。新一轮的海侵和差异沉降作用形成了内陆棚［图 6-45（a）］，在 Mishrif 碳酸盐岩大陆架厚壳蛤—堤岸相向盆地中心进积以前，Khatiyah 组深水（小于 300ft）有机质丰富的泥岩开始聚集［图 6-45（b）］，但并没有完全填充满。测井曲线表明碳酸盐岩大陆架进积可能由盐构造运动引起（图 6-46 和图 6-47；Videtich et al., 1988）。Aruma 群开始形成时，海平面的相对上升导致海侵开始，沉积环境恢复到盆地沉积环境条件后，Laffan 组开始堆积泥质沉积物。在较浅的水体条件下，Ilam 组富含厚壳蛤的石灰岩开始沉积，最后一次海侵时期，Aruma 段页岩覆盖富含厚壳蛤的石灰岩之上。

6.3.4 储层结构

Mishrif 组可简单地划分为三层，但因底部地层向构造顶部地层侵蚀以及小型断层

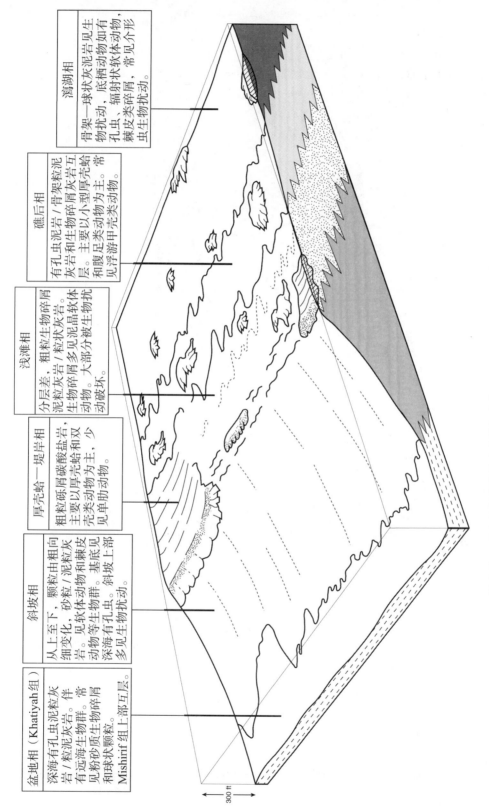

泻湖相

骨架—球状灰泥岩见生物扰动，底栖动物如有孔虫，辐射状软体动物，棘皮类碎屑。常见介形虫生物扰动。

礁后相

有孔虫泥岩／骨架粒岩／泥粒岩和生物碎屑灰岩互层。主要以小型厚壳蛤和腹足类动物为主。常见浮游甲壳类动物。

浅滩相

分层差，粗粒生物碎屑泥粒岩／粒状灰岩。生物碎屑多见泥晶软体动物。大部分被生物扰动破坏。

厚壳蛤—堤岸相

粗粒砾屑碳酸盐岩，主要以厚壳蛤和双壳类动物为主，少见单助动物。

斜坡相

从上至下，颗粒由粗向细变化，砂粒／泥粒灰岩。见软体动物和棘皮动物等生物群。基底见深海有孔虫。斜坡见多见生物扰动。

盆地相（Khatiyah组）

深海有孔虫泥粒灰岩／粒泥灰岩。伴有远海生物群。常见粉砂质生物碎屑和球状颗粒。Mishrif组上部层。

300 ft

图 6-43　Mishrif组碳酸盐岩大陆架边缘沉积分布模式（Burchette，1993）

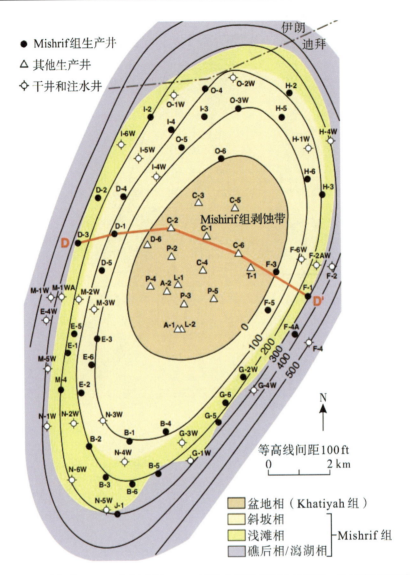

图 6-44 Fateh 油气藏 Mishrif 组厚度及 Laffan 不整合面地下露头的厚度，D-D′剖面见图6-42(b)

(Jordan et al., 1985)

的存在而变得复杂［图 6-42、图 6-44 和图 6-47（a）］。Mishrif 组的三个层都由几种沉积相混合组成，表现出来的储层性质也相似：Mishrif 组下段（厚 30ft）的储层物性最差，沉积相为前斜坡相；Mishrif 组中段（厚约 23m），沉积相为中斜坡相；Mishrif 组上段（厚约 27m）储层物性最好，沉积相包括前斜坡相、厚壳蛤—堤岸相和浅滩相（图 6-41）。礁后相和潟湖相一般位于过渡相带，如沥青沉垫或含水层地段。相与相之间的过渡带并不都是非渗透的隔层，一般认为 $K_v/K_h>1.0$，整体上来看，储层岩性大致相同（Jordan et al., 1985）。连通的裂缝可加速垂直方向的水侵，由于油水界面中存在不渗透的沥青垫，阻止了水的向上运移，因此可通过把水注入油水界面以下来实现开发（图 6-49；Crick 和 Singh, 1985）。

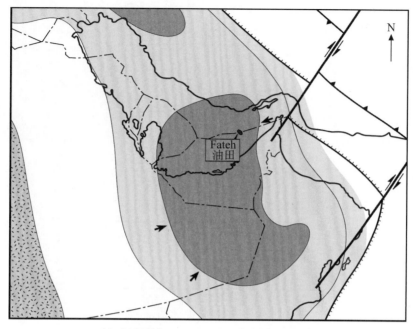

（a）沉积早期，Khatiyah 组内陆棚盆地发育

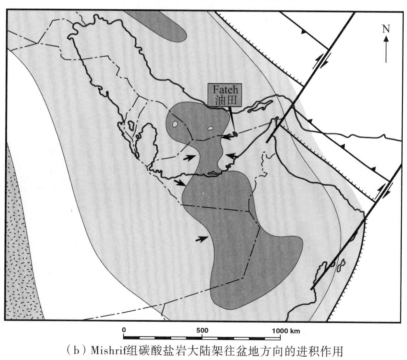

（b）Mishrif 组碳酸盐岩大陆架往盆地方向的进积作用

图 6-45　Mishrif 组和 Khatiyah 组沉积时期，阿拉伯海湾地区森诺曼阶古地理构造图（Burchette，1993）

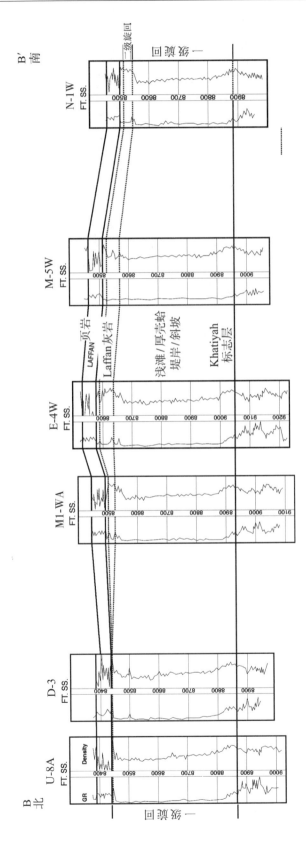

图 6-46　Fateh 油气藏 Mishrif 组地层东—南向测井曲线图 (Videtich et al., 1988)，剖面线见图 6-41

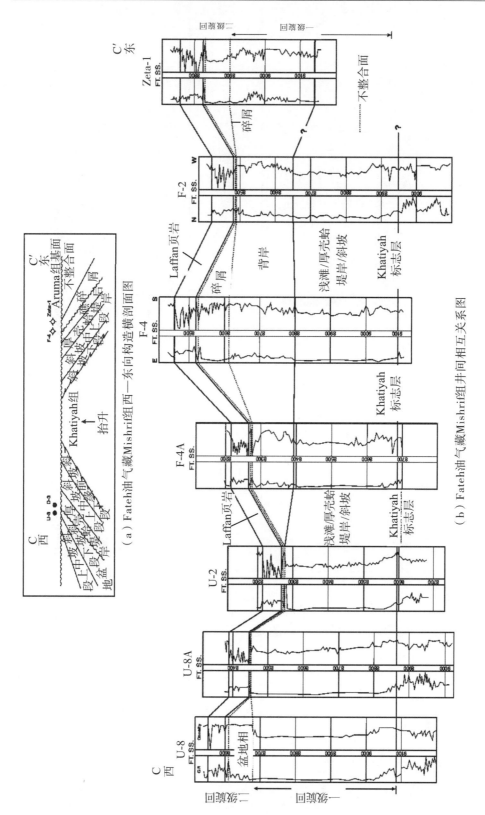

（a）Fateh 油气藏 Mishrif 组西—东向构造横剖面图

（b）Fateh 油气藏 Mishrif 组井间相互关系图

图 6-47　Fateh 油气藏连井剖面图(Videtich et al.，1988)

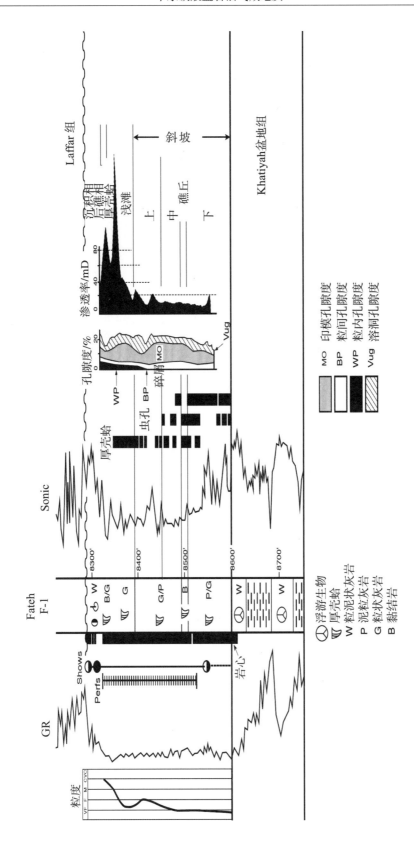

图 6-48　Fateh F-1 井综合测井曲线图，反映了各种测井曲线特征以及储层物性（Jordan et al.，1985）

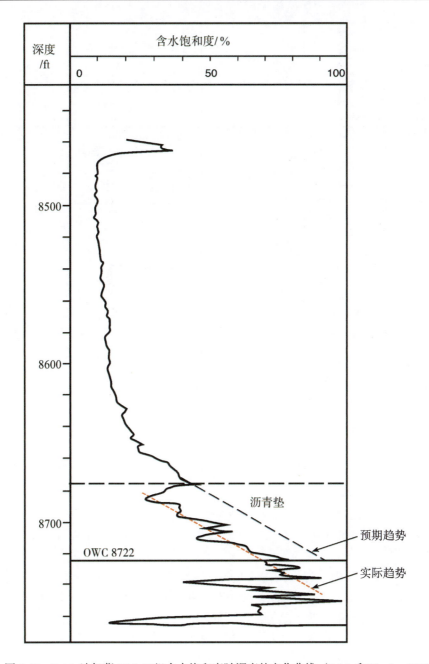

图 6-49　Fateh 油气藏 Mishrif 组含水饱和度随深度的变化曲线（Crick 和 Singh，1985）

注：OWC 代表油水界面

6.3.5　储层性质

Fateh 油气藏 Mishrif 组岩石颗粒向上变粗，岩性由细粒的骨架粒泥灰岩和泥粒灰岩逐渐过渡到粗颗粒骨架泥粒灰岩、颗粒灰岩和生物黏结灰岩。软体动物（主要为厚壳蛤类）颗粒含量在整个区域都占主要地位，厚壳蛤主要保留在粗粒的沉积物中。原生粒内

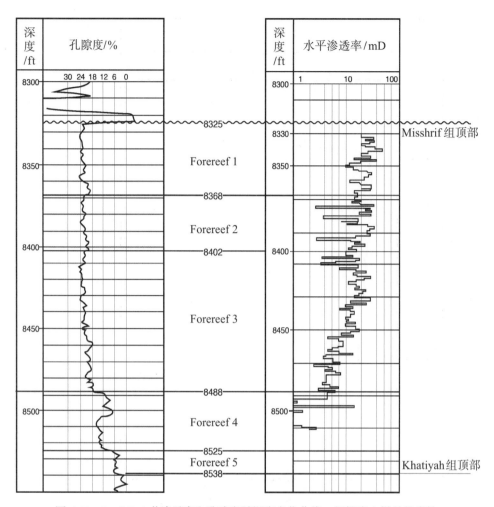

图 6-50　Fateh B-2 井渗透率和孔隙度随深度变化曲线。根据岩心样品的岩性
将礁前相或斜坡相分为了 5 层，但它们的孔渗值并无差别 (Crick 和 Singh，1985)

孔隙度与保存完整的厚壳蛤有关，孔隙度向上逐渐增大（图 6-48），整个区段的原生粒内孔隙度相对恒定。淡水侵入 Mishrif 组岩石后开始发生成岩作用。厚壳蛤碎屑岩大面积被溶蚀，形成了常见的孔隙类型：铸模孔和溶蚀孔，孔径大和较密集的孔隙都出现在构造顶部地层岩石内。溶解的方解石再沉积形成胶结物，导致储层渗透率显著下降，这一过程主要发生在底部的细粒状的沉积物中（图 6-50）。因此，储层物性的好坏与沉积相密切相关。

　　浅滩相和厚壳蛤—堤岸相的孔渗性最好，平均孔隙度为中—高（20%～25%），渗透率较低（30～250mD，平均 50mD）。斜坡相顶部和中部的孔隙度为 20%～25%，渗透率很低，顶部渗透率（5～30MD），中部渗透率（5～20MD）。斜坡相底部储层物性最差，孔隙度为 10%～15%，渗透率（5～10mD）。礁后相和潟湖相中，由于泥质含量丰富的石灰岩和粗颗粒透镜体的混合，导致孔渗性的变化幅度很大，储层物性差（图 6-42；Jordan et al.，1985）。

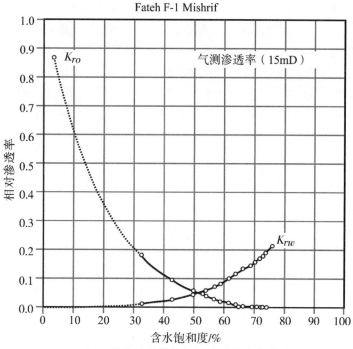

（a）低渗透样品的相对渗透率变化曲线

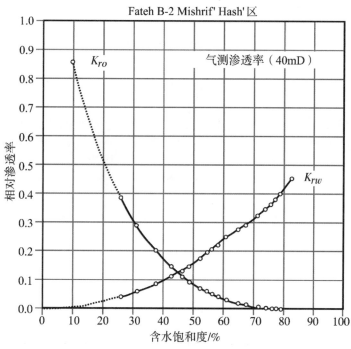

（b）较高渗透率样品的相对渗透率变化曲线

图 6-51 从 Mishrif 组取得的岩心样品所测得的相对渗透率变化曲线（Willoughby 和 Davies，1979）

储层物性的好坏取决于沉积相。Mishrif组顶部的渗透率较高，向下部地层渗透率急剧变差（图 6-48 和图 6-50）。油水界面以上存在厚 50～90ft 的非渗透的沥青垫，净储层厚度减少（图 6-49）。目前仅在泥质含量丰富的沉积物中发现了缝合面，而在含油层很少见到缝合线构造。

从岩心样品中测得的相对渗透率结果表明：含水饱和度为 45% 的高渗透样品的气测渗透率大于 30mD，含水饱和度为 20%～25% 的低渗透样品的气测渗透率小于 15mD（图 6-51；Willoughby 和 Davies，1979）。该油气藏的初始含水饱和度平均为 12%，这表明储层可能表现为亲油。

6.3.6　生产特征

Fateh油气藏的原始地质储量为 40.2×10⁸Bbl，1966 年，预估可采储量为 22.1×10⁸Bbl，采收率为 55%。其可采天然气储量为 $1.85×10^{12}ft^3$（1996 年），所采的天然气为 Khuff 组的天然气与伴生气相混合的混合气。大部分原始地质储量和可采储量都聚集在中白垩统 Mishrif 组，其余储量聚集在下白垩统 Shu'aiba 组和上白垩统 Ilam 组石灰岩中。游离气仅储集在二叠系 Khuff 组内。Mishrif 组原油油质轻，原油密度为 39° API，黏度较低（1cp），溶解有天然气，初始气油比为 451SCF/STB。Khuff 组的天然气为干燥的酸性气体。Fateh 油气藏主要依靠边缘弱水驱动开采，辅以溶解气驱动开采。

该油气藏于 1969 年投产，6 个产层日产量达到 1.04×10⁴Bbl/d。由于沥青垫的存在阻止了边水的能量供应，开采几年后，地层压力迅速下降。为了维持稳定的产量，1974 年开始对 Fateh 油气藏实施注水（图 6-41 和图 6-44），并采用气举方式采油（Willough-

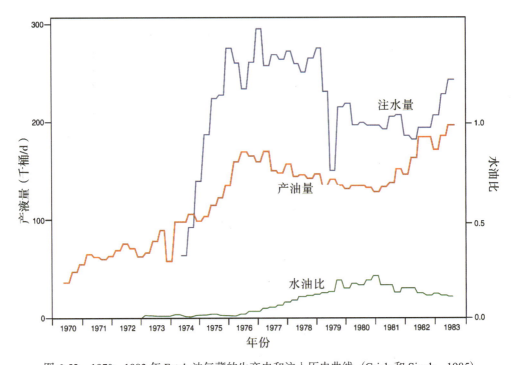

图 6-52　1970～1983 年 Fateh 油气藏的生产史和注入历史曲线（Crick 和 Singh，1985）

by 和 Davies，1979）。初期的注水量为 230000 桶/d，后来逐渐增加，到 1976 年日注入量超过 300000 桶/d（图 6-52），同年日产油量也达到了一个采油高峰，超过 185000Bbl/d。持续注水维持了地层的压力，但 1979 年因油水界面上的沥青垫从非渗透性变成渗透性，一些构造高部位的井开始大量出水，一些断层面也开始吸水（Trocchio，1989）。针对以上问题制定了解决方案如下：减少断层附近的注水量，并封堵出水的地层；暂停将水注入沥青垫中，同时减少含水层中的注水量。到 1983 年中期，该有气藏日产量超过 200000 Bbl/d。此后再无生产资料记录，截至 1980 年，Fateh 油气藏共采出原油 5.56×10⁸Bbl，其中 72%来自 Mishrif 油藏。

6.4　Zakum 孔隙型碳酸盐岩台地藻屑灰岩背斜构造层状–块状油藏

6.4.1　基本概况

Zakum油藏位于阿布扎比（阿联酋内）近海浅海区域（图 4-12）。该油藏于 1963 年发现，石油原始地质储量为 640×10⁸Bbl，石油可采地质储量为 212×10⁸Bbl（原油采收率为 33%），天然气可采地质储量为 13×10¹²ft³。该油藏发育两个完全分开、纵向叠加的轻质油藏，称为 Zakum 上部和 Zakum 下部油藏。两个油藏由两个不同的公司开发。Zakum 上部油藏由阿布扎比国家石油公司（ZADCO）开发，Zakum 下部油藏由阿布扎比海域石油经营公司（ADMA-OPCO）开发。1967 年 Zakum 下部油藏投产。直至 1982 年，Zakum 上部油藏才全面开发。Zakum 油藏构造是一个无断层背斜，向四周倾没，构造位于下白垩统 Thamama 群内。Thamama 群厚 2250～2500ft，被横向连续的致密石灰岩层分为六个含油层段（Thamama I—VI 段）。Zakum 上部油藏包括 I—III 段，Zakum 下部油藏包括 IV—VI 段。主要产层为 Thamama IV 段，其次是 Thamama II 段。Zakum 油藏岩性为沉积于外斜坡过渡到内斜坡和局限潟湖环境的碳酸盐岩砂体。Zakum 组储层横向连续、均质分布，但是储层物性在垂向上急剧变化。例如，Thamama II 段渗透率一般为 0.5～100mD，但在颗粒越细分选越好的层段渗透率超过 8D。Zakum 组下部油藏最初依靠溶解气驱开采，1973 年产油量达到顶峰，为 3×10⁵Bbl/d。Zakum 组下部 IV 段发育一个次生气顶，1972 年开始在气顶附近实施注水，1976 年在 Zakum 组下部 IV 段油水接触面附近实施边缘注水。1982 年 Zakum 上部油藏开始全面生产。1984 年对 Zakum 组上部 I 段和 II 段实施五点面积注水，对III 段实施边缘注水。为了提高 II 段的采收率，大部分井都实施了压裂酸化。从 1989 年开始，在 Zakum 上部油藏和油藏西部物性较差的地层钻了许多单井和双侧向水平井。1998 年 Zakum 油藏达到产量高峰，为 8×10⁵Bbl/d。到 2000 年，累计生产原油 45×10⁸Bbl。

6.4.2　构造及圈闭

Zakum 油藏构造为一个无断层、东西走向的低起伏背斜，向四周倾没（图 6-53）。下白垩统 Thamama 群发育 3 个独立的油气藏，它们被致密的灰岩层分隔，具有不同的油水界面（图 6-54）。上面两个油气藏组合起来构成了 Zakum 上部油藏，下部的油气藏称为 Zakum 下部油藏。两个油藏的构造情况基本一致。构造演变发生在不同的时期不同的作用点上，并且受到了下伏盐丘底辟作用（Fox 和 Brown，1968）。中白垩统时期，

Zakum 西部和南部的构造快速演化，与 Wasia 不整合面同时形成。从 Zakum 油藏的构造等值线图可以看出，晚白垩世时期构造位于当前构造顶端的北北东方向。古新世时期，构造开始向南移动，始新世时期构造处在目前油藏所在位置。

Zakum 下部油藏含油面积 1.65×10^5ac。构造顶部深度约为 7900ft，油注高度约

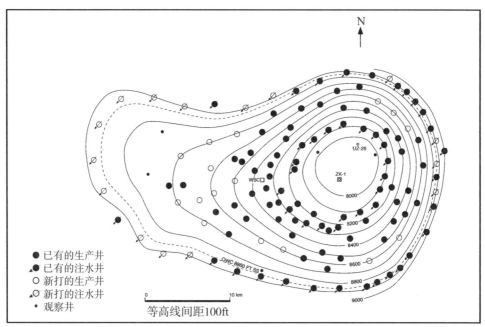

（a）ThamamaIV 段顶部（Hassan et al., 2000）

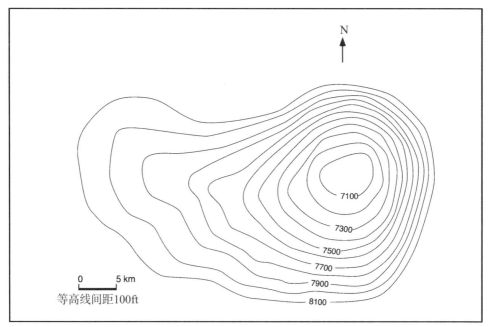

（b）Thamama I 段顶部（Alsharhan, 1990）

图 6-53　Zakum 油藏深部构造图

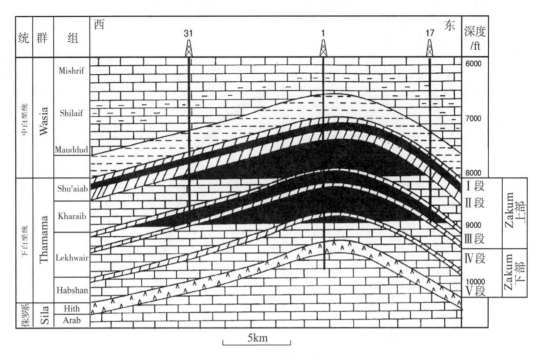

图 6-54　Zakum 油藏由西—东走向的油藏剖面图 (Alsharhan 和 Naim, 1997)

960ft, 油水界面位于海拔深度为 8860ft 处 [图 6-53 (a)]。Zakum 下部油藏在海拔 1000ft 处发育一个构造圈闭。油藏东部构造比西部构造陡, 东翼平均倾角为 2.5°~3°, 西翼平均倾角为 0.75°。Zakum 下部油藏分为 3 个段, 这 3 个段被致密碳酸盐岩隔开, 具有相同的油水界面。在油藏东部发育一些小断层, 这些小断层将 Zakum 下部油藏地层切断, 断距约 10ft。

　　Zakum 上部油藏 Thamama II 顶部储层含油面积 $3.5×10^5$ac [图 6-53 (b)] (Arab et al., 1994)。尽管 Thamama I 段含油, 但是该段储层物性差或不具储集性能, 目前暂没有详细的构造演化图可解释这一层段。1997 年, Alsharhan 和 Nairn 指出在 Zakum 下部油藏顶部出露部分油苗, 推测应该是 Zakum 上部油藏的某个生油层段。Thamama II 段含油层段油注高度约 1000ft, 油水界面深度约为 8000ft。Zakum 上部油藏的倾角和构造情况与 Zakum 下部油藏非常相似。

6.4.3　地层和沉积相

　　Zakum 油藏原油主要来自下白垩统 Thamama 群, 厚 2250~2500ft, 进一步细分为 Shu'aiba 组、Kharaib 组、Lekhwair 组和 Habshan 组 (图 6-55 和图 6-56)。在 Zakum 油藏, 这四个组均含油, 主力产层为 Kharaib 组和 Lekhwair 组。各含油层段内的原油性质和压力特征也大不相同, 所以将 Zakum 油藏 Thamama 群细分为 Zakum 组下部和 Zakum 组上部, 其中 Zakum 组下部包括 Habshan 组和 Lekhwair 组, Zakum 组上部包括 Kharaib 组和 Shu'aiba 组。还有一种划分方式, 就是把 Thamama 群从顶到底划分为 I—VI 段, I—III 段相当于 Zakum 上部, IV—VI 段相当于 Zakum 下部。

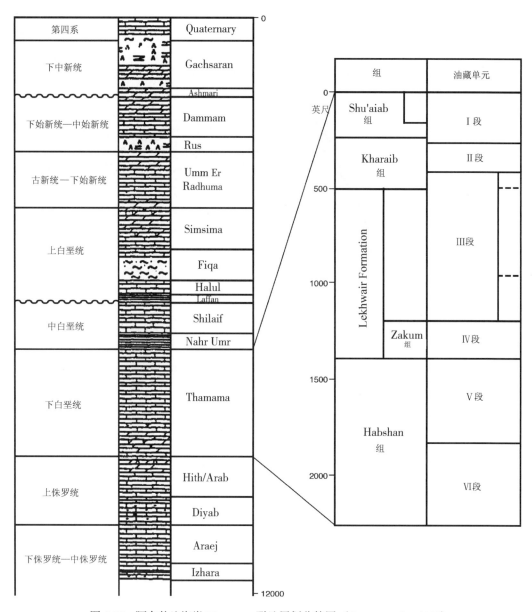

图 6-55　阿布扎比海岸 Thamama 群地层划分简图（Hassan et al., 1979）

1. Zakum 下部（Ⅳ—Ⅵ段）

Thamama Ⅴ—Ⅵ段组成了 Habshan 组（图 6-55 和图 6-56），Habshan 组由高能鲕粒灰岩与潟湖与潮上带白云岩的互层，底部夹膏质白云岩。这些泥岩、泥粒灰岩以及下伏的糖粒状白云岩沉积于低能量潟湖环境中。

Thamama Ⅳ段（图 6-57 和图 6-58）和上覆的 Thamama Ⅲ段 C 亚段和 Thamama Ⅰ—Ⅱ段 B 亚段一起构成了 Lekhwair 组，Thamama Ⅳ段的平均厚度为 250ft。Lekhwair 组基底主要由灰质泥岩和页岩组成，向上依次为生物碎屑颗粒灰岩、粒泥灰岩/粒屑灰岩、球状灰岩。Thamama Ⅳ段沉积于一个大范围的碳酸盐斜坡环境，具有两个特征：一是由

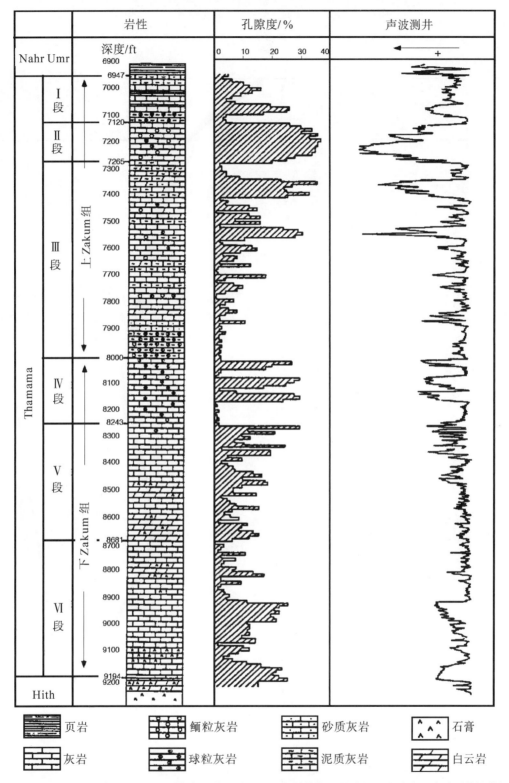

图 6-56　Zakum 油藏 Thamama 群综合测井图，展示了各种储集层的岩性、孔隙度和声波测井的特征
（Fox 和 Brown，1968）

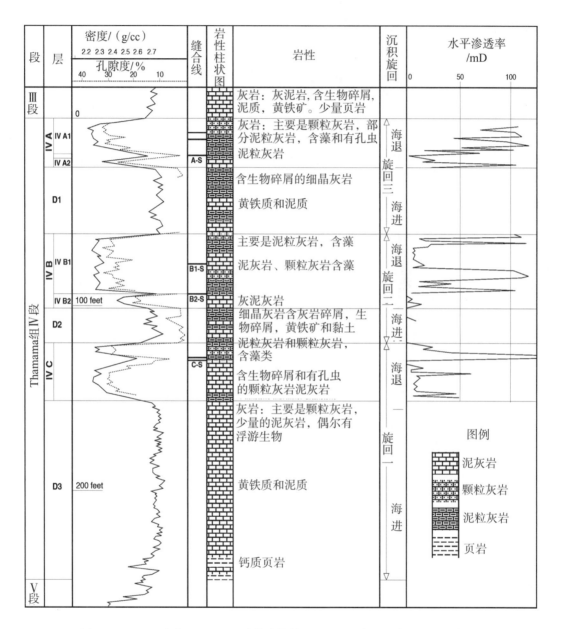

图 6-57　Zakum 油藏 ThamamaⅣ段综合柱状图，展示了岩性、旋回性、孔隙度、
缝合线所在位置和水平渗透率（Hassan et al.，1979）

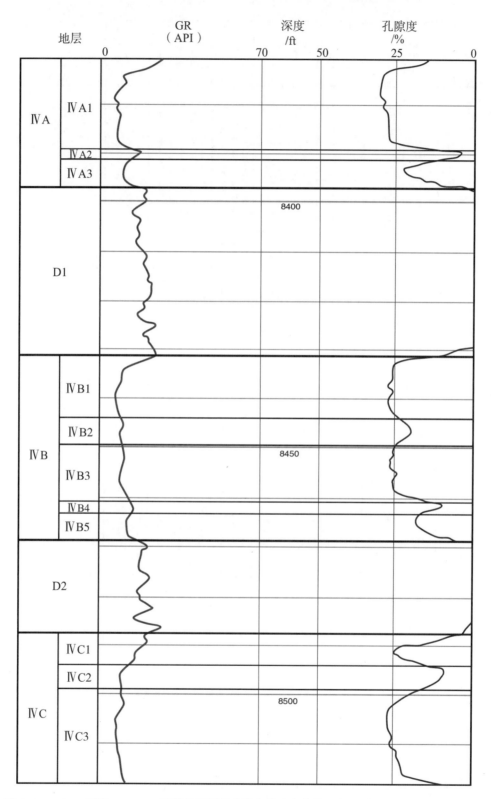

图 6-58　Zakum 下部 Thamama Ⅳ 段伽马测井曲线和孔隙度曲线示意图（Ghoneim 和 Ali，1993）

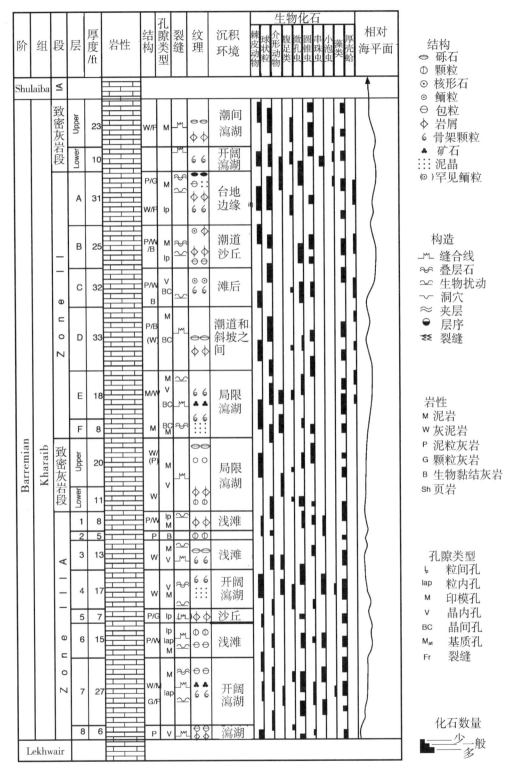

图 6-59　Zakum 油藏 Thamama ⅢA 段和Ⅱ段（Kharaib 组）厚度、岩性、沉积环境、
化石和相对海平面变化特征（Alsharhan，1990）

多孔亚段交替的三级旋回组成（Ⅳ段 A—C 亚段），二是 Thamama Ⅳ段泥质层段伽马测井响应较高（图 6-58）。Thamama Ⅳ A、Thamama Ⅳ B、Thamama Ⅳ C 亚段的平均厚度分别为 30ft、40ft、30ft。多孔灰岩地层沉积在 50～100 ft 水深的环境中。Ⅳ段 A 亚段基底由有孔虫灰岩和生物碎屑灰岩组成，向上为球状粒灰岩和藻类灰岩，顶部由碎屑灰岩组成。Thamama Ⅳ B 亚段具有两个旋回，每个旋回基底都由粒泥灰岩和较小的石灰质泥岩组成，向上为球状灰岩、藻类灰岩、碎屑灰岩。Thamama Ⅳ段 C 亚段主要由生物颗粒泥粒灰岩、灰岩和生物黏结灰岩组成（Hassan 和 Wada，1981）。

2. Zakum 上部（Ⅰ—Ⅲ段）

Thamama Ⅲ和 Thamama Ⅱ段由多个地层层序向上变浅的、沉积于开阔碳酸盐岩斜坡环境上的旋回组成，被致密灰岩单元分开（图 6-59）。Ⅲ段和Ⅱ段由球状骨架灰岩或粒泥灰岩与致密的、含泥质的、含硫化铁矿及生物碎屑的灰质泥岩或粒泥灰岩的互层组成。主要骨架成分包括藻类、棘皮类动物、底栖有孔虫和软体动物。Thamama Ⅲ段（Ⅰ—Ⅲ段 B 亚段和 C 亚段）基底由灰质泥岩和页岩组成，向上依次为生物碎屑的泥粒灰岩或粒泥灰岩，顶部由球状粒屑灰岩组成。Thamama Ⅲ段（Ⅲ段 A 亚段）顶部由 8个岩性单元组成（单元 1-8），代表浅海、浅滩潟湖沉积环境。

Thamama Ⅱ段由 6 个岩性单元（Ⅱ段 A—F 亚段）组成。1989～1992 年，Zakum 上部油藏近 80% 的油气来自于 Thamama Ⅱ段 A 亚段和 Thamama Ⅱ段 B 亚段。这 6 个

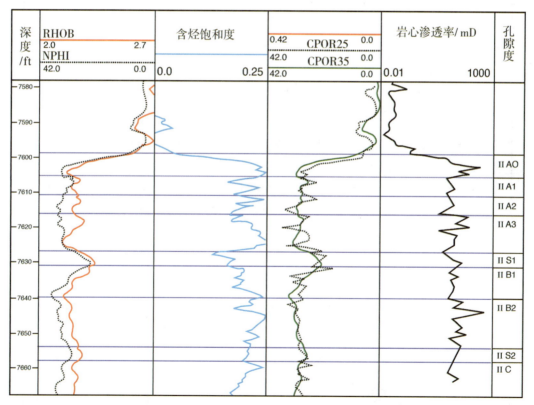

图 6-60　Zakum 油藏 Thamama Ⅱ A 亚段和Ⅱ B 亚段物性剖面图，展示了密度和自然电位测井曲线与
含烃饱和度、孔隙度、岩心渗透率曲线间的关系（Arab et al.，1994）

单元又进一步细分为 13 个小层（Alsharhan，1990）。根据岩性、沉积相、岩心孔隙度、渗透率和测井曲线的特点，将 Thamama II 段（Arab et al.，1994）进一步细分为 8 个小层（ⅡA0，ⅡA1，ⅡA2，ⅡA3，ⅡS1，ⅡB1，ⅡB2 和ⅡS2）（图 6-60）。在这 8 个小层内，已确定六种主要岩相，代表了五种沉积环境：①盆地斜坡相：由小圆虫类泥岩、灰岩组成；②外斜坡相：由内碎屑球状粒泥灰岩、泥粒灰岩组成；③中斜坡相：由碎屑球状泥粒灰岩/厚壳蛤浮石组成；④内碎屑球状泥粒灰岩/颗粒岩相；⑤内斜坡潟湖相：由藻灰岩组成（Arab et al.，1994）。Thamama ⅡA 和 Thamama IIB 亚段由一系列地层层序向上变浅的旋回组成，每个旋回厚 5～10ft，从下往上依次为球状生屑泥岩或屑泥粒灰岩、内碎屑球状泥粒灰岩和颗粒状藻灰岩。

Thamama Ⅰ 段（Shu'aiba 组）岩性和厚度不断变化（图 6-61）。Shu'aiba 组下部

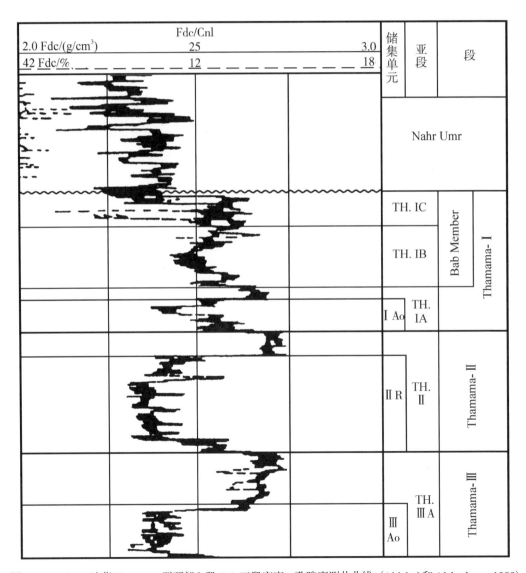

图 6-61 Zakum 油藏 Thamama 群顶部 Ⅰ 段 Bab 亚段密度—孔隙度测井曲线（Aldabal 和 Alsharhan，1989）

（ⅠB和ⅠC亚段）由球状生物碎屑粒泥灰岩或泥粒灰岩组成，夹少量颗粒灰岩、泥质灰泥岩和粒泥灰岩，沉积于低能浅海大陆架环境内（Aldabal 和 Alsharhan，1989）。Shu'aiba 组上部（亚段ⅠA）或 Bab 段由盆地泥质抱球虫灰岩，向上变为浅水大陆架或浅滩生物碎屑灰岩、页岩，与鲕粒灰岩的互层，代表一个向上逐步变浅的地层层序。Nahr Umr 组页岩（阿尔必阶）与 Shu'aiba 组灰岩（阿普特阶）不整合接触，与区域不整合面一同影响着阿拉伯板块的大部分地区。

6.4.4　储层结构

Zakum 油藏 Thamama 群储层构造表现为具有层状—块状结构（图 6-54），由横向连续的多孔石灰岩和致密灰岩交替构成。较厚的致密灰岩有效地阻止了流体的垂向流动，并将 Thamama 群细分为六个段（Thamama Ⅰ—Ⅵ段）。同时也将 Zakum 上部和 Zakum 下部分开，形成不同的油水界面。虽然致密石灰石层段阻止了流体的垂直流动，但是在每隔层段内的压力还是相互连通的。

Thamama Ⅰ段在油藏内厚度和岩相变化不大，但是 Thamama ⅠB和ⅠC亚段（Bab 段）（图 6-61）例外，这两段岩相从油藏西部的致密灰泥岩变化为东部浅海大陆架的多孔粒泥灰岩和泥粒灰岩。Bab 段西部厚度小于 130ft，中心厚度大于 180ft，东部厚度减小到 150ft。对比ⅠB和ⅠC段，主要产层ⅠA段厚度几乎不变（40~50ft），且覆盖了油藏的大部分区域。

Thamama Ⅱ段多层石灰岩层段，厚 145ft，由六个储层单元组成（ⅡA—F段）（图 6-62），每个储层单元之间由 2~6ft 厚的缝合线隔开（图 6-60）。在缝合构造附近的储层孔隙度和渗透率大大降低。有些缝合单元（例如 S1 和 S5）可能阻碍了流体的流动（Fada'Q 和 Al-Tamimi，1991；Al-Tamimi，1993），从压深曲线可以看出，底部 S5 层充当了这样的隔层（图 6-63）。Thamama Ⅱ段大部分层段为单一的、连续流动单元。Ⅱ段内毛细管压力的变化导致水驱前缘发生不同程度的水侵（Namba 和 Hiraoka，1995）。

6.4.5　储层性质

1. Zakum 下部

Thamama Ⅳ段储层包含三个多孔亚段（图 6-57），即 Thamama Ⅳ A—C 亚段，它

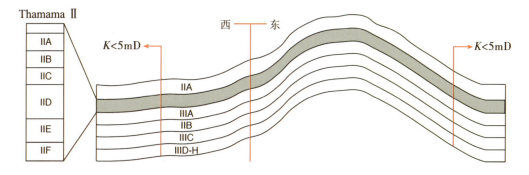

图 6-62　Zakum 油藏东西走向的储层横剖面图，展示了 Thamama Ⅱ段油藏储层的层状—块状结构特征
（Siddiqui et al.，1995）

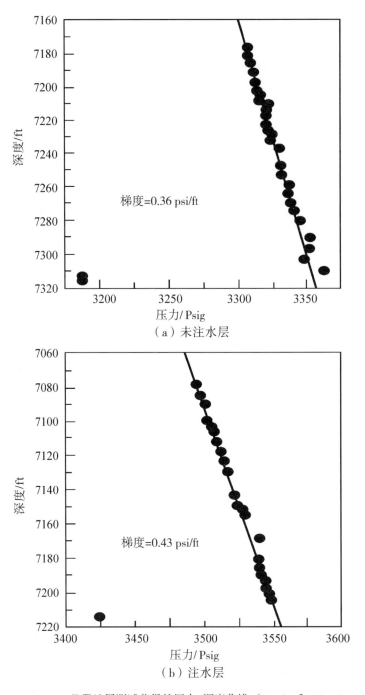

图 6-63　Thamama Ⅱ 段地层测试获得的压力–深度曲线（Namba 和 Hiraoka，1995）

们之间被具有相对高伽马响应特征的致密泥岩分隔。储层的孔隙度为 10%（Hassan 和
Wada，1981）。储层质量与原始沉积相密切相关［图 6-64（a）］。在海退时期，储层顶
部发育的粒屑灰岩相具有很好的孔隙度和渗透率。Thamama Ⅳ B 亚段渗透率最好。海
退沉积单元孔隙度都很大，平均能达到 25%，渗透率变化较大，通常粒屑灰岩和含少量

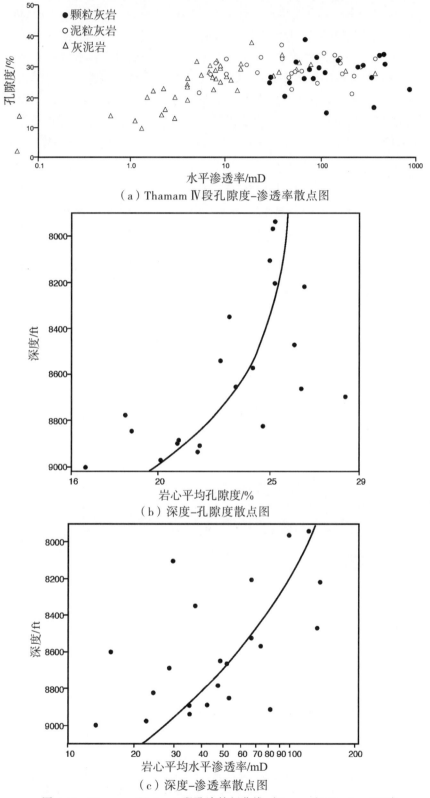

（a）Thamam Ⅳ段孔隙度–渗透率散点图

（b）深度–孔隙度散点图

（c）深度–渗透率散点图

图 6-64　Thamama Ⅳ A—C 段孔渗特征曲线（Hassan 和 Wanda，1981）

泥质的粒灰岩的渗透率最好；灰岩、泥灰岩和富含泥质的粒灰岩的渗透率相对较差。

　　Thamama Ⅳ 段储层常见的孔隙类型有粒间孔、粒内孔、溶洞和白垩基质孔（Hassan 和 Wada，1981）。在颗粒灰岩相中多发育粒间孔，粒间被溶蚀，因此渗透率高。有孔虫体腔和 Codiacean 藻类细胞体内发育粒内孔。颗粒和泥质被溶蚀常形成溶洞，溶洞大小通常为 2～3cm。在细粒灰泥相中多发育白垩质微孔，这种孔隙类型的孔隙度很高，但渗透率很低。随 Thamama Ⅳ 段的三个亚段储层内缝合作用和胶结作用的加强，Zakum 油藏构造翼部储层的孔隙度和渗透率都会逐渐变差（图 6-64B 和图 6-64C）。Ⅳ 段储层

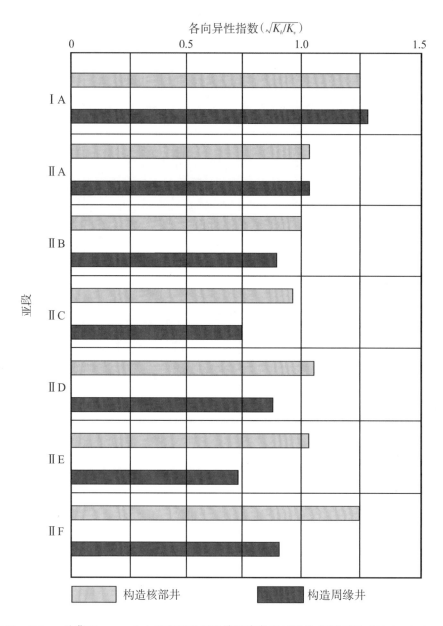

图 6-65　Zakum 油藏 Thamam Ⅰ A 亚段和Ⅱ 亚段渗透率各向异性分布剖面图（Al-Tamimi，1993）

的束缚水饱和度约 9%，平均残余油饱和度约 35%（Alsharhan，1990）。

2. Zakum 上部

Zakum 上部油藏储层的平均孔隙度超过 20%，沿着构造翼部向下，孔隙度和渗透率都有所降低，特别是在西部和东部构造翼部，渗透率和孔隙度下降非常明显（图 6-62）。Thamama Ⅱ 段储层的孔隙度为 9%～33%，水平渗透率一般为 0.5～100mD（见表 6-3）（Alsharhan，1990），最大能到 8100mD，平均为 1.5mD，储层的非均质性很强（图 6-65）。储层渗透性的好坏受原始沉积作用和后期成岩作用控制。粒屑灰岩和灰泥质颗粒灰岩大量发育连通粒间孔、溶洞和铸模孔隙，往往渗透性比石灰质泥岩和粒泥状灰岩更好（图 6-66）。Thamama Ⅰ A 亚段和 Ⅱ B 亚段中，渗透率最高的是由藻结灰岩、内碎屑灰岩或生物碎屑灰岩、粒屑灰岩构成的 Thamama Ⅱ B2 亚段地层（69mD）。Ⅱ B2 亚段地层由很多随机分布的高渗透性夹层组成。渗透率在横向上变化很大。在 Zakum 上部油藏东部地区，Thamama Ⅱ A 亚段和 Ⅱ B 亚段发育南北走向的渗透性相对较高的地层，这些地层通常也是粒屑灰岩和厚壳蛤粒状浮石最为发育的层段。缝合线发育的 Ⅱ S1 与 Ⅱ S2 层段同时也发育大量的张开裂缝（图 6-67），因此这两个层段的渗透率极高，不能成为阻

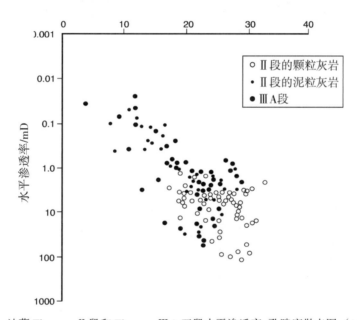

图 6-66　Zakum 油藏 Thamam Ⅱ 段和 Thamam ⅢA 亚段水平渗透率–孔隙度散点图（Alsharhan，1990）

表 6-3　第 Ⅱ 段储层各亚段平均厚度、孔隙度、水平岩心渗透率图表

层号	平均厚度 /ft	平均孔隙度 /%	平均水平岩心渗透率 /mD
ⅡA	25~38	15~29	40~68
ⅡB	22~27	17~31	40~68
ⅡC	17~25	18~30	13~17
ⅡD	27~40	18~31	10~25
ⅡE	15~23	13~30	5~18
ⅡF	6~10	9~24	0.5

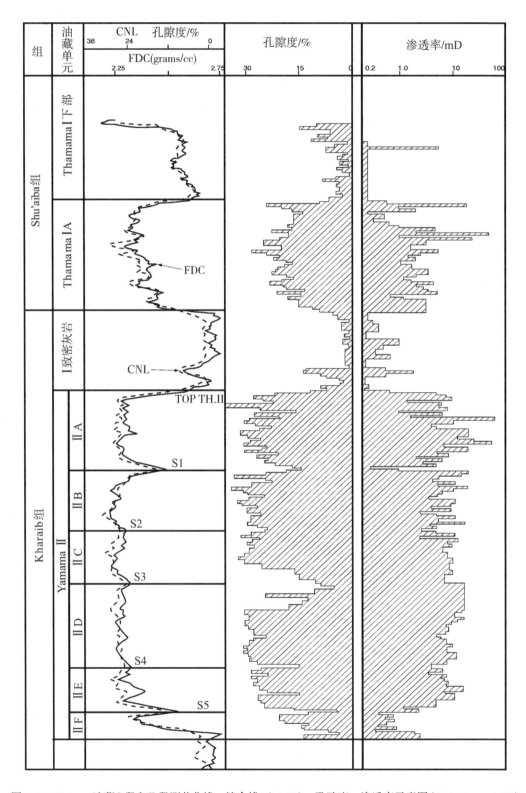

图 6-67　Zakum 油藏 I 段和 II 段测井曲线、缝合线（S1-S5）、孔隙度、渗透率示意图（Alsharhan，1990）

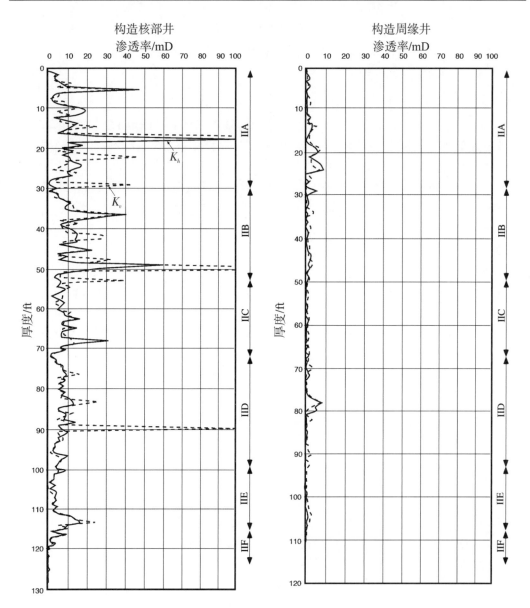

图 6-68　Zakum 油藏 Thamam Ⅱ 段 K_h 和 K_v 变化示意图，由此可知构造核部的井所在的储层质量更好
（Fad'Q 和 Al-Tamimi，1991）

止流体流动的隔层（Arab et al.，1994）。从 Zakum 上部油藏构造顶部向油藏构造底部，平均渗透率从 50mD 递减到 1mD，甚至更低（图 6-68）。越往油藏构造西部，储层质量越差，渗透率也从平均约 10mD 降到小于 1mD（Mitwalli 和 Singab，1990）。Thamama Ⅱ 段储层表现为亲油性（Namba 和 Hiraoka，1995）。

Thamama Ⅲ 段储层比 Ⅱ 段储层厚，但是净毛比较低。通常，在 Thamama Ⅲ 段上部储层孔隙度最好（Ⅲ A 亚段），平均孔隙度为 23%，渗透率为 0.04～86mD（图 6-56）。

对 Thamama 上部储层岩心分析研究发现，Thamama 上部储层发育大量的东北—西南和西北—东南向的共轭裂缝。岩心测试表明，同样的岩样，K_h（水平渗透率）是 K_v（垂直渗透率）的一百倍以上。该测试连同其他生产／注入资料表明裂缝和岩石形变作用控制着渗透率的方向。

6.4.6　生产特征

Zakum 油藏的原始石油地质储量为 640×10^8Bbl，1994 年标定的石油可采储量为 212.25×10^8Bbl，天然气可采储量为 13×10^{12}ft³，原油采收率为 33%。Zakum 上部油藏储量占油藏原始地质储量的 73%，即 470×10^8Bbl；Zakum 下部油藏储量占 23%，即 170×10^8Bbl。Thamama Ⅳ 段储层的原油地质储量所占比例如下：Thamama ⅣA 亚段占 29.5%，Thamama Ⅳ B 亚段占 39.8%，Thamama Ⅳ C 亚段占 30.7%（Ghoneim 和 Ali，1993）。不同储层段的原油性质也不同。Zakum 油藏原油为轻质油，原油密度从 Thamama Ⅰ 段的 33° API 增加到Ⅳ—Ⅵ 段的 44° API。气油比也呈增加趋势，从 Thamama Ⅱ—Ⅲ 段的 350SCF/STB 增加到 Ⅳ—Ⅵ 段的 1000SCF/STB。在 Thamama Ⅰ 、Thamama Ⅱ 段和 Thamama Ⅲ 段的油水界面之上出现了一层富沥青层（图 6-69）。估计沥青含量为 8.2×10^8Bbl（Arab，1991）。

Zakum 下部油藏 1967 年投产，储层质量较差的 Zakum 上部油藏直到 1982 年才开始全面投产。Zakum 油藏仅依靠自然驱动能量开采（主要为溶解驱和弱—中底水驱）不能维持储层压力，所以从 1972 年开始对 Zakum 下部油藏实施注水以提高产量。1984 年，Zakum 上部油藏从也开始实施注水。1973 年，Zakum 下部油藏的日产量在达到顶峰，约 300000Bbl/d（图 6-70）。20 世纪 90 年代，随着 Zakum 上部油藏的开采和水平井技术的应用，油藏的产量持续稳定增长，1998 年日产量达到最高，为 800000Bbl/d。2000 年，油藏累计产量达到了 45.23×10^8Bbl。

1. Zakum 下部油藏

Thamama Ⅳ 段（Zakum 下部）油藏于 1967 年投产，11 口生产井的日产量为 32000Bbl/d。生产井通常打在油藏构造顶部储层质量最好的地方。这些生产井的生产指数为 $7 \sim 15$Bbl/d·psi。油藏产量稳步提高，到 1973 年，日产量约达 305000Bbl/d。深度为 8250ft 处的储层平均压力从最初的 4200psi 下降了 800psi。因此，在油藏构造顶部形成了一个次生气顶，气体开始向生产井侵入。

为阻止储层压力下降和次生气顶扩散，1972 年 11 月，开始向气侵段实施注水［图 6-71（a）］。注水井大约 20 口，井深 $8100 \sim 8200$ft，井距约 1.5km。到 1974 年，次生气顶的扩散得到有效遏制。继油藏数值模拟研究之后，1976 年开始钻边缘注水井，到 1987 年，共完钻了 30 口外围注水井。这些注水井钻到 Thamama ⅣA 亚段油水界面附近。射孔层段为 Thamama ⅣA 亚段、ⅣB 亚段和ⅣC 亚段，Thamama ⅣA 亚段和ⅣC 亚段实施双层完井。选择完井组合方式的目的是通过一口注水井向 Thamama Ⅳ 段储层注水，从而可以减少注水井的数量。到 1993 年，共完钻了 70 口边缘注水井，每口井都钻遇到油水界面。$1990 \sim 1993$ 年，Zakum 下部油藏的地面设施进行了一次大修，日产量增加到 175000Bbl/d，注水量增加到 570000 桶 /d。

$2001 \sim 2002$ 年，开始在 Zakum 下部油藏构造顶部安装注气系统。这个注气系统将于 2004 年投入使用，日天然气注气量达 2×10^8ft³/d。所注入的天然气来源于靠近 Umm

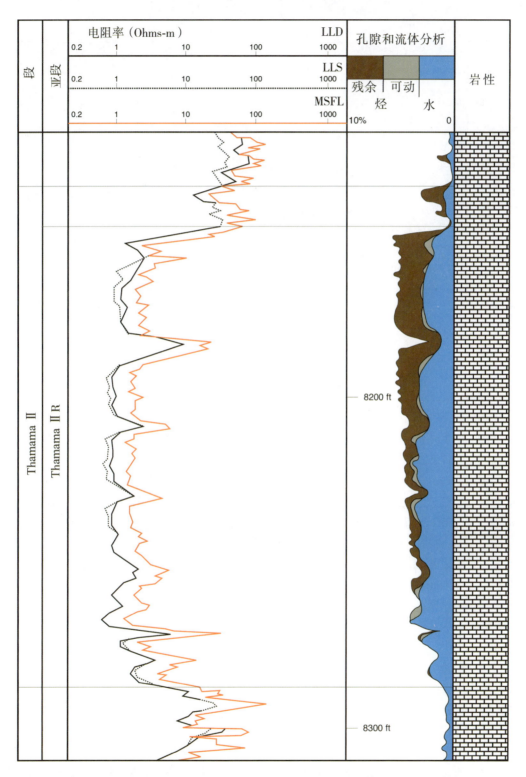

图 6-69　Zakum 油藏北东 Thamama Ⅱ 段含沥青地层的测井曲线图（Arab，1991）

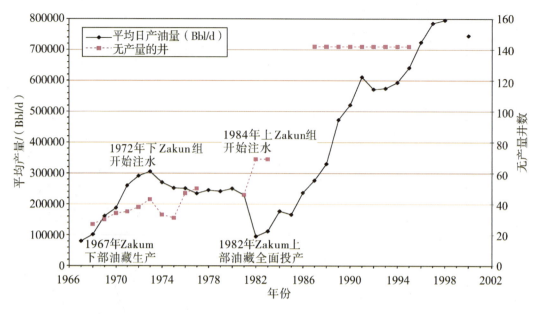

图 6-70　Zakum 油藏生产历史曲线

Shaif 油藏的二叠系的 Khuff 储层（APRC，2002）。

2. Zakum 上部油藏

Zakum 上部油藏于 1982 年投产，于 1984 年开始实施注水。Thamama Ⅰ 段油藏和 Thamama Ⅱ 段油藏采用五点法注水方式开采，Thamama Ⅲ 段油藏采用边缘注水的方法开采（Al Tamimi，1990）。该油藏于 1991 年第一次见水。到 2000 年，含水率约 40%。从 Zakum 构造之上的井观测水侵分布呈现东北—西南和西北—东南共轭特征（Marzouk 和 Sattar，1993）。Thamama Ⅱ 段储层水侵分布也存在很大差异（Namba 和 Hiraoka，1995）。在亲油储层中，岩石中的毛细管压力阻止了注入水向下部地层的流动。位于 Zakum 上部油藏西部的 Thamama Ⅱ 段油藏的生产井均采用了水力压裂和酸化的措施以提高产量（Al-Tamimi，1990）。

采取酸化压裂和水平钻井可提高油藏产量（Al-Tamimi，1993）。1989 年在 Zakum 上部油藏完钻了第一口水平井。在油藏西部钻的两口测试井，测试其产量为相邻垂直井的 2.5 倍［图 6-71（a）］（Mitwalli 和 Singab，1990；Najia et al.，1991）。到 1993 年末，在 Thamama Ⅰ 段储层（2 口）和 Thamama Ⅱ 段储层（15 口）共完钻 17 口水平井，这些水平井的产量比预期斜井产量的两倍还要多［图 6-71（b）］。到 1995 年，Zakum 上部油藏共钻了包括单斜井和双管井在内的 50 口水平井（图 6-72）（Siddiqui et al.，1995），其中有 15 口井是在原来斜井基础上侧钻而成，其余的井均是新钻的水平井。水平井作用在于：提高低产井的产能、提高构造翼部井的产量、避免油藏过早见水以及改善致密储层的驱油效率（Siddiqui et al.，1995）。从 1994 年开始，双边井和多边井的数量均有所增加（Kikuchi 和 Fada'q，2000）。

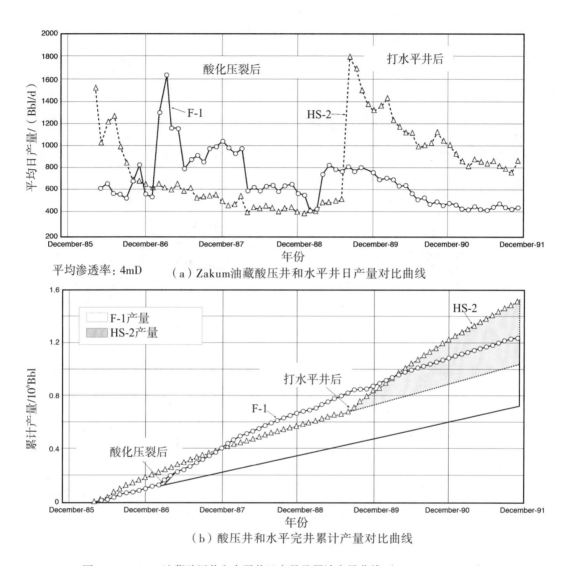

（a）Zakum油藏酸压井和水平井日产量对比曲线

平均渗透率：4mD

（b）酸压井和水平完井累计产量对比曲线

图 6-71　Zakum 油藏酸压井和水平井日产量及累计产量曲线 （Al-Tamimi，1993）

Zakum 上部油藏西部地区的井产能低 （0.2～2.0Bbl/d·psi），注入性能差。为了提高产量，钻大量水平井，并辅以实施酸化压裂措施。1992～1993 年，利用水利喷射泵进行人工举升，净产油量增加 （Hamad，1994）。油藏的西部具有很高的油气饱和度，但是渗透率低。25%的生产井都钻在 Zakum 油藏的西部，但是这些井的产量很低，仅占油藏总产量的 5% （Muriby et al.，1991）。

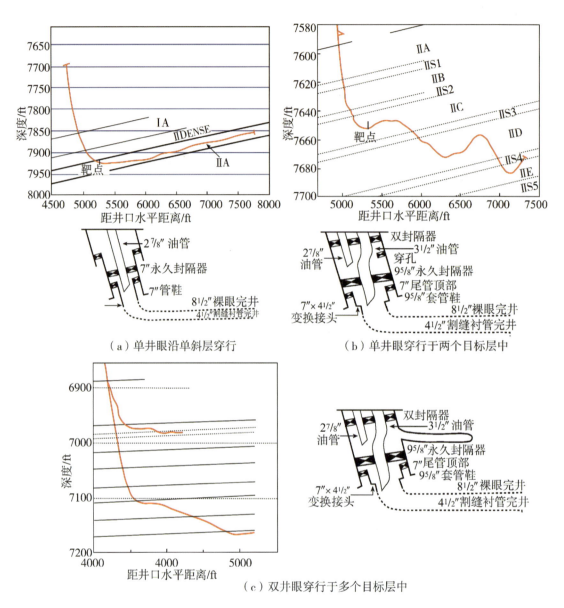

图 6-72 Zakum 油藏 Thamama Ⅱ 段井眼轨迹及其穿行设计图 （Siddiqui 和 Al-Khatib，1994；
Siddiqui et al.，1995）

第7章 阿拉伯盆地新生界典型碳酸盐岩油气藏地质特征

7.1 Jubaissah 孔洞型浅海陆棚粒泥、泥粒灰岩断背斜构造迷宫状油气藏

7.1.1 基本概况

Jubaissah 油气藏（以前称 Jebissa）位于叙利亚东北部的托罗斯山前陆盆地，在托罗斯—扎格罗斯构造带西北交界处（图 7-1）。该油气藏于 1940 年发现，直到 1975 年才开始投产采油，1988 年开始投产采气。该油气藏原始石油地质储量为 $5.91×10^8$Bbl，天然气地质储量为 $5060×10^8$ft^3，可采地质储量占原始地质储量的 16%，其中石油可采储量为 $0.94×10^8$Bbl，溶解气可采储量为 $2090×10^8$ft^3，游离气可采储量为 $2450×10^8$ft^3。七个油气聚集层位叠置分布于从三叠系到中新统碳酸盐岩地层中，其中 55% 的石油可采地质储量储存于中新统 Jeribe 组，81% 的气藏气可采地质储量储存于三叠系 Kurrachine 组中。到 1995 年，已采出 $0.44×10^8$Bbl 原油（占原始地质储量的 8%）和 $370×10^8$ft^3 气藏气。Jeribe 组原始原油质重（原油密度 20°API）、黏度大、高含硫且含沥青质、低气油比。Jubaissah 构造是一个被断层复杂化的背斜，向四周倾没。Jeribe 组地层岩性为低能浅海陆棚环境沉积的白云岩—硬石膏灰质泥岩、粒泥状灰岩和泥粒灰岩。受白云岩化及淋滤作用影响，孔隙度变化很大（6%～28%，平均 26%）。油藏非均质性导致地层能量衰竭较快，导致依靠气顶驱和天然水驱获得的采收率仅为 13%。采出的溶解气被重新注入 Jeribe 油藏以便提高产量。1979 年，Jubaissah 油气藏达到日产量的高峰，为 9800Bbl/d；到 1980 年，所有油层均被动用，到 1986 年，尽管补充钻了部分新井，但日产量还是下降到了 7000Bbl/d。

7.1.2 构造及圈闭

Jubaissah 构造是托罗斯构造带 Sinjar 地垒中西倾背斜群中的一个（图 7-1）。该双倾伏背斜是在晚中新世—上新世托罗斯—扎格罗斯造山运动过程中形成的（图 7-2）。油气分别圈闭在七个不同的裂缝性碳酸盐岩层中：①深度 230ft 处的下 Fars 组白云岩中聚集着天然气；②深度 400ft 处的 Jeribe 组白云岩（早中新世）聚集着油气；③深度 1050ft

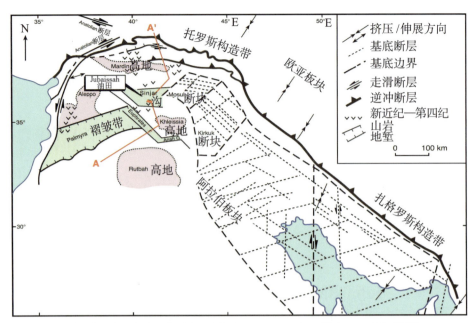

（a）阿拉伯板块北部大地构造纲要图（Ameen，1992），其中 A-A' 剖面见图 7-2

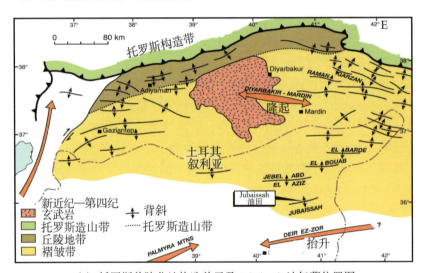

（b）托罗斯前陆盆地构造单元及 Jubaissah 油气藏位置图

图 7-1　阿拉伯板块及托罗斯前陆盆地构造纲要图

处的 Chilou 组石灰岩（始新世—渐新世）聚集着油气；④深度 1390ft 处的 Jaddala 组石灰岩（始新世）聚集着油气；⑤深度 2690ft 处 Shiranish 组石灰岩（晚白垩世）聚集着油气；⑥深度 10230ft 处的 Butmah 组白云岩（晚三叠世）聚集着油、气和凝析油；⑦深度 11480ft 处的 Kurrachine 组白云岩（中三叠世）聚集着天然气。

上述七个层位的油气藏都已经投产，其中 Jeribe 组为主力产层，拥有全区 55%的可采储量。Soukhne 组的坎帕阶—科尼亚斯阶砂质灰岩产出轻质原油（30°API）。

Jeribe 油藏中部区域是西南西—东北东走向的长轴背斜，构造高点深度为 400ft，向

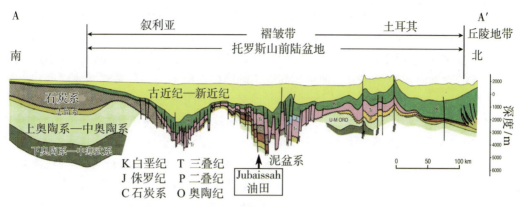

图 7-2 托罗斯山前陆盆地南—北向构造剖面图 (Konert et al., 2001), 剖面线位置见图 7-1

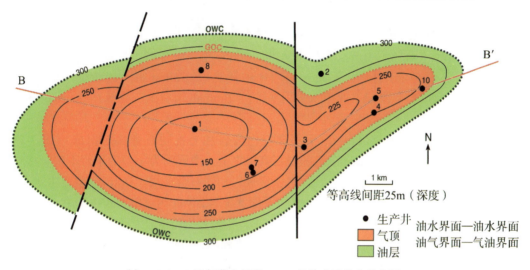

(a) Jubaissah 油气藏中新世 Jeribe 组构造及井位分布图

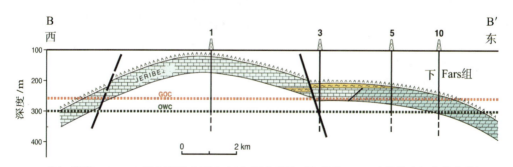

(b) 横跨 Jubaissah 油气藏的东西走向油藏剖面图, 展示了 Jeribe 油藏的油气水分布特征

图 7-3 Jubaissah 油气藏平面及剖面图 (Metwalli et al., 1974)
注: GOC 代表油气界面, OWC 代表油水界面

南向北的倾角仅 3° (图 7-3)。东部和西部的鼻突分别被近南北向和北北东向的两条正断层切割, 断层断距 30~100ft。东部鼻突向东北东方向延伸。油气藏面积为 70km²。Jeribe 组的油水界面海拔 984ft, 油气界面海拔 845ft。油、气柱高度分别为 139ft 和 445ft

[图 7-3（b）]。下 Fars 组和 Dhiban 组蒸发岩分别构成了 Jeribe 油藏的底、顶封隔层。

　　Chilou 气藏的含气面积为 1310ac，油气界面深度 1115ft；Chilou 油藏的含油面积为 5065ac，油水界面深度在各处有所差异，东部突起为 1952ft，西部突起为 1575ft。Jaddala 油藏的含油面积为 3707ac，油水界面在不同断块有所不同，从东部断块深度最大的 2280ft 变化到西部断块的 1656ft。Shiranish 油藏含油面积 15814ac，油水界面平均深度为 3248ft，其最大油柱高度达到 500ft。Butmah 油气藏含油气面积 8463ac，油气界面平均深度 10335ft，油水界面平均深度为 10775ft。

　　Jubaissah 油气藏构造整体具有良好继承性，深部圈闭（Kurrachine 组）与浅部圈闭（下 Fars 组）的构造形态总体一致；东部构造呈北东向延伸的长轴状鼻突，构造北翼和南翼倾角较大，达 20°～25°。Jubaissah 油气藏气水界面深度 12600ft 之上的最大气柱高度达 1110ft，总体含气面积为 7289ac。

7.1.3　地层与沉积相

　　Jubaissah油气藏的主力产层为早中新世的 Jeribe 组（图 7-4），其他六个相对次要的油气产层（图 7-5）分别是：下 Fars 组（中中新统）、Chilou 组（始新统—渐新统）、Jaddala 组（始新统）、Shiranish 组（上白垩统）、Butmah 组（上三叠统）、Kurrachine 组（中三叠统）。

　　Kurrachine 组厚达 1500ft，由下部含气白云岩和上覆硬石膏盖层组成（图 7-5）。Butmah 组直接覆盖于 Kurrachine 组的硬石膏层之上，两层间为小型的平行不整合接触；该组地层厚约 300ft，以灰岩为主，含有少量页岩和硬石膏夹层。Butmah 组之上是由页岩、石灰岩、白云岩和硬石膏互层组成的下侏罗统 Adaiyah 组。Shiranish 组在 Jubaissah 油气藏范围极其发育，厚达 3700ft，主要由灰岩和泥灰岩组成，含部分沥青残留物；覆盖在土伦阶—科尼亚克阶 Soukhne 组的深水页岩和砂岩上；其顶部发育 350ft 厚的页岩和泥灰岩封盖层。Jaddala 组和 Chilou 组地层通过断裂沟通，由厚达 500ft 的含深海黏土灰岩和 1000ft 的沥青质灰岩组成，其上被早中新世的 Dhiban 蒸发岩封盖。Jeribe 组直接覆盖于 Dhiban 组之上，同时被中、晚中新世的下 Fars 组蒸发岩覆盖。下 Fars 组发育最小厚度达 200～300ft 的硬石膏，其间分散分布着薄层裂缝性石灰岩和白云岩产气层。

　　Jubaissah 油气藏的 Jeribe 组地层厚度为 131～194ft，平均 180ft。该组发育三类岩相：①石灰质泥岩，含硬石膏，普遍白云岩化；②藻灰岩及含有孔虫粒泥灰岩，含黏土、白云岩化、硬石膏—白云岩化；③泥粒灰岩和藻灰岩，呈白云岩化、石膏化和重结晶。Jeribe 组岩石的骨架颗粒包括红藻、深海有孔虫，软体动物和腕足动物等遗体化石。初步发现有微松藻属根茎类化石，反映 Jeribe 组地层处于间歇性暴露环境。Jeribe 组的沉积物来源于低能浅海局限海湾，普遍被微晶白云岩化；其上下均被蒸发岩封隔，这些蒸发岩分别来源于潟湖沉积环境（Philip et al.，1972）。

7.1.4　储层特征

　　Jeribe 组储层非均质性较强，结构复杂，呈迷宫状；由于资料较少，对储层结构没能进一步深入研究。油藏被断层切割，断距小于储层厚度，这些断层至少是部分封闭的，这一点可以从 Chilou 和 Jaddala 油藏断层两盘油水界面的变化得到证实（图 7-3）。

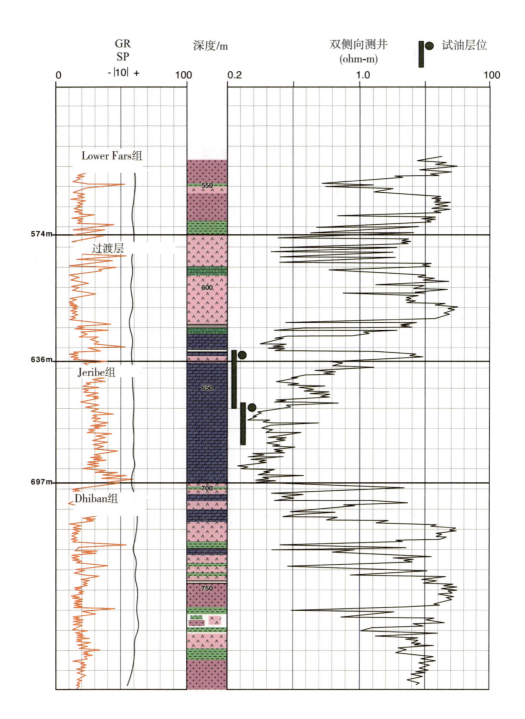

图 7-4 Jubaissah 油气藏 Jebissa-203 井的 Jeribe 储层测井曲线、岩性剖面和试油层位

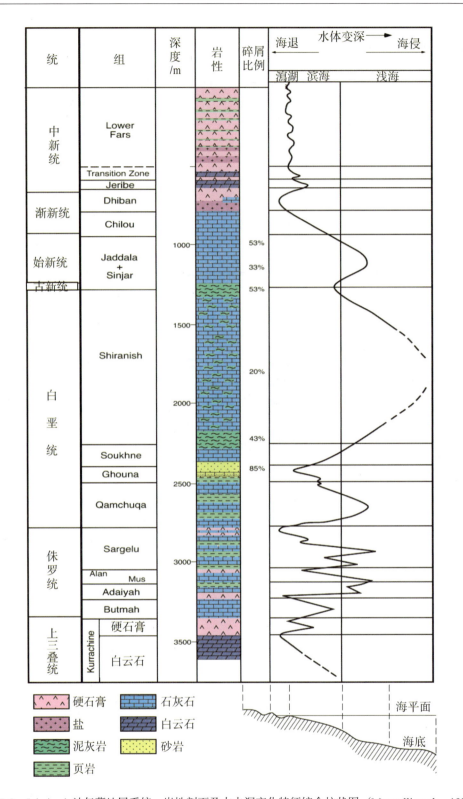

图 7-5　Jubaissah 油气藏地层系统、岩性剖面及古水深变化特征综合柱状图（Metwalli et al.，1974）

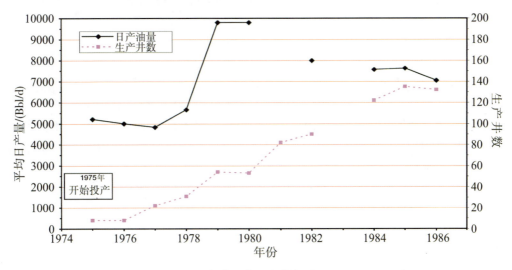

图 7-6　Jubaissah 油气藏生产历史曲线（OGJ，1975～1986）

油藏中出现的部分开启裂缝在一定程度上影响了流体的流动，油水界面附近的沥青垫阻止了界面外水体的侵入。

叙利亚东北部的 Jeribe 组碳酸盐岩层显示出与伊拉克北部早中新世发育的碳酸盐岩产层（如 Jamber 油气藏）的一致性，表明 Jeribe 组碳酸盐岩一直向西北延伸到了伊拉克北部。Jeribe 组碳酸盐岩的成岩作用与储层质量在这两个区域内的差别也不大。控制储层品质的主要因素是溶解作用、白云岩化作用和硬石膏胶结作用。Jeribe 组内的白云岩化作用较为普遍。由于孔隙被石膏和硬石膏胶结，因而白云岩化作用对孔隙度实际上产生了不利影响。骨架颗粒灰岩的淋滤作用和白云岩化作用一起发生，产生了铸模孔和孔洞；尽管在此过程中形成了硬石膏，但仅部分次生孔隙被完全充填。由 H_2S 氧化作用或者有机质成熟过程产生的腐蚀性液体，对局部改善储层的储渗也起到了重要作用（Philip et al.，1972）。

由于成岩演化的复杂性，Jeribe 储层的储渗性质变化很大；孔隙度 6%～28%（平均26%），渗透率 0.1～390mD。研究发现最好的储层存在于非白云岩化藻类泥粒灰岩中，这里溶蚀孔隙度很高，为 17%～28%。油层平均厚度为 69ft，净毛比为 0.38。油层原始含水饱和度平均为 37%，气层原始含水饱和度平均为 18.5%。尽管资料有限，但仍能证明裂缝的存在提高了渗透率，对 Chilou 组、Jaddala 组、Shiranish 组、Butmah 组和 Kurrachine 组油藏产量的提高贡献巨大。

7.1.5　生产特征

Jubaissah 油气藏拥有原始石油地质储量 $5.91×10^8$Bbl，天然气地质储量 $5060×10^8$ft³；标定石油可采储量 $0.94×10^8$Bbl（1998 年预测），采收率 16%；标定天然气可采储量为 $2090×10^8$ft³（溶解气）和 $2450×10^8$ft³（气藏气），采收率为 82%。其中，Jeribe 油藏可采储量 $0.52×10^8$Bbl（55%）、Chilou 油藏 $0.25×10^8$Bbl（27%）、Jaddala 油藏 $1.05×10^7$Bbl（11%）、Butmah 油藏 $4.0×10^6$Bbl（4%）、Shiranish 油藏 $2.8×10^6$Bbl（3%）。Kurrachine 油藏有 81% 的天然气可采储量。Jeribe 油藏贡献了 71% 的可采溶解气，其余的溶解气主要

产自于 Chilou 油藏。

Jeribe 油藏原油密度大（原油密度 20° API）、黏度低（34～88cp）、含硫量高（4.8wt.%）；初产原油气油比较低（1979 年产出原油气油比仅 140SCF/STB）；原油含有较高的沥青质（7.4wt.%）、镍（70ppm）、钒（97ppm）、铁（11ppm），以及适度蜡（2.8wt.%）。Shiranish 和 Butmah 油藏原油密度相对较小（22° API 和 39°～42° API），含硫量、沥青质和金属物含量均低于新近系和古近系油藏。Kurrachine 油藏产出的干气含有较多的非烃类气体：包括 3.0mol% H_2S 和 18.0mol% CO_2。Jeribe 油藏生产初期主要采用弱水驱与气顶膨胀辅助驱开采原油。

Jubaissah 油气藏的 Jeribe 油藏在 1975 年产量达到 12373Bbl/d，但是 1975～1977 年的平均产量仅为 5000Bbl/d（图 7-6）。油气藏产量随着油井增多而加大，加上 Chilou 组、Jaddala 组、Shiranish 组和 Butmah 组油藏的相继投产，1979 年油气藏产量稳定到 9800Bbl/d。尽管从 1980 年开始投产的 Kurrachine 油藏不断完钻新油井投产，到 1986 年整个油气藏的产量还是降低到 7000Bbl/d，此后直到 2008 年，产量一直稳定在 7000Bbl/d（Buza，2008）。Chilou 油藏产出的天然气被回注到 Jeribe 油藏，一次采收率为 13%。原油累积产油在 1995 年达到最大，为 $4.4×10^7$Bbl，占原始地质储量的 7%。

Kurrachine 气藏从 1988 年开始产气，所有产出的气体（包括附近 Ghouna 油气藏、AlHol 油气藏和 Margada 油气藏）均在油气藏内进行处理，处理完后通过管径为 16in、长达 475km 的管道运输到 Homs 城。处理厂最初天然气的处理能力为 $6×10^7$ft³/d，与 1993 年油气藏的产气量相当。该处理厂不仅处理天然气，同时每年生产液化天然气 18910t、硫 14300t 以及汽油 9922t；1998 年，该处理厂的天然气处理能力达到 $1.06×10^8$ft³/d（Entrepreneur，2008）。截至 1988 年，Kurrachine 油藏累计产出原油溶解气 $440×10^8$ft³；到 1995 年，Kurrachine 气藏累计产出气藏气 $370×10^8$ft³。

7.2 Wafra 碳酸盐岩斜坡及潮上滩灰岩、白云岩背斜构造层状–块状–迷宫状油藏

7.2.1 基本概况

Wafra 油藏构造位置处于阿拉伯板块东北部扎格罗斯山前前陆盆地中，行政区划位于科威特和沙特阿拉伯之间中立区西部。该油藏原始石油地质储量为 $80×10^8$Bbl，标定石油可采地质储量是 $30×10^8$Bbl，天然气可采地质储量 $1.5×10^{12}$ft³（伴生气），采收率 38%。截至 1986 年，累积采出石油 $13.3×10^8$Bbl，天然气 $0.33×10^{12}$ft³。1953 年完钻了第一口探井，在五个储层中发现了原油，包括下白垩统的 Minagish 组和 Wara 组、上白垩统的 Tayarat 组、始新统 Umm Er Radhuma 组的上下两段；同年该油藏投入生产，到 1956 年这五个储层均被动用。1962 年油藏产量达到高峰，为 $18.4×10^4$Bbl/d，此后产量逐渐递减，到 2000 年递减到 $8.6×10^4$Bbl/d。Minagish 组油藏的地质储量最大，储层物性和原油性质较好，占整个油藏日产原油的份额从 20 世纪 60 年代的 30% 上升到 1996 年的 80%；而 Umm Er Radhuma 组油藏则几乎占了整个油藏日产原油余下份额的 20%。Minagish 油藏油质中等、高含硫、黏度中等；油藏构造为双倾伏背斜，向 Wafra 油藏东

部延伸。Minagish 油藏储层岩性以浅滩沉积的颗粒灰岩和泥粒灰岩为主，其间有泥质含量丰富的致密碳酸盐岩；该油藏孔隙度（平均 18%～30%）和渗透率均较高（平均最大可达 5000mD）。Minagish 油藏储层厚度往油藏边部逐渐变薄、物性逐渐变差，并在油水界面之外形成大面积的致密带，阻止了边外水体的侵入，导致油藏能量得不到及时补充，为此 1998 年在油藏内逐步实施注水开发。基于三维地震资料反演建立了 Minagish 油藏东部的油藏地质模型，该模型预测出前述致密带之上存在较厚的未开发含油层，扩边的探井证实了该预测结果的可靠性，计算获得 2.74×10^{8}Bbl 的新增地质储量。此后，Minagish 油藏依靠强水驱采油使得日产油量达到 7700Bbl/d。20 世纪 90 年代后期，Minagish 油藏通过注水开采、钻加密井、动用新发现的东部油藏等措施，使产量达到 4×10^{4}Bbl/d。Umm Er Radhuma 油藏油质重、高含硫、黏度较高，油藏构造为向四周倾没背斜，油藏内部连通性较差；该油藏沉积环境为潮间带碳酸盐和潮上滩，横向相变化快，储层非均质性强；白云岩化作用较为普遍，其中的颗粒灰岩中保存的大量原生孔隙使得 Umm Er Radhuma 油藏储层获得可较好的储渗性能。

7.2.2 构造及圈闭

Minagish 油藏所在的 Wafra 油藏构造主体是一个由北西向南东方向延伸的宽轴背斜（图 7-7），在构造北部有一个深度为 6135ft 的高点（Waite et al., 2000），在构造南部有一个相对平坦的小型隆起。Wafra 油藏主体构造以东还发育一个近于南北走向的分支构造，又称东部构造，该构造发育于深度 6300ft 以下，与该处呈南北走向的陡峭的构造侧翼近于平行。上述两组构成了 Wafra 油藏构造基本格架的分叉构造是由于基底断层造成（图 7-8）；其中，东部构造主要发育于晚白垩世，主体构造主要发育于古近纪—新近纪（Nelson，1968；Carman，1996）。Wafra 构造从晚侏罗世开始出现，主褶皱作用发生并被记录于 Aruma 不整合面及其以下地层中，次褶皱作用发生并被记录于 Aruma 不整合面上覆白垩统及更年轻的地层中（图 7-7）。在 Wafra 构造顶部，Rumaila 组地层尖灭，Sadi 组地层急剧变薄，显示出 Wafra 同沉积背斜构造特征的同时，也表明 Wafra 顶部曾受到轻微侵蚀。中新世时期，Wafra 构造最终定型，此后构造的隆起部位因出露地表而无法接受沉积。Wafra 构造有 5 个油藏：始新世 Umm Er Radhuma 组有 2 个油藏，均被泥灰岩和硬石膏封盖，上白垩统 Tayarat 组油藏由页岩封盖；中白垩统 Wara 组油藏由 Ahmadi 页岩封盖；下白垩统 Minagish 组油藏由 Ratawi 组的致密灰岩封盖（图 7-7）；上述五个油藏中均未见断层。

Minagish 油藏宽 6～10km、长 16km、含油面积 120km^2，为 Wafra 油藏的主力油藏；油水界面深度为 6520ft，最大油柱高度为 385ft（Waite et al., 2000）。Wara 油藏和 Tayarat 油藏含油面积均较小。Umm Er Radhuma 油藏含油面积与 Minagish 油藏类似，但储量丰度较低；包括东西两个次级构造单元（图 7-9），西部构造单元构造幅度较大，油柱高度达 200ft；东部构造单元构造幅度较小，受西部构造单元水体侵入的影响，油水界面发生倾斜，地层水矿化度较低（Ghoniem 和 Al-Zenki，1985）；东西两个构造单元的出现可能是由于深部始新世发育的北北西向断层的切割所致（图 7-9）。Wafra 油藏的西北、西、南边界上的油层大多在油水界面之上尖灭，油层延伸范围也较为局限；油藏主体部位地层平缓，倾角一般为 2°～3°，东翼地层倾角较陡，平均达 6°；全油藏范

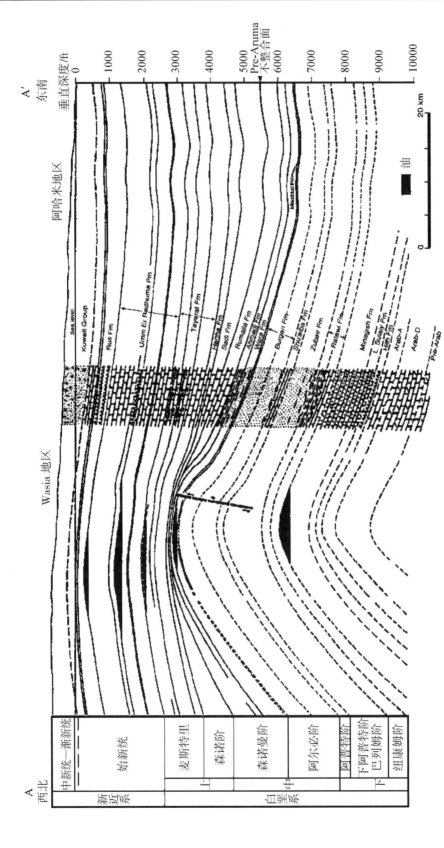

图 7-7 通过 Wafra 构造的北西—南东向地层剖面，展示了岩性和地层分布特征

图 7-8　基于 3D 地震测试和油井资料绘制的 Minagish 油藏构造图。Minagish 油藏的位置和范围见图 7-14（由 Waite 等修改，2000）。Umm Er Radhuma 圈闭轮廓和西部构造顶部位置见图 7-9。A-A′剖面见图 7-13、图 7-10；B-B′剖面见图 7-15；C-C′剖面见图 7-27

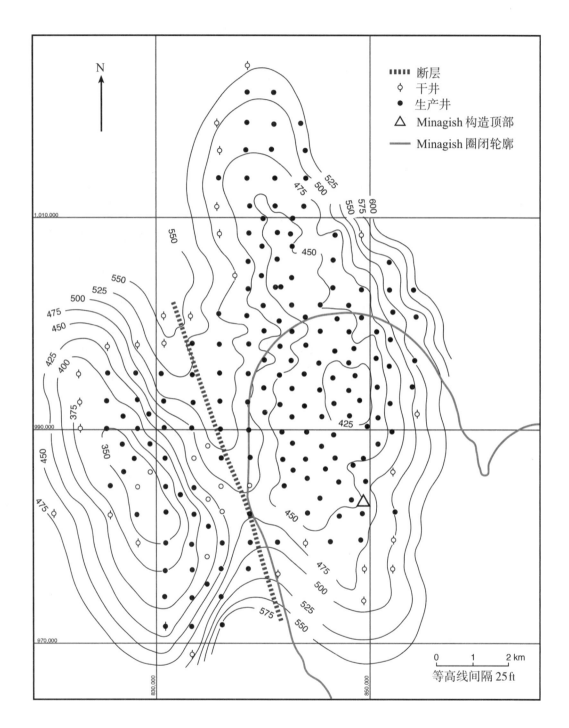

图 7-9 Umm Er Radhuma 油藏深度构造图，下伏的 Minagish 油藏轮廓和构造顶部特征见图 7-8

围未发现断层。

早在 1996 年，在 Wafra 油藏范围内就采集了 266km² 的 3D 地震资料（图 7-8），提高了 Minagish 油藏及其深部勘探目标的图像分辨率。这些地震资料采用常规技术处理，其中覆盖工区北部的 3D 地震资料（占 2/3）品质达到一般到好的级别；覆盖工区南部的 3D 地震资料（占 1/3）品质极差。南部地区 3D 地震资料品质差的原因包括两个方面：一是上覆 Shu'aiba 组石灰岩地层的断裂及岩溶作用造成了地震波信号的大量衰减；二是 Burgan 组和 Zubair 组砂岩地层胶结作用的严重非均质造成地震波传播速度异常。上述原因造成 Minagish 油藏储层的地震分辨率仅为 100～150ft，需要综合可用的地质及工程信息辅助完成油藏特征的地震解释（Waite et al.，2000）。与围岩相比，Minagish 组地层表现出较低的声阻抗，在地震剖面上形成独特的"双波谷"特征（图 7-10），利用该特征可以识别出厚度为 120ft 或双程时间为 17ms 以上的地层。在没有井的区域，地层厚度可以通过 3D 地震资料解释得到（图 7-11）；这些由地震预测获得的地层厚度与 1996～1998 年新钻 20 口井实测的地层厚度极为接近，充分证实了上述地震预测技术的可靠性。

7.2.3　地层和沉积相

Minagish 组和 Wara 组分别形成于白垩纪早、中期呈整合接触的灰岩、页岩和砂岩互层沉积地层中。Minagish 组地层在科威特被称为 Minagish 鲕粒岩，在中立区被称为 Ratawi 鲕粒岩。上述地层位于上部 Ratawi 组和下部 Sulaiy 组的富含泥质的灰岩地层之间（图 7-12）。Wara 组地层厚度为 175ft，主要由层状砂岩构成，含有页岩及煤纹层；其下发育特征类似的 Burgan 砂岩，Burgan 砂岩之下发育厚度为 10～20ft 的 Mauddud 组泥质灰岩（Nelson，1968）。Wara 组储层上覆厚达 130ft 的 Ahmadi 组页岩层；由于 Ahmadi 组地层在构造核部被剥蚀，导致核部的 Rumaila 组石灰岩地层直接覆盖于 Wara 组的储层之上（图 7-7）。晚白垩世 Tayarat 组和始新世 Umm Er Radhuma 组地层呈整合接触，但两组地层之间存在较长的沉积间断。Tayarat 组地层顶部厚度 700～800ft 的储层常被称为马斯特里赫特灰岩储层，其上覆盖着厚度为 20～40ft 的页岩盖层；该套灰岩储层间夹有厚度为 150～200ft，几乎不具有储集能力的结晶灰岩层。古新世—始新世的 Umm Er Radhuma 组地层厚达 1400ft，至少包括三套含油的白云质灰岩储层，其中两套为主力产层，分别称为上部和下部储层；Umm Er Radhuma 组上部储层称为第一始新世石灰岩层，位于 Rus 组石膏层之下，两者间还发育一层厚度约 30ft 的致密灰岩；Umm Er Radhuma 组下部储层称为第二始新世灰岩层，位于更深的 1000ft 处，也被厚层石膏及石膏质灰岩封盖（Nelson，1968）。

Minagish 组储层厚度为 650～750ft，主要由高能的鲕状—骨架—球状颗粒灰岩和贫泥泥粒灰岩组成（图 7-13 和图 7-14），发育于平均海平面之上的碳酸盐岩建隆的上部；四周被沉积于低能环境、基本不具备储集能力的富泥泥粒灰岩和粒泥灰岩环绕。依靠岩心标定伽马测井计算获得岩石的主要矿物组成，由此可以判断上述的岩相类型。通过这种方法将 Minagish 组地层细分为三个单元：上部储层、中部夹层、下部储层（Waite et al.，2000）。上部储层的厚度变化很大，跨度 0～275ft［图 7-14 和图 7-15（a）］；下部储层基本都位于油水界面之下（Waite et al.，2000）。

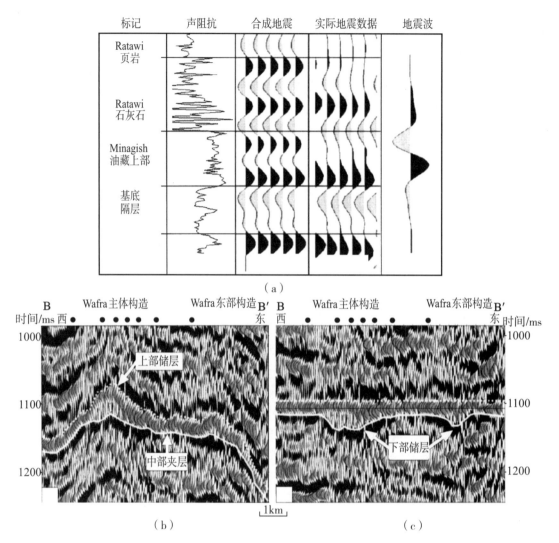

图 7-10　（a）Minagish 组上部储层的声阻抗、合成地震记录、3D 地震数据；（b）三维地震测线贯穿
Wafra 油藏东西向，Minagish 组上部储层和中部夹层表现出较低的声阻抗，在地震剖面上形成独特的
"双波谷"特征；（c）Minagish 组上部储层地震剖面平缓，表示储层横向厚度变化，亦可见图 7-13
（Waite et al.，2000）。地震测线位置见图 7-8

　　最初人们发现 Minagish 组中部夹层位于油藏北部构造的油水界面以上，是由构造
作用形成的（Sibley et al.，1996），理由是该夹层在整个油藏范围广泛分布。20 世纪 90
年代晚期，通过 3D 地震资料结合在构造南部和东部完成的钻井资料分析后发现，中部
夹层在构造南部和东部实际位于油水界面之下 [图 7-15（a）]。依据上述资料分析，理
清了中部夹层的成因，主要是由于在滨岸相过渡到含碳酸盐岩砂质浅滩相时，因侧向迁
移沉积了一层富泥沉积物，由此形成了中部夹层（图 7-13；Waite et al.，2000）。在
Wafra 油藏的北部构造区域，由于后期的褶皱作用，使得中部夹层高于油水界面。

　　Minagish 组地层可分为 6 个沉积单元。A 单元：由泥质粒泥灰岩组成；B 单元：主

(a)只有井数据　(b)只有地震数据　(c)井+地震数据

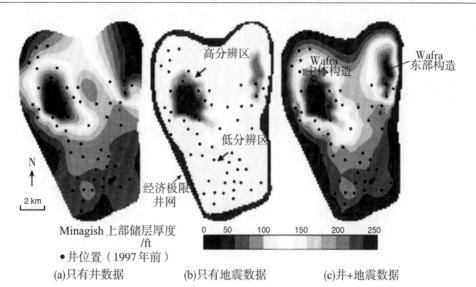

图 7-11　(a) 根据单井数据得到 Wafra 油藏 Minagish 组上部储层地层厚度
(b) 根据 3D 地震数据得到 Wafra 油藏 Minagish 组上部储层地层厚度
(c) 根据合成地震和测井数据得到 Wafra 油藏 Minagish 组上部储层地层厚度（Waite et al.，2000）

系		阶	群	组	
白垩系	下统	欧特里夫阶	Thamama	Ratawi组	Ratawi 组页岩段
					Ratawi 组灰岩段
				Minagish组	Minagish 上段
		凡兰吟阶			Minagish中段（含鲕粒）
					Minagish下段
		贝里阿斯阶		Makhul 组	
侏罗系	上统	提塘阶	Riyadh	Hith 组硬石膏	
				Gotnia 盐岩段	

图 7-12　Wafra 油藏上侏罗统—下白垩统地层组成（Davies et al.，2000）

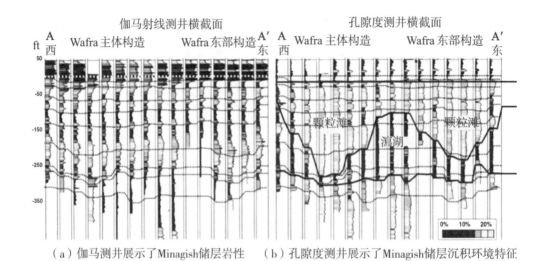

（a）伽马测井展示了Minagish储层岩性　　（b）孔隙度测井展示了Minagish储层沉积环境特征

图7-13　横穿Wafra油藏Minagish储集层东—西向上伽马测井和孔隙度测井数据（Waite et al.，2000）

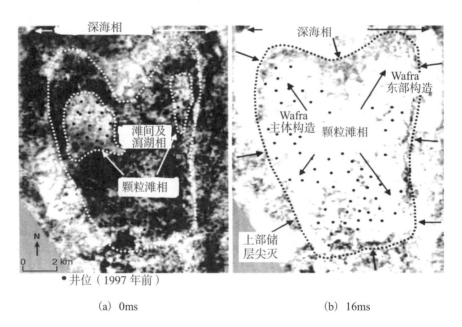

（a）0ms　　　　　　　　　　　　　（b）16ms

图7-14　Wafra油藏三维地震水平切片图（Waite et al.，2000）

在两图中，高能的颗粒滩位于亮色区域，低能的深海相、滩间及潟湖相位于暗色区域；
（b）图的颗粒滩范围远远大于（a）图

要由鲕状骨架粒状灰岩组成，其上部由于胶结作用，储层物性极差（图7-16）；C单元：由富含煤质和厚壳蛤类生物的骨架泥粒灰岩以及沉积于浅海开阔大陆架环境下的粒状灰岩组成；D单元：主要由多孔的贫泥球状骨架—颗粒粒泥灰岩组成，夹富泥粒泥灰岩和泥粒灰岩；E单元：由中到粗粒的粒状灰岩和含藻类的贫泥泥粒灰岩组成，与薄层状富

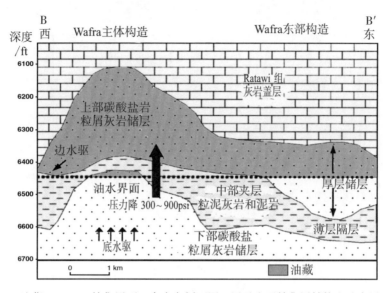

（a）Wafra 油藏 Minagish 储集层西—东走向剖面图，展示出了储集层结构和油水界面关系；剖面位置见图 7-8 所示

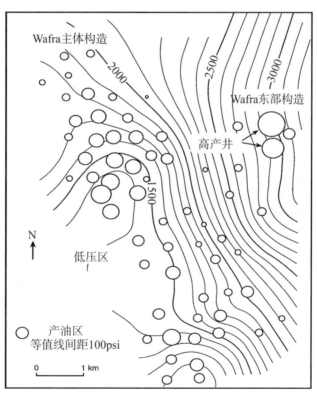

（b）Minagish 组上部储集层和油井生产情况（Waite et al.，2000）。Wafra 油藏其他地区的压力衰竭快于 Wafra 东部构造地区。Wafra 东部构造水驱能量大，井产量高

图 7-15　Wafra 油藏 Minagish 储层平面及剖面图

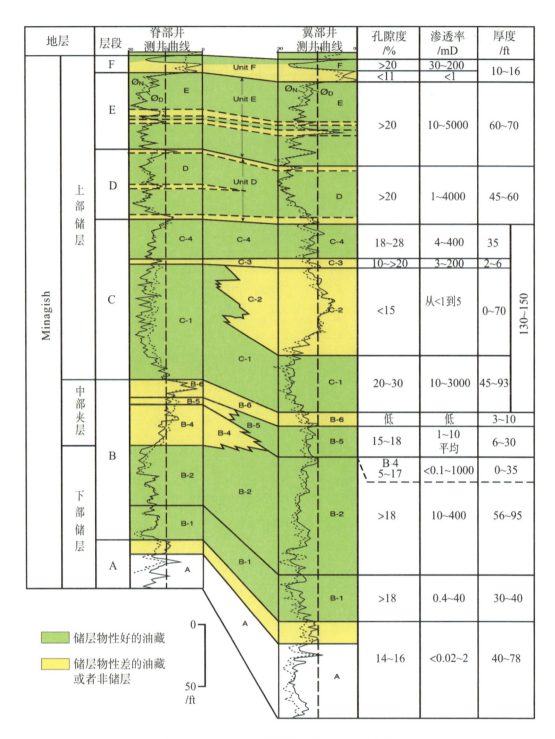

图 7-16　Minagish 组储层地层孔隙度测井曲线

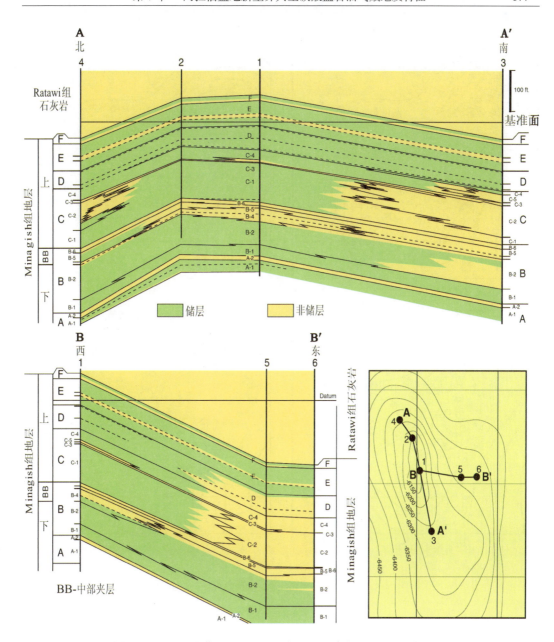

图 7-17　Wafra 油藏 Minagish 组地层的北—南向和西—东向剖面图

泥泥粒灰岩和粒泥灰岩互层；F 单元：由多孔球状—骨架粒泥灰岩和泥粒灰岩组成，与灰绿色无孔粒泥灰岩互层。单元 C—F 为 Minagish 组上部储层（Waite et al.，2000）；B4—B6 单元为 Minagish 组中部夹层；单元 A 和单元 B1—B2 为 Minagish 组下部储层。上述各个单元的岩相分布各不相同，据此编制了各个单元的岩相分布图（图 7-18），并由此表征各个单元对应的沉积环境。

　　在 20 世纪 90 年代后期，扩边钻井结合 3D 地震数据证实了在 Wafra 油藏东部还发育 Minagish 组厚层砂质浅滩相（图 7-11 和图 7-14）。古沉积环境中的水体深度是沉积相

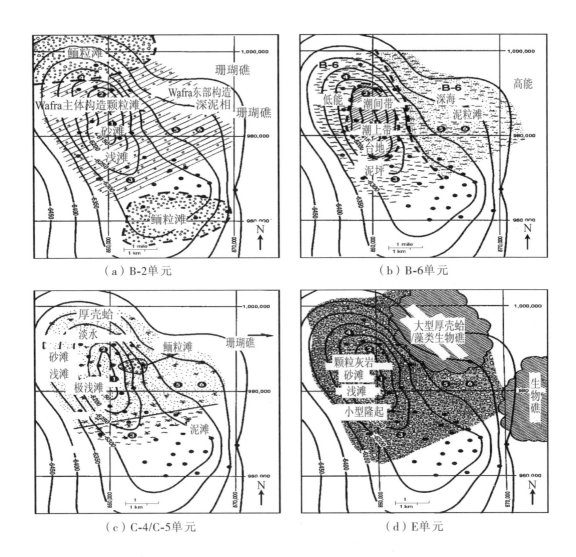

（a）B-2单元 　　　　　　（b）B-6单元

（c）C-4/C-5单元 　　　　　　（d）E单元

图 7-18　Wafra 油藏 Minagish 油藏的沉积环境划分

类型和砂体大小发育的主控因素。水体越深，能量越低的条件下富泥沉积物越发育，这些富泥沉积物主要在斜坡周围沉积，仅有极少部分在 Wafra 构造出现。随着水体变浅，能量增强，逐渐沉积形成了骨粒砂质浅滩和鲕粒礁。局部的构造抬升致使部分沉积物发生表生风化作用、微晶化作用以及方解石胶结作用等，出现了潮上带具有窗格状结构泥粒灰岩。当 F 单元地层内出现黏土时，标志着碳酸盐岩沉积的结束，泥质球状粒泥灰岩与 Ratawi 组交错覆盖于 Minagish 组地层之上。在 Wafra 油藏，水体深度受到海平面升降的影响，受影响比较显著的地区可能在 Umm Gudair 油藏附近（Davies et al.，2000），或者在 Wafra 构造早期发育时期（Longacre 和 Ginger，1988）。

Umm Er Radhuma 组地层可分为两个段：上段和下段，厚度分别为 700～750ft 和

400～450ft。Umm Er Radhuma 组由多孔及无孔白云质灰岩，以及白云岩组成，但仅在上段 75ft 厚和下段 125ft 厚的层段中含有油气（图 7-20）。强烈的成岩作用破坏了粗粒岩石的原始沉积结构。Umm Er Radhuma 组地层的沉积环境从浅海潮下陆棚相过渡到半干旱的潮上浅滩相（图 7-21）。因海平面相对下降，出现了从局限海灰岩到撒布哈石膏的沉积旋回。Umm Er Radhuma 组上段地层存在 5 个这样的旋回，下段地层存在 3 个这样的旋回。颗粒较粗的沉积物沉积在高能环境下，而富含泥质的沉积物则沉积于能量相对较低的潟湖或浅滩边缘相环境中（Danielli，1988）。除了始新世沉积时期气候条件异常干燥，沉积以无水石膏为主外，Umm Er Radhuma 组的沉积环境和沉积物与 Minagish 组基本相似；二叠纪的 Khuff 组和上侏罗统 Arab 组与 Umm Er Radhuma 组的沉积特征也基本相似。

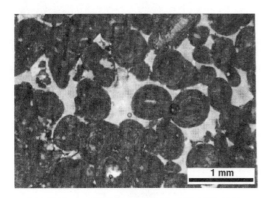

（a）单元 B-2 鲕状粒屑灰岩含方解石胶结边，
为储层

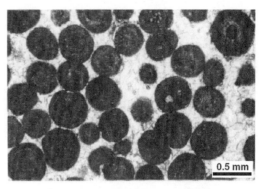

（b）单元 B-5 方解石胶结鲕状粒屑灰岩，
为非储层

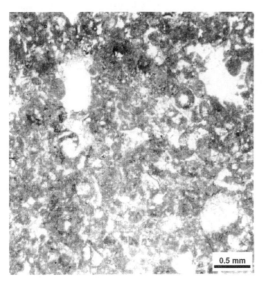

（c）单元 E 藻类球状粒屑灰岩，微晶灰岩被
方解石胶结，为非储层

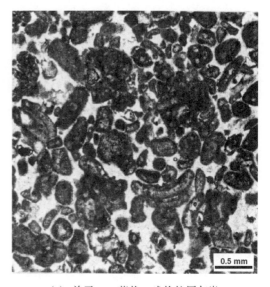

（d）单元 C-4 藻状—球状粒屑灰岩

图 7-19　Minagish 地层的岩心显微镜薄片，展示了储集层和非储集层的分选性

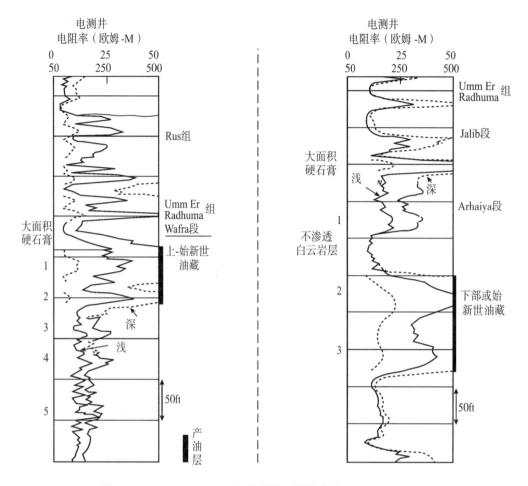

图 7-20　Umm Er Radhuma 组储层典型测井曲线（Danielli，1988）

7.2.4　储层结构

Minagish 组储集层结构表现为层状结构，但是因横向岩相变化，其层状结构变化也很明显（图 7-16 和图 7-18）。依据 1996～1998 年 10 口注入井的生产资料来看，Minagish 组储层的平均厚度为 117ft（一般为 54～221ft），净厚度为 59ft（一般为 36～106ft），净产层厚度为 38ft（一般为 7～64ft）（Davis 和 Habib，1999）。Wafra 油藏东部 Minagish 组上部储层的油柱厚度开始变薄，所以上述这些值不具有代表性（图 7-11 和图 7-14）。20 世纪 80 年代晚期，相关学者定义了一个新的储集层模型，根据厚度为 20～100ft 沉积旋回将该储层模型进一步细分出 25 个流动单元（Sibley et al.，1996）。通过测井曲线可以看出，高孔渗和低孔渗特征交替出现，因此每个旋回又可再细分为两个流动单元［图 7-22（a）］。可依据生产数据和 TDT 测井脉冲、BHP 和 RFT 压力数据对 Minagish 组储集层进一步细分。这个新的储层模型突出了中部夹层对流动模式和底水驱动的影响。最初人们认为中部夹层形成于成岩阶段晚期，位于油水界面之上，但是目前认为中部夹层在整个油藏范围广泛分布（Waite et al.，2000）。Minagish 组上部储集层因古地形影响形成 2 个透镜体，最大厚度是 275ft，储层向 Wafra 东部构造边部尖灭，水驱能

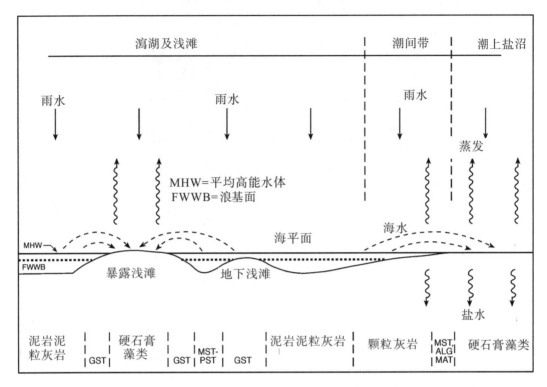

图 7-21　Wafra 油藏的 Umm Er Radhuma 组储集层沉积模式图 （Danielli，1988）

量较弱 ［图 7-14 和图 7-15 （a）］。到 1988 年，Minagish 油藏在经历了 35 年的生产后，油藏压力迅速下降，特别是在油藏中厚为 35ft 的致密油带，压力降到 900psi。Minagish 组上部储层存在部分渗流屏障，产生了 37～412psi 的压力消耗 ［图 7-22 （b）］，导致流体的渗流不连续 （Sibley et al.，1996）。Minagish 组下部储层通常位于油水界面之下，含有重质油，但不是主要产层。在 Minagish 组下部储层并没有观察到断层。20 世纪 90 年代钻探工作力度加强，对 Wafra 油藏东部 Minagish 组上部油藏主要依靠底水驱开采原油 ［图 7-15 （a）；Waite et al.，2000］。

　　Umm Er Radhuma 组上段与下段储层均由两层多孔渗层夹一层低孔渗层构成。上段储层的两层多孔渗层厚度为 40～50ft，夹层厚度为 20～40ft；下段储层的两层多孔渗层厚度为 30ft，夹层厚度为 60～70ft。Umm Er Radhuma 组强烈的物性非均质性是由横向的快速相变与后期成岩作用耦合叠加所致，导致受高孔渗岩相及其后期成岩作用影响就形成高孔渗层，反之则形成低孔渗层 （图 7-22）。Umm Er Radhuma 组下段储层被一个北北西走向的断层切断，该断层成为产油区的遮挡层 （Nelson，1968）。这条断层也同样切断了 Umm Er Radhuma 组上段储层，造成油藏东部、西部存在一个油水界面差，差值近 200ft （图 7-9）。

7.2.5　储层性质

　　Wafra 油藏 Minagish 组由鲕状—骨架—球状颗粒灰岩、贫泥泥粒灰岩夹杂非储集性的富泥泥粒灰岩和粒泥灰岩组成。Minagish 组的渗流通道主要由相互连通的微孔隙系统

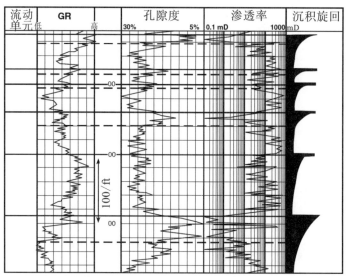

（a）根据 GR 和孔渗曲线划分沉积旋回与流动单元

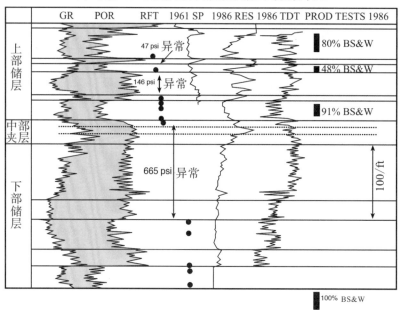

（b）根据 1961 年钻的一口井数据划分储层流动单元

图 7-22　Wafra 油藏 Minagish 组储层测井解释（Sibley et al.，1996）

组成，孔隙度和渗透率之间并没有正相关的关系，较好的储集层孔隙度一般为 15%。Minagish 组储集层的成岩作用早在沉积物出露地表和水体入侵地层时就已经开始，成岩作用导致地层岩石被方解石胶结［图 7-19（b）和图 7-25］。不稳定矿物颗粒容易受到压实作用，形成铸模孔。方解石胶结了鲕状粒屑灰岩的部分或全部原生和次生孔隙［图 7-19（b）］。单元 D、E 中存在薄层低渗率层段，并 D 单元的顶部存在较厚隔层

（图 7-16 和图 7-17）。影响 Minagish 组地层沉积的因素还包括微晶作用和弱白云化作用。成岩作用包括压实、溶解和胶结作用（图 7-25）。在 Minagish 组 A 和 F 单元富含泥质及黏土部分，受深埋藏压实作用影响，出现了较多扭曲的缝合线。Minagish 组内富含颗粒的岩相拥有较多的原生孔隙，其中形成的早期方解石胶结边有效地保护了原生孔隙，使其免受压实作用影响［图 7-19（a）］；与此同时，在这些富含颗粒的岩相中还发现了较多在埋藏条件下形成的非组构选择溶蚀作用，如在方解石胶结物、微晶基质及颗粒中发生的溶蚀作用，有力地改善了储层的物性。颗粒灰岩贫泥泥粒灰岩的主要孔隙类型是原生粒间孔，夹少量微晶孔［图 7-19（a）、图 7-24（a）和图 7-24（b）］。富泥类岩石如藻类球状粒状灰岩、微晶灰岩发育微晶孔隙，有些铸模孔孤立存在，成为非储集单元

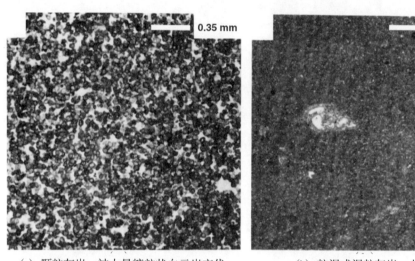

(a) 颗粒灰岩，被大量糖粒状白云岩交代，
表现出高孔高渗特征　　　　　　　(b) 粒泥或泥粒灰岩，非渗透

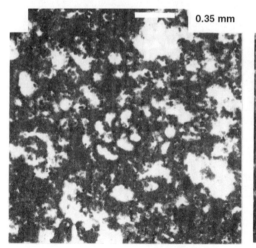
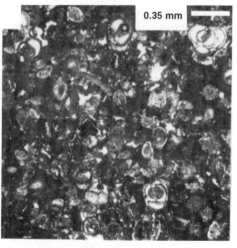

(c) 富泥泥粒灰岩，具铸模孔和晶间孔　　　(d) 含有孔虫颗粒及细晶骨架的泥粒灰岩，
　　　　　　　　　　　　　　　　　　　　　　　中—低渗透性

图 7-23　Wafra 油藏的 Umm Er Radhuma 组储层岩心照片（Danielli，1988）

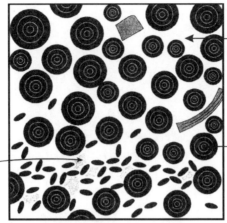

鲕状粒屑灰岩

孔隙系统主要由原生孔和次生大孔隙决定的

高孔隙度
高渗透率

在微晶鲕粒内聚集着粒内微孔隙

斑状微晶较集中
几乎没有粒间孔

（a）宏观孔隙（原生粒内大孔隙），鲕粒颗粒灰岩，保留有较多粒间孔及
粒内微晶孔，储层物性好

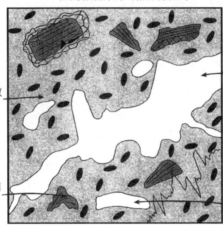

骨架球粒状
泥粒灰岩

大孔（毫米—厘米级别的）
大的孔洞通常连通性较差

粒内微孔集中在微晶基质内

高孔隙度
低—中渗透率

在微晶异化颗粒内
的粒内微孔

大的，孤立的生物溶孔

（b）混合的（次生大孔隙为主），骨架—球粒泥粒灰岩，以毫米级大孔隙为主，
因骨架颗粒及其环边胶结物非组构溶蚀作用形成，储层物性差

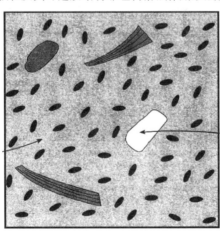

球粒状
泥粒灰岩—粒泥灰岩
中孔隙度
低渗透率

大的，孤立的生物溶孔

在微晶基质内粒内
微孔为主

☐ 宏观孔隙
▨ 微观孔隙

（c）宏观孔隙（微孔隙为主），球粒泥粒灰岩—粒泥灰岩，以微晶基质中的
微小粒间孔为主，非储层

图 7-24　与 Wafra 油藏相邻的 Umm Gudair 油藏 Minagish 组储层的典型孔隙类型（Davies et al.，2000）

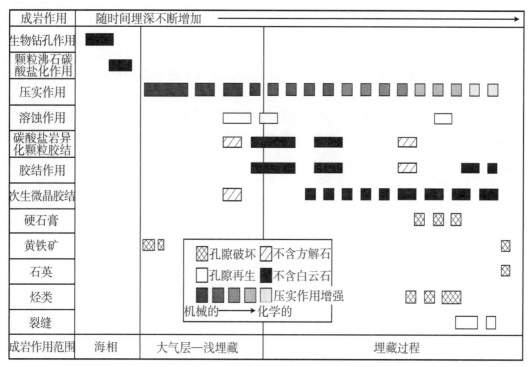

图 7-25　Umm Gudair 油藏 Minagish 组储集层的成岩作用（Davies et al., 2000）

［图 7-19（c)和图 7-24（c)］。Minagish 组上段储集层（单元 C-F）的孔隙度通常较高，为18%～30%，渗透率为 100～300mD，最高可达 5000mD（图 7-16 和图 7-22）。从构造顶部井内测得的净产层厚度大于 300ft，而油藏平均产层的厚度为 200ft（Nelson，1968）。

　　Umm Er Radhuma 组白云质灰岩和白云岩内夹一些内碎屑和片状砂页岩［图 7-23（b)、7-23（c) 和 7-23（d)］。Umm Er Radhuma 组岩相由颗粒灰岩过渡到泥岩。这些富泥质的岩石成为了非储集单元，成岩作用对富泥岩石的结构影响不大［图 7-23（a)］。Umm Er Radhuma 组上段储层在浅埋藏阶段形成的方解石胶结边保护了较多的原生孔，但埋深 1000ft 以下的下部储层原生孔仍然受到后期成岩作用的影响。由于早期形成的胶结物强度较大，压实作用对 Umm Er Radhuma 组上下两段储集层的影响均较小。白云岩化作用多发生在高孔渗储集单元，在颗粒灰岩内形成了糖粒状结构。淋滤作用在多种岩相中常发生，伴随硬石膏的沉淀，还溶蚀了部分硫化物和方解石。这些作用受到大气淡水的淋滤作用和高浓度盐水的回流渗透的影响，快速发生在浅埋藏阶段的近地表环境（图 7-21）。成岩作用仅对 Umm Er Radhuma 组下段储层有影响。Umm Er Radhuma 组岩石的孔隙类型主要为晶间孔［图 7-23（a)］，见少量铸模孔隙和孔洞。大部分原生孔隙被破坏，次生孔隙度超过 45%，储层物性极好，局部有不均质岩相分布（Danielli，1988）。Umm Er Radhuma 组上段储集层的平均孔隙度为 30%～35%，Umm Er Radhuma 组下段储集层的平均孔隙度为 25%～35%。Umm Er Radhuma 组地层渗透率为 0.01～1000mD。对粗粒结晶白云石而言，晶形颗粒越细，渗透率越低。泥岩和粒泥灰岩为渗透率极低的非储集层。

7.2.6 生产特征

Wafra 油藏的原始石油地质储量为 $80×10^8$Bbl，其中石油可采储量为 $30×10^8$Bbl，天然气可采储量为 $1.5×10^8$ft³，采收率为 38%。向 Minagish 油藏实施注水后，生产数据均有所变化，产量呈现上升趋势。下白垩统油藏的原油为中质原油（原油密度为 24.5° API），高含硫（3.5%wt），中等黏度（3.7cp），原始汽油比为 400SCF/STB（Minagish）、225SCF/STB（Wara）。Tayarat 油藏和 Umm Er Radhuma 油藏采出的原油均为重质油（原油密度为 18°～20° API），高含硫（4.5%wt）（Nelson，1968）。

Wara 油藏于 1953 年末投产。到 1986 年油藏的累计产量为 $13.3×10^8$Bbl，天然气产量大于 $0.33×10^8$ft³。其中有 22% 的石油产量来自 Umm Er Radhuma 上段油藏，25% 来自 Umm Er Radhuma 下段油藏，24% 来自 Wafra 油藏，29% 来自 Minagish 油藏，约 1% 来自 Tayarat 油藏。Minagish 油藏的采收率为 30%（图 7-26）。Wara 油藏开采一段时间后，油藏压力下降，导致 Tayarat 和 Wara 油藏停产，Umm Er Radbuma 油藏的产量降低，Minagish 油藏产量也在降低。20 世纪 90 年代初期，Minagish 油藏开始产出轻质、低黏度原油，基于这一特征，Minagish 油藏成为该油藏的又一主力开采区。对 Wara 油藏主要区域实施注水，辅以钻加密井进行开采，对 Wafra 油藏东部地区进行扩边钻井进行开采。到了 20 世纪 90 年代末期，Minagish 油藏的日产量迅速增加到 $4×10^4$Bbl/d，在 1998 年 1 月日产量达到峰值，为 91124Bbl/d［图 7-26（a）］，占油藏总产量的 80%。Umm Er Radhuma 油藏产量仅占 20%。在 2000 年，全油藏的日产量达到了 $8.6×10^4$Bbl/d［图 7-26（b）］。1998 年，在 Minagish 油藏钻了 100 口井均投入生产，开发部署井网的井距为 160ac。1985 年，在 Umm Er Radhuma 油藏钻了 200 口井均投入生产，开发部署井网的平均井距为 240ac，加密井间距为 60ac。Umm Er Radhuma 油藏油柱厚度小，水油流度比高，因此该油藏过早见水。

最初人们希望依靠底水驱动来维持 Minagish 油藏储层压力。Minagish 油藏经过了 35 年的生产后，油藏压力下降到接近泡点压力时，底水能量弱难以维持油藏压力。在海湾战争期间，该油藏被迫停产 18 个月，到 1992 年末油藏压力恢复，由 1780psi 上升至 2302psi。施工方认为这是开发 Minagish 油藏的良好时机，并且据此重新修订了储集层模型。修改后的油藏模型证实，Minagish 油藏中部夹层在整个油藏范围广泛分布，厚度变化较大，其位于油水界面以下，为水驱提供了能量。RFT 数据显示油藏生产过程中中部夹层压力下降高达 900psi（图 7-15 和图 7-22）。Minagish 油藏的注水井布置方案是将注水井打在中部夹层之上的油柱处。所打的井的位置（图 7-27）需考虑三个因素：①远离中部夹层的层位日注水量约 $8×10^3$ 桶 /d；②尽可能动用周边井的所有层位；③减少主产区的注水井数量。1998 年 7 月，16 口井实施回注，日注入率达到了 $4.4×10^4$ 桶 /d。计划于 1999 年投入使用配有高压泵的 10 口注水井，注水量为 $2.0×10^5$ 桶 /d。辅以 17 口加密井联合生产，预计将增产 $2.04×10^8$Bbl。

从 Minagish 油藏新模型可知，剩余油气储量主要分布在 Wafra 油藏东部地区。从注入井和加密井的 3D 地震数据中可以显示 Minagish 油藏多孔储集层的厚度。Wafra 油

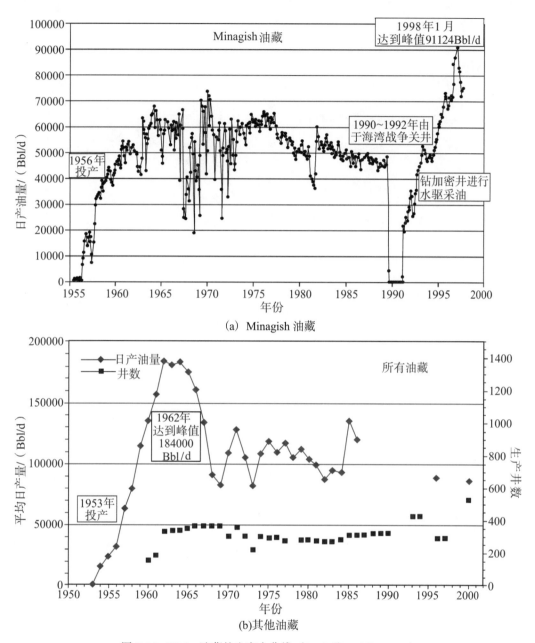

图 7-26　Wafra 油藏的生产史曲线（Davis 和 Habib，1999）

藏东部地区发育厚的多孔储集层（图 7-27）。中部夹层位于油水界面之下，底水驱动可以提高产量（Waite et al.，2000）。最初打的两口井均穿过 Minagish 组上部储集层和中部夹层，预测井 A 的日产油量为 5.5×10⁴Bbl/d，井 B 的日产油量为 7700Bbl/d（图 7-27）。在南部构造区，Minagish 组上部储集层段较薄，中部夹层位于油水界面之下，仅依靠来自西部的弱底水驱维持油藏压力。因此，在 Wafra 油藏东部构造区井的产量远高于其他地区井的产量［图 7-15（b）］。另外两口井，L1 井和 L2 井位于 Wafra 油藏东部构造上［图 7-27（b）］，产量分别为 4800Bbl/d 和 6900Bbl/d。1998 年底，位于 Wafra 东部构造上的 12 口井中有 10 口井已经完井，日产量增加到 $3×10^4$Bbl/d，Wafra 油藏储量增加了 $7×10^7$Bbl。

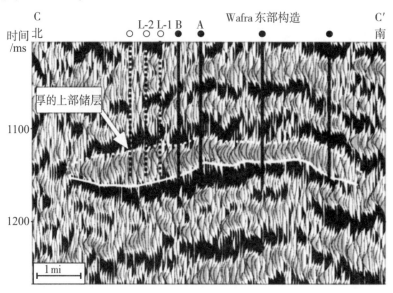

（a）沿着 Wafra 东部构造轴部分布的北—南向地震测线特征见图 7-14

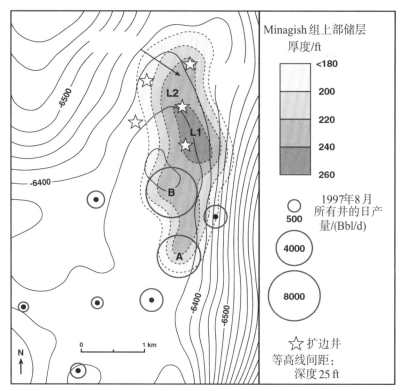

（b）Minagish 上部油藏深度构造图（Waite et al.，2000）

图 7-27 Wafra 油藏东部构造

第 三 篇

扎格罗斯盆地典型碳酸盐岩油气藏地质特征

第8章 扎格罗斯盆地油气藏地质总体特征

8.1 盆 地 位 置

扎格罗斯盆地横跨伊朗西南部、伊拉克北部、叙利亚东北部以及土耳其东南部，呈带状由西北—东南方向延伸，西北—东南长约 1800km，东北—西南宽 250~350km，面积约 $5.53 \times 10^4 km^2$，是中东地区继阿拉伯盆地之后的第二大含油气盆地。该盆地东北紧靠扎格罗斯山（推覆构造带），东南紧邻霍尔木兹海峡，西南为美索不达米亚平原，西北边界为死海安那托利亚断裂带（图 8-1）。

8.2 构造演化特征

扎格罗斯构造带先后经历了三次大规模造山运动（Stoneley，1990；Ziegler，2001）。第一次是晚元古宙—早显生宙的泛非运动，该构造事件以冈瓦纳古陆的固结而结束，这次构造运动形成了该地区的基底，尤其是 Hormuz 组膏盐层的形成对以后的构造活动起了决定性作用。第二次是晚古生代—早中生代的印支—海西运动，该次事件导致了冈瓦纳古陆和劳亚古陆拼合成泛大陆，这次构造运动多是以泛非运动时期构造的活化为主，构造的走向以南北向为主。第三次是新生代的喜山期造山运动（始新世—全新世），导致阿拉伯板块与欧亚板块的碰撞，新特提斯洋关闭，扎格罗斯山在阿拉伯板块的东北缘快速隆起，扎格罗斯构造带随之形成。

扎格罗斯构造带是中东地区的构造复杂区，由东北至西南，可划分为四个近乎平行、自西北—东南方向延伸的构造单元，包括推覆构造带（扎格罗斯山）、高角度褶皱带、简单褶皱带和美索不达米亚平原（图 8-1）。扎格罗斯盆地包括其中的高角度褶皱带和简单褶皱带两排构造单元，为典型的陆陆碰撞前陆盆地；沿轴向，扎格罗斯盆地被盆内隆起分割为西北部的 Kirkuk、中部的 Dezful 和东南部的 Pabdeh 三个次级拗陷。

推覆构造带（扎格罗斯山）是阿拉伯板块与伊朗板块碰撞造山的缝合带，由强烈变形、破碎的石灰岩、放射虫岩、超基性岩和变质岩组成；其上发育西南方向推覆的两条

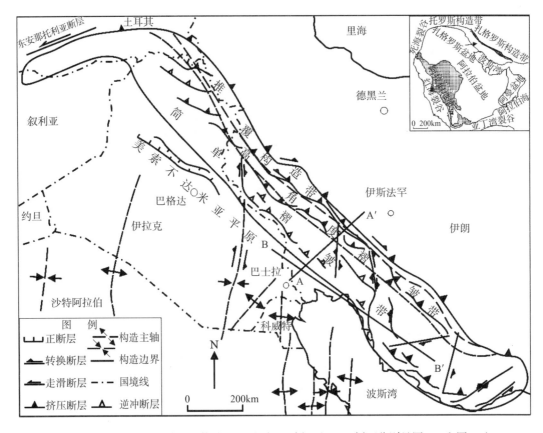

图 8-1　扎格罗斯盆地位置及构造纲要图（A-A'剖面和 B-B'剖面分别见图 8-3 和图 8-5）

右行走滑逆冲大断层，均形成于上新世—更新世，推覆和走滑距离分别达 45km 和 60km。

　　高角度褶皱带的地层特征与其西南方向的简单褶皱带相似，但变形强烈，逆冲断层发育，形成叠瓦状构造。逆冲推覆始于晚白垩世，中新世后仍在继续，东北缘破碎带的含放射虫燧石、石灰岩、蛇绿岩和变质岩推覆在陆架沉积之上。在新近纪该带开始褶皱并发生底辟作用，同时发育逆断层。

　　简单褶皱带位于高角度褶皱带西南，是扎格罗斯构造带的主体部分，褶皱发育且形态完整，背斜成山、向斜成谷，形成时间较晚，大型断层不发育。由东北至西南，褶皱形态由紧闭、倒转的不对称形态逐渐转变为宽缓的对称形态，西南与阿拉伯地台陆架内大单斜构造（美索不达米亚平原）相连。

8.3　地层沉积特征

8.3.1　沉积演化背景

　　扎格罗斯盆地内沉积有古生界、中生界、新生界最厚达 12000m 的地层，其中古生界地层厚 5000～7500ft，三叠系地层厚约 5000ft，侏罗系地层厚约 2300ft，下白垩统地层厚 800~5000ft，上白垩统地层厚 1300~4000ft，古近系地层厚 1650~2600ft，新近系地层厚 1300~10000ft。

扎格罗斯盆地所在区域震旦系地层可能缺失。寒武系—奥陶系沉积厚度约为11500ft，与扎格罗斯盆地西南边沙漠地区厚度差不多，那里沉积了河流相及浅海相的砂岩和石灰岩；晚奥陶世，因海平面上升，区内沉积了深海相含笔石的页岩；志留系主要为海洋沉积物，厚度达 2500ft（图 8-2）。

从晚泥盆世到中二叠世，随着阿拉伯板块南北走向断陷槽的加深，美索不达米亚—扎格罗斯一带陷于冈瓦纳大陆边缘以下。早石炭世，扎格罗斯盆地大部分地区都沉积了局限海环境的碳酸盐岩，厚度达 2300ft；晚石炭世，北美大陆与非欧大陆的碰撞造成海西运动，导致了阿拉伯板块南北走向断层槽的反转。在早石炭世晚期至早二叠世，区内沉积了 3000ft 厚的河流碎屑沉积物。中晚二叠世，西北—东南走向的断裂发育，导致边缘海扩散和新特提斯洋开启（Stoneley，1990）；二叠纪末期，发生的大规模沉积间断在区内形成了广泛分布的不整合面。

二叠纪末期到三叠纪，在区域性不整合面上沉积了稳定的内大陆架白云岩、石膏和页岩。晚三叠世，在浅海大陆架环境沉积了碳酸盐岩、蒸发岩和页岩混合层序（Kurra Chine 组）；此后的沉积一直保持连续稳定，沉积物包括大陆架碳酸盐岩（如 Yamama 组和 Shu'aiba 组）、深水灰岩和页岩等（如 Sulaiy 组）。侏罗纪晚期，闷热干燥气候使得海水周期性变浅，以致 Gotnia 组的碳酸盐岩与硬石膏交替沉积。从侏罗纪晚期到白垩纪中期，大范围分布的大陆架阻止了海水循环，形成了周期性缺氧环境，沉积了丰富的烃源岩，包括 Sargelu 组、Garau 组和 Kazhdumi 组地层（Ziegler，2001）。

在晚白垩世之前，扎格罗斯地区的造陆运动一直控制着该区以碳酸盐岩和页岩沉积为主的沉积作用。上白垩统、古新统、始新统和渐新统的沉积则受到了扎格罗斯造山运动的影响，这些地层以剧烈的相变和厚度变化为特征，随后沉积了渐新统—下中新统阿斯马里（Asmari）石灰岩，接着沉积了蒸发岩系，再其后，盆地则被东北边的正在上升的扎格罗斯山的沉积碎屑所充填。不整合于法尔斯群之上的上新统 Bakhtiari 组砾岩的沉积标志着盆地充填的结束（James 和 Wynd，1965）。

8.3.2 地层及其分布特征

扎格罗斯盆地地层从下到上依次为：震旦系、寒武系、奥陶系、志留系、泥盆系、石炭系、二叠系、三叠系、侏罗系、白垩系、古近系和新近系。其中泥盆系、二叠系上统、白垩系上统主要发育碎屑岩地层，石炭系、二叠系下统、白垩系中统、白垩系下统、古近系和新近系发育碳酸盐岩地层（图 8-4 和图 8-5）。

1. 震旦系

覆盖在震旦系基底之上的最老的沉积地层是一套碳酸盐岩、硅质碎屑岩和蒸发岩岩系。在扎格罗斯盆地地区成为霍尔木兹混合岩（Hormuz Complex）或霍尔木兹岩系（Hormuz Series），这套地层的时代大致为晚震旦世—早寒武世。典型的霍尔木兹混合岩由盐岩、石膏、页岩、白云岩、砂岩和石灰岩构成。

2. 寒武系

在伊拉克地区，寒武系地层缺失。

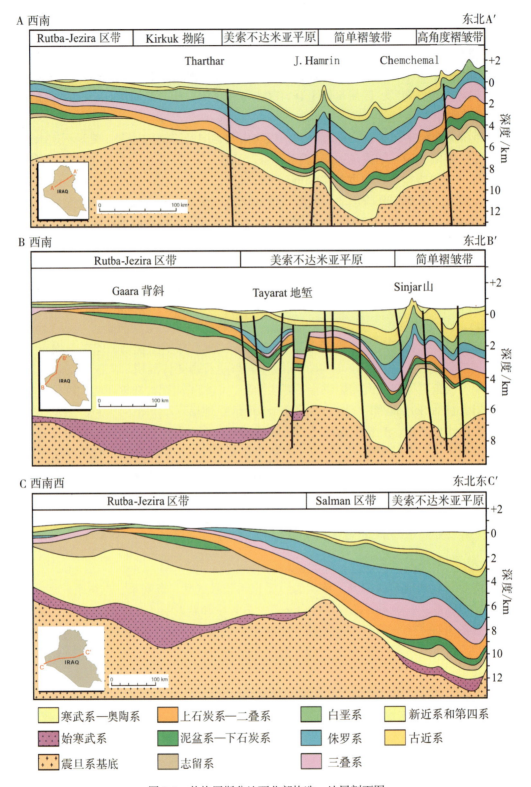

图 8-2 扎格罗斯盆地西北部构造、地层剖面图

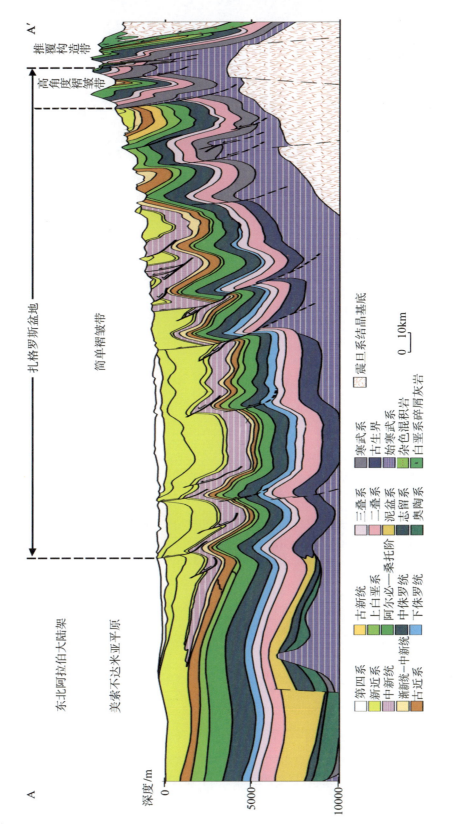

图 8-3　扎格罗斯盆地中部北东—南西向构造、地层剖面图（A-A'剖面线见图 8-1）

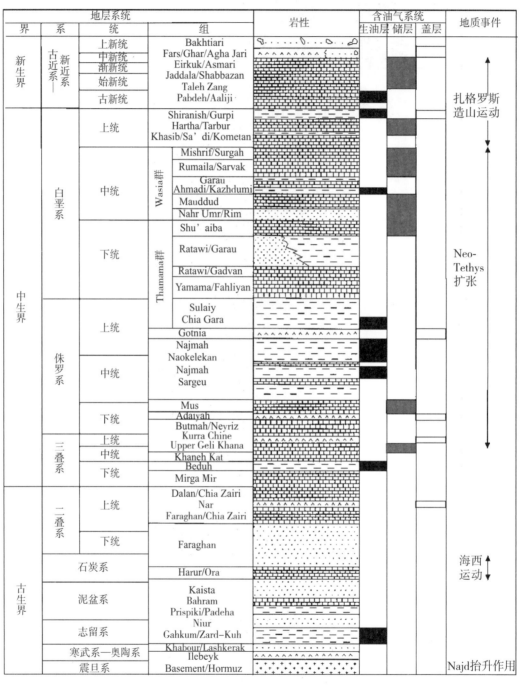

图 8-4 扎格罗斯盆地地层序列及含油气系统综合柱状图

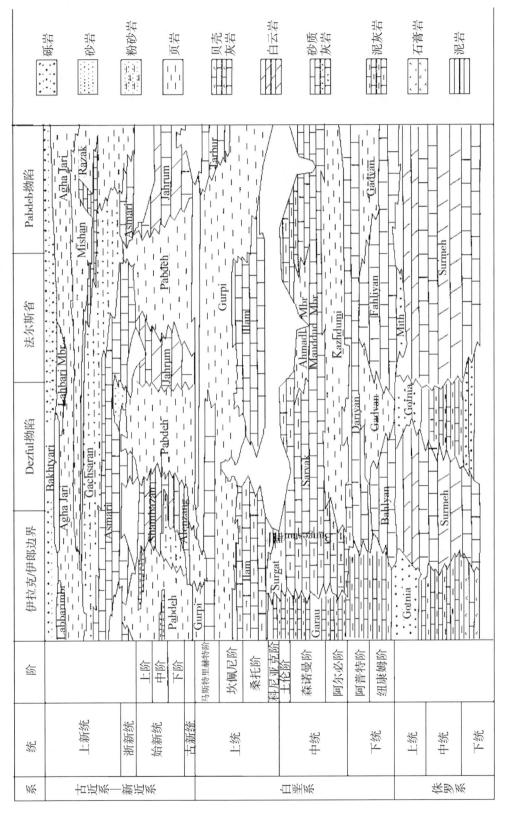

图 8-5　扎格罗斯盆地东南部北西—南东向地层横剖面图（B-B′剖面线位置见图 8-1 所示）

在伊朗地区，寒武系分为以下地层：

莱伦（Lalun）组（下寒武统—中寒武统），由石英砂岩夹少量砾岩组成。

戴胡（Dahu）组（下寒武统—中寒武统），由石英砂岩夹海绿石砂岩和页岩夹层组成。

克山赫（Kalshaneh）组（中寒武统），由铁镁质火山岩、碳酸盐岩、页岩和砂岩组成。

德闰加尔（Derenjal）组（中寒武统—上寒武统），由粉砂岩和石灰岩夹泥灰质粉砂岩组成。

依勒贝克（Ilebeyk）组（上寒武统），由云母页岩、砂岩和石灰岩组成。

3. 奥陶系—志留系

在伊拉克，中奥陶统—上奥陶统为哈勃（Khabour）组，由石英砂岩、硬砂岩和粉砂质云母页岩组成。

在伊朗，奥陶系—志留系分为以下地层：

扎德库赫（Zard-Kuh）组（奥陶系—志留系），由页岩夹细砂岩组成。

莱士克瑞克（Lashkerak）组（下奥陶统—中奥陶统），由粉砂质页岩夹粉砂质结核石灰岩组成。

赦格士特（Shirgesht）组（奥陶系），由泥灰岩、石灰岩、粉砂岩和砂岩组成。

4. 泥盆系—石炭系

受海西构造运动的影响，阿拉伯地区抬升，遭受剥蚀，因此泥盆系—下石炭统地层在扎格罗斯盆地大部分地区缺失。

在伊拉克北部，中泥盆统—下泥盆统可以分为两个组，下部为皮瑞斯皮克（Prispiki）组，主要由红色砂岩和玄武岩组成；上部为克阿斯塔（Kaista）组，从下而上由海相碎屑岩过渡为泥质石灰岩和分选好的钙质碎屑岩。在伊拉克的西部和中部地区，上泥盆统上部—下石炭统构成了奥拉（Ora）组，主要由浅海相钙质页岩和少量碳酸盐岩组成。其上覆地层为下石炭统哈鲁尔（Harur）组，是一套颗粒石灰岩与云母页岩的互层。

在伊朗中部，下泥盆统派迪哈（Padeha）组厚约492m，为一套碎屑岩，夹有白云岩条带，该组整合于上志留统—下泥盆统的纽尔（Niur）组之上。中泥盆统斯巴扎（Sibzar）组厚约100m，由灰质白云岩、白云质灰岩和砂质重结晶石灰岩组成，与下伏的派迪哈组呈整合接触，与上覆的中泥盆统—上泥盆统巴赫软姆（Bahram）组呈渐进过渡接触。巴赫软姆组厚度超过300m，由部分白云岩化的石灰岩组成，并有页岩夹层。

5. 二叠系

扎格罗斯盆地的上古生界只发育二叠系地层：下二叠统佛冉汉（Faraghan）组和上二叠统戴蓝（Dalan）组。佛冉汉组为一套海进环境下海岸平原碎屑岩，夹少量的碳酸盐岩条带。该组中部发育一套称之为纳尔（Nar）段的蒸发岩系。蒸发岩层的上、下层系均由石灰岩和白云岩组成，蒸发层系内夹有鲕粒石灰岩和部分白云化的石灰岩。

在伊拉克地区，上二叠统主要发育基亚札尔组，由石灰岩、白云岩、砂岩和少量页岩组成。

6. 三叠系

在伊拉克，中三叠统—下三叠统遍及除西部地区以外的所有地区，分为以下地层：

莫格米尔（Mirga Mir）组（下三叠统），由石灰岩、页岩和少量砂岩组成。

拜杜赫（Beduh）组（下三叠统），由页岩夹泥灰岩和少量薄层石灰岩组成。

盖里汉那（Geli Khana）组（中三叠统），由页岩、石灰岩和白云岩组成。

库拉钦（Kurra Chine）组（上三叠统），由石灰岩与白云岩和页岩的互层组成。

勃陆缇（Baluti）组（上三叠统），由页岩夹白云质硅化鲕粒石灰岩条带组成。

在伊朗，上三叠统缺失。洛雷斯坦—法尔斯（Lurestan-Fars）省发育下三叠统坎甘（Kangan）组合下三叠统—中三叠统代师太克（Dashtak）组。前者包括三套岩相：下部的鲕粒石灰岩和灰泥石灰岩、中部的泥质石灰岩和灰泥石灰岩和上部的蒸发岩与碳酸盐岩的交互层。代师太克组由四个沉积回旋构成，每个回旋以浅海碳酸盐岩开始，以硬石膏沉积结束。中扎格罗斯山脉的下三叠统—中三叠统称为汉纳开特（Khaneh Kat）组，下部以泥质石灰岩和白云岩为主，上部是一套浅水叠层石灰岩和白云岩。

7. 侏罗系

侏罗纪期间，中东油气区的大部分地区被浅水陆表覆盖，海平面呈现出周期性的升降变化。由于地势平缓，海平面升降引发的海进和海退导致了沉积环境的巨大变化。

伊朗的侏罗系发育有两套不同的地层层系，一套发育于洛雷斯坦省和胡齐斯坦省（伊朗扎格罗斯盆地的北段），另外一套发育于法尔斯省（伊朗格罗斯盆地的南段）。

内里兹（Neyriz）组（下侏罗统）：该组构成了伊朗最下部的侏罗系地层，由粉砂质页岩、石灰岩和白云岩组成，夹藻叠层石和少量硬石膏，层内见泥裂和波痕。内里兹组沉积于浅海环境。

阿代耶（Adaiyah）组（下侏罗统）：该组为一套沉积于浅海潮下—潮上沉积环境的硬石膏层系，夹白云岩和页岩。

穆什（Mus）组（下侏罗统）：为一套浅海相石灰岩。

阿兰（Alan）组（下侏罗统）：由蒸发潟湖相层状硬石膏组成，夹薄层鲕粒石灰岩。

萨金鲁（Sargelu）组（中侏罗统）：为一套深水相页岩和泥质石灰岩，该组整合于阿兰组之上。

奈季迈（Najmah）组（中侏罗统—上侏罗统）：该组为一套浅海相球粒—藻粒石灰岩，与下伏的萨金鲁组呈假整合接触。

格特尼亚（Gotnia）组（上侏罗统）：为一套蒸发岩系，岩性以硬石膏为主，其次为页岩和石灰岩，与希瑟组相当。

希瑟（Hith）组（上侏罗统）：在波斯湾附近的法尔斯海岸，该组厚 75～94m，为一套蒸发岩系，由石膏和硬石膏组成，夹白云岩。在法尔斯内陆，该组的岩性相变为白云岩，再向东南，地层逐渐尖灭。希瑟组整合于下伏的瑟玛（Surmah）组之上。

瑟玛（Sumah）组：该组在法尔斯省发育最好，在洛雷斯坦省东北部和胡齐斯坦省东北部也有分布。瑟玛组为一套几百米厚的碳酸盐岩层系，岩性以白云岩为主，石灰岩为辅。

在伊拉克，侏罗系分为以下地层：

布特迈（Butmah）组（下侏罗统）：该组为一套沉积于潟湖沉积环境的石灰岩夹硬石膏、生物碎屑石灰岩和泥质石灰岩的交互层。

阿代耶（Adaiyah）组（下侏罗统）：该组为一套沉积于浅海潮下—潮上沉积环境的

硬石膏层系，夹白云岩和页岩。

穆什（Mus）组（下侏罗统）：为一套浅海相石灰岩。

阿兰（Alan）组（下侏罗统）：由蒸发潟湖相层状硬石膏组成，夹薄层鲕粒石灰岩。

萨克（Sarki）组（下侏罗统）：由薄层燧石质、白云质石灰岩和燧石质白云岩组成。

塞克汉尼恩（Sekhanian）组（下侏罗统）：由白云岩和白云质石灰岩组成，夹燧石。

木海韦尔（Muhaiwir）组（中侏罗统）：由泥灰质鲕粒砂岩、石灰岩组成。

萨金鲁（Sargelu）组（中侏罗统）：为一套深水相页岩和泥质石灰岩。

奈季迈（Najmah）组（中侏罗统—上侏罗统）：该组为一套浅海相球粒—藻粒石灰岩，与下伏的萨金鲁组呈假整合接触。

奈奥克拉坎（Naokelekan）组（上侏罗统）：由薄层富含沥青质白云岩、石灰岩与页岩、泥质石灰岩组成。

苏莱伊（Sulaiy）组（上侏罗统）：由碎屑石灰岩和鲕粒重结晶的石灰岩组成，偶夹砂质页岩。

8. 下白垩统

扎格罗斯盆地的下白垩统称为 Thamama 群。

在伊拉克南部，下白垩统自下而上依次分为苏莱伊（Sulaiy）组、耶马马（Yamama）组、拉塔威（Ratawi）组、祖拜尔（Zubair）组和舒艾拜（Shu'aiba）组。

苏莱伊（Sulaiy）组：厚 152～185m，地表的苏莱伊组主要由互层的灰泥石灰岩、颗粒质灰泥石灰岩和含颗粒灰泥石灰岩组成。地下的苏莱伊组分为两部分，下部是一套致密结晶石灰岩，上部由颗粒质灰泥石灰岩和含颗粒灰泥石灰岩组成。该组沉积于潮下—潮间环境，与下伏的希瑟组可能呈假整合接触。

耶马马（Yamama）组：厚 45～150m，地表的耶马马组由球粒—生粒质灰泥石灰岩组成，夹薄层灰泥石灰岩和含颗粒灰泥石灰岩。地下的耶马马组分为两部分，下部为一套致密石灰岩，上部由灰泥石灰岩和含颗粒灰泥石灰岩组成，夹颗粒质灰泥石灰岩。该组沉积于开阔台地、陆架潟湖环境，与下伏的苏莱伊组呈整合接触。

拉塔威（Ratawi）组：厚 130～290m，分为上、下两部分。下部在科威特全区都以碳酸盐岩为主（颗粒—球粒石灰岩），上部在科威特的西部由砂岩和页岩组成，向东相变为页岩和石灰岩。

祖拜尔（Zubair）组：厚 353～450m，主要由砂岩组成，夹页岩和少量石灰岩，该组沉积于滨海—三角洲环境，沉积物源自阿拉伯地盾。

舒艾拜（Shu'aiha）组：厚 60～80m，由粗晶白云岩化的石灰岩组成，夹少量的薄层页岩，岩系内缝洞发育。该组沉积于低能浅水潟湖环境。

伊拉克北部的下白垩统由下萨冒德（Lower Sarmord）组、盖鲁（Garau）组、下快木乌克（Lower Qamchuqa）组和下勃兰卜（Lower Balambo）组组成，主要特征如下：

下萨冒德（Lower Sarmord）组：厚几百米，由互层的泥灰岩和石灰岩组成，沉积于浅海环境。

盖鲁（Garau）组：厚度变化大，平均厚度 200～300m。该组由砂质鲕粒石灰岩组成，上部和下部夹泥灰岩和砂岩，中部夹厚层灰泥石灰岩，盖鲁组沉积于潟湖环境。

下快木乌克（Lower Qamchuqa）组：厚 250～300m，由浅海相块状泥质石灰岩组成，石灰岩被白云岩化，夹少量的陆源碎屑岩。

下勃兰卜（Lower Balambo）组：勃兰卜组分为上、下两部分，下勃兰卜组相当于下白垩统（苏马马群），上勃兰卜组相当于中白垩统（沃希亚群）。下勃兰卜组由薄层石灰岩组成，夹泥灰岩和页岩。

伊朗的下白垩统碳酸盐岩层分为三个组：法利耶（Fahliyan）组、盖德万（Gadvan）组和达里耶（Dariyan）组。法利耶组：法尔斯省法利耶组为一套块状的浅水陆架鲕粒石灰岩和球粒石灰岩，向西北方向到了洛雷斯坦省和胡齐斯坦省相变为暗色页岩和泥质石灰岩，在洛雷斯坦省则变为盖鲁组的暗色—黑色泥质石灰岩。向波斯湾方向，层系内的页岩组分消逝。盖德万组沉积于浅海—内陆架低能环境，与下伏的法利耶组呈组合接触。

达里耶组：该组与东阿拉伯地区的舒艾拜组相当，在法尔斯省为一套富含圆片虫的厚层—块状石灰岩，其沉积环境为浅海—潟湖。达里耶组与下伏的盖德万组呈整合接触。

盖鲁（Garau）组：该组主要由页岩、石灰岩和燧石组成，与上覆的中白垩统萨瓦尔克（Sarvak）组呈整合接触，不过两者的界面为一穿时界面。

9. 中白垩统

扎格罗斯盆地的中白垩统称为沃希亚（Wasia）群。

伊朗西南部的中白垩统由三组地层构成，自下而上依次为卡兹杜米（Kazhdumi）组、萨尔瓦克（Sarvak）组和瑟嘎赫（Surgah）组。

卡兹杜米（Kazhdumi）组：厚 210m，由暗色沥青质页岩组成，夹少量暗色泥质石灰岩，下部常见海绿石。卡兹杜米组遍及法尔斯省，但是到了洛雷斯坦省的中部和西南部，岩性变为盖鲁组的黑色页岩和石灰岩。在胡齐斯坦省的西南方向，该组与科威特的布尔干组和伊拉克的奈赫尔欧迈尔组呈指状接触关系。

萨瓦尔克（Sarvak）组：该组的典型剖面位于胡齐斯坦省的唐葛萨瓦尔克（Tang-e Sarvak）镇，厚 832m，主要由泥质、结核—层状石灰岩、颗粒石灰岩和结核状燧石组成。在法尔斯省沿岸地区，萨瓦尔克组克分为两段：下部的毛杜德段和上部的哈马迪段。

瑟嘎赫（Surgah）组：分布范围有限。其露头只发现于洛雷斯坦省。在库赫嘎赫（Kuh-e Sarvak）镇的典型剖面处，该组厚 176m，主要由浅色、暗色页岩和黄色风化石灰岩的交互层组成，与下伏萨尔瓦克组的界面为一风化带，呈不整合接触，与上覆的伊拉姆（Ilam）组呈假整合接触。

伊拉克中白垩统地层的划分比较复杂，南部、北部、中部和西部有着各自的划分方案和地层名称。南部的地层特征与相邻的科威特类似，自下而上依次为奈赫尔欧迈尔（Nahr Umr）组、毛杜德（Mauddud）组、瓦拉（Wara）组、哈马迪（Ahmadi）组和鲁迈拉（Rumaila）组。发育于伊拉克北部和东北部的中白垩统的地层难以互相关联起来，地层时代也难以确定。Buday（1980）和 Alsharhan 和 Nairn（1997）把该地区的中白垩统划分出了九个地层组：瑞姆（Rim）粉砂岩组、哲宛（Jawan）组、上快木乌克（Upper Qamchuqa）组、上萨冒德（Upper Sarmord）组、上勃兰卜（Upper Balambo）组、柯夫（Kilf）组、米什里夫（Mishrif）碳酸盐岩组、鲁迈拉（Rumaila）石灰岩组和德嵌（Dokan）石灰岩。

10. 上白垩统

1）伊朗的上白垩统分为如下地层组

伊拉姆（Iiam）组：该组以洛雷斯坦省的伊拉姆镇的名称而命名。在标准剖面处，伊拉姆组厚 190m，由泥质石灰岩组成，夹薄层黑色页岩。

古尔珠（Gurpi）组：其典型剖面位于洛雷斯坦省的库赫古尔珠（Kuh-e Gurpi）镇。在典型剖面处，该组厚 320m，主要由泥灰岩和页岩组成，夹少量泥质石灰岩条带。该组在洛雷斯坦省内包括两套明显的石灰岩地层单元：艾马—哈山（Emam-Hasan）石灰岩段和劳法（Lopha）石灰岩段。

塔勃（Tarbur）组：厚 527m，为一套块状硬石膏质石灰岩地层，岩石抗风化能力强，因此构成悬崖。该组与下伏古尔珠组的界面为穿时界面，从地层对比而言，塔勃组相当于伊拉克南部的哈尔蘆（Hartha）组、科威特的巴赫若（Baharah）组和太尔亚特（Tayarat）组。

厄米软（Amiran）组：该组以洛雷斯坦省的库赫米软（Kuh-e Amiran）镇而命名。在典型剖面处，该组厚 817m，由粉砂岩和砂岩组成，夹少量砾岩。厄米软组与下伏的古尔珠组呈渐进过渡关系。

2）伊拉克南部的上白垩统分为如下地层

赫塞勃（Khasib）组：该组的描述最下来自 Zubair-3 井，在该井处，地层厚度 50m，由暗灰色、浅绿色页岩与灰色泥灰质石灰岩的交互层构成。赫塞勃组沉积于潟湖环境，与下伏的米什里夫组呈不整合面接触关系。

坦怒玛（Tanuma）组：在祖拜尔油田，该组厚约 30m，由黑色页岩组成，夹灰色微晶泥灰质石灰岩，上部有一套鲕粒石灰岩层。坦怒玛组沉积于近岸盆地环境，与上覆和下伏地层呈过渡接触关系。

塞狄（Sa'di）组：厚 300m（Zubair-3 井处），由单一的白色白云质、泥灰质抱球虫石灰岩组成，组内发育一段 60m 厚的单一泥灰岩地层。塞狄组沉积于浅海环境，与下伏的坦怒玛组呈整合过渡接触关系。

哈尔蘆（Hartha）组：在祖拜尔油田，该组厚 200～250m，由生粒石灰岩组成，夹绿色或灰色页岩。有些地方的石灰岩白云化强烈，哈尔蘆组与发现于伊拉克北部扎格罗斯褶皱带的赦软尼失（Shiranish）组呈指状接触，或在该组内构成一个独立的岩舌。该组沉积于陆缘海、礁前、浅海滩坝环境，与下伏地层呈不整合接触关系。

太尔亚特（Tayarat）组：厚 92～274m，由结晶白云质石灰岩、硬石膏质石灰岩和浅白色石灰岩组成，夹少量薄层黑色含黄铁矿沥青质页岩。该组沉积于浅海环境，与下伏地层呈整合接触关系。

阔那（Qurna）组：厚 76～137m，由泥质和白云质石灰岩组成，夹几层泥灰岩，与下伏的哈尔蘆组呈整合接触关系。Buday（1980）建议将该组废弃，将其归入赦软尼失组的一个地层段，不过阔那组目前仍在使用。

3）伊拉克北部扎格罗斯褶皱带内的上白垩统细分为如下地层

篙乃瑞（Gulneri）组：该组是一套非常薄的地层，仅 1～2m，由黑色沥青质、钙质页岩组成。篙乃瑞组沉积于还原盆地环境，与下伏的德嵌（Dokan）组呈不整合接触关系。

扣米坦（Kometan）组：该组是伊拉克中北部地区分布最广的地层，厚 100～120m，由薄层抱球虫罕盖类石灰岩和燧石条带组成。扣米坦组不整合于篙乃瑞组之上。

赦软尼失（Shiranish）组：该组在扎格罗斯褶皱条带地区广泛发育，其岩性与哈尔蓬组的岩性基本相同。地层厚 100～400m，由薄层泥质石灰岩和泥灰岩组成。该组沉积于深水开阔海环境。

拜克木（Bekhme）组：厚 300～500m，由角砾岩、生粒石灰岩、礁滩石灰岩和次生白云岩组成，该组与上覆和下伏地层均呈不整合接触关系。

艾阔若（Aqra）组：厚约 740m，主要由礁石石灰岩复合体组成，石灰岩局部白云岩化或硅化，并可能有沥青侵染。

坦哲柔（Tanjero）组：该组在扎格罗斯高褶皱带的叠瓦逆冲带内最为发育，最大厚度达 1500～2000m，地层朝西南方向变薄，向东北方向也可能变薄。下部由深海泥灰岩组成，偶夹泥灰质石灰岩和粉砂岩；上部由粉砂岩、泥灰岩和砂岩—粉砂岩和颗粒石灰岩组成。该组的大部分地层沉积于快速下降的海槽，属于复理石沉积，与下伏的赦软尼失组呈整合接触。

11. 古近系

1）伊朗古近系分为以下地层

帕卜德赫（Pabdeh）组（古新统—上中新统）：该组的命名源自胡齐斯坦省的库赫帕卜德赫（Kuhe Pabdeh）镇，在地下河地表均有分布。在莱利油田，该组厚 870m，由页岩、泥质石灰岩、泥灰岩和结核状燧石组成，其中页岩占主导地位。帕卜德赫组与下伏的塔勃组的接触关系因地而异，有的地方呈整合接触，有的地方呈假整合接触；与上覆的渐新统阿斯马里组呈整合接触。

寨赫茹姆（Jahrum）组（古新统—下始新统）：该组以法尔斯省的库赫寨赫茹姆镇而命名，与阿拉伯半岛的哈萨群、胡齐斯坦省的帕卜德赫组相当。寨赫茹姆组以白云岩为主，为沉积于扎格罗斯西北缘的浅水沉积，该组通常整合于下伏的赛阐（Sachun）组之上。

套勒藏（Taleh Zang）组（上始新统—中始新统）：其典型剖面位于洛雷斯坦的唐葛杜（Tang-e Do）镇，厚 204m，主要由中层—块状石灰岩组成，该组整合于厄米软组的砂质泥灰岩和砂岩之上，卡师坎（Kasbkan）组之上。从洛雷斯坦向东南和西南，套勒藏组与帕卜德赫组呈指状交错接触关系。

卡师坎（Kasbkan）组（上始新统—中始新统）：该组的典型剖面位于洛雷斯坦省中部的库赫厄米软构造的东北翼，厚约 370m，主要由砾岩、砂岩和粉砂岩组成。从洛雷斯坦中部向东南和西南方向，卡师坎组的碎屑岩被套勒藏组和赦拜赞（Shabbazan）组的石灰岩所取代。

赦拜赞（Shabbazan）组（中始新统—下始新统）：其典型剖面位于洛雷斯坦的唐葛

杜镇，厚 338m，由白云岩和白云质石灰岩组成。该组与下伏的卡师坎组呈整合接触，与上覆的阿斯马里组呈假整合接触。

阿斯马里（Asmari）组（渐新统—上中新统）：厚约 518m，由奶油色—棕色石灰岩组成，夹有贝壳层。石灰岩致密，原生孔隙几乎全部丧失。

2）伊拉克北部古近系分为八个组

厄黎吉（Aaliji）组（古新统—始新统），由泥质泥灰岩、泥灰质石灰岩和页岩组成。

辛加（Sinjar）组（上古新统—上始新统），由重结晶碳酸盐岩组成。

克烙仕（Kolosh）组（下古新统—上始新统），由页岩、砂质石灰岩和砂岩组成。

赫莫拉（Khurmala）组（上始新统），由球粒白云质石灰岩、细晶石灰岩、硬石膏和泥灰岩组成。

哲代拉（Jaddala）组（中始新统—下始新统），由泥灰质白垩质石灰岩、泥灰岩和生物碎屑石灰岩组成。

厄宛纳（Avanah）组（中始新统—下始新统），由白云化重结晶石灰岩组成。

哲克斯（Gercus）组（下始新统），由页岩、泥岩、砂质泥灰岩、砂岩和砾岩组成。

皮勒斯派（Pila Spi）组，由层状沥青质白垩质石灰岩和燧石组成。

12. 新近系

1）伊朗的新近系分为如下地层

加奇萨兰（Gachsaran）组（下中新统—中中新统）：该组以其发育最好的加奇萨兰油田而命名，为一套硬石膏和石灰岩的交互层，夹沥青质页岩、少量的盐岩和泥灰岩，厚度可达 2000m。在法尔斯省，加奇萨兰组为一穿时地层单元，自西北向东南，地层时代变老。

若宰克（Razak）组（下中新统）：该组的命名源自法尔斯的若宰克镇，此处地层厚 805m，由红色、灰色和绿色粉砂质泥灰岩与粉砂质石灰岩的互层组成，夹少量的砂岩。

米山（Mishan）组（中中新统—上中新统）：该组以胡齐斯坦省的米山镇而命名，此处地层厚约 752m，由泥灰岩和石灰岩组成。米山组与下伏加奇萨兰组的接触界面为一岩性突变界面，其顶界为一穿时界面，该组沉积于线状海槽环境。

阿贾里（Agha Jari）组（上中新统—上新统）：该组的命名源自胡齐斯坦省的阿贾里油田，几乎全部由陆源碎屑岩组成，碎屑岩颗粒从粉砂到巨砾，地层厚 650～3250m。主要岩性为灰色钙质砂岩，夹石膏脉、红色泥灰岩和粉砂岩。该组在洛雷斯坦和胡齐斯坦省沉积于湖泊—河口环境，在法尔斯省，部分为海相成因。

巴克提尔瑞（Bakahtiari）组（上上新统—更新统）：该组几乎全部由陆源碎屑岩组成，碎屑岩颗粒来自东边的中新统—上新统造山褶皱带，颗粒大小从粉砂到巨砾，地层厚 518m。巴克提尔瑞组为沉积于强烈下陷前渊的淡水磨拉石构造，与下伏的阿贾里组呈不整合或假整合接触关系，其顶界为一剥蚀界面，之上覆盖有冲积沉积物。

2）南伊拉克的新近系分为如下地层

盖尔（Ghar）组（下中新统）：厚 100～150m，由砂岩和砾岩组成，夹微量的硬石膏、泥岩和砂质石灰岩。盖尔组沉积于滨海环境，在其典型剖面处，部分为三角洲沉积。该组与下伏的达曼呈不整合接触关系，与上覆的下法尔斯组呈过渡接触关系。

下法尔斯（Fars）组（上中新统）：伊拉克的上法尔斯组和上新统巴克提尔瑞（Bakahtiari）组相当于科威特的狄勃狄巴组。该组是海相下法尔斯组与纯陆相巴克提尔瑞组粗粒磨拉石层系之间的过渡地层，最大厚度可达 2000m。岩性横向上有变化，但主要由红色或灰色粉砂岩泥质灰岩或黏土岩和中—粗粒砂岩组成，该组的下部夹有石灰岩和页岩，在很多地区，也发现有石膏层，但厚度不大。上法尔斯组沉积于潟湖—湖泊和河流—湖泊环境，与下伏的地层呈整合接触，其顶部界面为一穿时界面。

巴克提尔瑞（Bakahtiari）组（上中新统—上新统）：该组几乎全部由碎屑岩构成，碎屑颗粒从粉砂到巨砾，厚度 2500~3000m。巴克提尔瑞组为典型的沉积于快速沉降拗陷的淡水河流—湖泊磨拉石建造。

8.4　石油地质特征

8.4.1　烃源岩特征

油源对比表明阿拉伯板块东北边缘（扎格罗斯盆地和阿拉伯盆地的东北缘）发育七套烃源岩层。这些烃源岩层大都具有厚度大、分布广的特点，时代从震旦纪到新近纪，其中以中、新生界烃源岩为主。

油源母质多为海相腐泥 II 型干酪根，因此众多油藏的油具有相似特征。由于该区海相地层极为发育，陆源碎屑很少加人，所以不仅各烃源岩层排出的烃类在化学成份上差异很小，而且由于缺乏镜质体，对油气成熟度的判断也相对较为困难。

已知的七套烃源岩层为震旦系—下寒武统霍尔木兹（Hormuz）岩系、下志留统贾赫库姆（Gahkum）组、中侏罗统萨金鲁（Sargelu）组、中白垩统—下白垩统盖鲁（Garau）组、中白垩统卡兹杜米（Kazhdumi）组、上白垩统古尔珠（Gurpi）组和古新统—始新统帕卜德赫（Pabdeh）组（图 8-4）。其中，以卡兹杜米组为主的四套中生界烃源岩层是扎格罗斯盆地最重要的烃源岩层。

霍尔木兹岩系：这套烃源岩的生油能力目前尚无确切的资料和数据。但在阿曼，与这套烃源岩层位相当的侯格夫（Huqf）群是一套重要的源岩层。该套烃源岩一部分在早古生代即已大量产烃和排烃，而另一部分则经历了 600Ma 演化至今仍未进入生油门限。通过对阿拉伯板块震旦纪古盐盆的恢复，目前多数学者认为，霍尔木兹岩系应具有与侯格夫群相似的生油能力。如沙特阿拉伯寒武系—奥陶系赛克（Saq）组砂岩组中的石油就有可能来源于下伏的震旦纪盐盆地层（McGillaway 和 Husseini，1992）。

下志留统贾赫库姆组：以下志留统为油源的油田也主要见于阿曼，如赛马赫（Sahmah）油田和哈斯若（Hasirah）油田的萨菲格（Safiq）组油藏（Grantham et al.，1988）。沙特阿拉伯古生界油藏的油源自志留系古赛巴（Quaaiha）段的页岩生油岩。Bishlawy（1985）和 Ali 与 Silwsdi（1989）认为海湾南部地区上二叠统胡夫组以及前胡夫组气藏中的天然气也源自下伏的志留系烃源岩。

中生界烃源岩：中生界烃源岩集中于侏罗系—白垩系，在阿拉伯板块东北边缘分布相当广泛，但与古生界烃源岩分布相比，似乎更与沉积时古地理环境密切相关。Murris

（1980，1981）认为这些富含有机质的烃源岩层大都沉积于宽阔陆架背景下因地势起伏或沉降差异造成的陆架内盆地内。

中侏罗统萨金鲁（Sargelu）组：烃源岩为富含生物化石的黑色页岩，常见硬石膏脉，厚 100～200m，TOC 含量为 1.5%～3.5%。

中白垩统—下白垩统盖鲁（Garau）组：烃源岩岩性为黑褐色薄层含黄铁矿泥岩与细粒泥质石灰岩的交互层，其中泥岩 TOC 含量为 2%～9%，石灰岩为 1%～2%。

中白垩统卡兹杜米组（Kazhdumi）烃源岩：烃源岩主要为一套沉积于低能闭塞环境的灰质页岩和泥质灰岩，厚度在 300m 以上。泥岩 TOC 含量在拗陷东北边缘为 3%～6%，在拗陷中心为 3%～11%，氢指数为 200～450mg/gTOC。干酪根类型为藻质 II 型。油源对比研究发现，迪兹富勒地区古近系—新近系阿斯马里石灰岩储集层和白垩系班吉斯坦（Bangestan）群石灰岩储集岩中的油主要源自卡兹杜米组（Ala et al.，1980）。伊朗数十个储量超亿吨的大油田和特大油田均位于此，如阿加贾里（Agha Jari）油田、阿瓦兹（Ahwaz）油田、马伦（Marun）油田、加奇萨兰（Gachsaran）油田、比比哈基梅（Bibi Hakimeh）油田等，产层中的油气均来自卡兹杜米组烃源岩。

上白垩统古尔珠（Gurpi）组：该组的泥岩广布于扎格罗斯盆地，在伊朗的洛雷斯坦省和胡齐斯坦省发育最好。但是泥岩的 TOC 含量低，仅 0.5%～1.5%，因此构不成主力烃源岩。

古新统—始新统帕卜德赫（Pabdeh）组：烃源岩沿现今波斯湾海域的东北侧展布。在法尔斯省北部，该组由灰色泥岩组成，厚 150～250m，T'OC 含量 3%～5.5%，以海相藻质干酪根为主夹陆相有机质。在洛雷斯坦省西南部，中始新统—上始新统泥岩 TOC 含量为 4.5%～11.5%，厚 80～120m，局部地区泥质沉积延至渐新世，但 TOC 含量降低，为 1.5%～2.5%，厚 100m。该套烃源岩层在迪兹富勒地区是仅次于卡兹杜米组的烃源岩层，以这套生油岩为油源的大油田主要位于迪兹富勒地区的东北角，如莱博瑟夫德（Lab-e-Saford）油田、阔勒纳尔（Qaleh Nar）油田、拉利（Lali）油田、卡伦（Karun）油田和帕尔伊夏赫（Par-e-Siah）油田等。

中侏罗统和更老烃源岩在扎格罗斯造山运动前大都已经成熟，而中白垩统及更年轻的烃源岩主要是在扎格罗斯造山运动期和运动期之后才逐渐成熟的。

8.4.2　储集层特征

扎格罗斯盆地自下而上拥有多套以碳酸盐岩为主的储层。由于强烈的造山和褶皱作用，次生裂缝型孔隙已取代储层中的大部分原生孔隙，从而成为最主要的储集空间。因此，在扎格罗斯盆地只有查明与断裂、褶皱作用有关的次生裂缝的分布特征，才可能为进一步寻找大型油气田指明方向。

扎格罗斯盆地最重要的储层（产层）为渐新统—下中新统阿斯马里（Asmari）组石灰岩和与其相当的基尔库克（Kirkuk）群石灰岩，其次为阿尔必阶—土伦阶班吉斯坦（Bangestan）群石灰岩。储于古近系—新近系储层的探明原油储量占该盆地原油总储量的 90%，储于白垩系储层的探明原油储量占总储量的 10%。

基尔库克群石灰岩是伊拉克北部地区最重要的储层，在该区东南部发育了礁石灰岩储层，孔隙度为 0～36%，渗透率为 0～1000×10⁻³μm²。在伊朗的胡齐斯坦省西南部，阿斯马里组下部地层相变为阿瓦兹（Ahwaz）砂岩段，由钙质砂岩、砂质石灰岩及少量页岩组成，往阿拉伯地盾方向，则逐渐与盖尔（Ghar）组砂岩地层呈指状交错（图8-5）。该组通过伊朗油气田区后逐渐尖灭，在阿瓦兹（Ahwaz）油田和马伦（Marun）油田，由于处于滨岸相环境，发育了物性较好的砂岩储层，孔隙度高达 20%～30%，阿斯马里组产层生产井的平均产量为 3180～3975m³/d（Beydoun et al.，1992）。

在扎格罗斯盆地，班吉斯坦群石灰岩储层是仅次于古近系—新近系的储层，形成于浅海相沉积环境。该群在迪兹富勒地区相对发育，厚度达 1000m。在洛雷斯坦省，由于沉积时水体相对较深，储层物性较差。在伊拉克，与之相当的层位为由浅水相碳酸盐岩构成的快木乌克（Qamchuqa）组，地层厚 200m，该组是伊拉克数个大油田的产层（Dunnington，1967）。

班吉斯坦群石灰岩层经历了复杂的成岩作用改造，原生孔隙极不发育，和阿斯马里组一样，也是在褶皱形成过程中产生了大量的微裂缝，因而得以成为该区主要储层之一。在阿加贾里（Agha Jari）油田、莱博瑟夫德（lab-E-Saford）油田和加奇萨兰（Gachsaran）油田，班吉斯坦产层与阿斯马里组产层之间的上白垩统—古近系泥岩地层被微裂隙连接，油气自下而上发生运移。在基尔库克地区拜依哈桑（Bai Hassan）油田也有类似情况，快木乌克组储层的油通过上白垩统赦软尼失（Shiranish）组的泥质石灰岩，垂向运移到基尔库克群储层。不过与前者相比，参与垂直运移的量要少得多。

扎格罗斯盆地其他数套已证实有一定远景的储层，目前尚处于低开发或未开发阶段。二叠系胡夫组—戴蓝组（Khuff-Dalan）白石岩、石灰岩地层在波斯湾地区是极为重要的产气层，蕴藏着丰富的天然气，但在扎格罗斯盆地仅在局部地区发现了胡夫组—戴蓝组气田。

8.4.3　盖层特征

扎格罗斯盆地最重要的盖层是中新统加奇萨兰（Gachsaran）组（下 Fars 组），它封盖了盆地内 90% 的原油储量。此外，上白垩统古尔珠（Gurpi）组泥岩也是重要的区域性盖层。

加奇萨兰（Gachsaran）组主要由硬石膏、盐岩、泥岩、页岩和石灰岩组成，厚 700～1000m。底部与下伏阿斯马里组石灰岩整合接触。该组在盆地的东北缘和东南部遭受剥蚀，油气保存不好，而在山麓前缘以西和盆地西北部保存完好，封盖了该区绝大多数的油气藏。在局部地区该组破裂或变薄，因此发生了油气逸散。

上白垩统古尔珠（Gurpi）组在全盆地广泛分布，是班吉斯坦群储层的主要封盖层。该组主要为黑色、灰绿色海相泥岩、页岩夹泥质石灰岩，厚度大于 300m，与伊拉姆（Ilam）组石灰岩层共同不整合于中白垩统萨尔瓦克（Sarvak）组储层之上。古尔珠组仅在构造应力相对较弱的地区（如宽缓背斜圈闭）构成有效的盖层，但在高陡背斜圈闭，组内发育广泛的裂缝，这些裂缝构成了班吉斯坦群储层和阿斯马里组储层之间的通道，因此古尔珠组构不成有效的盖层。

综上所述，扎格罗斯盆地最重要的生储盖组合为卡兹杜米组—阿斯马里组—加奇萨兰组组合，其次为卡兹杜米组—萨尔瓦克组—古尔珠组组合（白国平，2007）。

8.4.4　圈闭

在扎格罗斯盆地，目前已发现的圈闭几乎全部为新近纪褶皱作用形成的背斜，其他类型的构造圈闭以及地层、岩性圈闭数量极少。发现的油气全部储于褶皱背斜。

背斜圈闭规模差异很大。埋藏较深的背斜（如迪兹富勒地区深层的背斜）一般规模不大，但大部分地表背斜的规模则较为可观。卡比尔库赫（Kabir Kuh）背斜是目前发现的最大背斜，核部为下白垩统，背斜长 190km，高 6～10km，经测试，该背斜下古生界储层产非烃天然气。

在迪兹富勒地区和伊拉克，背斜表现为同心状，其形成与卷入褶皱的数层坚硬厚层碳酸盐岩及下伏霍尔木兹盐层滑脱、塑性变形有关。在伊朗的洛雷斯坦省，背斜形态相对较小和紧闭，可能与卷入地层以泥岩为主且与下伏霍尔木兹盐层缺失或较薄有关。从平面上看，背斜多呈平行走向排列，部分呈雁列式排列，反映深部可能存在着起源于滑脱面的窄高断层。

在扎格罗斯褶皱运动之前的中生代—古近纪，有些构造圈闭可能已经形成。其形成与两种作用有关，一是走向南北的基底隆起的披覆—压实作用，有时伴有正断层断裂活动；二是盐弯窿。位于扎格罗斯褶皱带之外不远处的哈尔戈–得饶德（Kharg-Doraud）油田是披覆—压实背斜的代表，帕尔斯（Pars）气田是盐弯窿背斜的代表。尽管某些南北向的基底构造早期有局部活动，但是晚白垩世时构造活动才最为明显，此时形成的背斜可圈闭侏罗系—下白垩统成熟烃源岩排出的油气。盐弯窿构造的形成大多起始于早白垩世，但也有更早的，如前述的帕尔斯气田的盐弯窿圈闭形成于三叠纪。

油气有可能在早期形成的部分构造圈闭中聚集成藏，但在扎格罗斯盆地尚未发现这类构造油气藏（Beydoun et al., 1992）。由于新近纪褶皱运动的叠加和改造，这类早期构造圈闭已很难辨认和确定。此外，油气田的分布与古地形隆起无明显对应关系。这表明扎格罗斯盆地伊朗境内油田的主成藏期为新近纪，当时源自卡兹杜米组生油岩的油充注于新近纪褶皱期间形成的构造圈闭。在伊拉克东北部，成藏特征类似，即时代稍早的烃源岩排出的油气先聚集在晚白垩世形成的盆地边缘的圈闭里，新近纪褶皱运动后，油气再次运移到新形成的背斜圈闭中聚集成藏。

8.4.5　油气运移和成藏

Dunnington（1958，1967，1974）曾多次指出，在扎格罗斯盆地，古近系—新近系储层中丰富的油气是按如下方式成藏的。新近纪的造山运动和褶皱作用在上白垩统—古始新统致密岩石中形成了大量的微裂缝，这些微裂缝将中白垩统—上白垩统和古近系—新近系阿斯马里石灰岩储层与中白变统烃源岩层连通起来，从而先期聚集于白垩系储层中的油气和后期烃源岩继续排出的油气，在垂直运移机制下陆续进入古近系—新近系储层（阿斯马里组），封堵于中新统区域性盖层加奇萨兰组之下，在同期背斜圈闭中聚集成藏。需要指出的是这种运移和成藏过程至今仍在进行。

利用地球化学方法进行的油源对比也可间接地说明油气是垂直运移的。Thade 和 Manster（1970）用硫同位素方法研究了伊拉克基尔库克地区不同时代储层中原油的油源，发现硫同位素组成差异很小，表明不同储层具有相同油源，因此认为这是垂直运移的结果。Al Shahristani 和 Atyia（1972）利用石油中钒、镍金属含量和比值方法，既解决了古近系—新近系储层油源问题，又为油气垂直运移提供了佐证。他们的结论是这些石油来自同一油源，石油从白垩系垂直运移至古近系。但在不同油田同一时代储层内，石油的成分差异很大，这可能反映了生油岩发育的不同沉积环境以及油气生成时的环境差异，也表明石油垂向运移发生之前和之后未发生水平运移或石油的混合（Beydoun et al.，1992）。

扎格罗斯盆地古近系—新近系储层内的油主要源自白垩系源岩，而非古近系—新近系层内的烃源岩，成藏是石油垂向运移和再次运移的结果，主要成藏期为 8～5Ma，油气成藏至今仍在进行之中（Beydoun et al.，1992）。

8.4.6 含油气系统

扎格罗斯盆地的油气系统可以最重要的卡兹杜米组油气系统为例加以论述。卡兹杜米生油岩主要分布于迪兹富勒拗陷，面积约 $4×10^4 km^2$。中白垩世阿尔必期，迪兹富勒地区为一陆架内盆地，南北被浅滩和台地限制，西北为萨法尼亚—布尔干三角洲前缘，盆内沉积有来自海岸平原区的丰富淡水有机质。储层为渐新统—下中新统阿斯马里组石灰岩和阿尔必阶—土伦阶班吉斯坦群石灰岩，两者的原生孔隙均比较差，但褶皱期形成的次生裂缝却极为发育，因此构成了良好的储层。盖层为中新统加奇萨兰（Gachsaran）组坚硬致密蒸发岩层。圈闭为主要成型于早中新世晚期—早上新世的背斜。背斜形态完整，且多为鲸背背斜。生油岩在加奇萨兰组沉积之后逐渐成熟，其中盆地中部烃源岩的成熟期稍早，生油岩生排烃期与圈闭形成时期大致相当（白国平，2007）。由于极为发育的微裂缝将阿斯马里组储层和班吉斯坦群储层连通了起来，因此这两套储层在众多油田形成统一的油藏（图 8-6、图 8-7 和图 8-8）。图 8-6 为 kazhdumi 组烃源岩有机质热成熟度，显示了伊朗西南地区由 kazhdumi 组烃源岩产出油气聚集成藏的油气田分布位置。

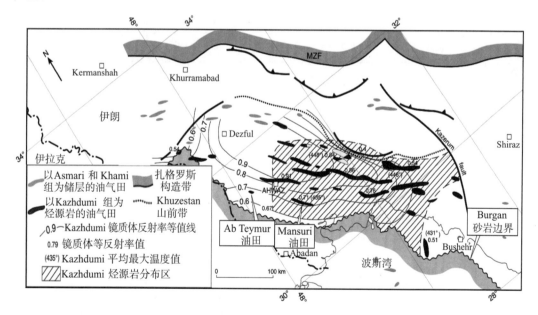

图 8-6　Kazhdumi 组烃源岩有机质热成熟度图，图中：MZF 代表扎格罗斯构造带

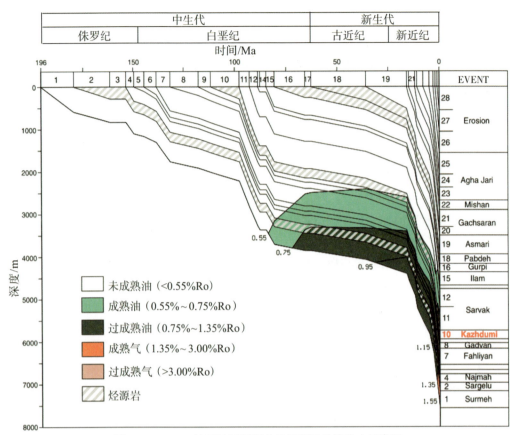

图 8-7　Mansuri 油田地层埋藏史及烃源岩热演化史示意图

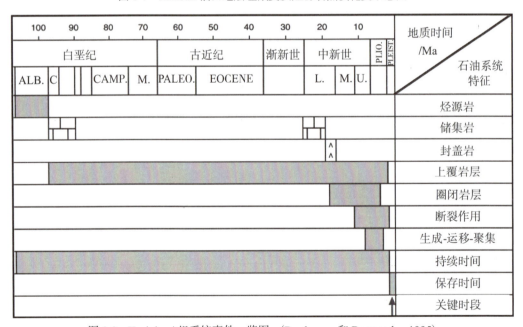

图 8-8　Kazhdumi 组系统事件一览图 （Bordenave 和 Burwood，1995）
PLOI.代表上新世，PLEIST.代表更新世，ALB.代表阿尔必阶，C 代表森诺曼阶，T 代表土伦统，S 代表桑托阶，CAMP.代表坎佩尼阶，PALEO.代表古新世，EOCENE 代表始新世，L.代表早，M.代表中，U.代表晚

8.5　油气资源分布

8.5.1　油气勘探开发简史

1. 伊朗地区

1890 年，外国公司第一次在伊朗地区获得油气资源开采权，但最初几年的勘探均不成功。1901 年，William D'Arcy 获得了伊朗西南部地区的开采权，并于 1908 年在中东 Masjid-i-Sulaiman 油田中新统 Asmari 组首次发现石油（Beydoun et al., 1992）。一年后，他成立了英国波斯湾石油公司，并于 1935 年更名为英国伊朗石油公司（AIOC）。到 1938 年，Masjid-i-Sulaiman 及其他油田均发现了地表渗出物。在此之后，包括地震数据在内的地下数据被广泛运用于勘探过程（Alsharhan 和 Nairn, 1997）。Gachsaran 和 Agha Jari 油田分别于 1941 年和 1944 年发现，Lali 油田于 1948 年发现。1954 年，英国伊朗石油公司（AIOC）被伊朗国家石油公司（INOC）接管，成为伊朗政府国有资产（James 和 Wynd, 1965）。INOC 在协议区内拥有勘探和生产权，其中包括 Lurestan、Khuzestan、Fars 和 Kerman 等省份的大部分地区。1957 年，该地区巨大的油气资源推动了 Bibi Hakimeh、Ahwaz 等油田的开发以及对该地区的地质地震研究。1961 年，在 Ahwaz-6 井和 Ahwaz-8 井钻遇 Asmari 组并获得工业油流，确立 Ahwaz 油田为一个大型的油气田。1962 年，完成了 Bibi Hakimeh-1 油气发现井，在中新统 Asmari 组灰岩发现了油和气，中白垩统 Sarvak 组发现了油。1963 年，INOC 通过三维地震资料和 MI-1 探井认识 Mansuri 构造（Speers, 1976）。1964 年，Paris-1 井勘探出 Parsi 油田（当时称 Paris）。随后探边钻井证实了存在另外一个油柱高度为 3000ft 的大油田。1968 年，AT-1 探井在另一个背斜脊部发现了 Ab Teymur 油田。

2. 伊拉克地区

丰富的焦油和石油渗出推动了 19 世纪晚期伊朗伊拉克边境地区的石油勘探开发。实际上，从 Biblical 时代就已经开始了勘探。1902 年，中东地区最早的现代井是在两伊边境的 Chia Surkh 地区由一个叫 William Knox D'Arcy（波斯石油公司或者 APOC，后来称 BP）的英国公司钻成的。该公司早年在 Persia 时期就已经获得了六年的勘探和开采许可。起初这口井有油气显示，1904 年的第二口井测试发现有轻质油，但产量很低。1908 年，在 Chia Surkh 西南方向 400km 处的 Pwesia 西部 Masjid-i-Sulaiman 地区渐新世 Asmari 组碳酸盐岩层发现了第一个商业性油藏。由于第一次世界大战和油田归属权问题，该区的石油勘探开采工作推迟了。第一次世界大战后，伊拉克中南部地区又被英国接管，北部由土耳其和波斯湾地区接管。1923 年，APOC 在东伊拉克的 Na 英尺 Khaneh 油田早中新统灰岩中发现原油。1927 年该油田开始投入生产，之后的两年内伊拉克石油都处于自给自足状态。

1926～1931 年，西伊拉克和北伊拉克 Kurdistan 山地表测绘和油苗的鉴定由伊拉克石油公司进行（前身 Turkish 石油公司），该石油公司是一个国际联合组织，包括 APOC（英国）、Shell（荷兰）、Standard Oil、Gulf（美国）和 CFP（法国）。由于钻井问题，对

12 个背斜圈闭的钻井都没有成功，但在 1927 年，在 Qaiyarah 地区发现了非商业油气，北山麓发现 Kirkuk 大油田。Kirkuk 大油田的产层主要是始新统—渐新统的 "Main Limestone" Asmari 组（IPC，1956）。在之后的几年里，Mosul 石油公司（MPC，IPC 下面的隶属公司）在伊拉克北部下中新统—上白垩统白云岩和灰岩储层中勘探出重质高含硫原油，发现的油田包括 Chemchemal（1930）、Najmah（1933）、Jawan（1934）、Qasab（1936）和 Ain Zalah（1939）。Chemchemal 和 Ain Zalah 油田最早在白垩纪发现，上白垩统 Shiranish 油藏产凝析气，阿普特阶 Qamchuqa 和 Shiranish 油藏产原油。1938 年，勘探重心转移到南伊拉克，随后在科威特 Burgan 大油田的上白垩统—中白垩统中期砂岩发现原油。二战后，勘探开发工作恢复，Basrah 石油公司（BPC，IPC 下面的隶属公司）在 Zubair（1949）、Nahr Umr（1949）和 Rumaila（1953）发现油藏，这些油藏与 Burgan 大油田存在相似性。MPC 公司在 Butmah（1952）和 Jambur（1954）勘探工作有了进一步发展，IPC 公司在 Bai Hassan（1953）也有一定的发现。绝大多数的探井都对古近系和白垩系进行了常规测试，但少部分侏罗系、三叠系、奥陶系的油藏未被测试到。到 1960 年，已钻 62 口井，发现 35 个油田，储量达 340×10^{8}Bbl（Jassim 和 Al-Gailani，2006）。

1961 年，伊拉克新政府取消了 IPC 绝大部分的特权，成立了新机构独立控制这些油田。生产区域外所有的勘探权都交给了 1964 成立的伊拉克国家石油公司接手。1968 年，ELF-ERAP 签订协议，内容包括 ELF-ERAP 作为伊拉克国家石油公司的承包商，在东伊拉克的 Siba（1969）、Buzurgan（1970）、Abu Ghirab（1971）和 Jabal Fauqi（1971）四个油田进行勘探开发。1972～1973 年，伊拉克政府对 IPC 勘探的 Kirkuk 油田租借地以及 MPC 和 BPC 的租借地进行了国有化。国有化区域被分配到国家石油公司生产部，伊拉克国家石油公司负责除协议区域的勘探生产工作。伊朗国家石油公司（INOC）分别与 Bras 石油公司和 ONGC 在 1972 年和 1973 年签订协议。Bras 石油公司主要负责 Majnoon 油田的勘探工作，但两年后 ONGC 撤回协议，导致 INOC 独家负责伊拉克的油气勘探生产工作。

1968～1988 年，已钻 52 个构造区发现了 38 个区块。在 35 个已发现区块中，发现了 30 个新的油藏。到 1988 年，白垩系和古近系的 73 个区块的原油储量分别为 760×10^{8}Bbl 和 240×10^{8}Bbl。而侏罗纪和三叠纪区块（Jassim 和 Al-Gailani，2006）的原油储量只有 1×10^{8}Bbl。由于 1980～1988 年的两伊战争和 1990～1991 年的海湾战争以及国际制裁和美国领导的侵略余波等迫使伊拉克石油勘探开发工作中断。

3. 总体情况

截至 2012 年底，扎格罗斯盆地累计发现的油气田超过 700 个；探明原油储量 295×10^{8}t，日产原油 64.3×10^{4}t；探明天然气储量 29×10^{12}m^3，日产天然气 3.53×10^{8}m^3（据 BP 公司，2013 年）。

8.5.2　油气资源及分布特点

根据 BP 世界能源统计数据 2013 统计表制作了扎格罗斯盆地石油 / 天然气可采储量、产量随时间的变化直方图见图 8-9～图 8-12。

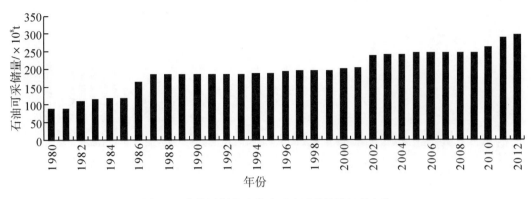

图 8-9　扎格罗斯盆地盆地石油可采储量年度变化

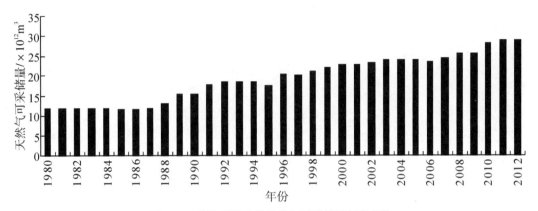

图 8-10　扎格罗斯盆地天然气可采储量年度变化

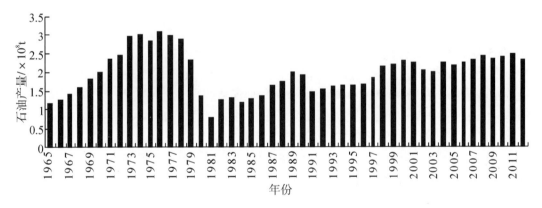

图 8-11　扎格罗斯盆地石油产量年度变化

　　结合直方图可以看出，1980～2012 年，扎格罗斯盆地的石油可采储量总体一直呈稳步上升趋势，其中在 1980～1985 年缓慢增长，从 $88×10^8$t 增长到 $117×10^8$t；1985～1987 年增长较快，从 $117×10^8$t 增长到 $183×10^8$t；1987～2001 年，可采储量保持一个相对稳定的水平，可采储量为 $190×10^8$t 左右。在 2001～2002 年有有个较明显的增长，从 $202×10^8$t 增长到 $237×10^8$t；随后的 2002～2009 年保持稳定，可采储量为 $245×10^8$t 左右；

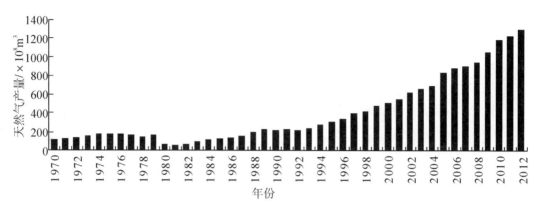

图 8-12 扎格罗斯盆地天然气产量年度变化

在 2009～2012 年有显著的提升，从 245×10^{8}t 增长到 294×10^{8}t。至 2012 年石油可采储量达到 294×10^{8}t。

1980～1988 年，天然气可采储量上升幅度较小，随后呈现稳步上升趋势，在 1980～1987 年基本保持稳定，可采储量为 11×10^{12}m^3 左右；1987～1994 年较迅速增长，从 11×10^{12}m^3 增长到 18.4×10^{12}m^3；1994～1995 年有个短暂的下降，下降到 17×10^{12}m^3；随后 1996～2012 年继续上升并一直保持上升趋势，截至 2012 年，天然气可采储量达到 290×10^{12}m^3。

由石油产量直方图可以看出，扎格罗斯盆地石油产量随时间变化波动幅度较大，从 1965～1976 年产量增长迅速，在 1976 年达到顶峰，年产量为 3.09×10^{8}t。随后受到两伊战争的影响，扎格罗斯盆地的产量大幅下滑，1976～1981 年产量迅速下滑，并在 1981 年降到最低年产 6620×10^{4}t。在 1982～1989 年开始陆续恢复生产，产量稳步增加，从 1.25×10^{8}t 增长到 1.89×10^{8}t。1990～2012 年石油产量总体上呈增长趋势，但是在 1991 年和 2003 年受两次海湾战争影响，出现了短暂的下降。

由天然气产量年度变化直方图可以看出，扎格罗斯盆地天然气产量随时间变化总体呈现上升趋势，在 1970～1979 年，天然气产量保持稳定，略有起伏，年产量大致为 160×10^{8}m^3；在 1979～1982 年，天然气产量出现一个较明显的下降，从 153×10^{8}m^3 降到 51×10^{8}m^3。在 1982～1988 年天然气稳步产量上升，从 61×10^{8}m^3 增长到 193×10^{8}m^3；1988～1993 年，天然气产量保持相对稳定，大致为 210×10^{8}m^3，从 1993 年开始产量急剧上升，至 2012 年时，年产量为 1288×10^{8}m^3。

扎格罗斯盆地蕴藏着丰富的石油与天然气资源，占中东地区油气资源的很大比例。在纵向上，扎格罗斯盆地的油气资源主要分布在渐新统—下中新统阿斯马里（Asmari）组石灰岩和与其相当的基尔库克（Kirkuk）群石灰岩，其次为阿尔必阶—土伦阶班吉斯坦（Bangestan）群石灰岩。储于古近系—新近系储层的探明原油储量占该盆地原油总储量的 90%，储于白垩系储层的探明原油储量占总储量的 10%。

扎格罗斯盆地的油气田大多分布在靠近波斯湾的伊朗西南部和伊拉克东北部扎格罗斯山前盆地。其中伊朗地区西南部约占扎格罗斯盆地储量的 70%，伊拉克东北部约占扎格罗斯盆地储量的 30%。

8.5.3　典型油气田

据不完全统计，扎格罗斯盆地已发现的油气田约 700 个（2002 年），其中较大的典型碳酸盐岩油气田主要有 Ahwaz、Gachsaran、Mansuri、Ab Teymur、Paris、Ain Zalah、Kirkuk 等。本书几个典型的碳酸盐岩油气藏特征见表 8-1。

扎格罗斯盆地盆地主要的油气田分布在伊朗西南部和伊拉克东北部，油气田分布具体位置见图 8-13。

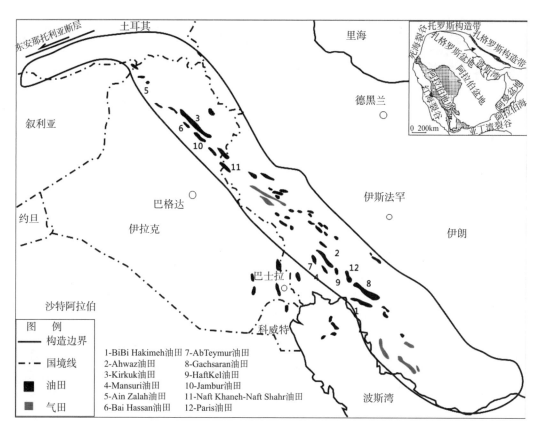

图 8-13　扎格罗斯盆地油气田位置及油气资源分布

表 8-1 扎格罗斯盆地典型油气田基本特征表

油田名称	构造类型	主力产层	系	沉积相	储层特征				储层结构	储量特征			
					岩性	孔隙类型	孔隙度/%	渗透率/mD	储层结构	原油地质储量/10^8Bbl	原油可采储量/10^8Bbl	天然气地质储量/10^8m³	天然气可采储量/10^8m³
Ahwaz	双倾背斜	Asmari	古近系—新近系	浅滩—三角洲	含有孔虫的粒泥灰岩钙质砂岩	原生粒间孔、晶间孔	18	3200	层状-块状	263	120	—	—
	双倾背斜	Ilam 和 Sarvak	白垩系	浅滩、生物礁	泥粒灰岩和骨屑灰岩	颗粒间孔、白垩质微晶间孔	12	—	层状-块状	310	80	—	—
Bai Haissai	双倾背斜	Main Limeston	古近系—新近系	台地边缘、浅海	骨架泥粒灰岩、粒屑泥灰岩及邮屑岩	铸模孔隙、溶洞	20	50	层状-块状	65.5	38	2038	1755
Bibi Hakimeh	双倾背斜	Asmari	古近系—新近系	浅滩、浅海	有孔虫类泥粒灰岩和粒灰岩	溶蚀孔、微晶间孔	9	<1	层状-块状	154	48	4247	339
Gachsaran	双倾伏背斜	Asmari	古近系—新近系	浅滩	有孔的粒泥灰岩	溶蚀、铸模孔、微晶间孔	9	4	层状-块状	300	120	—	1700
	双倾伏背斜	Sarvak	白垩系	浅滩、生物礁	泥粒灰岩和粒状灰岩	粒间孔	4	<1	层状-块状	230	70	—	1132
Ha 夫尺 Kel	双倾伏背斜	Asmari	古近系—新近系	浅滩、潮坪	有孔的粒泥岩和泥粒灰岩	溶蚀、铸模孔、微晶间孔	1~15	0.015~16	层状-块状	85	21.8	—	453
Jambur	双倾伏背斜	Euphrates 和 Jeribe	新近系	潮坪、澙湖	白云质的骨架粒泥灰岩和泥粒灰岩	铸模孔隙、溶洞	15	10	层状-块状	15	5.45	637	574
	双倾伏背斜	Qamchuqa	白垩系	碳酸盐岩台地	白云质骨架砂岩	晶间孔和溶蚀孔	15	<10	层状-块状	10	6.5	730	656
Kirkuk	双倾狭长背斜	Main Limestone	新近系	生物礁、浅滩	泥粒灰岩、粒屑灰岩和砾状灰岩	印模孔、溶洞	18~36	50~1000	层状-块状到似礁状	385	161	—	1132
	双倾狭长背斜	Shiranish	白垩系	台地边缘	泥粒灰岩、粒屑灰岩和砾状灰岩	印模孔、溶洞	18~36	50~1000	层状-块状到似礁状				
	双倾狭长背斜	Qamchuqa Group	白垩系	台地边缘	泥粒状灰岩和砾状灰岩	印模孔、溶洞	18~36	50~1000	层状-块状到似礁状				
Ain Zalah	双倾伏背斜	Qamchuqa	新近系	碳酸盐岩台地斜坡	泥粒状灰岩,粗细晶白云岩	晶间孔、溶蚀孔、印模孔	1.3	<1	—	9.75	2.95	—	254

续表

油田名称	构造类型	主力产层	系	沉积相	岩性	储层特征			储层结构	储量特征			
						孔隙类型	孔隙度 /%	渗透率 /mD		原油地质储量 /10⁸Bbl	原油可采储量 /10⁸Bbl	天然气地质储量 /10⁸m³	天然气可采储量 /10⁸m³
Mansuri	无断层的背斜	Asmari	古近系—新近系	远滩，三角洲前缘相	砂岩，灰泥灰岩	晶间孔隙、粒间孔	24	—	层状–块状	211	27	1699	136
	无断层的背斜	Ilam	白垩系	浅滩	灰岩，粒泥灰岩，泥粒灰岩	晶间孔隙、粒间孔	13	0.5~20（平均0.8）	层状–块状				
	无断层的背斜	Sarvak	白垩系	浅滩	灰岩–粒泥灰岩，泥粒灰岩	晶间孔隙、粒间孔	8	0.01~10（平均0.2）	层状–块状				
Ab Teymur	无断层背斜	Ilam	白垩系	碳酸盐岩台地斜坡/潟湖	粒泥灰岩和泥粒灰岩	晶间孔	—	—	层状–块状	241	24	—	—
Abu Ghirab	双倾背斜	Asmari	古近系—新近系	浅滩，潟湖	砂岩，灰泥灰岩	晶间孔	—	—	层状–块状	—	18.8	—	382.4
Buzurgan	双倾伏背斜	Mishirif	白垩系	碳酸盐岩台地	泥粒灰岩，粒泥灰岩	粒间孔	—	—	层状–块状	—	15	—	—
Sarkan	背斜	—	白垩系	—	碳酸盐岩	—	—	—	—	—	8	—	708.2
Kangan	背斜	中统	二叠系	—	碳酸盐岩	—	—	—	—	—	—	—	14164
Sakhun	背斜	中统–上统	白垩系	—	碳酸盐岩	—	—	—	—	—	—	—	1983
Salakh	背斜	下统–中统	白垩系	—	碳酸盐岩	—	—	—	—	—	—	—	3187
Pars	背斜	中统	二叠系	—	碳酸盐岩	—	—	—	—	—	—	—	8498.6

续表

油田名称	构造类型	主力产层	系	沉积相	储层特征				储层结构	储量特征			
					岩性	孔隙类型	孔隙度/%	渗透率/mD	储层结构	原油地质储量/10^8Bbl	原油可采储量/10^8Bbl	天然气地质储量/10^8m^3	天然气可采储量/10^8m^3
Aghar	背斜	中统	二叠系	—	碳酸盐岩	—	—	—	—	—	—	—	5665.7
Nar	背斜	中统	二叠系	—	碳酸盐岩	—	—	—	—	—	—	—	3966
Pazanan	背斜	渐新—中新统	古近系—新近系	—	碳酸盐岩	—	—	—	—	—	1.54	—	4280.5
Agha Jari	背斜	渐新—中新统	古近系—新近系	—	碳酸盐岩	—	—	—	—	—	12.32	—	5085
Rag-e-Safid	背斜	渐新—中新统	古近系—新近系—白垩系	—	碳酸盐岩	—	—	—	—	—	3.28	—	2787.5
Karanj	背斜	渐新—中新统	古近系—新近系	—	碳酸盐岩	—	—	—	—	—	2.26	—	818.7
Kupal	背斜	中统	白垩系	—	碳酸盐岩	—	—	—	—	—	1.64	—	592.1
Lab-e-Safod	背斜	渐新—中新统	古近系—新近系	—	碳酸盐岩	—	—	—	—	—	0.75	—	39.7
Malah Kuh	背斜	中统	白垩系	—	碳酸盐岩	—	—	—	—	—	0.28	—	1209.6
Hamrin	背斜	中统	白垩系	—	碳酸盐岩	—	—	—	—	—	1.37	—	—
Al Haifayab	背斜	中统	白垩系	—	碳酸盐岩	—	—	—	—	—	0.68	—	—
Majnoun	背斜	下统—中统	白垩系	—	碳酸盐岩	—	—	—	—	—	9.58	—	—
Tuba	背斜	下统—中统	白垩系	—	碳酸盐岩	—	—	—	—	—	0.68	—	—

第9章 扎格罗斯盆地中生界典型碳酸盐岩油气藏地质特征

9.1 Mansuri 与 AbTeymur 孔隙–裂缝型局限碳酸盐岩陆棚白云岩、粒泥、泥粒灰岩背斜构造层状–块状油藏

9.1.1 基本概况

Mansuri 和 Ab Teymur 油藏位于伊朗西南地区 Khuzestan 省的扎格罗斯前陆盆地（图 8-13）、简单褶皱带西南边缘及阿巴丹平原的东部边界。两个油气藏先后发现于 1963 年和 1968 年，并分别于 1974 年和 1991 年开始投产。Ab Teymur 油藏的原始石油地质储量为 241×10⁸Bbl，石油可采储量为 240×10⁷Bbl。Ab Teymur 构造为上新统滑脱褶皱，底部断层切穿侏罗系 Sargelu 和 Gotnia 岩层，沿中新统 Gachsaran 岩层变为水平滑动，呈现为西北走向的无断层背斜，向四周倾没（图 9-1）。

Mansuri 和 Ab Teymur 油藏油层分布于 Asmari 组、Ilam 组和 Sarvak 组。Asmari 组的油层薄，但其储层物性好；岩性主要为裂缝性白云岩和三角洲前缘砂岩，渗透率大于 100mD，符合达西渗流。由于裂缝体系广泛发育，Asmari 组的采收率达到 40%。Ilam 组和 Sarvak 组的主要生油层为 Kazhdumi 组，生油层的岩性为陆架边缘沉积的粒泥灰岩、泥粒泥岩；Ilam 组和 Sarvak 组的储层岩性主要为颗粒灰岩，向北颗粒变粗。Ilam 组和 Sarvak 组岩石基质渗透率仅为 0.01～20mD，且裂缝不发育，储层以膏质微孔为主，因此采收率较低（8%～10%）。

Asmari 组、Ilam 组和 Sarvak 组的储层为层状—块状结构，采出原油密度中等。Asmari 组水驱能量较强，Ilam 组和 Sarvak 组水驱能量较弱。Mansuri 和 Ab Teymur 油藏已完钻井 56 口井；其中 35 口井的目的层为 Ilam 组和 Sarvak 组，13 口井的目的层为 Asmari 组。通过采用酸化和人工举升措施，Ilam 组和 Sarvak 组的原油采收率仅为 8%～10%；而 Asmari 组没有采取任何酸化及人工举升措施，原油产量还保持在 1×10⁸Bbl/d 左右。

9.1.2 构造及圈闭

Mansuri 和 Ab Teymur 油藏的油气分别圈闭在两个向四周倾没的长轴背斜中，背斜形态完整、无断层（图 9-1～图 9-3）。Mansuri 构造的油气产层为中新统的 Asmari 组和白垩系的 Bangestan 群（De Haan，1976；Speers，1976）。Ab Teymur 构造的油气产层仅

见 Bangestan 群。Mansuri 油藏的油气分散聚集在 Bangestan 群的四个不同层位中、自成体系（图 9-4）；这四套含油储层分别是：①Ilam 组（土伦阶—坎佩尼阶）；②～④为 Sarvak1～3 段（森诺曼阶—土伦阶）。这四套储层从 Mansuri 油藏延伸到 Ab Teymur油藏，但 Ab Teymur 油藏仅在 Ilam 组和 Sarvak1 段含油。Ab Teymur 构造比 Mansuri 浅，因此油气先向 Mansuri 油藏运移，充满 Ilam 组和 Sarvak1 段之后继续向北边的 Ab Teymur 油藏运移。Ab Teymur 油藏其他储层不含油气的原因可能是因为充注到 Mansuri 油藏的油源不足。

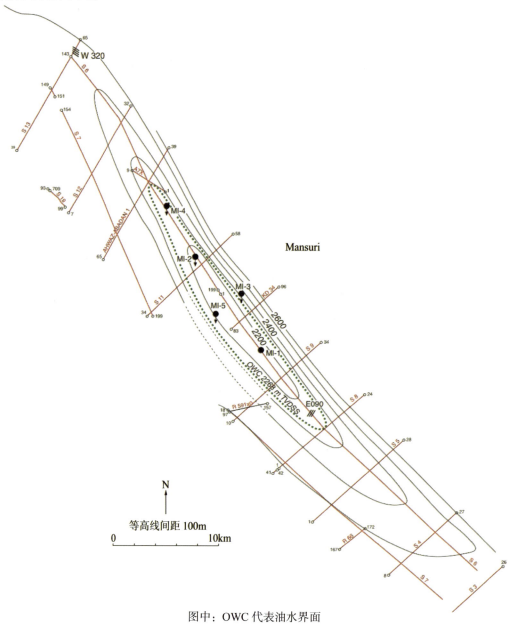

图中：OWC 代表油水界面

图 9-1   Mansuri 油藏 Asmari 组顶面构造图（De Haan，1976）

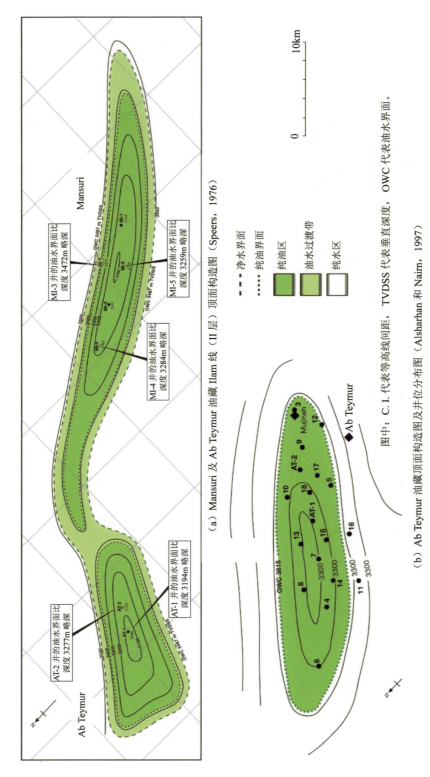

（a）Mansuri 及 Ab Teymur 油藏 Ilam 线（II 层）顶面构造图（Speers，1976）

净水界面
纯油界面
纯油区
油水过渡带
纯水区

图中：C. I. 代表等高线间距，TVDSS 代表垂直深度，OWC 代表油水界面。

（b）Ab Teymur 油藏顶面构造图及井位分布图（Alsharhan 和 Naim，1997）

图 9-2　Mansuri 和 Ab Teymur 油藏顶面构造图

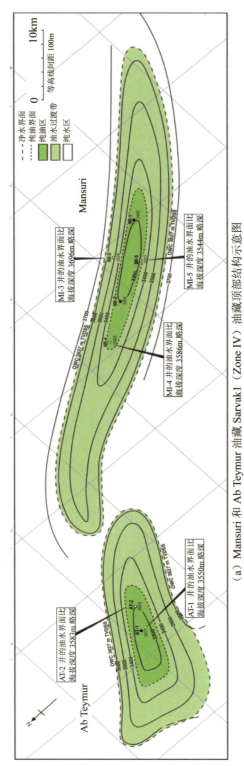

(a) Mansuri 和 Ab Teymur 油藏 Sarvak1（Zone IV）油藏顶部结构示意图

(b) Sarvak 2（Zone VIII）储层的顶部构造示意图（Speers，1976）

图中：C. I. 代表等高线间距；OWC 代表油水界面；TVDSS 代表垂直深度

图 9-3　Mansuri 和 Ab Teymur 油藏 Sarbak 1 组、Sarvak 2 组储层顶部构造图

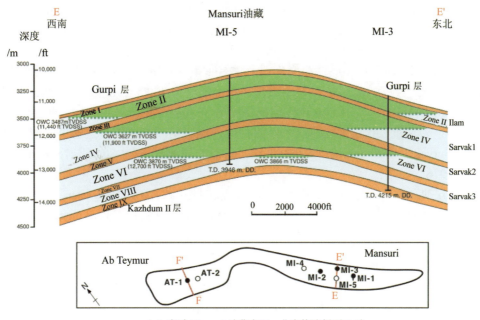

（a）穿过 Mansuri 油藏南西—北东构造剖面 E-E'

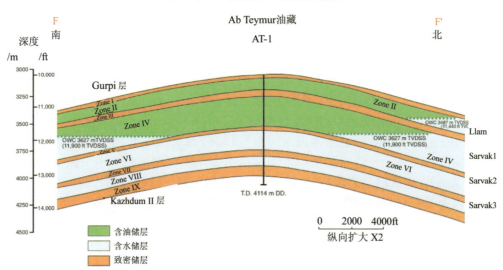

（b）穿过 Ab Teymur 油藏南—北构造剖面 F-F'（Speers，1976）；构造剖面位置在插图中显示

图中：TVDSS 代表垂直深度；OWC 代表油水界面。

图 9-4　Mansuri 和 Ab Teymur 油藏构造剖面图

　　Mansuri 油藏长 64km，宽 7km；Ab Teymur 油藏长 20km，宽 6km。Mansuri 油藏的 Asmari 组含油面积达 16500ac（图 9-1）；Ilam 组、Sarvak1 段含油面积为 84500～87000ac。Ab Teymur 油藏的含油面积为 53000～54000ac[图 9-2 和图 9-3（a）]。Mansuri 油藏下伏的 Sarvak 2 段和 Sarvak 3 段的含油面积相对较小，分别为 41000ac 和 3124ac。

　　Asmari 组在 Mansuri 油藏的顶部深度为 2150m，底部深度 2268m，油层厚 118m

（图 9-1；De Haan，1976）。Ilam 组在 Mansuri 油藏的顶部深度为 3100m，在 Ab Teymur 油藏为 3050m；尽管 Mansuri 和 Ab Teymur 油藏被狭窄的鞍部分隔，但 Ilam 组在两个油藏中的油水界面深度相同，均为 3487m；两个油藏油层厚度分别为 387 和 437m（图 9-2）。Sarvak 1 段顶部和底部深度分别为 3250m 和 3627m[图 9-（3a）]，油层厚度为 377m。Sarvak 2 段仅在 Mansuri 油藏中出现，顶部深度为 3600m，底部为 3870m，油层厚度为 270m[图 9-3（b）]。Sarvak 3 段顶部深度为 3840m，底部为 3866m，油层厚度为 26m。Sarvak 2 段和 Sarvak 3 段的油水界面相近，说明两段在地下是连通的。经预测，Ilam 组、Sarvak 1 段和 Sarvak 2 段的油水过渡带的厚度分布为 80m、275m 和 170m（Speers，1976）。

Mansuri 油藏和 Ab Teymur 油藏构造为不对称的狭长状背斜。Bangestan 群的背斜北东、南西两翼倾角分别为 8°～10°和 4°～7°；Asmari 组的背斜构造较 Bangestan 群的更宽缓、对称（图 9-1），其北东、南西两翼倾角分别为 6°～8°和 5°～6°。

9.1.3 地层与沉积相

Mansuri 油藏和 Ab Teymur 油藏的产层为渐新统—下中新统 Asmari 组以及阿尔必阶—坎佩尼阶 Bangestan 群（包括 Sarvak 组和 Ilam 组）。

Asmari 组的上下封隔层分别为整合接触的中新统 Fars 群的 Gachsaran 组蒸发岩，以及始新统—渐新统 Pabdeh 组半深海页岩。Asmari 组可进一步分为 8 个开发单元（Zone）：最浅的开发单元 1（Zone I）岩性为石灰岩及白云岩，开发单元 2～5（Zone II～V）为 Ahwaz 砂岩，开发单元 6（Zone VI）为砂岩、灰岩、云岩及页岩混合沉积，开发单元 7～8（Zone VII～VIII）为灰岩和页岩组成；只有开发单元 1～3（Zone I～III）和部分开发单元 4（Zone IV）为油层。Khuzestan 省内的 Asmari 组厚度为 320～488m，而分布于 Ab Teymur 油藏的平均厚度达到 450m（图 9-5）。

Asmari 组的 Ahwaz 砂岩由西向东延伸至 Dezfu 海湾，成为 Ahwaz 油藏东部储层。Ahwaz 砂岩为河流—三角洲沉积体系，以三角洲前缘亚相沉积为主（Beydoun et al.，1992）。Asmari 组碳酸盐岩沉积于碳酸盐岩—碎屑岩混积陆棚环境，西面为阿拉伯地台，北西为受扎格罗斯褶皱冲断带控制的前陆盆地（James 和 Wynd，1965；Murris，1980）。Asmari 组碳酸盐岩为粒泥灰岩和粒泥灰岩，只有白云岩化或裂缝发育区才可能成为良好储层。Asmari 组底部的碳酸盐岩沉积于开阔海洋环境；而中上部则沉积于能量低、蒸发量大的大陆架，该处白云岩化作用强烈（Vaziri-Moghaddam et al.，2006；Aqrawi 和 Wennberg，2007）。Asmari 组的 Chattian 层厚度较大，为开阔海相沉积，含有有孔虫、珊瑚和红色藻类化石，其中 50%～75%的颗粒含有孔虫。到阿启坦阶，逐渐过渡为局限碳酸盐岩台地，地层变薄。在布迪加尔阶期间，碳酸盐岩沉积逐渐变为以蒸发盐岩为主的 Gachsaran 组岩层（Nielsen et al.，2008）。

Bangestan 群包括 Kazhdumi 组（阿尔必阶—早森诺曼阶），Sarvak 组（森诺曼阶—土伦阶）和 Ilam 组（土伦阶—坎佩尼阶）三套岩层。Gurpi 组（坎佩尼阶）为 Bangestan 群的盖层。Sarvak 和 Ilam 可细分为 9 段：从上到下分别为 Zone I 到 Zone IX，其中 Zone I～III 为 Ilam 组，Zone IV～IX 为 Sarvak 组；Zone I、Zone III、Zone V、Zone VII 和 Zone IX 为非产油层；Zone II、Zone IV、Zone VI 和 Zone VIII 为产油层。地

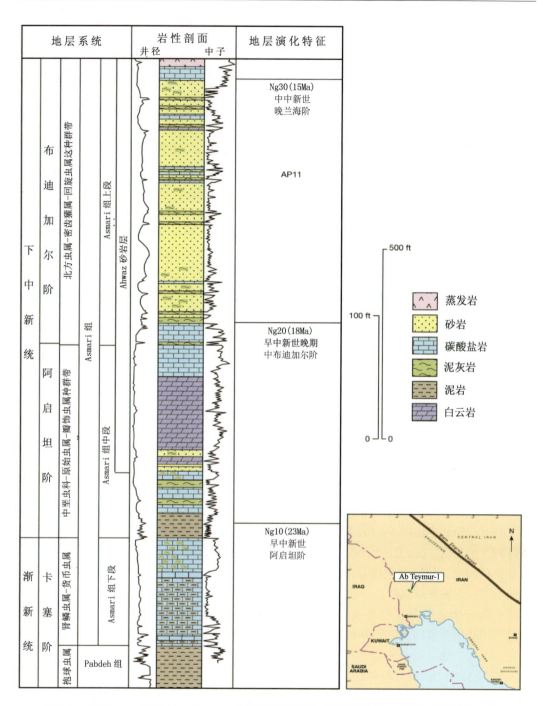

图 9-5　Ab Teymur 油藏 AT-1 井 Asmari 组地层层序图，展示了砂岩和碳酸盐岩储层分布特征
（Sharland et al.，2001）

层柱状剖面图中可见两个不整合面，一个分隔 Sarvak 组和 Ilam 组，另一个存在于 Ilam 组的 Zone Ⅱ 中（Speers，1976；Setudehnia，1978）。后者将 Zone Ⅱ 底部土伦阶和上部桑托阶—坎佩尼阶层段分隔开来。Zone Ⅱ 土伦阶层段在油藏南部厚度最大，在 AT-1 井

缺失。桑托阶—坎佩尼阶层段在油藏北部厚度最大，向南方尖灭，呈现超覆不整合接触，在 MI-1 井处缺失。Dezful 湾的 Bangestan 群厚度为 220～980m（Alsharhan 和 Nairn，1997），它在 Mansuri 和 Ab Teymur 油藏发育得最厚，其中的 Sarvak 组和 Ilam 组分别为 725～750m、185～225m。

Khuzestan 省的 Sarvak 组沉积于碳酸盐岩大陆架边缘环境，往北延伸到 Lurestan 省的美索不达米亚盆地古水体逐渐加深，向南边的 Lars 省变浅。

Mansuri 油藏和 Ab Teymur 油藏处于海平面频繁升降变化的古沉积环境（Sharland et al.，2001）。Sarvak 组含厚壳蛤和有孔虫（Alavi，2004）。Zone IX（非油层）由海退期间浅海潟湖粒泥灰岩构成，下伏岩层为 Kazhdumi 组页岩。在 MI-1 井，Zone VIII 厚95～125m，由潮间带沉积的潜穴泥晶化颗粒灰岩和泥粒灰岩组成（Speers，1976）。北边的 AT-1 井中，Zone VIII 由海相生物碎屑粒状灰岩组成，被半浅海环境沉积的粒泥灰岩和泥质岩所覆盖。Zone VII 为生物碎屑粒状灰岩和泥粒灰岩向泥质岩递变。Zone VI 厚度为 165～220m，由潮间带或浅滩环境沉积的生物碎屑粒状灰岩、泥粒灰岩和少量粒状灰岩组成。MI-4 井中上部的 Zone VI 由潟湖环境沉积的低孔隙生物碎屑粒状灰岩和泥粒灰岩组成。Zone V 由半局限环境沉积的生物碎屑粒状灰岩、泥粒灰岩和泥质岩组成。Zone IV 厚度为 240～280m。Ab Teymur 油藏下部 Zone IV 由开阔海向深海斜坡过渡环境沉积的生物碎屑粒状灰岩和泥粒灰岩组成。Mansuri 油藏下部 Zone IV 为浅海相沉积的泥粒灰岩和生物碎屑粒状灰岩组成，上部为潟湖生物碎屑粒状灰岩。Zone III 底部不整合，海进造成超覆，由森诺曼阶重结晶石灰岩组成，被硫化矿物、含钙泥灰岩、页岩和粉砂岩填充（图 9-6）。Zone III 由半局限浅海环境沉积的生物碎屑颗粒灰岩组成。Zone II 厚度为 95～110m，由大陆架沉积的生物碎屑粒状灰岩组成。向上过渡为浅海环境沉淀的泥粒灰岩。Zone I 由逐渐变深的海洋环境沉积的泥岩和生物碎屑颗粒灰岩以及深海环境沉积的 Gurpi 组页岩组成（Speers，1976）。

9.1.4　储层特征

Ab Teymur 油藏的 Asmari 组和 Bangestan 群储层结构表现为层状—块状。Asmari 组最好的产油层为 Zone II，该层 80% 为砂岩。Dezful 湾的 Asmari 组为裂缝发育的储层，在有裂缝的地方储层渗透性非常好（Ziegler，2001）。一条南北走向的狭长裂缝连接了早期基底构造的颗粒灰岩，一条西北—东南走向的较宽裂缝与现今的背斜挤压应力方向一致。Bangestan 群是一个连续的整体，内部没有断层，横向连通性好，垂向上由产油带和非产油带交替组成（图 9-6 和图 9-7）。尽管 Zone II 横向上连续且厚度变化也较小，但它是由两个独立的石灰岩地层单元构成一个复合地层。由于 Sarvak 组和 Ilam 组具备不同的流体特征和压力系统，它们之间的岩层相对致密（Speers，1976）。尽管 Bangestan 群的储集层和非储层在两个油藏中厚度基本一致，但 Mansuri 油藏储集性能要差一些，在 Ilam 组 Zone II 和 Sarvak 组 Zone IV 尤为明显（图 9-6）。

根据油层下限值——孔隙度 4.5% 和含水饱和度 50%，统计出 Asmari 组的平均砂地比为 0.53（Alizadeh et al.，2007）。Ilam 组的 Zone II 的平均砂地比在 Ab Teymur 油藏为 0.68，在 Mansuri 油藏比为 0.47（Speers，1976）。Sarvak 组 Zone IV 的平均砂地比在 Ab Teymur 油藏为 0.66，在 Mansuri 油藏比为 0.38。Zone VI 的平均砂地比为 0.42。

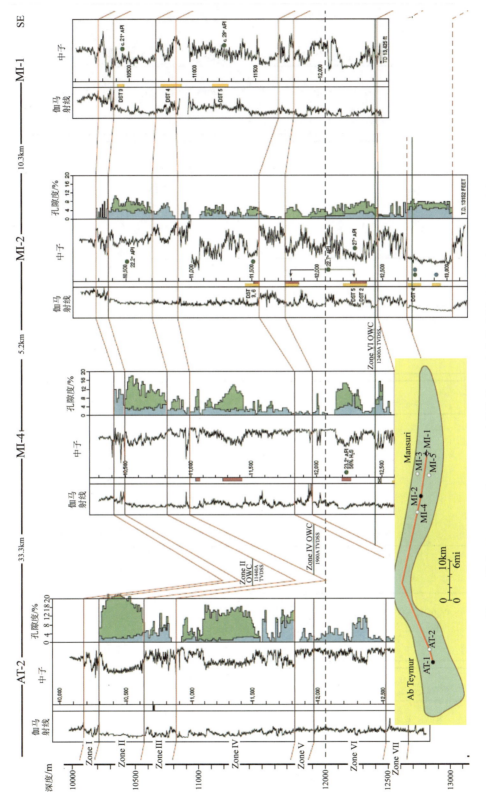

图 9-6 横穿 Ab Teymur 和 Mansuri 油藏的北西—南东构造剖面 H-H' (Speers, 1976)

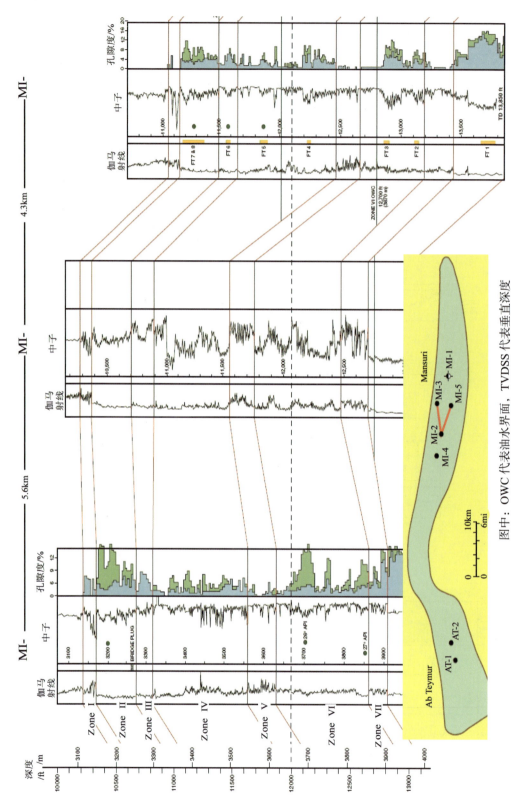

图中：OWC 代表油水界面，TVDSS 代表垂直深度

图 9-7　横穿 Mansuri 油田中部地区南—北构造剖面 I-I' (Speers，1976)

　　Asmari 组储层由砂岩、白云岩化的含有裂缝颗粒灰岩以及泥粒灰岩组成。距 Ab Teymur 油藏东北方 20km 的 Ahwaz 油藏的 Ahwaz 组砂岩由中等颗粒、分选好的石英、岩屑和长石组成（图 9-8）（Jafarzadeh 和 Hosseini-Barzi，2008）。Dezful 湾地区砂岩孔隙度为 20%～30%，满足达西渗流（Beydoun et al.，1992）。Asmari 组白云岩化的碳酸盐岩储层物性较好，其他类型储层物性较差。由 Bibi Hakimeh 油藏到 Mansuri 油藏和 Ab Teymur 油藏东南方向露头剖面岩相分析表明，Asmari 组白云岩岩相表现为结构平滑、晶间孔和自形晶发育（Aqrawi 和 Wennberg，2007），是由 Gachsaran 组蒸发岩的早期逆蒸发作用形成的。Asmari 组碳酸盐岩局部地区平均孔隙度不足 5%，渗透率小于 1mD；在白云岩化地区孔隙度则为 15%～22%。裂缝和微孔隙发育的白云岩渗透率大于 100mD（Alsharhan 和 Nairn，1997；Nielsen et al.，2008）。Bangestan 群的 Sarvak 组和 Ilam 组主要由石灰质生物碎屑颗粒灰岩和泥粒灰岩组成，其碳酸盐岩基质孔隙度渗透率均较低。Ilam 组和 Sarvak 组的局部不整合产生的岩溶作用和白云化作用增大了地层孔隙度。根据已有的岩心资料来看，Bangestan 群的裂缝并不多。Sarvak 组和 Ilam 组地层主要孔隙类型为膏质微晶孔隙。此外，Ilam 组孔隙类型还包括铸模孔、晶间孔、粒间孔和孔洞（Mehmandosti 和 Adabi，2008）。Mansuri 油藏 Zone II 的平均孔隙度为 13%，平均基质渗透率为 0.8mD；Zone IV 的平均孔隙度为 9%，平均基质渗透率为 0.2mD。Ab Teymur 油藏孔隙度较好，Zone II 和 Zone IV 段平均孔隙度分别为 20% 和 14%（Speers，1976）。Mansuri 油藏 Zone II、Zone IV 和 Zone VI 的含水饱和度分别为 29%、25%、和 26%。

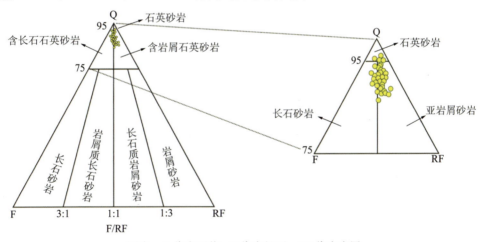

图中：Q 代表石英，F 代表长石，RF 代表岩屑

图 9-8　在 Ab Teymur 油藏东北方向 20km 处的 Ahwaz 油藏的 Ahwaz 组岩石组分三角图
（Jafarzadeh 和 Hosseini-Barzi，2008）

9.1.5　生产特征

　　Mansuri 油藏 Asmari 组石油原始地质储量为 33×10⁸Bbl，天然气原始地质储量为 1.79×10¹²ft³（Alizadeh et al.，2007）。到 2005 年，油藏的采收率为 40%（Kalantari，2005）。Mansuri 油藏 Bangestan 群石油原始地质储量为 178×10⁸Bbl，最终可采地质储量为 14×10⁸Bbl，采收率为 8%（Speers，1976）。综上，Mansuri 油藏总石油原始地质储量为 211×10⁸Bbl，总可采储量为 27×10⁸Bbl，平均采收率为 12.8%。Mansuri 油藏 Bangestan 群石油原始地质储量

如下：Zone II 为 90.34×10⁸Bbl，占总储量的 50.7%；Zone IV 为 55.82×10⁸Bbl，占总储量的 31.3%；Zone VI 为 32.01×10⁸Bbl，占总储量的 18%；Zone VIII 为 1.5×10⁷Bbl（Speers，1976）。Ab Teymur 油藏 Bangestan 群石油原始地质储量为 241×10⁸Bbl，最终可采储量为 24×10⁸Bbl（Speers，1976）。Ab Teymur 油藏由于缺少新打井的资料，原始地质储量没有增加。Bangestan 群的基质渗透率低且裂缝不发育，因此采收率较低。

Mansuri 油藏 Asmari 组原油 API 为 30°，未饱和原油的黏度为 1.18cp，含气量为 450SCF/STB[图 9-9（b）]。未饱和原油泡点压力为 2155psi，初始地层压力为 3490psi（Alizadeh et al.，2007）。Asmari 组含水且与 Ahwaz 地区其他油藏的 Asmari 组联通。油藏历史拟合表明：水侵和原油膨胀、岩石压实与气侵相比，对产量的影响最大[图9-9（a）]。Mansuri 和 Ab Teymur 油藏 Bangestan 群孔隙度基本一致，原油 API 为 22°～27°，含气量为 330～340SCF/STB。Bangestan 群沥青质含量为 2%～7%。未饱和油的原始地层压力为 5660～6220psi，泡点压力为 1325～1885 psi。Bangestan 群水驱动力不足，需采取人工举升的措施。

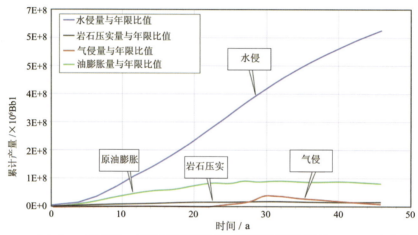

（a）Asmari 组 1974～2005 年累计产油量，根据驱动机理预测 2006～2019 年产量

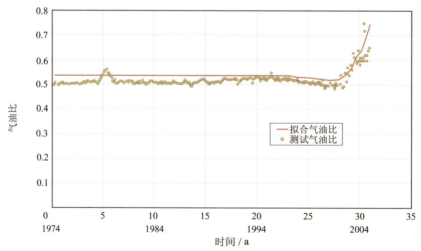

（b）1974～2005 年 Asmari 油层组油气比的变化曲线（Alizadeh et al.，2007）

图 9-9　Mansuri 油藏 Asmari 组累计产量和气油比随时间关系变化曲线

Ab Teymur 油藏发现于 1968 年，1991 年开始投产运行，日产油 $1.6×10^4$Bbl/d。开采的前五年，平均日产量高达 $1.3×10^4$Bbl/d。早期开发通过人工举升来采油。1997 年 Ab Teymur 油藏有 18 口生产井（图 9-2）（Alsharhan 和 Nairn，1997），每口井都经过酸化处理，每口井的产量也存在差异，背斜翼部的井产量比背斜顶部生产井的产量低。1999 年，Ab Teymur 油藏平均日产量达 $4.390×10^7$Bbl（Mobbs，2000）。

9.2 Ahwaz 裂缝–孔隙型碳酸盐岩陆棚粒屑、泥粒灰岩与钙质砂岩混积的背斜构造层状–块状油气藏

9.2.1 基本概况

Ahwaz 油气藏位于伊朗西南部（图 8-13），其原始石油地质储量为 $573×10^8$Bbl，可采储量占石油原始地质储量的 37%，其中原油可采储量为 $210×10^8$Bbl，伴生天然气可采地质储量为 $24×10^{12}$ft^3。渐新统—中新统 Asmari 组为 Ahwaz 油气藏的主力产层，占石油总储量的 62%；其余的石油储量分布在中白垩统—上白垩统 Bangestan 群的 Ilam 组和 Sarvak 组。该油气藏产出未成熟天然气，主要聚集在下白垩统裂缝性灰岩层中。

Ahwaz 油气藏于 1958 年发现，1960 年 Asmari 组开始投入生产，1971 年 Bangestan 群投入生产。截至 1996 年，油气藏累计原油产量为 $76.5×10^8$Bbl，其中 94% 产于 Asmari 组。Ahwaz 油气藏为一窄而陡、向四周倾没的背斜构造，背斜长 70km、宽 50km。Asmari 组油藏油质轻、带气顶、中等含硫，压力系统统一；Sarvak 组和 Ilam 组油藏油质中等、高含硫、具有多个相互独立的压力系统。

Asmari 组储层岩性以三角洲相的中—粗粒钙质砂岩和浅海陆棚相的富含泥质的颗粒／粒泥灰岩石灰岩为主；砂岩的原生粒间孔隙度较高（平均 24%）、渗透性较好（平均 3500mD）；灰岩受埋藏后白云岩化作用影响，孔隙度中等（平均 12%），裂缝少，基质渗透率低。受强水驱作用影响，Asmari 组砂岩日产量较高；为进一步提高产量，1989 年开始向 Asmari 组注气，到 1992 年日产量达到 $8.47×10^5$Bbl/d。

Bangestan 群的沉积环境为碳酸盐岩陆棚，岩性以石灰岩、泥岩为主；灰岩储渗体呈透镜状分布，物性较差。裂缝是 Bangestan 群油气的主要渗流通道，裂缝主要沿着褶皱轴向发育，裂缝发育区通常都是油气高产区域，但区内裂缝分布具有强烈的非均质性。尽管采取了高效的酸化压裂措施来提高 Bangestan 群的产量，但水驱能量较弱和储层的复杂性使得该储层产量仍然较低。通过采取注气措施，Bangestan 群的目标产量从 1999 年的 $1.6×10^5$Bbl/d 提高到了 2006 年的 $5×10^5$Bbl/d。

Ahwaz 油气藏的石油源自伊朗西南部最主要的烃源岩岩层—阿尔必阶的 Kazhdumi 组，它位于 Sarvak 组正下方。该烃源岩层主要沉积于海面升高的高水位期孤立内陆盆地中。库泽斯坦南部岩层底部的缺氧条件，产生出一些 TOC 为 1%～12% 的富含有机物的泥灰岩，最大厚度达 1000ft，含有丰富的 II 型干酪根。晚中新世源岩层被厚达 6500ft 的 Gachsaran 组蒸发盐岩迅速覆盖，开始进入早期成熟阶段，其上被 8000～16000ft 的 Agha Jari 组砾岩层覆盖，随后进入生油高峰，并在上新世早期开始排烃（图 9-10）。石油最初被排驱到 Bangestan 群圈闭中，之后运移到晚中新世—上新世扎格

罗斯造山期产生的垂直断层及其附近的圈闭中（Bordenave 和 Burwood，1990，1995；Ala et al.，1980）。

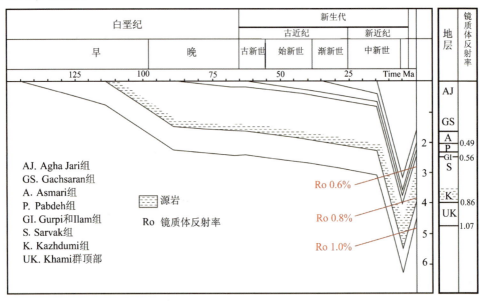

(a) 与 Ahwaz 油气藏构造相似的 Agha Jari 油气藏的埋藏历史标绘图，其位置在 Ahwaz 油气藏东南部 125km，源岩为阿尔必阶 Kazhdumi 组

| 烃源岩 |
| 储集岩 |
| 封盖岩 |
| 上覆岩层 |
| 圈闭岩层 |
| 断裂作用 |
| 生成-运移-聚集 |
| 持续时间 |
| 保存时间 |
| 关键时刻 |

(b) Ahwaz 构造的石油系统时间，展示了原油生成、运移和成藏的时间

图中：PLOI. 代表上新世；PLEIST. 代表更新世；ALB. 代表阿尔必阶；C 代表森诺曼阶；T 代表土伦统；S 代表桑托阶；CAMP. 代表坎佩尼阶；PALEO. 代表古新世；EOCENE 代表始新世；L. 代表早；M. 代表中；U. 代表晚

图 9-10　Ahwaz 油气藏埋藏及生烃演化史（Bordenave 和 Burwood，1995）

9.2.2　构造及圈闭

Ahwaz 油气藏位于伊朗西南部扎格罗斯褶皱带 Dezful 拗陷中的一个沿西北—东南走向延伸的背斜之上。Ahwaz 油气藏、Shadegan 油气藏和 Ramshir 油气藏都处在这个约 250km 长的背斜褶皱上（图 9-11）。Ahwaz 油气藏背斜褶皱的继承性良好，两翼近似对称（图 9-11），东北翼（倾角 15°～28°）比西南翼（平均 16°）稍陡。油气藏上覆盖层为 Gachsaran 组蒸发岩，其顶部遭受剥蚀，致使构造高点在下部地层发生偏转，向东北方向偏移距离达 4km 左右。油气藏构造完整，未发现断层发育。

在 Ahwaz 构造内发育四个相互独立的油气藏：中新统 Asmari 组油气藏、上白垩统 Ilam 组油藏、中白垩统 Sarvak 组油藏和下白垩统 Fahliyan 组气藏。Asmari 组油气藏长 70km、宽 5km（图 9-11），含油面积达 285km²，占石油探明储量的 62%；盖层是 Gachsaran 组蒸发岩；油藏高点深度 7500ft，原始油气界面深度 8000ft，油水界面深度 9270ft，原始气柱和油柱高度分别为 500ft 和 1270ft。Ilam 组油藏高点深度 10000ft，原始油水界面深度 11800ft，油柱高度 1800ft；顶部为不具有储渗性能的层内盖层，油藏主要的盖层是上覆的 Gurpi 组页岩。Sarvak 油藏高点深度 10600ft，油柱高度 3050ft，原始油水界面深度为 12260～13850ft（Grieves，1974）；Sarvak 组油藏顶部的致密岩层将它与上覆的 Ilam 组油藏隔开。

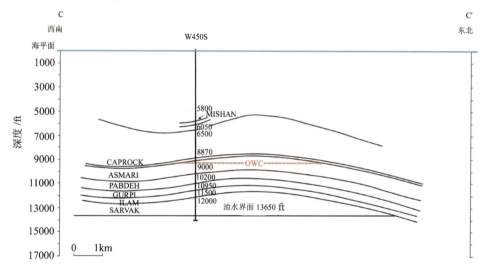

图中：OWC 代表油水界面

图 9-11　Ahwaz 背斜西南—东北向构造剖面图

9.2.3　地层与沉积相

Ahwaz 油气藏储层年代范围从森诺曼阶跨度到中新世，大量的油气储存于渐新统—下中新统 Asmari 组，其余的储存于阿尔必阶—坎佩尼阶 Bangestan 群地层中，下白垩统 Fahliyan 组碳酸盐岩储层中聚集未成熟天然气。Bangestan 群包括三个组：阿尔必阶—下森诺曼阶的 Kazhdumi 组，森诺曼阶—土伦统的 Sarvak 组和桑托阶的 Ilam 组。Kazhdumi 组富有机质页岩层平均厚度达 2300ft，构成了 Ahwaz 油气藏主要的生油层，生成的油气通过一个整合地层界面向上运移到 Sarvak 组灰岩。Sarvak 组石灰岩被平均厚度 600ft（一般为 531~714ft）的 Ilam 组灰岩覆盖。Ahwaz 油气藏 Bangestan 群储层总厚度达 2797~3051ft，可以进一步细分为九个段（图 9-12），上部 A—C 的三个段属于 Ilam 组，下部 D—I 的六个段属于 Sarvak 组（Grieves，1974）。晚坎佩尼阶沉积的 550ft 厚的 Gurpi 组页岩封盖了 Ilam 组储层，其间有一个小型的区域不整合面(白垩纪 / 古近纪的分界面)。古新统—早渐新统沉积了 Pabdeh 组泥岩层，其上被早渐新世—早中新世 Asmari 组覆盖，Asmari 组上部则被中新统的 Gachsaran 组蒸发盐岩覆盖（图 8-5）。

　　Kazhdumi 组页岩沉积于深海盆地环境。Sarvak 组和 Ilam 组岩性以块状厚壳蛤骨架灰岩、灰质泥岩和粒屑灰岩为主，沉积于阿尔必阶末期的广阔浅海陆棚环境（图 9-12，Murris，1984）；其间发育晚森诺曼阶—早土伦阶的一个区域性不整合面（Setudehnia，1978）。Sarvak 组沉积末期，因区域性的基准面下降，形成了浅海沉积环境，沉积了 Ilam 组地层；随后，海平面相对上升，出现深水环境的 Gurpi 组页岩沉积。在 Ahwaz 油气藏，Sarvak 组和 Ilam 组岩性主要为含骨粒、球粒状泥粒灰岩和粒屑灰岩，间有粒泥灰岩和石膏灰质泥岩，偶见颗粒灰岩为主的夹层，代表出现了海退过程中的浅海、高能沉积环境，而泥岩为主的地层则是在海进过程中深水低能环境中沉积的。

　　Asmari 组地层年代为渐新世—早中新世，厚度为 1000~1600ft，岩性为有孔虫粒泥灰岩和泥粒灰岩；油层厚度 30~900ft。Asmari 组下部地层沉积于浅海陆棚或三角洲环境，岩层呈巨厚到厚层状，局部发生白云岩化，以钙质砂岩为主，岩石颗粒组分的 50%~75% 为有孔虫遗体；越往上岩石颗粒越细，到上部逐步变为陆棚环境，以颗粒含量 25%~50% 的薄层状泥质粒泥灰岩沉积为主（Alsharhan 和 Nairn，1997）。在 Ahwaz 油气藏，Asmari 组储层总厚度约 1200ft；其中约一半为钙质砂岩储层，位于 Asmari 组的中部和下部，厚度平均为 720ft，油层厚度平均为 280ft；另一半为灰岩储层，厚度平均为 490ft，油层厚度平均为 150ft。在渐新世—早中新世，三角洲前缘远端舌形沉积体从阿拉伯海湾地区一直延伸到 Dezful 拗陷；Ahwaz 油气藏识别的沉积环境包括三角洲、滨海、浅海以及可能的风成砂等（图 9-12；Beydoun et al.，1992）。

9.2.4　储层结构

　　Sarvak 组和 Ilam 组储层为层状结构，可进一步细分为九个层段，其中五个是致密低产层段，四个是高产层段。最顶部的 Ilam 组 A 段可能为非储层，虽然其中含有一些薄的高孔隙度层，但含水饱和度很高（图 9-13~图 9-15）。Ilam 组 B 段绝大部分属于非储层，为 Ilam 组的主要产层 C 段提供顶部盖层。Ilam 组 C 段平均厚度为 450ft，上部为高孔渗储层，下部致密层与高孔隙产油层交替出现，最后逐渐变为完全的致密层；由于含有发丝状微裂缝，改善了该段储层的垂向连通性（Grieves，1974）。Ilam 组与下部相邻的 Sarvak 组相互独立，油水界面也各不相同。

　　Sarvak 组 D 段仅发育微孔，较为致密，该段封闭了下部的 Sarvak 组主要产层 E 段。Sarvak 组 E 段地层平均厚度 1050ft，平均油层厚度为 408ft；高渗透层段分布零散，依靠裂缝将其连通。Sarvak 组 F 段绝大部分为非储层，仅局部发育多孔隙层。Sarvak 组 G 段是高产层，平均地层厚度 300ft，平均油层厚度 157ft，油层分布较为零散，横向连通性较差。Sarvak 组 H 段是致密层，上覆在 Sarvak 组基底 I 段上。I 段局部发现油层，仅少部分井钻遇（Grieves，1974）。初步识别出三个横向致密障壁（图 9-13~图 9-15），

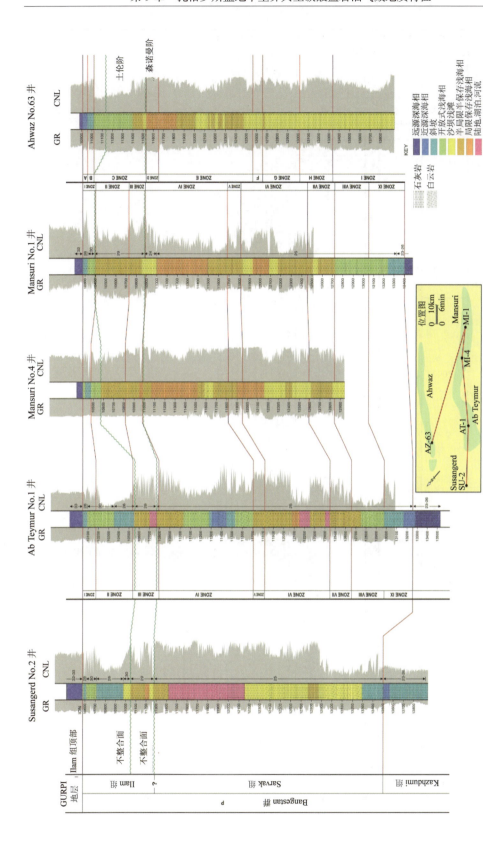

图 9-12 Ahwaz 地区 Bangestan 组与附近油气藏测井曲线对比图, 揭示了相邻油气藏的地层和沉积环境 (Speers, 1976)

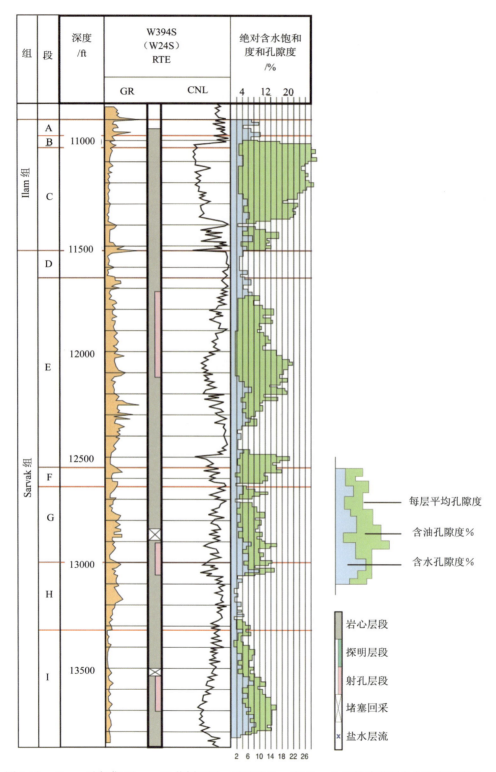

图 9-13 Ahwaz 油气藏 Ahwaz-63 井剖面图，展示了 Ilam 和 Sarvak 层孔隙度和含水饱和度特征
（Grieves，1974）

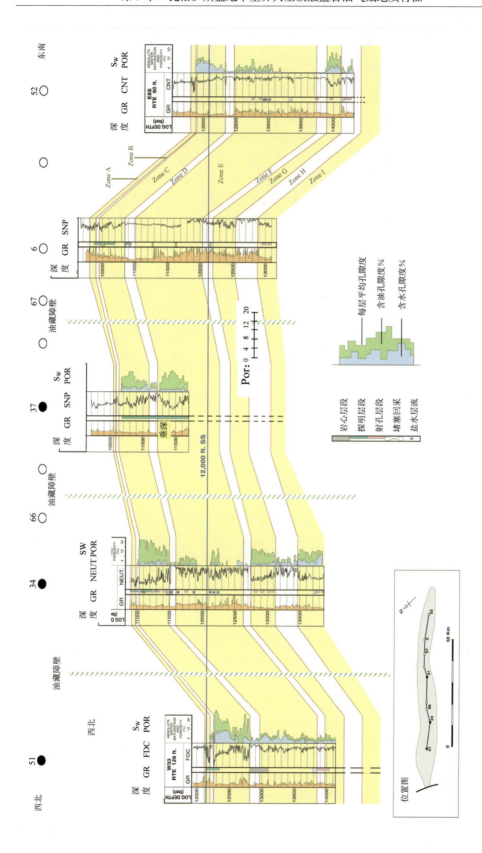

图 9-14　Ahwaz 油气藏 Bangestan 油层段测井曲线对比图，展示了油气藏中部储层厚度、孔隙度和含水饱和度的变化特征（Grieves，1974）

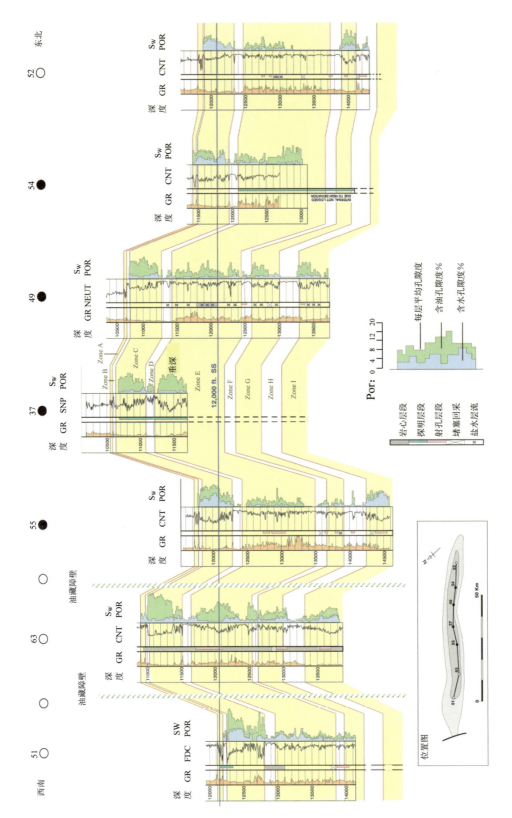

图 9-15　Ahwaz 油气藏 Bangestan 群测井曲线对比图，展示了油气藏南部侧翼厚度，孔隙度和含水饱和度的变化特征（Grieves，1974）

其形成可能与深部的走滑断层或是储集相变化有关（Grieves，1974）；这些致密障壁没有对整个 Bangestan 群产生实质性的影响，但导致了 E 段和 G 段油水界面的不同。

由于 Asmari 组层间的低孔渗灰岩夹层裂缝不发育，Asmari 组的渗透性能主要受高孔渗砂岩层控制；Asmari 组砂岩层横向连续，但仅发育于地层的中、下部。

9.2.5　储层性质

Bangestan 群碳酸盐岩的物性因岩性的不同而不同，但这些岩层都经历了一个复杂的成岩历史。由于基质物性差，裂缝为流体渗流提供了关键的通道。高品质储层发育于含大量骨粒、球粒泥灰岩和粒屑灰岩的透镜体或地层中，这样的储层在 Ilam 组 C 段和 G 段，以及 Sarvak 组 E 段和 I 段比较发育，在其他各层局部也有发育（图 9-13～图 9-15）。储层孔隙类型包括粒间孔、白垩质微晶间孔、铸模孔和溶洞等；微裂缝仅局部发育，大部集中在 Ilam 组 C 段和 Sarvak 组 E 段，且通常被沥青填充（Grieves，1974）。储层在褶皱轴心部位物性较好，这种情况可能与轴心处裂缝发育有关。在褶皱轴心位置，单井产量保持在 $3×10^4$Bbl/d，相当于生产指数为 37Bbl/d·psi。Ilam 组 C 段平均孔隙度 14%，平均含水饱和度 24%。Sarvak 组 E 段孔隙度变化幅度较大，最大可达 20%。而 Sarvak 组 G 段和 I 段平均孔隙度分别为 7.5% 和 9%。Sarvak 组油层的平均含水饱和度为 30%。

Asmari 组储层由较纯的中—粗粒钙质砂岩和含有孔虫颗粒白云质灰岩组成。砂岩压实较差，含有少量硬石膏和方解石胶结物，主要孔隙类型为原生粒间孔。灰岩大多经过重结晶作用，残留的原生孔隙很少，白云岩化作用导致了次生晶间孔隙的形成。砂岩平均孔隙度为 24%，平均渗透率为 3200mD（最大 15000mD）。白云质灰岩平均孔隙度 12%。Asmari 组含水饱和度为 18%～21%；裂缝使得该组灰岩储层物性较 Khuzestan 地区其他油气藏 Asmari 组灰岩的储层物性好。Ahwaz 油气藏 Asmari 组储层的产量稳定在 $4×10^4$Bbl/d，生产指数为 12～1286Bbl/d·psi，通常为 100～200Bbl/d·psi。

9.2.6　生产特征

Ahwaz 油气藏石油原始地质储量为 $573×10^8$Bbl，石油可采储量约为 $210×10^8$Bbl，采收率为 37%，伴生气 $24×10^{12}$ft³。原始地质储量中 46% 来自 Asmari 组，19% 来自 Ilam 组，35% 来自 Sarvak 组，这三个组的可采储量分别占总可采储量的 62%、10% 和 28%。Asmari 组预测的采收率最高，为 49%；Ilam 组预测的采收率最低，为 18%；Sarvak 组预测的采收率为 30%。Asmari 组的原油为饱和轻质油（33°API）、低黏度（0.6cp）、中含硫（1.5wt%）。Bangestan 群石油比例较大、含硫较高。Ilam 组产中质原油（29°API）、高含硫（3.7wt%），低黏度（1.28cp）、原始状态下不饱和。Sarvak 组原油为中质原油（26°API）、高含硫（3.4wt%）、低黏度（1.3cp），原始状态下原油不饱和。沥青质的含量从 Asmari 层的 0.4% 增长到 Sarvak 层的 7.4%。所有油层的含蜡量均为中等，为 4%～5%。Asmari 组有强边水驱动能量，另外还有气顶膨胀驱动能量（图 9-15）。Bangestan 群仅为弱边水驱动和溶解气驱（图 9-16）。

Ahwaz 油气藏的 Asmari 组从 1960 年开始生产，最开始的两年只有一口产油井，产量为 6000～7000Bbl/d。大规模投产始于 1962 年，总共有 9 口采油井（图 9-17）。随着产油井的增多和 Bangestan 群油藏的开发（1971 年），产量随之上升， 1977 年产量达到了顶峰，为 110×10⁴Bbl/d。Asmari 组的高渗透性砂岩为开采做出较大贡献，使单井产量平均保持在 200Bbl/d·psi，并一直持续到 1996 年。Bangestan 群储层产量在背斜顶部较高，往侧翼方向迅速降低。在一定程度上可以通过酸化压裂解决产量迅速降低的问题，个别井压裂后产量能提高 4 倍。在 1974 年之前，背斜侧翼处的井是通过使用井底电潜泵或人工举升的方法提高产量（Grieves，1974）。截至 1996 年底，Ilam 组和 Sarvak 组的平均生产指数分别为 2Bbl/d·psi 和 7Bbl/d·psi。在 1998 年的产量报告中，Ilam 组的单井平均产量为 1000Bbl/d，Sarvak 组的单井平均产量为 3000Bbl/d。

在 20 世纪 80 年代早期油气藏产量迅速递减，1983 年日产量为 3.1×10⁵Bbl/d，之后由于在 1989 年实施了二次采油，产量迅速提高。到 1990 年，四个天然气注气量达到 3.15×10⁸ft³/d 的注气系统投入使用，使得 Asmari 组的天然气注气量达 7.5×10⁸ft³/d。通过注气，油气藏原油产量提高到 6.5×10⁵Bbl/d，到 1992 年产量已攀升至 9.79×10⁵Bbl/d，其中 8.47×10⁵Bbl/d 产自 Asmari 组。1993 年计划的日注气量为 14×10⁸ft³/d，其中 3.6×10⁸ft³/d 用于提供给其他石油公司在 Bangestan 群进行的二次采油。在 1994 年初，水侵开始对原油生产产生影响，一些井（可能位于 Asmari 组）的含水率过高，必须关闭部分生产井。到 1996 年底，油气藏累计产量为 76.5×10⁸Bbl，其中 72×10⁸Bbl（94%）产自 Asmari 油层组，4.50×10⁸Bbl（6%）产自 Bangestan 群。Bangestan 群 1999 年产量为 1.6×10⁵Bbl/d，2006 年的目标产量为 5.0×10⁵Bbl/d（Geo Arabia，1999）。

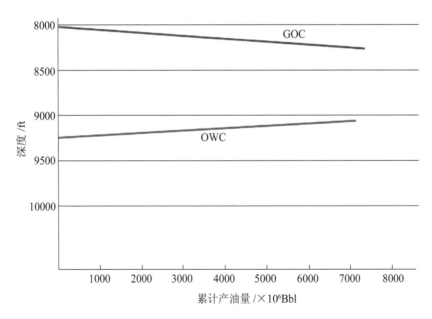

图中：GOC 代表气油界面，OWC 代表油水界面

图 9-16　Ahwaz 油气藏 Asmari 组油水界面和气油界面高度随累积产量的变化曲线

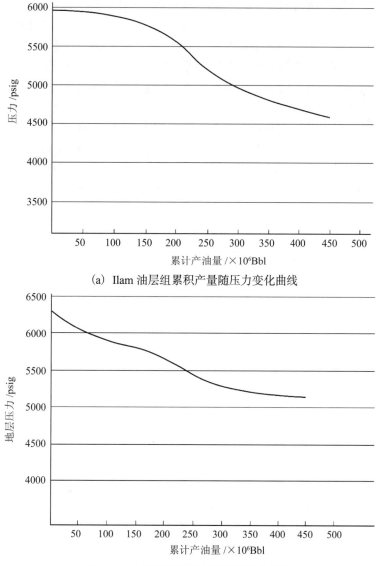

（a）Ilam 油层组累积产量随压力变化曲线

（b）Sarvak 油层组累积产量随压力变化曲线

图 9-17　Ahwaz 油气藏 Ilam 和 Sarvak 油层组地层压力与累计产量变化曲线

9.3　Kirkuk 孔隙型生物礁边缘泥粒、粒泥灰岩背斜型
层状-块状油气藏

9.3.1　基本概况

Kirkuk 油气藏位于伊拉克北部扎格罗斯前陆盆地内（图 8-13）。其原始石油地质储量为 385×10^8Bbl，估计可采地质储量占原始地质储量的 42%，约为 161×10^8Bbl，伴生天然气可采地质储量为 4.0×10^{12}ft³。1927 年，在 Kirkuk 油气藏始新统—渐新统 Main Limestone 碳酸盐岩储层中发现轻质、高含硫的石油。随后，又在两个白垩系石灰岩储

层中发现许多小型油气聚集带。Main Limestone 油藏于 1934 年投产。截至 1980 年，该油气藏的累积产油量为 $91×10^8$Bbl。该油气藏的构造是一个狭长的陡倾背斜（95km× 4km），其上有三个穹窿：Khurmala 穹窿、Avanah 穹窿和 Baba 穹窿。Main Limestone 油藏沉积环境为碳酸盐岩陆架边缘和内陆棚盆地的生物礁边缘。长期暴露的沉积环境导致了储层内发育从印模孔到溶洞的多种孔隙类型。生物礁和前礁滩相储层物性较好，孔隙度高（18%～36%）、基质渗透率高（50～1000mD）。发育的裂缝大大提高了油气藏的渗透率和横向连通性，使得初期的单井产量普遍大于 $2×10^4$Bbl/d，压力也保持稳定。1979 年，油气藏的产油量高达 $140×10^4$Bbl/d。油气藏初期依靠溶解气驱、气顶膨胀驱和重力驱进行开采。为了保持油层压力，1957～1961 年曾向油气藏注气，随后对 Avanah 和 Baba 地区实施注水开采。1988 年，开始开发 Khurmala 地区物性较差的储层。1990 年，联合国批准了限制伊拉克产量的提议，油气藏产量得到限制。截至 2005 年，Khurmala 油气藏 Main Limestone 碳酸盐岩储层中剩余油储量为 $87×10^8$Bbl，同时在白垩系 Baba 穹窿内还有 $19×10^8$Bbl 原油和约 $1.1×10^{12}$ft^3 天然气资源量未被开发。2008 年，Khurmala 油气藏产量仍维持在 $3×10^4$Bbl/d。

9.3.2　构造及圈闭

Kirkuk 油气藏位于伊拉克东北部扎格罗斯褶皱带一个西北方向延伸的背斜中。通过沉积物厚度的变化和断层与褶皱的方向可以判断 Kirkuk 和 Mosul 油气藏的基岩位于褶皱带之下（图 9-18）。中生代时期，区内岩层内部的断裂控制着差异性沉降作用，扎格罗斯山在挤压过程中发生断层逆冲运动，导致形成了如 Kirkuk 油气藏的褶皱构造（Ameen，1992）。

Kirkuk 构造是一个狭长的背斜，长 95km，宽 4km，面积 300km^2。两个明显的马鞍状结构将其分为 3 个穹窿：Khurmala 穹窿、Avanah 穹窿和 Baba 穹窿（图 9-19）。Baba 穹窿位于背斜东南方向，Khurmala 穹窿位于背斜西北方向，形成一个向四周倾没的闭合构造；背斜顶部较为平缓，侧翼陡峭，倾角高达 50°（图 9-20）。构造图显示出在 Main Limestone 油藏南部只有少量西北—东南走向和南—北走向的断层，断层最大长度 650ft。在核部岩层发育大量垂直裂缝，但侧翼岩层上裂缝不发育。虽然断层和裂缝形成有一定的关系，但是裂缝系统的起源归结于挤压作用，而不是断层作用。挤压最严重的地方比如在核部和挤压平面的侧面弯曲处，其裂缝数量也最多（Daniel，1954）。上 Fars 组和 Bakhtiari 组被下 Fars 组的蒸发盐岩分隔开。

Baba 穹窿构造位置最浅，深度为 75ft，Avanah 穹窿深度为 650ft（Al-Naqib et al.，1971），Khurmala 穹窿构造位置最深，深度为 1250ft。Baba 穹窿油水界面深度为 2120～2190ft，Avanah 穹窿油水界面深度为 2096ft。Baba 穹窿平均油柱高度为 2230ft，Avanah 为 1446ft。Main Limestone 油藏被中中新统下 Fars 组蒸发盐岩封闭。下 Fars 组的页岩和灰岩不是良好的储层，但是裂缝存在连通了下 Fars 组薄层灰岩与下伏 Main Limestone 储层（Daniel，1954）。地表油气渗出物意味着封闭效果并不是很理想，但是考虑到油层较厚而覆盖层较薄，区内的封闭效果已经非常好了。另外，在白垩纪中期和晚期被泥页岩所封闭的裂缝性碳酸盐岩中也发现了一些较小规模的油藏（图 9-18 和图 9-20）。

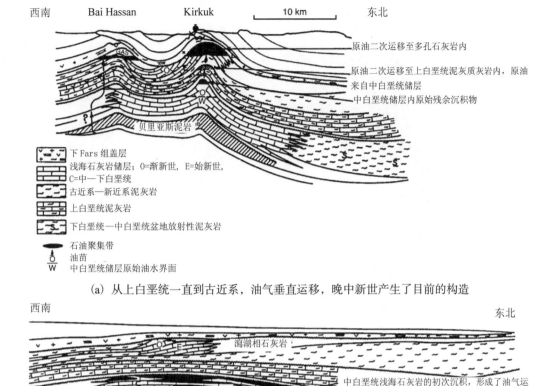

（a）从上白垩统一直到古近系，油气垂直运移，晚中新世产生了目前的构造

（b）在中新世中期，白垩纪储层作为后来的东部油气的运移通道（Dunnington，1958）

图 9-18　通过 Bai Haissai 和 Kirkuk 油气藏的西南—东北向地层剖面图，显示了油气运移路径

9.3.3　地层和沉积相

始新统—渐新统时期的 Main Limestone 储层（第一储层）以裂缝型生物礁和浅滩碳酸盐岩为主，厚度达 1200ft（图 9-21）。Kirkuk 油气藏西北部 Khurmala 组和 Sinjar 组过渡为浅海沉积环境，较好地整合于上古新统—下始新统的泥页岩和 Aaliji 组与 Kolosh 组粉砂岩之上（图 9-19；Majid 和 Veizer，1986）之上。中中新统的下 Fars 组不整合覆盖于 Main Limestone 地层之上；而在 Kirkuk 油气藏的西北部，Main Limestone 油藏形成于始新统（图 9-22；Dunnington，1958）。从 Avanah 穹窿轴部向东南方向，渐新统储层逐渐变厚（图 9-19）。下中新统的灰岩和 Euphrates 组、Dhiban 组以及 Jeribe 组的蒸发岩地层在 Kirkuk 油气藏西南部尖灭，同时被下 Fars 组覆盖（图 9-22）。Shiranish 组泥灰质地层（第二储层）是坎帕阶—马斯特里赫特阶沉积的盆地沉积物（图 9-21），被古新统 Aaliji 组泥页岩不整合面封闭。欧特里沃阶—阿尔必阶的 Qamchuqa 组地层（第三储层）（图 9-23）碳酸盐岩台地储层间有一个厚 1000～2000ft 的隔层，该隔层同时贯穿了 Sarmord组泥灰岩。

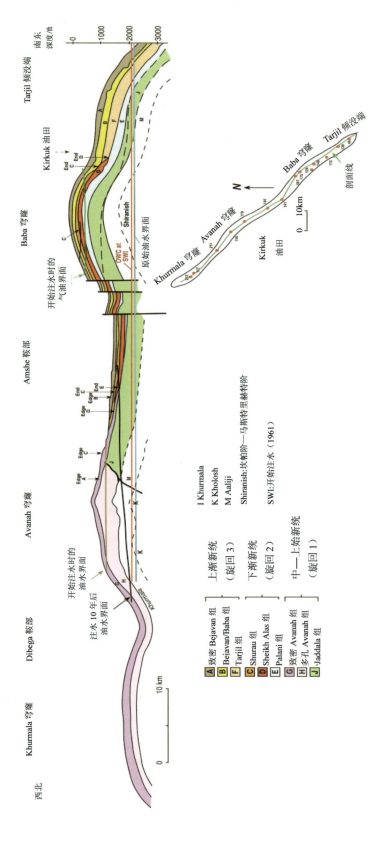

图 9-19 通过 Kirkuk 油气藏的西北—东南剖面图，显示出储层几何形态和流体接触方式（Alamir，1972）

注：Khurmala 穹隆和 Amshe 鞍部的油藏形成时间较早且向 Avanah 穹隆方向迅速变薄

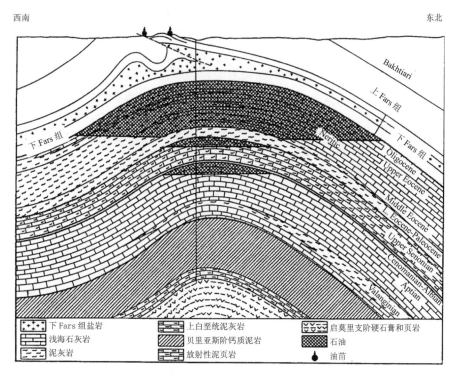

图中：Neritic 代表浅海，Oligocene 代表渐新世，Upper Eocene 代表上始新统，Middle Eocene 代表中始新统，L Eocene 代表下始新统，Palaeocene 代表古新世，Upper Senonian 代表森诺阶，Cenomanian 代表森诺曼阶，Aptian 代表阿普特阶，Valanginian 代表凡兰吟阶

图 9-20　Kirkuk 油气藏西南—东北地质构造横截面图，展示了三个最主要的石油聚集区（Dunnington，1958）

　　Kirkuk 油气藏的 Main Limestone 储层有 3 个向上变浅的沉积旋回（图 9-21），每个旋回都从碳酸盐岩盆地相（Jaddala 组、Palani 组和 Tarjil 组）沉积开始，然后过渡为碳酸盐岩大陆架生物礁边缘沉积（Avanah 组、Sheikh Alas 组和 Baba 组），向上变为生物礁相（Pila Spi 组、Shurau 组和 Bajawan 组；图 9-24 和 9-25）。始新统 Avanah 组地层的堤岸相覆盖了 Khurmala 和 Avanah 地区的储层单元，其平均厚度为 450ft，最大厚度为 650ft（图 9-21）。Baba 穹窿为渐新统的前缘生物礁相储层，厚度平均为 290ft（Sheikh Alas 组、Shurau 组、Baba 组和下 Bajawan 组）。湖相生物礁灰岩沉积和滩海相沉积控制着 Khurmala 区域。基本可以确定区内发育如下 4 种沉积相类型：①浅滩相，包括泥岩、粒泥灰岩和带有小栗虫、马刀虫、旋转状红藻和珊瑚的生物碎屑泥粒灰岩；②台地边缘相，包含泥粒灰岩，粒屑灰岩和带有红藻、珊瑚、棘皮类动物、货币虫、鳞环虫、盘环虫的砾状灰岩，但是在其生长位置缺乏有机体的结构框架；③前缘斜坡相，包括泥粒灰岩和含货币虫、鳞环虫、盘环虫、红藻、珊瑚的粒屑灰岩；④盆地相，包括泥岩和带有抱球虫、放射虫的粒泥灰岩（Van Bellem，1956；Majid 和 Veizer，1986）。

　　Main Limestone 储层的第一个旋回是中始新统的由单斜斜坡碎屑岩到盆地边缘碳酸盐岩台地相的变化（Majid 和 Veizer，1986），该相带呈西北—东南走向，为低角度相带（图 9-22）。在始新世末期，在基底面有一个较大的落差，使得沉积旋回一的生物礁、陆架边缘暴露，原碳酸盐岩台地在斜坡和盆地处重建，但在另外一个基底落差出现以前，很有可能在始新世碳酸盐岩台地上没有沉积上覆层。沉积旋回三的碳酸盐岩台地开始从沉积旋回二向下倾斜，快速填充地层并上覆在沉积旋回二之上（图 9-22 和 9-26）。这或许和沉积旋回一的台地相不相符，但是没有证据表明在沉积旋回三的末期发生了海侵，也没有证据表明在 Kirkuk 油气藏西北部，随后沉积的 Fars 组覆盖在沉积旋回一的生物礁相之上（图 9-22）。

9.3.4 储层结构

Main Limestone 储层表现为层状结构，岩相类型和成岩作用对储层垂向物性分布影响明显（图 9-19、图 9-21 和图 9-27）。侧向发生的岩相变化（图 9-19 和图 9-22）则意味着 Main Limestone 储层并没有覆盖到整个油气藏范围内。由于开放裂缝系统的存在，油气藏中流体的流动实际上与基质孔隙关系不大。油气藏生产过程中，发现了两个由部分封闭的断层形成的油藏障壁，一个位于 Avanah 穹窿西部，另一个位于 Baba 穹窿东部（Saidi，1987）。

系/统		组	段	地层厚度		沉积相解释	旋回
				Baba/ Amshe	Avanah		
	中新统	上 Fars 组 下 Fars 组				海相砂岩和粉砂岩 海相硬石膏和盐岩岩	
古近系—新近系	渐新统	上统	Bajawan 组	A	120	20	礁前	3
			Baba 组	B	100	0	礁前	
			Tarjil 组	F	F + E + J = 850	0	盆地	
		下统	Shurau 组	C	70	30	礁后	2
			Sheikh Alas 组	D	120	0	礁前	
			Palani 组	E	F + E + J = 850	0	盆地	
	早始新统—中始新统		Gercus 组 Pila Spi 组 Avanah 组 Jaddala 组				红色岩层 潟湖 浅滩 盆地	1
				G	0	150		
				H	0	450		
				J	F + E + J = 850			
	上古新统—下始新统		Kolosh 组 Khurmala 组 Sinjar 组 Aaliji 组				浊积岩 潟湖 礁到浅滩 盆地	
白垩系	坎潘阶—马斯特里赫特阶		Shiranish 组				盆地	
			Tanjero 组				浊积岩	

图 9-21　Kirkuk 油气藏古近系—新近系地层概况和沉积环境（Majid 和 Velzer，1986），Main Limestone 地层和相应厚度如图所示（Al-Naqib et al.，1971）

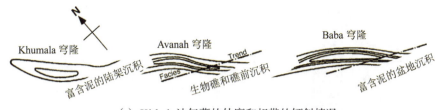

(a) Kirkuk 油气藏的外廓和相带的倾斜情况

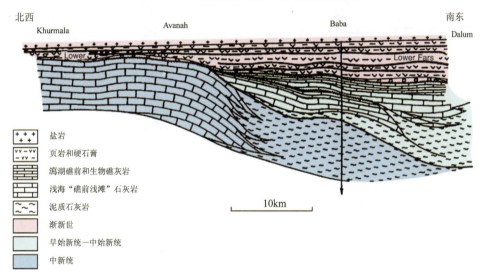

(b) 穿过 Kirkuk 油气藏西北—东南地层横截面，展示了始新世—渐新世时期的地层厚度变化和沉积环境的改变（Dunnington，1958）

图 9-22　Kirkuk 油气藏地层横剖面图

Main Limestone 油藏岩性主要由白云岩骨架泥粒灰岩、粒屑灰岩和砾屑岩构成。储层的成岩演化主要发生在三个阶段：①早期泥晶化和方解石的沉淀作用；②地表风化作用影响，包括淋滤的选择性侵蚀和钙质胶结作用等；③埋藏成岩作用影响，主要为白云岩化作用。在前缘斜坡和台地边缘相上，常见铸模孔、晶洞和颗粒文石，这些岩石由于发生了非常强烈的白云化作用，只剩下了原始结构，同时还发育了细砂状纹理。在 Baba 穹窿的渐新世沉积旋回内，白云化作用尤其明显。在油气藏西北部，由于岩石与下 Fars 组蒸发流体接触，在 Avanah 穹窿和 Khurmala 穹窿的礁后潮坪和滩涂上的石灰岩沉积物已经重结晶成结晶方解石和白云岩（图 9-20；Majid 和 Veizer，1986）。岩石在每次旋回末期暴露在地表，导致了岩溶作用，为水的渗流提供垂直通道（Daniel，1954）。在渐新世和中新世早期，油气藏的西北部分长期暴露在地表。礁前相和滩相容易形成孔洞，由此具有较高的基质渗透率，因此礁前相和滩相是油气藏主力储层发育的主要相带。

Kirkuk 油气藏发育主要的孔隙类型有印模孔隙、晶粒孔隙、岩溶孔洞、孔洞、裂缝、粒内孔隙和粒间孔隙。最好的储层发育在渐新统生物礁、前缘礁相和始新统的滩相中（图 9-27），在这两种相中发育有大量的溶洞和孔洞，孔隙度为 18%～36%，基质渗透率为 50～1000mD（Daniel，1954）。相比之下，盆地相石灰质泥岩具有中等孔隙度（8%～

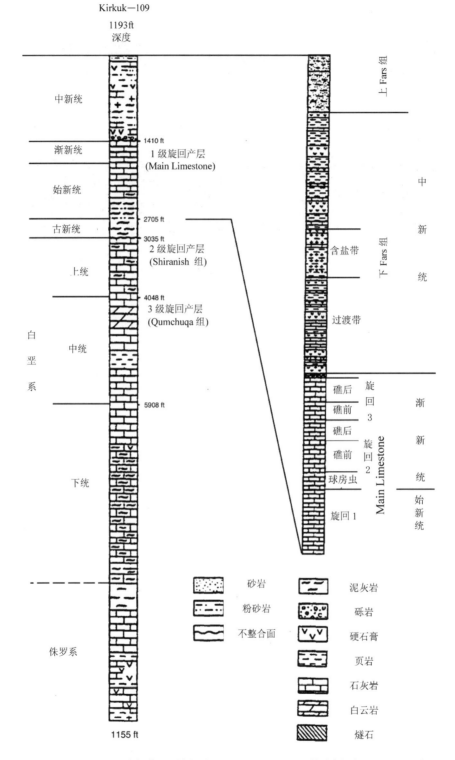

图 9-23　Kirkuk 油气藏地层剖面概况，以 Kirkuk-109 井为例（Danlel，1954）

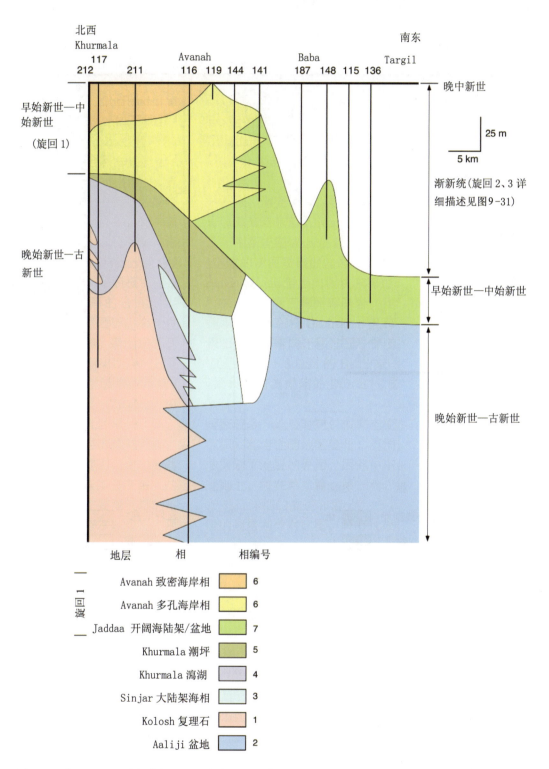

图 9-24　穿过 Kirkuk 油气藏的西北—东南向地层横截面图，展示出了上古新统—上始新统的相对厚度和相带所发生的变化（Majid 和 Veizer，1986）

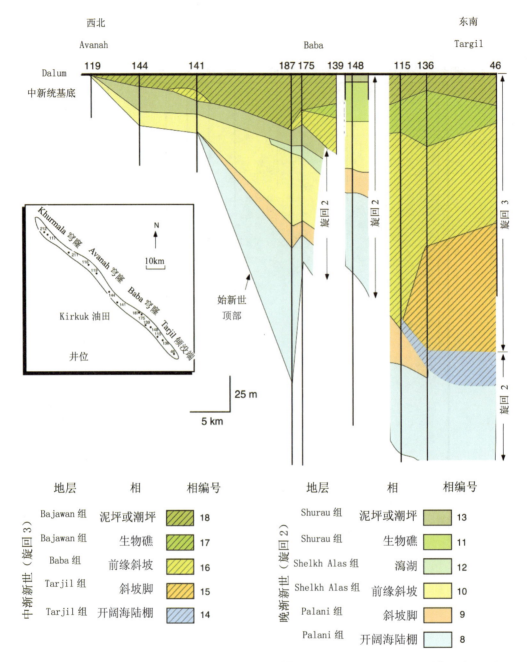

图 9-25　穿过 Kirkuk 油气藏的西北—东南向地层横截面图，展示出了渐新世时期的相对厚
度和相带的变化（Majid 和 Veizer，1986）

18%），但渗透率比较低（0～10mD）。礁后相较细的石灰岩相对比较致密（孔隙度为 0～4%）、且流通性差（渗透率 0～5mD），发育大量缝合线，除了存在白云岩化外，其他性质与盆地石灰岩相似。总体来看，Khurmala 地区的 Main Limestone 油藏岩性为礁后相的石灰质泥岩，储层物性较差；Avanah 地区含始新统多孔白云岩，储层物性较好；Baba 地区含渐新统生物礁和礁前白云化灰岩，储层物性极好（图 9-19）。

裂缝大大地提高了碳酸盐岩整体的渗透率，从而使原来没有储集性能盆地泥灰岩变成高产的储层。多孔生物礁和礁前相中发育了最好的储层，由于基质迅速向裂缝系统补充石油，其产量比泥灰岩储层大很多。在没有基质补给的情况下，从裂缝和孔洞不断地开采会造成储层压力急剧下降，或者发生水侵。曾经有人对比发现，相比流体在礁前石灰岩的渗流速度，灰泥岩内的流体向狭窄裂缝的渗流更慢（Daniel，1954）。裂缝方向是径向的，长度为 3～11ft（Daniel，1954）。在构造侧翼的 Aaliji 组页岩和 Main Limestone 灰岩中的裂缝密度迅速降低；在渐新统，构造侧翼裂缝孔隙度为 1%～3%，在始新世石灰岩中，构造侧翼的孔隙度仅为 0.7%，但是在 Baba 穹窿顶部，孔隙度则高达 8%（Al-Naqib et al.，1971）。

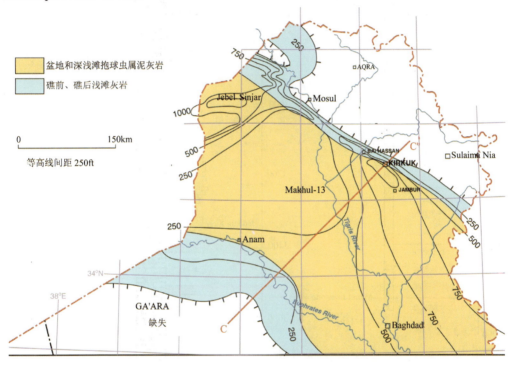

（a）伊拉克北部渐新世地层等厚线和古地理地图

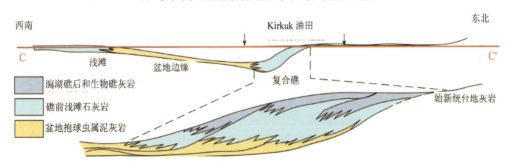

（b）渐新世时期盆地横截面，展示了礁相沉积旋回从始新世台地边缘向盆地内演化过程
（Dunnington，1958）

图 9-26 伊拉克北部渐新世地层等厚图及盆地横剖面

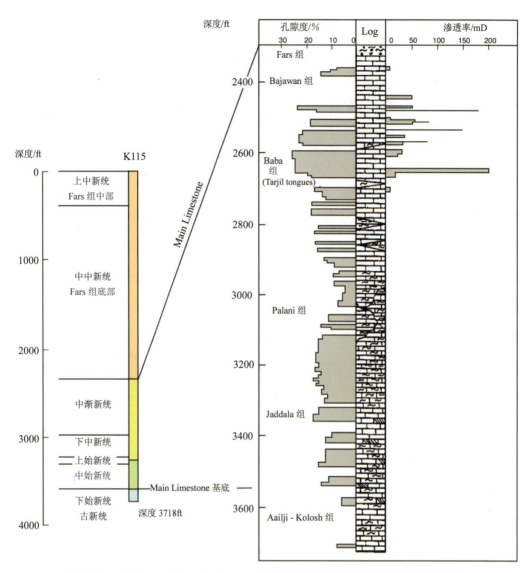

图 9-27　Kirkuk-115 井 Main Limestone 油藏的部分孔隙深度测井和基质渗透率

9.3.5　生产特征

Kirkuk 油气藏原始石油地质储量为 $385×10^8$Bbl，1999 年估算获得最终石油可采储量为 $161×10^8$Bbl，天然气可采储量为 $4.0×10^{12}$ft³，还有 42%原始地质储量中可以被采出。Avanah 油藏和 Baba 油藏的采收率基本一致，都为 47%～55%（Al-Naqib et al.，1971）。石油主要储集在 Main Limestone 储层中，该储层中赋存不饱和轻质油，密度为 36.7° API，原始气油比为 213SCF/STB，黏度适中（5cp），高含硫（Al-Naqib et al.，1971）。伴生气中含有较高的 H_2S。生产初期，因侧翼裂缝不太发育，渗透率不高，产油动力主要来源于弱边水驱动；构造高部位的原始气油比低，油藏天然能量也较低。

1934 年，Avanah 和 Baba 油藏日产量达 $8×10^4$Bbl/d，随着生产规模的扩大，到 1979 年日采油量达到 $140×10^4$Bbl/d（图 9-28）；压降不大，但单井流量很高，采油指数高达

1×10⁴Bbl/d·psi（Saidi，1987）。1972 年，以 2×10⁴Bbl/d 的产量生产时，35％的生产井压力下降小于 5psi，85％的生产井压力下降小于 15psi，而所有井的压力下降均没有超过 24psi（Alamir，1972）；由油气藏局部区域生产引起的压力变化在几个小时内就能扩散到整个油气藏（Daniel，1954）。到 1980 年，油气藏累积产油量为 91×10⁸Bbl（Al-Naqib et al.，1971）。此后，由于战乱等原因，伊拉克北部所有井的生产数据丢失；加上油气藏开采技术相对滞后等原因，直到 1988 年 Khurmala 油气藏顶部的原油才得以开发；预计油产量将增加到 20000～30000Bbl/d。自 1990 年以后，因受联合国制裁，伊拉克石油出口量大幅降低，Khurmala 油气藏的生产速度随之减少。

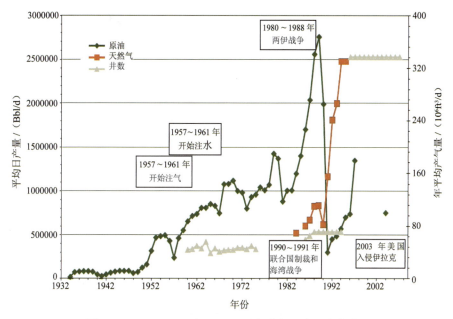

图 9-28　1934～2005 年 Kirkuk 油气藏的生产历史曲线图

　　1934～1957 年，Kirkuk 油气藏主要采用衰竭式方式开采，由于压力得不到补充，在 Baba 穹窿和 Avanah 穹窿处均形成了气顶（图 9-20 和图 9-29）；因为储层连通性很好，油气藏内部出现的天然溶解气驱、气顶膨胀驱动和重力驱动效果都非常好。当油气藏累积产量达到 13.5×10⁸Bbl 时，储层压力仅降低了 300psi（图 9-30；Al-Naqib et al.，1971）。注水是 Kirkuk 油气藏最有效的二次采油方式；1957～1961 年，也临时采用了注气驱的生产方式，天然气平均日注气量为 1.8×10⁸ft³/d，采出原油 6.5×10⁵Bbl/d；自 1961 年以来，开始实施注水开发。

　　由于含水层裂缝不发育，渗透率低，注入水难以实现对原油的驱替，因此最终放弃了边缘注水计划。此后，集中在 Avanah 穹窿与 Baba 穹窿之间的裂缝发育带实施注水；最初装备了 7 个注水泵，因每个注水泵的效率都很高，后来仅启用了 5 个注水泵；总注水量达到 110×10⁴ 桶 /d，个别井的日注水量达到了 4×10⁵ 桶 /d（图 9-31；Al-Naqib et al.，1971）。在开始注水的几个月内，油水界面迅速上升，上升幅度甚至超过了 30km，显示出油气藏内部极好连通性。随着注水时间的增加，油水界面逐渐靠近注水区域（图 9-19 和图 8-29），从而将 Baba 穹窿和 Avanah 穹窿中分布的原油分隔开。1970 年，为了阻止

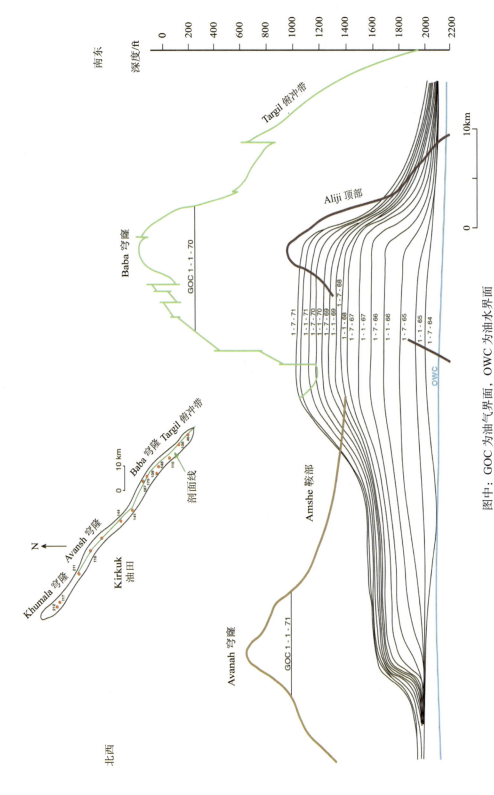

图中：GOC 为油气界面，OWC 为油水界面

图 9-29　穿过 Avanah 和 Baba 穹隆的西北—东南走向剖面，展示了油水分界面随着时间变化曲线图（Al-Naqib et al.，1971）

注：油水分界面上升的最高部分为接近 Amshe 鞍形的构造，注水作业在这个区域进行，并影响着整个构造

Baba 穹窿垂向上的水侵，开始往 Baba 穹窿下倾部位的 Tarjil 区域注水；到 1971 年，注入水 38.9×10⁸ 桶，采出原油 12.5×10⁸Bbl；油藏孔隙体积驱替率为 1.0，地层压力保持稳定，边部水体不再影响油气藏油气系统。

1972 年，Kirkuk 油气藏压力保持稳定，所有产油井压降均小于 24psi，其中 35% 的生产井压降小于 5psi（IPC，1956），油气藏日产油量为 2×10⁴Bbl/d，采油指数为 1×10⁴Bbl/d·psi（Saidi，1987）。到 1975 年，共计以裸眼方式完钻各类井 201 口，包括 47 口产油井，13 口注水井，85 口观察井，56 口关停废弃井；累计产油 71.5×10⁸Bbl（Saidi，1987）。1979 年产油量为 140×10⁴Bbl/d，随后由于两伊战争产油量有所下降，到 1981 年降为 9×10⁵Bbl/d。1989 年，油气藏产量达到顶峰的 270×10⁴Bbl/d。随后，因第一次海湾战争爆发及联合国制裁，油气藏产量迅速降为 3×10⁵Bbl/d。海湾战争之后，油气藏产量稳步增长，到 1997 年，产量达到 130×10⁴Bbl/d（图 9-28）。1998～2000年，Baba 油藏 22 口井相继配备了气举装备；Khumala 油气藏累计产油达到 140×10⁸Bbl（Verma et al.，2004）。2008 年，Khumala 油藏开始开发，新增产油量 3×10⁴Bbl/d。

截至 2005 年，Kirkuk 油气藏剩余原油地质储量 87×10⁸Bbl（EIA），但由于前期生产措施不合理，包括将多达 15×10⁸Bbl 的原油回注地层、注水的不稳定性和水质不合格，导致储层严重破坏。2005 年，由伊拉克石油勘探公司与壳牌合作，对 Kirkuk 油气藏的储层状况开展针对性研究，以进一步合理高效开发剩余油（Global Security，2007）。

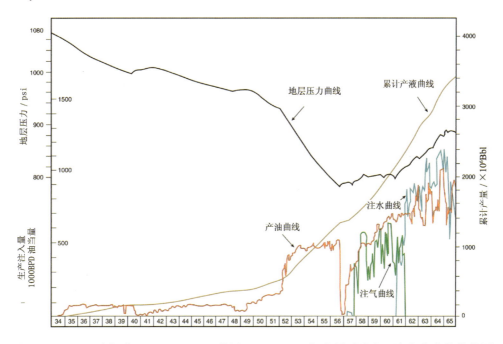

图 9-30　Kirkuk 油气藏 Main Limestone 储层 1934～1965 年产量随注气／注水变化的曲线图
（Al-Naqib et al.，1971）

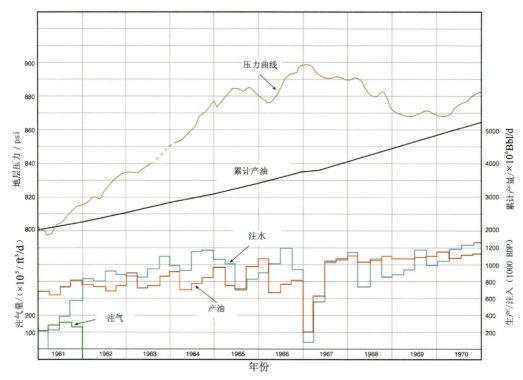

图 9-31　1961~1970 年 Kirkuk 油气藏 Main Limestone 储层的注水情况（Al-Naqib et al.，1971）

第10章 扎格罗斯盆地新生界典型碳酸盐岩油气藏地质特征

10.1 Ain Zalah 孔隙-裂缝型大陆架内缓坡粗/细晶白云岩和泥粒灰岩背斜构造块状油气藏

10.1.1 基本概况

Ain Zalah 油气藏位于伊拉克北部扎格罗斯褶皱冲断带前陆盆地的 Kirkuk 拗陷内 (图 8-13)。该油气藏发现于 1939 年，1952 年开始投产。其原始石油地质储量为 9.75×10^8Bbl，石油可采地质储量为 2.95×10^8Bbl，天然气可采地质储量为 900×10^8ft³，原油采收率为 30%。该油气藏构造为晚中新世—更新世时期形成的一个被断层切割的背斜。

Ain Zalah 油气藏包括两个生产层段：上坎帕阶—马斯特里阶的 Shiranish 组和阿尔必阶—下坎帕阶的 Qamchuqa 群，两个组间夹 2000ft 厚的致密灰岩，由于裂缝和断层的连通作用，两个组具有统一的压力系统，并具有统一的油柱高度 3145ft。Shiranish 组石油主要聚集在背斜核部地层的裂缝系统中；储层岩性以粒泥灰岩、泥粒灰岩和含黏土灰质泥岩为主。Qamchuqa 群储层的石油储量约占 Ain Zalah 油气藏可采地质储量的 80%；沉积环境为大陆架内缓坡，岩性以细到粗晶的白云岩和白云质灰岩为主。两个储层的平均基质孔隙度较低，为 1.3%～3.3%，其中 Qamchuqa 群依靠白云岩化作用和溶蚀作用形成局部较高的次生孔隙度（高达 18%）；两个储层的基质渗透率均极低（<1mD），流体渗流主要依靠发育的裂缝进行。

Shiranish 组为轻质（30°～31.5°API）、高含硫原油，依靠天然强水驱来开采原油，水体能量来自下部的 Qamchuqa 群储层。为避免 H_2S 泄露，同时维持 Shiranish 组的油藏压力，两个组在开采过程中均实施了限制产量的措施。在 20 世纪 60 年代末，因深部油藏接近枯竭，水体侵入切断了两个油藏之间的联系；到 1975 年产油量由 20000～25000Bbl/d 减少到 6000Bbl/d；为提高产量，实施了注水开采措施。1991 年联合国的贸易禁运和第一次海湾战争造成该油气藏停产，但在 1997 年底油气藏又恢复生产，产量达到 15000Bbl/d。截至 1998 年 12 月，Ain Zalah 油气藏累积生产原油 1.95×10^8Bbl。

10.1.2 构造及圈闭

Ain Zalah油气藏构造为一个东西走向的被断层切割的背斜，形成于晚中新世—更新世（图 10-1）。油气藏包含两套主要储层，上白垩统 Shiranish 组（第一储层）和中白垩统 Qamchuqa 群（第二储层），两套储层被一套 2000ft 厚的致密灰岩层分隔，通过两者间发育的裂缝和断层相连通[图 10-2（a）]。第一储层的主要产油层位于 Shiranish 组上部 250～300ft 处（Daniel，1954）；石油最先在 Qamchuqa 群的圈闭（可能是断块圈闭）中聚集，随后地层褶皱产生的断裂破坏了致密灰岩的封隔，石油开始向上运移到 Shiranish 组（图 10-3；Dunnington，1958；Hart 和 Hay，1974）。第二储层为上白垩统 Mushorah 组，原油主要集聚在裂缝发育部位。Shiranish 组和 Qamchuqa 群油藏主要依靠断层封闭和褶皱两翼倾角封闭。油藏顶部被古新统到始新统沉积的 Aaliji 组致密灰岩封盖，而Aaliji组地层在背斜褶皱顶部区域发育的透镜状多孔灰岩中也聚集了石油（Dunnington，1958）。

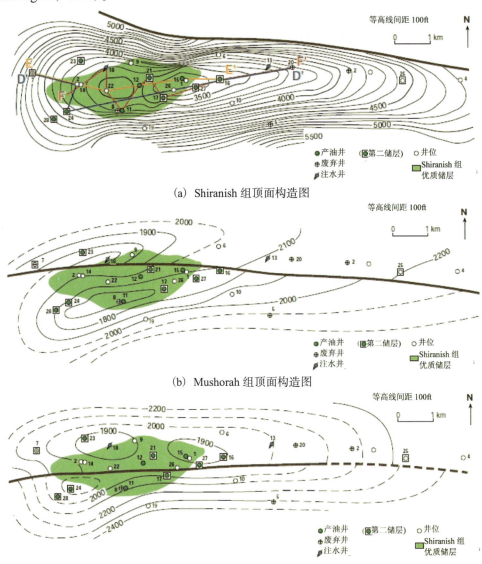

（a）Shiranish 组顶面构造图

（b）Mushorah 组顶面构造图

（c）Qamchuqa 群顶面构造图

图 10-1　Ain Zalah 油气藏构造图（Elzarka，1993）

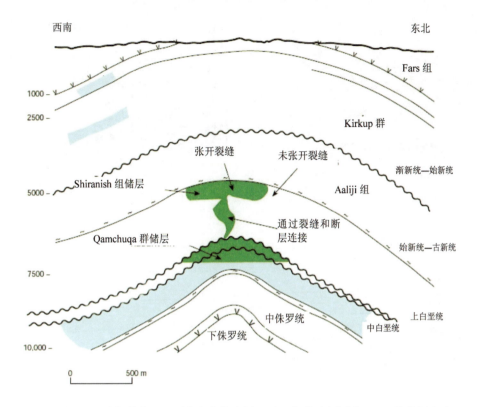

(a) Ain Zalah 油气藏东北—西南方向构造剖面图，表明两个相隔 2000ft 的储层在垂
向上具有连通性（Dunnington，1958）

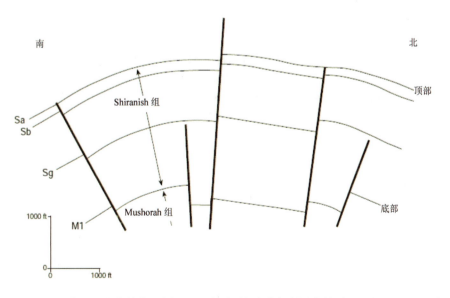

(b) Shiranish 组南—北向简易构造剖面图，表明厚度变化与断层有关（Hart 和 Hary，1974）

图 10-2　Ain Zalah 油气藏构造剖面图

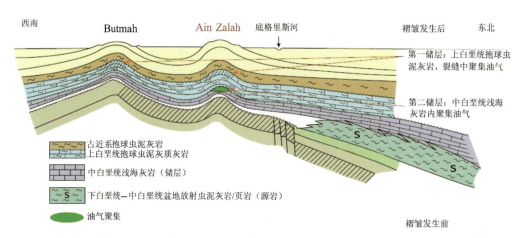

（a）上白垩统圈闭中的油气聚集，晚中新世时期的褶皱运动为中白垩统 Qamchuqa 群到上白垩统 Shiranish 组油气垂向移提供了裂缝通道

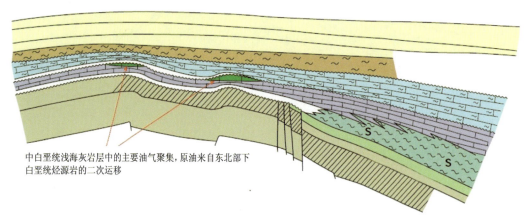

（b）中白垩统 Qamchuqa 群中聚集油气，中新世褶皱运动发生前，Qamchuqa 群储层为东北部的烃类物质侧向运移提供通道

图 10-3　穿过 Ain Zalah 油气藏和 Butmah 油气藏的西北—东南构造剖面（Dunnington，1958）

　　Ain Zalah 油气藏构造西部在 Mushorah 组断裂严重[图 10-4（b）]，在 Shiranish 组有一条西南方向延伸的断层[图 10-4（a）；Hart 和 Hay，1974]。开发后测试结果表明：油气藏构造被一条东—西走向的断层切断，西部断层向南平移 650ft，而东北断层向北反转了 500ft（Elzarka 和 Ahmed，1983；Elzarka，1993）。Shiranish 组在不同区域的厚度差别（图 10-5 和图 10-6）表明白垩纪晚期因断层发育形成了一个沿西南方向延伸穿过 Ain Zalah 油气藏的地堑（Hart 和 Hay，1974）。

　　Shiranish 组油藏长 10km，宽 3km，含油面积约 32km²（图 10-1）。Shiranish 组及 Qamchuqa 群油藏所在的背斜顶部深度分别为 3430ft 和 6050ft（图 10-1）。两者有相同的油水界面，深度 6575ft 处（图 10-7；Daniel，1954；Dunnington，1958），油柱高度 3145ft。由于褶皱东部水体较活跃，致使油水界面向西倾斜（Elzarka，1993）。油气藏构造侧翼陡峭，倾角达到 30°；顶部平缓，顶部往西倾角 6°，往东倾角 3°。

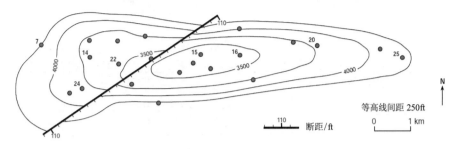

(a) Shiranish 组顶面构造图

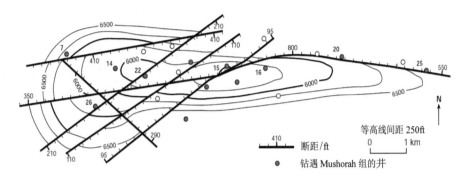

(b) Mushorah 组顶面构造图

图 10-4　依据 Ain Zalah 油气藏早期资料绘制的构造图 (Hart 和 Hay, 1974)

10.1.3　地层和沉积相

上述研究表明，Ain Zalah 油气藏的石油分别产自坎帕阶—马斯特里阶 Shiranish 组（第一储层）和阿尔必阶—下坎帕阶 Qamchuqa 群（第二储层）。Qamchuqa 群包括阿尔必阶 Mauddud 组，森诺曼阶 Gir Bir 组和上桑托阶—下坎帕阶 Wajnah 组地层（图10-8～图 10-10）。阿尔必阶的 Mauddud 组与 Nahr Umr 组页岩整合接触，和上覆的 Gir Bir 组灰岩不整合接触，Gir Bir 组与其上覆的 Wajnah 组不整合接触。Qamchuqa 群和桑托阶—下坎帕阶 Mushorah 组的砂质灰岩整合接触，桑托阶—下坎帕阶 Mushorah 组与 Shiranish 组不整合接触，Shiranish 组和古新统 Aaliji 组的泥灰岩不整合接触（图 10-8）。Mushorah 组发育裂缝的部位含有原油，通常也将其计入第二储层中。Ain Zalah 油气藏两套储层的平均厚度达 1320ft（图 10-9；Daniel，1954）。在下侏罗统 Adaiyah 组、Mus 组、Alan 组等裂缝碳酸盐岩中也含有少量密度为 28°～34°API，含硫量为 1.9% 的原油（Jassim 和 Al-Gailani，2006）。

Qamchuqa 群厚度为 500～750ft（图 10-9），主要由大陆架灰岩组成，受白云岩化作用，岩石的原生结构大多被破坏。Qamchuqa 群地层主要有三类岩相：①各类薄层含黏土白云质泥岩，具鸟眼构造；②白云质颗粒灰岩，颗粒构造为细到粗晶的白云石；③微晶白云岩，含黏土云质泥岩碎屑（Ahmed et al.，1986）。Mushorah 组厚度为 300～650ft，由深海灰岩组成，中部有砂质灰岩和砂岩夹层（Hart 和 Hay，1974）。Shiranish 组厚度为 1800～2500ft，主要由深盆灰岩、泥晶粒泥灰岩、泥粒灰岩和有孔灰质泥岩组成；基于测井资料分析表明，Shiranish 组地层可以按黏土含量不同细分为几个不同的层段（图 10-5；

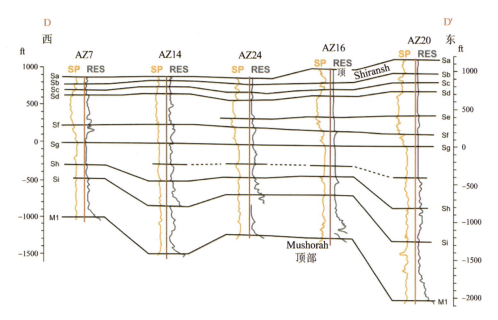

(a) 地层细分单元厚度因同沉积断层发生变化

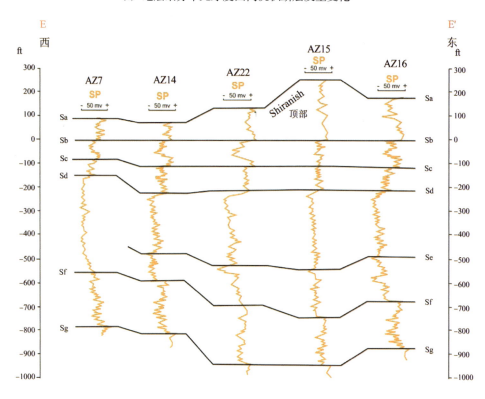

(b) 依据黏土含量变化和自然电位特征的差异开展了地层单元的对比与划分

图 10-5　Ain Zalah 油气藏 Shiranish 地层由东到西多井对比图（Hart 和 Hay，1974）

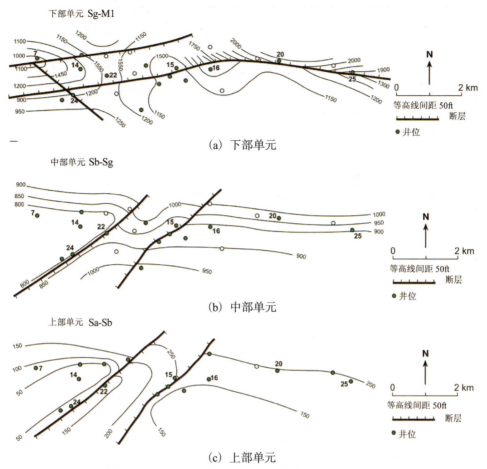

图 10-6　Ain Zalah 油气藏 Shiranish 组地层等厚图，展示了同沉积期的断裂运动（Hart 和 Hay，1974）

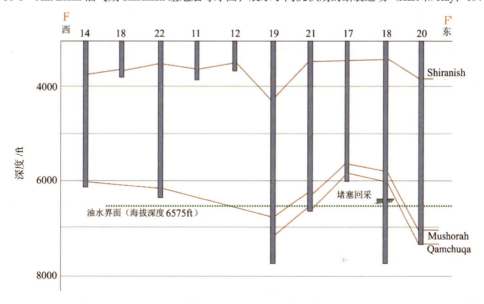

图 10-7　由东到西穿过 Ain Zalah 油气藏的 10 口井油藏剖面图，展示出地层顶底面与油水界面的位置

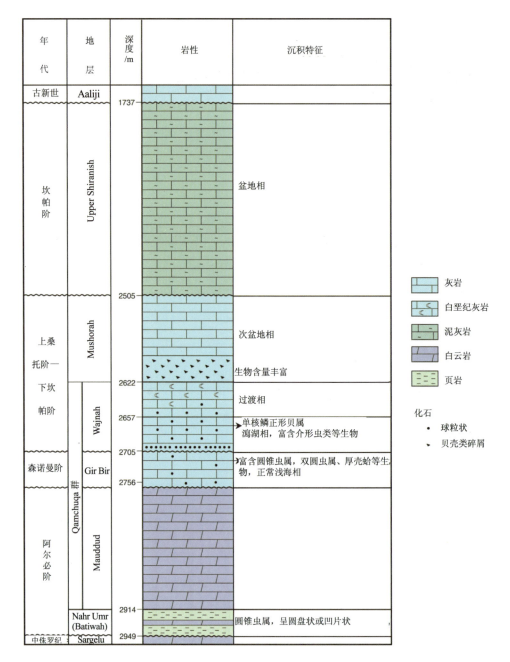

图 10-8　Ain Zalah 油气藏 AZ-16 井综合柱状图 (Sadooni 和 Alsharhan，2003)

Hart 和 Hay，1974)，其顶部 250～300ft 的层段是主要产层，中下部地层因黏土含量高和连通裂缝少而导致储渗性能降低而只能成为辅助产层 (Daniel，1954)。

在阿尔必阶，Ain Zalah 油气藏处在一个向西逐渐尖灭的碳酸盐岩台地斜坡内，Qamchuqa 群碳酸盐岩沉积于低能浅滩到浅海大陆架环境；其中，森诺曼阶 Gir Bir 组灰岩沉积在碳酸盐岩台地斜坡外缘，Mushorah 组的燧石灰岩发育于 Ain Zalah 地垒区域，Ain Zalah 区域周缘因出露地表而未接受沉积 (图 10-11)。在坎帕阶时期发生海侵作

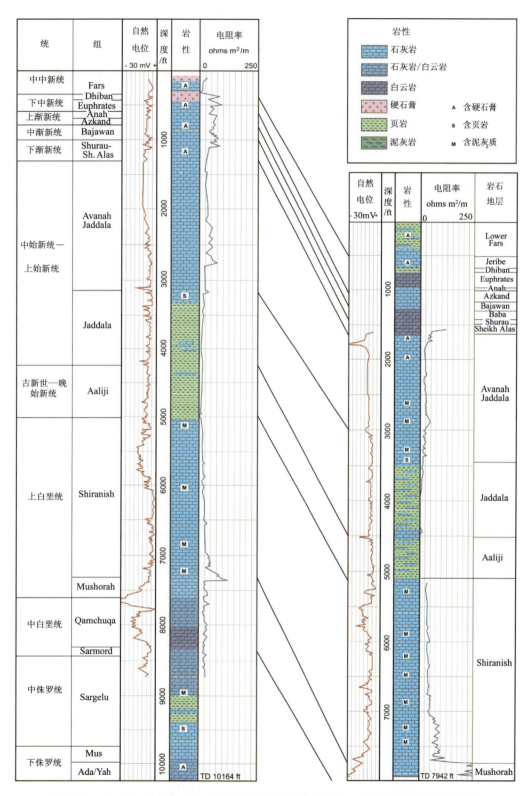

图 10-9　Ain Zalah 油气藏 AZ-16 和 AZ-22 井的单井柱状图，反映了地层和岩石学特征

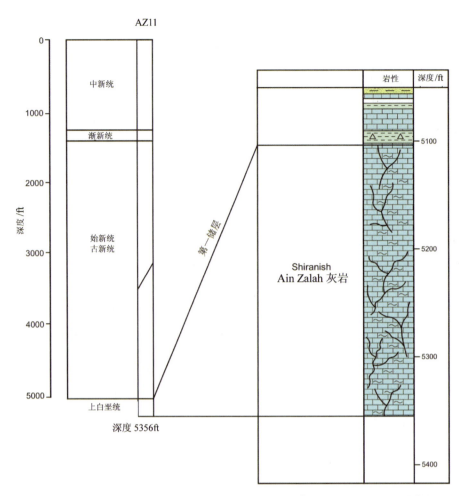

图 10-10 Ain Zalah 油气藏 AZ-11 井展示 Shiranish 油藏的的地层学和岩石学特征

用，与此同时断块运动造就了三个平行的沉积中心，沉积了 Shiranish 深海泥灰岩（图 10-12）。Ain Zalah 油气藏位于区内最北边的沟槽区域，东边为一个砂质碎屑充填的前渊盆地，可能为 Shiranish 组灰岩和泥灰岩提供了硅质碎屑（Dunnington，1958）。马斯特里赫特阶—古新统的界限标志为区域性的海退和地表出露，溶蚀作用使得 Shiranish 组灰岩浅部发育孔洞，但这种表生溶蚀作用对深部灰岩的作用有限（Daniel，1954）。

10.1.4 储层结构

由于基质孔全被水饱和，Shiranish 组油藏产出的油气主要来自裂缝（Daniel，1954），因而流体的流动模式主要受控于裂缝的方向和连通性。Shiranish 组发育的裂缝方位为东北—西南方向，大多数裂缝仅被部分充填，且分布密度较大。中白垩统—上白垩统发育的裂缝一般都被方解石填充，其中的部分裂缝经历中新世时期的构造运动之后重新开启（Daniel，1954；Hart 和 Hay，1974）。Shiranish 组开启的裂缝集中在油气藏西部的背斜核部（图 10-1 和图 10-2）从背斜核部向两翼方向裂缝的数量急剧减少；油气藏范围内裂缝的总体积估计达到整个油气藏孔隙空间的 40%（Freeman 和 Natanson，

1963)。区内以垂直缝为主，但受后期构造运动的影响裂缝方位发生了变化，如在古近系—新近系地层中被方解石充填的裂缝倾角仅为 10°，区内还有少量裂缝倾角为 30°~40°，也有部分高角度缝，倾角达 85°~90°（Daniel，1954）。Shiranish 组平均地层厚度2310ft，有效厚度 300ft，净毛比为 0.13（Elzarka，1993）。

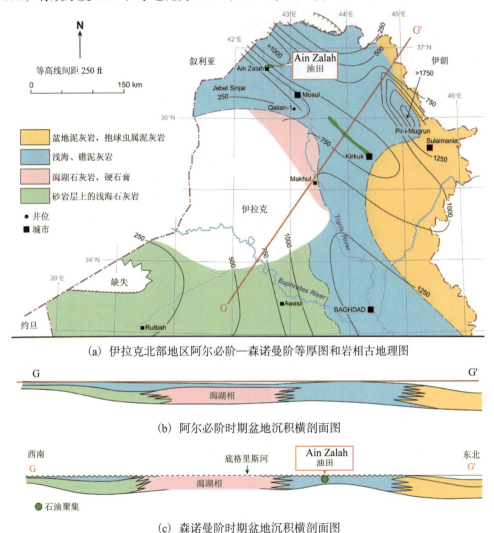

(a) 伊拉克北部地区阿尔必阶—森诺曼阶等厚图和岩相古地理图

(b) 阿尔必阶时期盆地沉积横剖面图

(c) 森诺曼阶时期盆地沉积横剖面图

图 10-11　伊拉克北部阿尔必阶—森诺曼阶地层等厚图及盆地横剖面

Qamchuqa 群 /Mushorah 组的裂缝比 Shiranish 组更发育，但许多裂缝已被各类结晶胶结物充填（Daniel，1954）。Qamchuqa 群平均地层厚度 540ft，平均净厚度 330ft，净毛比达到 0.61（Elzarka，1993），含油面积比主产层 Shiranish 组略大，如图 10-1 所示（Alamir，1972）。Qamchuqa 群的储层发育区分布零散，非均质性很强（Dunnington，1958）；Mushorah 组的致密灰岩把 Qamchuqa 群和 Shiranish 组的油藏分隔成两个单元，虽然其中发育的开启裂缝可以沟通两个油藏，但由于作为隔层的 Mushorah 组厚度高达2000ft，因此在实施开采的时候仍然将 Qamchuqa 群和 Shiranish 组划分为两个独立的开发单元。

9.1.5 储层性质

Qamchuqa 群储层由细到粗晶白云岩和含黏土白云质灰岩组成（Ahmed et al.，1986）。与上覆的上白垩统碳酸盐岩相比，Qamchuqa 群储层由于受成岩作用的影响，孔渗性有了明显改善（Dunnington，1958）。受基底—上白垩统不整合面暴露期间发生的白云岩化作用和岩溶作用影响，Qamchuqa 群储层内形成了大量晶间孔、铸模孔和溶洞等次生孔隙，获得的孔隙度最大可达 18%，但由于发育的多孔层段分布零散，Qamchuqa 群储层的平均孔隙度极小，只有 1.3%，平均渗透率也 <1mD；但裂缝的发育增大了整个储层的孔隙度和渗透率。Mushorah 组由深海灰岩组成，其比 Shiranish 组储层更容易发生白云岩化作用；Mushorah 组的孔隙度最大是 3.7%，渗透率 <1mD（Elzarka 和 Ahmed，1983）。

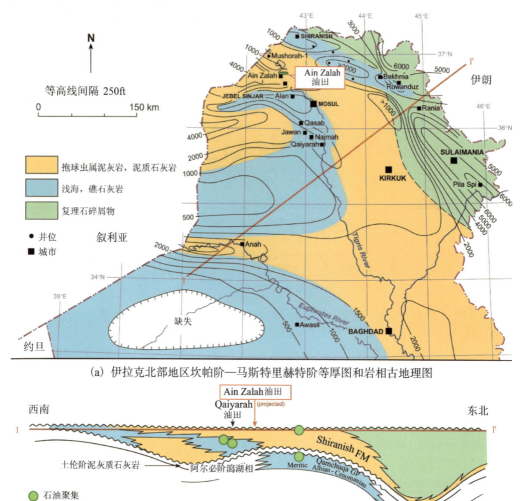

（a）伊拉克北部地区坎帕阶—马斯特里赫特阶等厚图和岩相古地理图

（b）坎帕阶—马斯特里赫特阶时期盆地横剖面图，该时期 Shiranish 组地层开始沉积

图 10-12　坎帕阶—马斯特里赫特阶等厚图及盆地横剖面图（Dunnington，1958）

Shiranish 组以泥粒灰岩、粒泥灰岩为主，局部见有黏土含量不同的泥灰岩；微晶基

质中发现的抱球虫含量达到 30%～40%，少量晚期白云岩化作用形成了孤立的自形晶、常呈柱状体形态（Ahmed et al.，1986）。Shiranish 组储层孔隙度为 0～11%，随着埋深的增加孔隙度有所降低；主产层平均孔隙度为 3.3%，基质渗透率平均 <1mD（Daniel，1954；Elzarka 和 Ahmed，1983）。Shiranish 组油藏只有裂缝中含油，基质孔被水饱和。

10.1.6　生产特征

Ain Zalah 油气藏原始石油地质储量为 $9.75×10^8$Bbl，石油可采储量为 $2.95×10^6$Bbl，石油采收率为 30%，天然气可采储量为 $900×10^8$ft³（Verma et al.，2004）；该油气藏 80%的可采储量都集中在 Qamchuqa 群（Elzarka，1993）。Qamchuqa 群储层石油为不饱和轻质油、原油密度为 30.7°API、高含硫（2.5wt%）、原始生产气油比为 250SCF/STB、沥青含量 3.4wt%。Shiranish 组原油特征与 Qamchuqa 群较为相似，原油密度为 31.5°API、沥青质含量为 2.6wt%（Elzarka 和 Ahmed，1983）。Ain Zalah 油气藏原油采用溶解气驱和强底水驱方式开采（IPC，1956）。

Ain Zalah 油气藏与邻近的 Butmah 油气藏同时开发，两者共用一个中央脱水站（Jassim 和 Al-Gailani，2006）。Ain Zalah 油气藏于 1952 年开发，产量为 19000Bbl/d（图10-13）；最初只有一口井 Ain Zalah-16，产量为 20050Bbl/d，其中 Shiranish 组为 6100Bbl/d，Mushorah 组为 900Bbl/d，Qamchuqa 群为 13050Bbl/d。全面投产后，总共部署 29 口采油井（OGJ，1953～2008），平均井距为 1500m（Elzarka，1993）；部分井是干井，既不产油也不产水（Daniel，1954）。在背斜核部和西部的井产量可以达到 1000～20000Bbl/d（Freeman 和 Natanson，1963）。其中，只有 6 口井钻遇 Qamchuqa 群地层（Ahmed et al.，1986）。最初认为 Shiranish 组和 Qamchuqa 群是相互独立的，因为它们之间存在 2000ft 厚的隔层，投入生产后发现原油可以通过裂缝从 Qamchuqa 群流动到 Shiranish 组（Daniel，1954；Dunnington，1958；Alamir，1972）；最开始是在构造西部区域发现这一现象（Freeman 和 Natanson，1963）。Shiranish 组的裂缝容易造成钻井过程中的堵塞，比如钻井初期产量为 1500Bbl/d，但是继续往下部地层钻进后，产量很快下降到 200Bbl/d；通过酸化作业后，这些井又回到了最初的高产状态（Daniel，1954；IPC，1956）。

为了防止 H_2S 泄露，对这两个油藏实施了限产开发；将 Shiranish 组油藏产量限制在 11000Bbl/d，油藏压力下降到 600psi 之后一致保持稳定（Alamir，1972）。Shiranish 组油藏如同一根抽吸管道一样，可以使 Qamchuqa 群富余的油向上流入到 Shiranish 组油藏，从而使 Qamchuqa 群油藏的开采得到更好地稳定控制（Freeman 和 Natanson，1963）。

在 20 世纪 60 年代，Ain Zalah 油气藏产量保持在 20000～25000Bbl/d。1969 年，油藏中发生了水侵现象（Elzarka，1993）。到 1972 年，油藏中的低产层接近衰竭，油水界面上升，产水量也不断攀升（Alamir，1972）。在 20 世纪 70 年代，油气藏产量下降到 6000Bbl/d（图 10-13）。1983 年，为了保持压力平衡，在背斜北翼实施了两口注水井（井 -13 和井-18）。到 1986 年，Ain Zalah 油气藏的累计产量为 $1.66×10^8$Bbl，其中 $146×10^6$Bbl 来自 Qamchuqa 油藏（Elzarka，1993），到 1998 年 12 月，其累计产量为 $1.95×10^8$Bbl（Verm et al.，2004）。1991 年，由于海湾战争该油气藏被迫关井停产，在 1997 年末产量恢复到 15000Bbl/d，但在 2003 年由于美国对伊拉克油气藏的控制又被迫中断生产。

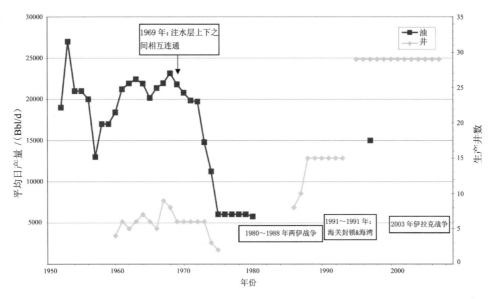

图 10-13　1952～1997 年 Ain Zalah 油气藏的生产历史 （OGJ，1953～2008）

10.2　Jambur 孔隙–裂缝型浅海粒泥、泥粒灰岩背斜构造层状–块状油气藏

10.2.1　基本概况

Jambur 油气藏位于伊拉克北部 （图 8-13），该油气藏的原始石油地质储量约为 40×10^8Bbl （天然气原始储量未知），标定石油可采地质储量占 25%，为 10×10^8Bbl，天然气可采地质储量为 9.2×10^{12}ft³。1954 年，在两个独立的裂缝型碳酸盐岩储层 （中新统的 Euphrates 组和 Jeribe 组） 中发现了原油。随后，在两个下白垩统—中白垩统灰岩储层中也发现了少量的原油和天然气。1959 年，Jambur 油气藏投入生产，截至 1980 年已经产出原油 7150×10^4Bbl。Jambur 油气藏构造为一个背斜，背斜狭窄且翼部倾角较大。其原油油质轻 （密度 40.5°～43.5°API），中等含硫量，属于饱和油藏。主力产层为 Euphrates 组和 Jeribe 组，均由富含泥质的粒泥灰岩和泥粒灰岩组成。中新统 Euphrates 组和 Jeribe 组储层沉积旋回厚度为 100~200ft，粒度整体向上变浅，包括三种沉积相：浅滩相、潟湖相、潮上滩蒸发岩单元向上逐渐变为近滨泥滩相。因白云岩化作用和溶蚀作用，Euphrates 组孔隙度高 （10%～30%），中—低渗透率(一般 20～30mD)。由于成岩作用Jeribe 组的孔隙被白云石和硬石膏充填，因此渗透率很低 （一般 1～3mD）。储层发育裂缝为油气的快速渗流提供了通道，但隔层的存在使储层中石油和天然气的分布较为复杂。Jambur 油气藏于 1959 年投产，依靠气顶膨胀和重力驱两种天然能量进行开产。为了维持地层压力，对该油气藏采取了注水措施。1962 年日产油量达到顶峰，约为 17400Bbl/d，随后开始减产，到 1970 年日产油量递减到 5000Bbl/d。从 1980 年开始，由于地区冲突，生产一直不稳定。1975～1996 年，生产井数增加到 50 口，日产油量为 75000Bbl/d。在 2000 年，平均日产油量为 30000Bbl/d。

10.2.2　构造及圈闭

Jambur 构造属于狭窄背斜的一部分，长度大于 100km，在这个背斜内还发育了 Bai Hassan 油藏、Khabbaz 油藏和 Pulkhana 油藏。该背斜属于格罗斯褶皱带的一部分，与临近的西北向 Kirkuk 背斜相似。根据沉积物厚度和断层褶皱倾向性判断，Kirkuk 基底和 Mosul 基底位于褶皱带下。这些基底内部的断层控制着中生代—古新世时期的差异沉降，中新世期间扎格罗斯挤压断层倒转很可能覆盖了早期的地堑，形成了很多褶皱构造带（Ameen，1992）。

Jambur 油气藏位于一个双倾背斜（19km×3km）中，含油面积为 57km² （图 10-14）。该背斜是双轴对称的，两翼倾角一般为 20°，最大为 30°（图 10-15）。从西北到东南的倾伏度维持在 3°~4°。在两个深度分别为 3445ft 和 4200ft（图 10-16）的中新统的碳酸盐岩储层 Jeribe 组和 Euphrates 组中发现了石油和天然气。这两个油层组被硬石膏隔层封闭在向四周侵没的圈闭内，石油和天然气的分布相对复杂。Jeribe 组油柱高度为 335ft，气柱高度为 1255ft，Euphrates 组油柱高度 209ft，气柱高度 395ft。上白垩统—下白垩统石灰岩中油柱高度和气柱高度的分别为 5876ft 和 7487ft。中白垩统储层的油气界面深度为 8400ft，油水界面深度为 8727ft，气柱高度为 413ft，油柱高度为 327ft。

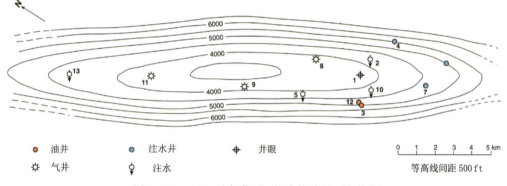

图 10-14　Jeribe 油气藏顶面深度构造图（含井位）

10.2.3　地层和沉积相

Jambur 油气藏以及附近的几个油藏（Qasab 油藏、Jawan 油藏、Najmah 油藏、Qaiyarah 油藏和 Pulkhana 油藏）的主力产层都是 Euphrates 组和 Jeribe 组，这两个储层的岩相为下中新统的浅海相碳酸盐岩（图 10-17 和图 10-18）。Euphrates 组之上不整合的覆盖始新统—渐新统 Kirkuk 组的 Main Limestone。在 Jambur 油气藏、Euphrates 组底部被 Serikagni 组所代替（Alsharhan 和 Nairn，1997）。Euphrates 组上覆 Dhiban 组的蒸发岩，Dhiban 组之上为 Jeribe 组。在 Jambur 油气藏，中中新统的下 Fars 组蒸发岩整合的覆于 Jeribe 组之上，在盆地边缘有着明显的侵蚀不整合，就像 Kirkuk 油气藏的下 Fars 组与始新统沉积物接触一样[图 10-19（b），Dunnington，1958]。

在伊拉克和叙利亚北部和中部地区，沉积 Jeribe 组和 Euphrates 组[图 10-19（a）]。下中新统时期 Jeribe 组和 Euphrates 组沿盆地西北方向厚度超过 500ft，因沉积尖灭和下 Fars 组不整合面上削蚀作用，Jeribe 组和 Euphrates 组地层厚度向东北方向变薄，穿过了 Jambur

油气藏和 Kirkuk 油气藏的部分区域（图 10-19）（Dunnington，1958）。Jambur 油气藏 Euphrates 组的地层厚度变化幅度很大（0～300ft），Jeribe 组的地层厚度较均匀（100～160ft）（图 10-20 和 10-21）。Dhiban 组蒸发岩、少量的灰岩以及页岩的总厚度为 165～300ft。

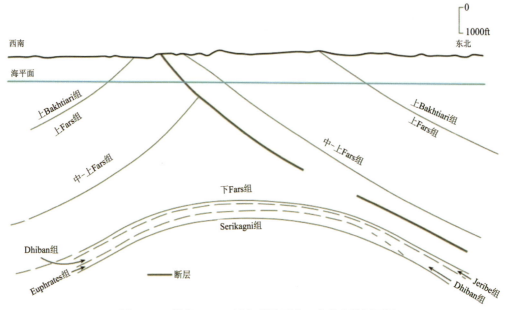

图 10-15　横穿 Jambur 油气藏的西南—东北向横剖面图

在 Jambur 油气藏，Jeribe 组和 Euphrates 组由粒泥灰岩和泥粒灰岩组成，夹鲕粒泥粒灰岩和粒状灰岩。Jeribe 组和 Euphrates 组主要包含三种沉积单元，纵向上具有呈层序向上变浅的规律：①发生在每个旋回的底部的浅海开阔潮下带单元，由红藻粒泥灰岩、泥粒灰岩以及其他的一些骨骼颗粒（包括棘皮类动物，底栖有孔虫和珊瑚碎片）组成；②部分局限潟湖/海湾沉积，在每个旋回中主要岩相为骨架粒泥灰岩和泥粒灰岩，其次还有球状的鲕粒泥粒灰岩和粒状灰岩，骨架颗粒主要是些小型的底栖有孔虫、文石灰岩和红藻碎片；③近岸泥坪沉积物，由层状的细晶质白云岩和潮上滩蒸发岩组成，其中的细晶质的白云岩由局限潟湖/海湾沉积物运移而来。Dhiban 组和下 Fars 组蒸发岩内夹具有很好的储集性的白云质灰岩和白云岩（Dunnington，1958）。

下中新统储层是在剧烈的海平面变化过程中沉积而成的，可进一步划分为两个基准面上升的沉积旋回；一级旋回为 Serikagni 组、Euphrates 组和 Dhiban 组的上升旋回，二级旋回为 Jeribe 组和下 Fars 组的上升旋回。因海平面的迅速变化，在 Jeribe 组储层内会产生小规模的、地层层序向上变浅的沉积旋回。

10.2.4　储层特征

岩相的旋回变化形成了储层的层状结构，但控制储层流体流动的主要原因是由于存在开启的裂缝发育带（IPC，1956）。储层隔夹层的存在使得油气分布更复杂化（图10-16），因此需要通过注水来驱替难以开采出来的原油（图10-14）。起初认为是由于地层或构造原因产生了低渗的、致密的渗透率屏障，后来认为这些渗透率屏障可能与裂缝不发育区的分布有关。

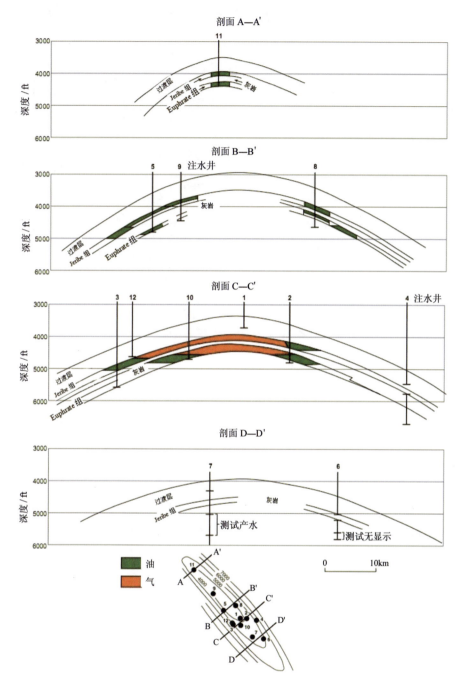

图 10-16　穿过 Jambur 油气藏的 4 个西南—东北向横剖面图

　　Euphrates 组储层岩性主要由白云岩、鲕状的骨架灰岩、粒泥灰岩、泥粒灰岩以及一些颗粒灰岩组成，其中以粒泥灰岩和泥粒灰岩为主。由于成岩作用，Euphrates 组储层物性较好。影响储层发育的主要成岩作用有：①白云岩化作用；②非组构溶蚀作用使骨架文石内发育了溶模孔；③胶结作用堵塞溶模孔；④后期溶蚀作用发生在硬石膏胶结

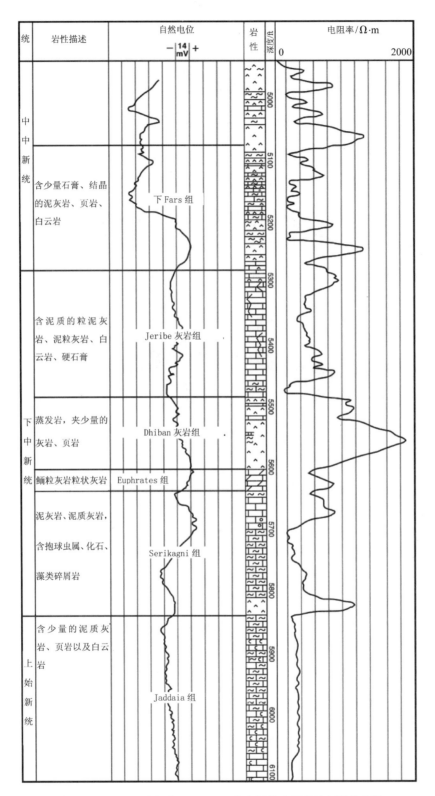

图 10-17 Jambur 油气藏 Jambur-13 井中新统地层岩性与测井曲线

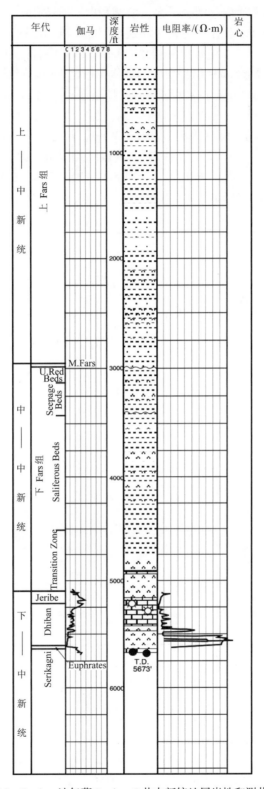

图 10-18　Jambur 油气藏 Jambur-5 井中新统地层岩性和测井曲线图

物、泥晶颗粒和泥晶基质内，产生了大量溶洞和白垩质微孔。在这些成岩作用中，白云岩化作用最重要。白云岩化作用通常在埋藏早期潮上滩和潟湖蒸发岩相内高浓度盐水中发生，与此同时还发生了非组构溶蚀作用。Jeribe 组储层岩性主要由白云质骨架粒泥灰岩和泥粒灰岩组成。Euphrates 组储层中的成岩作用比 Jeribe 储层中要显著，但因白云石和硬石膏胶结物堵塞了 Euphrates 组储层内孔喉通道，因此 Euphrates 组储层中的成岩效果更差。

　　Euphrates 组储层的孔隙度很高（10%～30%），渗透率中—低（一般为 20～30mD，最高 40mD）（图 10-20）。由于白云岩和硬石膏胶结物充填孔隙，因此 Jeribe 组储层的孔隙度中等（3%～19%），渗透率很低（1～3mD）（图 10-21）。在这两个储层中，裂缝均为主要渗流通道（IPC，1956）。

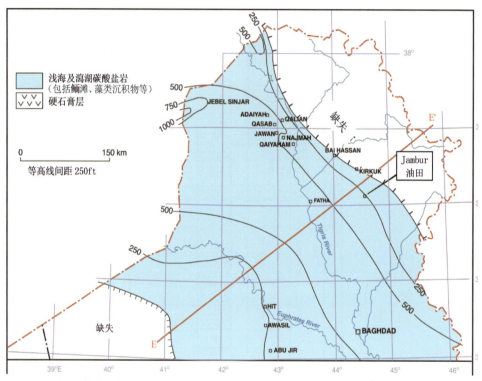

（a）伊拉克北部的下中新世 Dhiban 组和 Jeribe 组地层等厚图与岩相古地理图

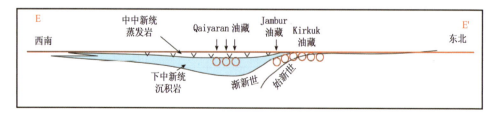

（b）伊拉克北部西南—东北方向区域地层剖面图

图 10-19　Dhiban 组和 Jeribe 组地层等厚图、岩相古地理图和地层剖面图

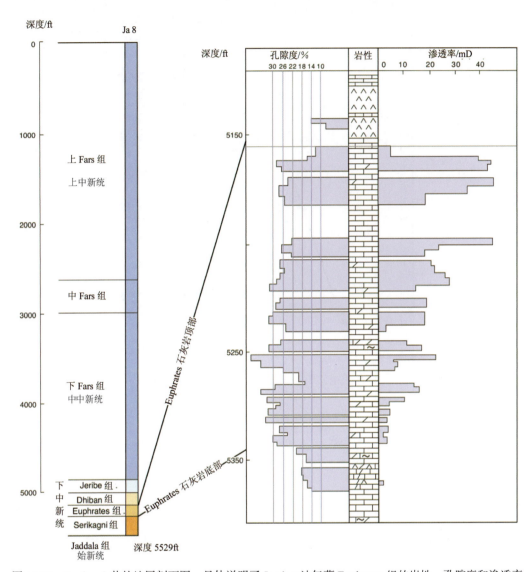

图 10-20 Jambur-8 井的地层剖面图，具体说明了 Jambur 油气藏 Euphrates 组的岩性、孔隙度和渗透率

10.2.5 生产特征

Jambur 油气藏原始石油地质储量为 40×10^8Bbl（MacGregor，1996），天然气地质储量未知，在 1984 年标定的石油可采储量为 10×10^8Bbl（Carmalt 和 St.John，1984）。1993 年，估计天然气采出量为 9.2×10^{12}ft³（伴生气和非伴生气），采收率为 25%。在下中新统的 Euphrates 组和 Jeribe 组的白云质灰岩和白云岩层内发现了大量油气资源，Jeribe 油气藏中的天然气来自气顶气（Alsharhan 和 Nairn，1997）。上白垩统—中白垩统石灰岩中只储存了少量的油气。Jambur 油气藏的原油为饱和轻质油，原油密度为 40.5°～43.5° API，中等含硫，1.2wt%，原始地层气油比为 1480SCF/STB。Jeribe 油气藏主要依靠气顶膨胀驱进行开采。

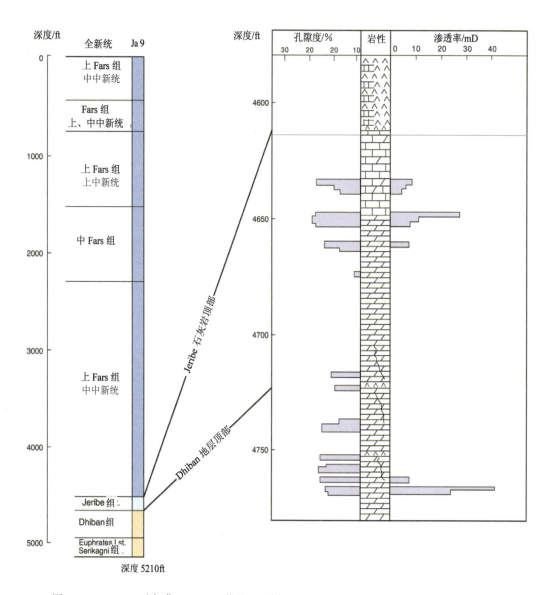

图 10-21　Jambur 油气藏 Jambur-9 井的地层剖面图，展示了 Jeribe 组的岩性、孔隙度和渗透率特征

该油气藏 1959 年投产，日产量为 6247Bbl/d，到 1961 年日量达到顶峰，为 17000Bbl/d，但是在 1974 年，油气藏日产量跌到最低，仅 3500Bbl/d。20 世纪 70 年代，日产量为 5000Bbl/d，并持续稳产（图 10-22）。1980 年以后，该油气藏的生产数据未知，为维持地层压力，对 3 口以上的注水井采取了注水措施。1980～1984 年，因伊朗境内爆发战争，该油气藏停产。1991 年，由于伊拉克入侵科威特，联合国对伊拉克实行了出口制裁，油气藏再次停产。截至 1980 年，累积产量达 7150×10⁴Bbl，最终采出量可能达到 $10×10^8$Bbl。到 1996 年，生产井数增加到了 50 口，平均日产油量为 75000Bbl/d。2000 年，全油气藏平均日产油量约为 30000Bbl/d。

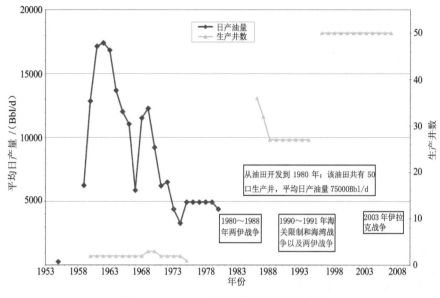

图 10-22　Jambur 油气藏的生产历史曲线

10.3　Naft Khaneh-Naft Shahr 裂缝型浅海石灰岩背斜构造层状—块状油气藏

10.3.1　基本概况

Naft Khaneh-Naft Shahr 油气藏位于扎格罗斯前缘 Kirkuk 海湾的东南部，横跨伊朗和伊拉克的边界（图 8-13）。该油气藏自 1923 年发现，伊拉克 Naft Khaneh 油气藏和伊朗 Naft Shahr 油气藏由同一个开发商开发，并分别于 1927 年和 1935 年投产。该油气藏石油原始地质储量为 8.34×10^8Bbl，天然气地质储量为 4630×10^8ft^3，预测石油可采储量为 3.34×10^8Bbl，天然气可采储量为 4060×10^8ft^3，原油采收率为 40%，天然气采收率为 88%。该油气藏孕育了两个下中新统—渐新统时期形成的西北走向的背斜构造油藏。下中新统 Kalhur 组为该油气藏主力产层。Kalhur 油藏原油为轻质油，原油密度 42°API，中等含硫。Kalhur 组沉积于浅海大陆架环境，由灰岩和白云质灰岩组成，其中灰岩呈层状，被硬石膏分隔成几个流动单元，Kalhur 组基质渗透率为 10～980mD。Kalhur 油藏最初开发方式主要为中等强度水驱和溶解气驱。为了提高产量，对该油气藏采取了酸化、打加密井、射孔完井等措施。1952～1954 年，油气藏日产油量约 21000Bbl/d，后因国有化制裁，日产油量下降到 8200Bbl/d。1960 年 Naft Khaneh 油气藏产量下降，而 Naft Shahr 油气藏产量上升。1977 年，在 Naft Khaneh-Naft Shahr 油气藏开始打加密井，日产油量达到第二个高峰，为 20500Bbl/d。为了维持油藏压力，往 Naft Shahr 油藏中注入了过量化学剂，从而导致裂缝内结蜡，地层渗透率降低。1980～1988 年，因两伊战争该油气藏生产受到限制，日产油量降低到 3000Bbl/d。1992 年 Naft Shahr 油气藏恢复生产，日产油量维持在 2000Bbl/d 左右。2003 年，由于美国政府的干涉，Naft Khaneh 油气藏停产。

10.3.2 构造及圈闭

Naft Khaneh-Naft Shahr 油气藏位于晚中新世—更新世时形成的西北走向的背斜内，该背斜轴向不对称（图 10-23 和图 10-24）。该背斜长 80km，宽 8km，倾角较小（北西向倾角为 3°，南东向为 5°）。（Djaafari 和 Samii，1963）。Naft Khaneh-Naft Shahr 油气藏发育了两个油气富集区。晚中新世 Kalhur 组为 Naft Khaneh-Naft Shahr 油气藏的主要产层，顶部被下 Fars 组硬石膏和泥灰岩所覆盖，裂缝发育连通了 Kalhur 组和下 Fars 组 E2 和 G 单元。晚中新世 Euphrates 组为辅助产层，被中新世 Kalhur/ Dhiban 组的硬石膏所封盖（图 10-23）（INOC，1979 年，Djaafari 和 Samii，1963）。

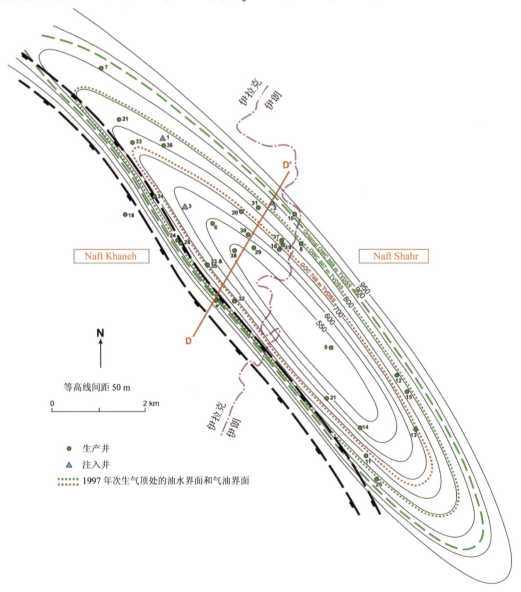

图中标注了井位，1935 年实施注气，在构造顶部形成气顶。图中标出了气油界面和油水界面

图 10-23　Naft Khaneh-Naft Shahr 油气藏 Kalhur 组灰岩储集层顶部深度构造图

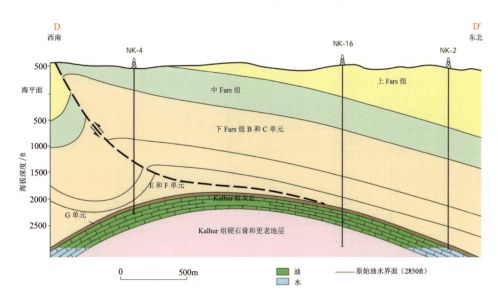

下中新统 Kalhur 组灰岩被下 Fars 组蒸发岩所覆盖。下 Fars 组 E 和 G 单元内储集少量原油

图 10-24　Naft Khaneh-Naft Shahr 油气藏的西南—东北向横截面图

据地震反射资料可知，Kalhur 组灰岩的顶部和底部位于伊拉克北部（OEC，1995）。Fars 组覆盖在 Kalhur 组灰岩层上，厚度 2000～2500ft，被一条北东倾斜的逆断层所切断，该逆断层发育于 Fars 组（可能是一个蒸发单元）最底部，穿过 Fars 组中部的断距达 850ft，并向地表方向变陡。背斜构造发育许多纵向正断层，有的垂直断距小于 50ft。该背斜的西南翼也被两个平行的正断层所切割（图 10-23）。

Kalhur 组石灰岩层所在的圈闭（14km×2.3km）含油面积为 25km²。该圈闭构造顶部海拔标高为 1768ft，原始油水界面深度为 2850ft（INOC，1979），油柱高度为 1082ft。油藏东北翼倾角为 16°～17°，西南翼倾角为 60°（图 10-23）（Alsharhan 和 Nairn，1997）。Kalhur 组石灰岩储层中的裂缝高度发育（Djaafari 和 Samii，1963；INOC，1979）。

10.3.3　地层和沉积相

在伊朗，Naft Khaneh-Naft Shahr 油气藏的主力产层为下中新统的 Kalhur 组灰岩（图 10-25），上部为 Asmari 组灰岩或者 Main Limestone，下中新统 Kalhur 组石灰岩在伊拉克相当于下中新统 Jeribe 组（Dunnington，1967）。Kalhur 组灰岩不整合地覆盖在厚约 590ft 的下中新统 Kalhur 组和 Dhiban 组，并与上伏中中新统下 Fars 组蒸发岩和灰岩不整合接触。在下 Fars 组石灰岩 E2 和 G 单元内储存了少量油气，裂缝的发育连通了 E2 和 G 单元与 Kalhur 组灰岩（INOC，1979）。在 Kalhur/Dhiban 组底部发育厚度约 50ft 的下中新统 Euphrates 组碳酸盐岩。

在 NK-31 井中 Kalhur 组石灰岩厚为 190ft，在 Naft Shahr 油气藏中 Kalhur 组厚为 75～236ft，并且向东逐渐变薄（Majdi et al.，2005）。在整个油气藏 Kalhur 组的平均厚度为 250ft。Kalhur 组主要由鲕粒岩、有虫孔的石灰岩和白云质灰岩组成，夹少量沉积于局限浅海碳酸盐岩陆棚环境下的硬石膏岩（Dunnington，1958）。

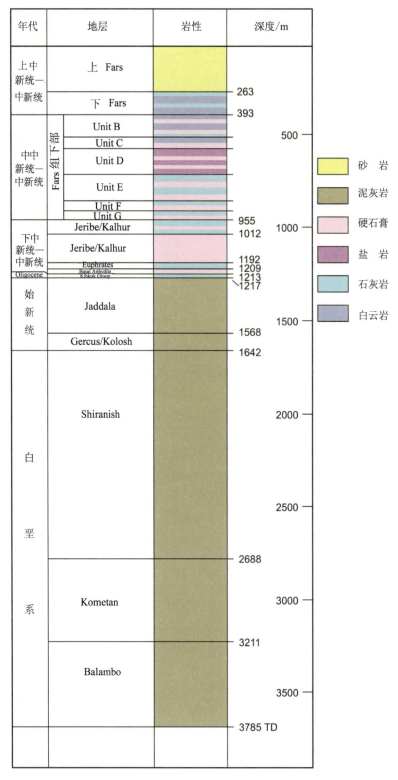

图 10-25　Naft Khaneh 油气藏 NK-31 井的地层岩性图

10.3.4　储层特征

Naft Khaneh-Naft Shahr 油气藏的主力产层 Kalhur 组石灰岩，储层结构表现为层状—块状，在整个油气藏储层厚度基本一致。Kalhur 组储层有效厚度为 197ft，中部夹硬石膏夹层，将储层分成平均厚度为 33ft 的地层单元，破坏了储层纵向连续性。在 Naft Khaneh-Naft Shahr 油气藏钻的每口井都钻遇到裂缝，可以判断 Kalhur 组石灰岩层中裂缝高度发育。这些裂缝的形成与晚中新世—更新世扎格罗斯造山运动有关，裂缝连通了下 Fars 油藏中的各个储层，为油气提供了渗流通道（INOC，1979）。在该油气藏构造的轴向上发育了大量的断层，但是压力和生产数据表明，这些断层并没有将油藏分隔。Kalhur 组的基质孔隙度为 12.8%～16.1%，裂缝发育的储层孔隙度大于 18%，基质渗透率小于 10mD，原始含水饱和度为 21.3%。经压裂生产后油藏的渗透率最高可以达到 980mD。

10.3.5　生产特征

生产数据表明 Naft Khaneh-Naft Shahr 油气藏石油原始地质储量为 $8.34×10^8$Bbl，天然气地质储量为 $4630×10^8$ft^3。这个数据小于 Djaafari 和 Samii（1963）计算的 $13.82×10^8$Bbl 原始地质储量以及 IPM 于 1992 年报导的 $15×10^8$Bbl 地质储量。通过容积法计算可知，Naft Shahr 油气藏原油储量占原始石油地质储量的 56%，天然气储量占原始天然气地质储量的 53%，其余储量储存在 Naft Khaneh 油气藏。1979 年，伊朗国家石油公司（INOV）宣布 Naft Khaneh 油气藏石油地质储量为 $3.86×10^8$Bbl；1989 年伊拉克石油公司宣布该油气藏的原始石油地质储量为 $4.05×10^8$Bbl，可采储量为 $3.34×10^8$Bbl。其中 Naft Khaneh 油气藏石油可采储量为 $1.47×10^8$Bbl；Naft Shahr 油气藏石油地质储量为 $1.87×10^8$Bbl，天然气地质储量为 $4060×10^8$ft^3，原油采收率和天然气的采收率分别为 40% 和 88%。Naft Khaneh-Naft Shahr 油气藏的原油密度为 42.2°API，黏度在 60°F 时为 2.48cp，原始气油比为 532SCF/STB。该油气藏主要依靠水驱和溶解气驱开采。

在科威特国家石油公司（KOC）和英国—波斯石油公司（APOC）的共同开发下，油气藏已经生产了二十余年，两个公司共同享有全部产量。根据 1925 年双方所签署的协议，在该油气藏开发之前，英国—波斯石油公司（APOC）必须在伊拉克建设一个炼油厂以供给当地的原油市场。管道的建设于 1925 年末开始，并于 1927 年 2 月完工。Naft Khaneh 油气藏于 1927 年开始投产，在通往伊朗的 Kermanshah 的管道建成后，Naft Shahr 油气藏于 1935 年开始投产。由于当地市场的需求量较低，1929 年之前油气藏日产油量一直低于 2000Bbl/d，日产油量增加到 2200Bbl/d 时，伊拉克首次成为了原油自给的国家。为提高原油产量，对该油气藏采取酸化增产措施。在第二次世界大战期间，Alwand 炼油厂日产量扩大到 10000Bbl/d。在 20 世纪 30～40 年代，该油气藏两个区块的产量都持续稳定增长，1952～1954 年总日产量达到顶峰，为 21100Bbl/d，其中 Naft Khaneh 油气藏日产量达 11300Bbl/d，Naft Shahr 油气藏日产量达 9800Bbl/d（图 10-26）。

1935 年，因实施注气，在油气藏构造的顶部形成了一个次生的气顶。到 1963 年，气油界面深度为 2110ft，气柱厚度达 342ft，到 1997 年，气柱厚度增加到了 660ft。气侵和水侵可以维持油藏压力，但是降低了原油的产量。可通过打加密井以达到提高原油产量并有效地控制气侵和水侵的目的。1936～1958 年，为维持油藏压力，往 Naft Shahr 油气藏重新注入近 1160×10⁴Bbl 的化学添加剂后，导致裂缝内结腊，储层受到伤害，渗透率降低（Djaafari 和 Samii，1963）。

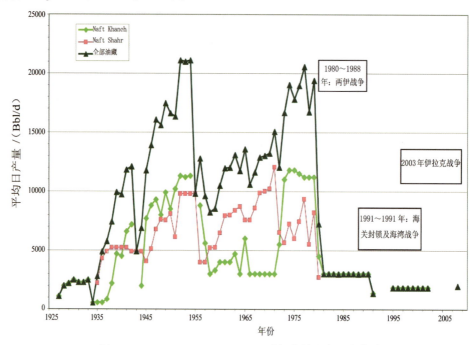

图 10-26　Naft Khaneh-Naft Shahr 油气藏的生产历史曲线

　　1951 年，伊朗国家石油公司（INOC）接手 Naft Shahr 油气藏时（Djaafari 和 Samii，1963），英国—波斯石油公司（APOC）正式和伊拉克政府达成协议，计划将 Naft Khaneh 油气藏日产量提高到 40000Bbl/d。但实际上最高日产量并没有超过 12000Bbl/d。根据协议的规定，当地政府重新收回对 Naft Khaneh 油气藏的控制权。此后，两个油气藏独立开发（CGES，2008）。20 世纪 60 年代，Naft Khaneh 油气藏的产量递减，Naft Shahr 油气藏的产量有所增加。1977 年由于新钻加密井，同时关闭了高含气的油井，Naft Khaneh 油气藏第二次达到了日产量高峰 20500Bbl/d。到 1978 年 7 月，Naft Shahr 油气藏共采出原油 8430×10⁷Bbl。1980～1988 年，因两伊战争冲突，Naft Khaneh-Naft Shahr 油气藏日产量下降到 3000Bbl/d。伊拉克拆除了 Naft Shahr 油气藏内所有的油井，除了三口不能生产的废井外（IPM，1992）。开采初期，油藏压力为 2450psi，1988～1991 年，压力从 1736psi 下降到了 1712psi。1991 年 7 月，伊朗国家石油公司（INOC）在 Naft Shahr 油气藏新钻了几口生产井，这些井于 1992 年 8 月重新投产。到 1999 年，Naft Khaneh 油气藏采出原油共计 1.14×10⁸Bbl，天然气 990×10⁸ft³。2003 年 3 月，美国入侵伊拉克，油气藏被迫停产。2008 年，Naft Khaneh-Naft Shahr 油气藏恢复生产后，日产量仅为 2000Bbl/d，濒临枯竭。如果伊朗和伊拉克政府共同合作把原油运输到一个炼油厂的话，有望增加油气藏的产量并且延长开采年限（CGES，2008）。如果作业环境得到改善，Naft Khaneh 油气藏也可快速重新投产。

10.4　Haft Kel 孔隙–裂缝型局限碳酸盐岩陆棚泥粒、粒屑灰岩背斜构造层状—块状油气藏

10.4.1　基本概况

Haft Kel 油气藏位于伊朗西南部（图 8-13），该油气藏原始石油地质储量为 85×10^8Bbl，预测石油可采储量为 21.8×10^8Bbl、天然气可采储量为 1.6×10^{12}ft^3（伴生气）、原油采收率达 26%。渐新统—中新统 Asmari 组为该油气藏的主力产层，中白垩统 Sarvak 组为辅助产层。该油气藏于 1927 年发现，1929 年开始投入生产，截至 2000 年累计产油量为 19.5×10^8Bbl，采出度为 23%。Haft Kel 油气藏为一个背斜（32km×5km）构造，背斜翼部倾角较大。Haft Kel 油气藏烃源岩为 Kazhdumi 组，生成的原油具有油质轻、含硫量中等、原始气油比中等等特点。主力储层 Asmari 组的岩性由富含泥的粒泥灰岩和泥粒灰岩组成，沉积环境为局限台地；储层基质孔隙度很小且变化幅度大（1%～15%），基质渗透率也较低（通常小于 1mD）。储层的孔隙类型以溶蚀印模孔和微结晶孔为主。油气藏盖层为区域分布的 Massive 组和 Fars 组蒸发岩。

Haft Kel 油气藏开发初期主要采用中等强度天然水驱、气体膨胀驱和重力驱等开发方式开采原油，平均日产量为 700Bbl/d；为了防止产量递减，随后分别采取了压裂施工、控制单井产量等措施。油气藏于 1976 年开始实施注气开采；1979 年，油气藏实施关井停产措施，迫使油气界面下降，之后经过连续 9 年的注气开发，油水界面逐渐稳定。1987～1995 年，通过实施新井加密，原油增产 1×10^8Bbl。通过油藏模拟预测油气藏注气采收率高达 32%，而产水率只有 17%。

10.4.2　构造及圈闭

Haft Kel 油气藏位于伊朗西南部的迪兹富勒（Dezful）拗陷，所在的背斜构造处于西北方向延伸的扎格罗斯（Zagros）褶皱带，该背斜处于从西北方向的 Haft Safid 油气藏延伸到东南方向的 Mametain 油气藏的构造带间；背斜从下到上具有良好的继承性，顶部平缓，两翼近于对称，倾角较大，北东翼最大倾角 25°、南西翼最大倾角 35°；Haft Kel 油气藏圈闭仅位于背斜顶部（图 10-27）。油气藏所在 Asmari 组石灰岩储层之上覆盖了具有良好封闭性特征 Fars 组下段或 Gachsaran 组蒸发岩，其中 Fars 组下段上部的部分地层（6 和 7 层）在 Haft Kel 油气藏背斜核部的局部区域出露地表遭受剥蚀，油气藏在成藏过程中油气部分发生泄露，使得油气的充满程度不高。油气藏主体部位断层不发育，保存完好。

Haft Kel 构造的油气产层为中新统的 Asmari 组和 Pabdeh 组（图 10-28）。在始新世和白垩纪中期形成的下伏 Pabdeh 组油藏与上覆的 Asmari 组油藏相连通，但其中储集的油气量较少，对 Haft Kel 油气藏的产量贡献不大（Saidi，1987）。主力产层 Asmari 组的封闭盖层是 Gachsaran 组和 Fars 组下段的蒸发岩。Haft Kel 构造圈闭长 32km，宽 5km，含油面积约达 130km^2（图 10-29）。Haft Kel 构造的最高点位于圈闭的东南方，深度为 801ft；另外还有三个构造部位较低的穹隆，其原始气油界面深度分别为 1065ft（东南部）、1015ft（中部）和 2105ft（西北部）。圈闭的原始油水界面深度为 3087ft、油柱高度为 2072ft、含烃高度为 2286ft、气柱最高为 264ft。在下始新世和白垩纪中期油藏中的

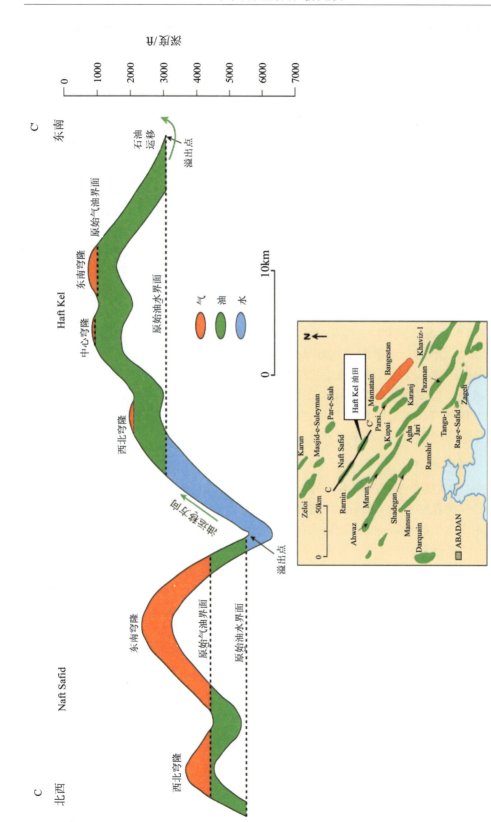

图 10-27 横跨 Naft Safid 油气藏和 Haft Kel 油气藏西北—东南向构造剖面图

油柱高度分别为 325ft 和 185ft。圈闭充满了原油并有溢出，溢出点位于 Haft Kel 构造和 Mametain 构造之间（图 10-27、图 10-29；IOEPC 和 IORC，1963）。

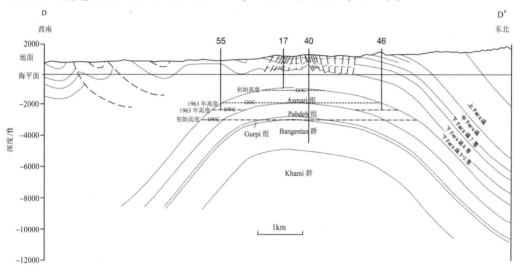

图中：OWC 代表油水界面，GOC 代表气油界面

图 10-28　横跨 Haft Kel 背斜西南—东北向构造剖面图

10.4.3　地层和沉积相

古新统—下渐新统的 Pabdeh 组厚度 950ft，主要由泥岩、泥灰岩和石灰岩组成，其中石灰岩的储集性能较好，但厚度很小，位于该组地层顶部（Saidi，1987）。Pabdeh 组顶部灰岩之上逐渐沉积了渐新统—中新统的 Asmari 组灰岩，这是 Haft Kel 油气藏的主力产层（图 10-30），是在白垩系 / 古近系不整合界面之上整合沉积的古近系的一部分。Asmari 组之上覆盖了中新统 Gachsaran 蒸发岩（图 10-30）。白垩系 / 古近系不整合界面之下即为上白垩统泥灰岩和泥灰质灰岩，下伏中白垩统的 Bangestan 组石灰岩，厚度较大，在 Haft Kel 油气藏范围仅钻遇其上部的 1300ft。

在 Haft Kel 油气藏，主力产层 Asmari 组以粒泥灰岩和泥粒状灰岩为主，平均地层厚度为 884ft，储层平均有效厚度为 675ft，净毛比为 0.76。依据有孔虫类型的不同，可将 Asmari 组进一步细分为三个段（James 和 Wynd，1965）。底部为硬石膏，向上进入 Asmari 组下段（渐新统）；下段地层较薄，沉积了陆棚环境内的灰岩，局部白云岩化，地层呈块状到厚层状，岩石颗粒 50%～70% 为底栖有孔虫化石；中段和上段（中新统）地层由白云岩、石灰岩和少量硬石膏互层组成，向上颗粒逐渐变细，以薄层状粒泥灰岩产出，颗粒含量 25%～50%，以球粒、小型底栖有孔虫和骨架碎片为主（James 和 Wynd，1965）。

Haft Kel 油气藏的沉积环境由下到上呈规律性变化，底部为开阔海洋环境，向上逐渐变为下部及中部为浅海陆棚环境，中上部到顶部从渐新世的局限海环境变为中新世的局限海湾沉积环境。上覆的 Gachsaran 组蒸发岩代表了海相盆地的终结。Gachsaran 组地层厚度 80～140ft，是 Asmari 组的盖层。

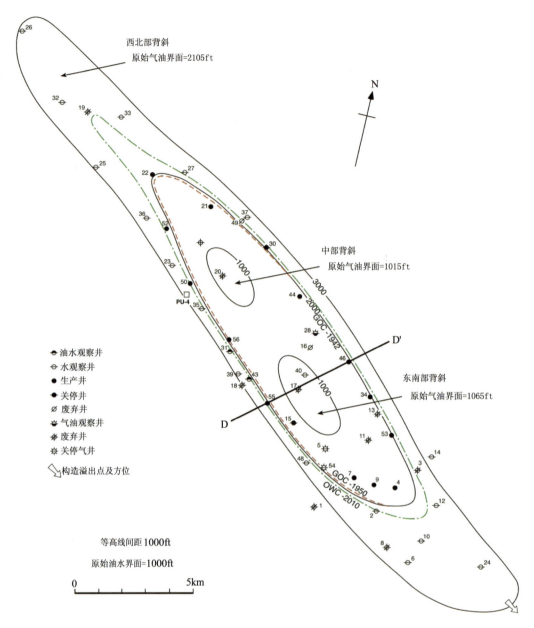

图中：GOC 代表气油界面，OWC 代表油水界面

图 10-29　Haft Kel 油气藏 Asmari 组顶面构造图

10.4.4　储层特征

Haft Kel 油气藏 Asmari 组的基质渗透率很低，流体渗流受控于开启的裂缝网络（O'Brien，1953）。Asmari 组石灰岩的裂缝渗透率很高，具备较高的单井生产能力，但依据裂缝获得的高产需要配合其他合理的地质条件才能持久。比如伊朗的 Gachsaran 裂缝型油气藏，产量高达 80000Bbl/d，但由于沿着裂缝方向发生了水窜，这样的高产仅持续了几个月。由此可见，要想获得稳定高产，不仅要识别出地下有无裂缝，同时还要考

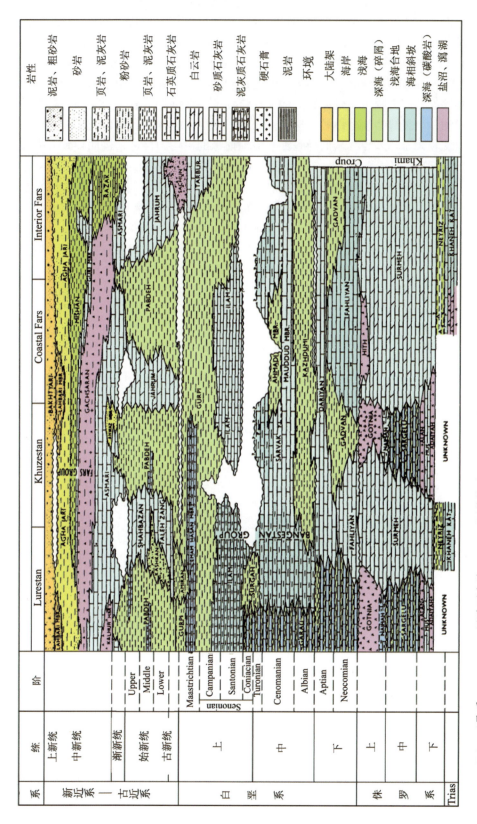

图 10-30　伊朗西南部的三叠特里赫特阶—全新世地层序列图

Trias.三叠系；Neocomian.尼欧可木阶；Aptian.阿普特阶；Albian.阿尔必阶；Cenomanian.森诺曼阶；Turonian.土伦阶；Coniacian.科尼亚克阶；Santonian.桑通阶；Campanian.坎潘阶；Maastrichtian.马斯特里赫特阶

虑揭示裂缝的发育密集度和基质孔隙度（Gibson，1948）。当某个地区的裂缝（微裂缝）密度大，同时基质孔隙度也高，就有充足的原油进入裂缝通道进行渗流，因而能够维持高产（图 10-31；McQuillan，1985）。Haft Kel 油气藏的产量维持在 1000～15000Bbl/d（平均 7000Bbl/d），而压力降到只有 20psi（IOEPC 和 IORC，1963）。由于地层内裂缝的发育密度差异较大，加上顺裂缝延伸方向的原油流动速率远好于垂直甚至是与裂缝延伸方向斜交方向的，当裂缝型油藏以较高速度开采时，往往在裂缝发育程度与延伸方位不同的部位会出现较大压降差异，从而导致油水流动前缘的不均匀推进，进而导致开采效益大幅降低。Haft Kel 油气藏的西南部相比其他区域，裂缝发育密度较低，开采效益也比油气藏其他区域低。Haft Kel 油气藏除西南部外的其他区域压力数据变化均较稳定，表明这些地区裂缝的发育密度不仅较高，而且分布均匀，裂缝的纵横向连通性均较好，储层性质远远好于 Bibi Hakimeh 或 Gachsaran 油藏内的 Asmari 组裂缝型油藏（Saidi，1987）。

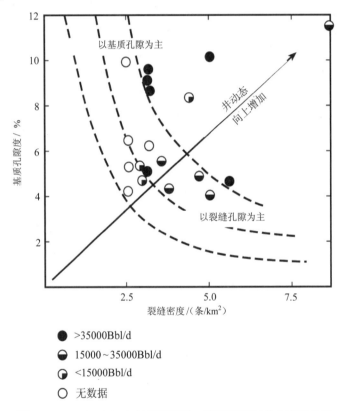

图 10-31　Bibi Hakimeh 油藏基质孔、裂缝密度与单井产量关系

　　一般来说，依靠产液剖面可以预测出大的裂缝，而利用岩心观察描述可以发现较小的裂缝[图 10-32（a）]，将这两种方法结合起来能够识别 8～14ft 的裂缝块体；在 Haft Kel 油气藏，还采用了依靠分析被水侵入的含油区中含水饱和度随深度的变化特征来确定裂缝块体大小的方法[图 10-32（b）]。从 HK-55 井中取出 6 块岩心样品开展毛管压力测试，结果表明 6 块岩样的吸液能力较低，平均只有 5%[图 10-33（a）]。从 HK-55 井中取出 6 块岩样，进行水驱实验并计算相对渗透率；同时从 HK-28 井中取出 9 块岩样，进行气

体注入实验[图 10-33（b）；Saidi，1987]。而现场试验测试得出 Haft Kel 油气藏平均地温梯度仅为 0.66°F/100ft，远低于 Asmari 组裂缝不发育地区的地温梯度 1.4°F/100ft；因为垂直裂缝渗透率较高，加速了热对流，从而降低了地温梯度。Haft Kel 油气藏 Asmari 组裂缝性油藏上部的地温梯度仅为 0.40°F/100ft，下部 1000ft 厚度地层的地温梯度为 0.90°F/100ft，上部地温梯度比下部低，表明油藏上部的裂缝密度更大，渗透性更好（图10-34；Saidi，1996）。

Asmari 组储层由白云岩、含有孔虫的粒泥灰岩和泥粒灰岩组成。该组的上段和中段为颗粒较细的灰岩和白云岩薄互层，下段是颗粒较粗的块状白云岩。岩石孔隙的发育受控于白云岩化作用发生的范围和程度，换句话说，正是因为白云岩化作用才形成了有效孔隙（Hull 和 Warman，1970）。白云石含量大于 50% 的碳酸盐岩孔隙度都比较高，可能因为白云岩减弱了压实作用对孔隙的破坏。泥岩和粒泥灰岩中普遍发生了白云岩化作用，粗颗粒石灰岩没发生或仅局部发生了白云岩化作用，部分被白云岩化的粒泥灰岩和泥粒灰岩以含有被选择性白云岩化泥岩包裹的方解石颗粒为特征。白云岩的孔隙主要是由连通性不好的铸模孔和连通较好但孔径较小的晶间孔构成。Asmari 组储层基质孔隙度低—中等，为 1%～15%；渗透率较低，为 0.015～16mD，通常都小于 1mD（IOEPC 和 IORC，1963）。另外通过测试发现，Haft Kel 油气藏 Asmari 油层组是亲油的。

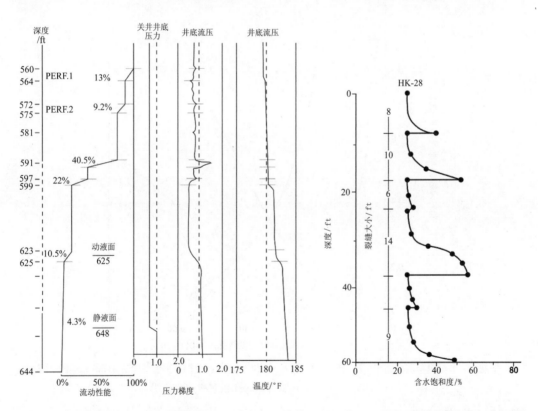

（a）通过产液剖面预测有无裂缝存在，并且可以计算出每条裂缝对总产量的相对贡献值　（b）基于 Haft Kel-28 井（井位在有垂直裂缝的水侵区域）的测井资料计算含水饱和度

图 10-32 Haft Kel 油气藏典型井产液剖面

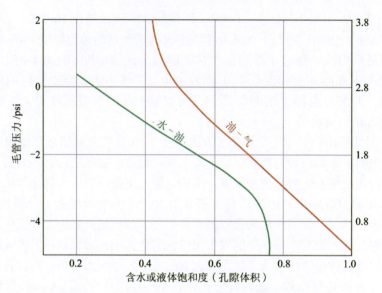

(a) 平均水 - 油和油 - 气毛管压力曲线 (Haft Kel-55 井岩心)

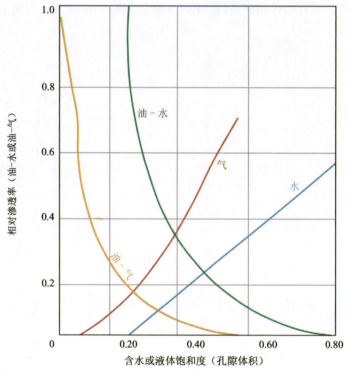

(b) 平均油 - 水相对渗透率曲线 (Haft Kel-55 井岩心) 和平均油 - 气相对渗透率曲线 (Haft Kel-28 井岩心)

图 10-33 岩心毛管压力曲线和相对渗透率曲线

10.4.5 生产特征

Haft Kel 油气藏的石油原始地质储量为 $85×10^8$Bbl，其中可采石油储量为 $21.8×10^8$Bbl、天然气可采储量为 $1.6×10^{12}$ft³ （2002 年），采收率为 26%。Haft Kel 油气藏原油为饱

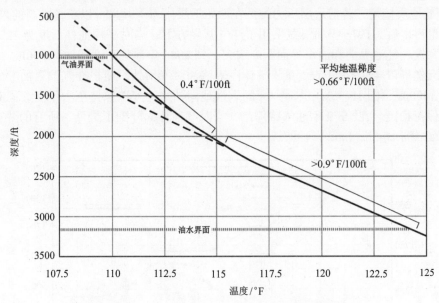

油藏上部的地温梯度较低，表明上部的高角度裂缝更发育

图 10-34 Haft Kel 油气藏温度与深度的关系曲线图

和轻质油，密度为 38°API，黏度低为 0.4cp，含硫量中等为 1.3wt%，原始气油比为 400SCF/STB。该油气藏主要采用边水驱、气体膨胀驱、重力驱以及溶解气驱等方式进行开采（图 10-27）。

Haft Kel 油气藏于 1929 年开始投入生产，产量为 5700Bbl/d，此后逐年递增，到 1945 年产量达到顶峰 200000Bbl/d，此后一直稳产到 1951 年。1951~1954 年，由于伊朗石油工业国有化导致了油气藏停产，在关井停产三年内，地层压力和气油界面都有所回升（图 10-35）；大约有 2.35% 的原始地质储量储存于裂缝介质中（Saidi，1987）。Haft Kel 油气藏不断产出原油从而导致地层压力下降，而由于 Haft Kel 油气藏的含水层与邻近的 Naft Safid 油气藏相连通性（图 10-27），加上 Naft Safid 油气藏的气顶膨胀将其中的地层水驱替到 Haft Kel 油气藏内，从而提高了 Haft Kel 油气藏的压力，气油界面位置升高。1954 年，Haft Kel 油气藏重新投入生产，在 1960 年产量上升到 16.3× 10^4Bbl/d。在 1979 年，由于政治动荡，油气藏产量急剧下降到 1400Bbl/d。截至 2000 年，该油气藏累计产量达到 19.5× 10^8Bbl，为预测最终可采石油储量的 91%，原始地质储量采出程度的 23%。

在 Haft Kel 油气藏 Asmari 储层中，最初的天然驱动能量是溶解气驱（IOEPC 和 IORC，1963；Gibson，1948），在 20 世纪 60 年代，该油气藏主要的天然驱动能量为重力驱。当时对是否有利于提高伊朗裂缝性灰岩油藏采收率的方法有如下争论：要么采用注水开发（IOEPC 和 IORC，1963；Tehrani，1985），要么采用注气开发（Saidi，1974，1987，1996）。为了解决此难题，收集了大量油气藏的资料，并利用 Haft Kel 油气藏 8 口井的测井资料估算出了含水饱和度（图 10-32b）；1964~1970 年，在 Gachsaran 油藏通过地层压力的降低估算出了泡点压力变化趋势；在 20 世纪 70 年代初建立了油藏模拟模型。模拟结果表明，在 Asmari 储层中气驱油效率比水驱油效率高，可以多采出

5%的原始地质储量，若把地层压力维持在原始地层压力下开采可以获得更高的采收率。上述结论得出后，1976年油气藏采用了注气开发方案；当时平均油柱高度为122ft，由于注气开发，气油界面和油水界面距离增大，到1986年油柱高度增加到400ft。之后连续三年天然气以$4 \times 10^8 ft^3/d$的气量将气体注入该油藏气顶处，使得在气油界面处的压力达到了1400psi（图10-35）。其后六年间歇性地向油藏注气以保持压力不变，同时使油水界面保持稳定。在1979年油气藏停产，当时气油界面降到了最低，所有的井也都出现了气窜（图10-36；Saidi，1987）。

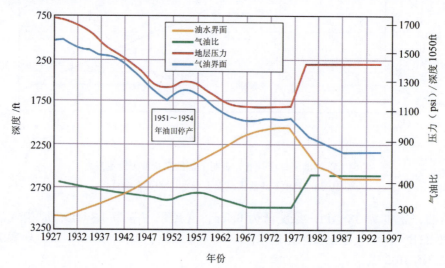

图10-35　Haft Kel 油气藏在生产期间，油水界面、气油界面、气油比和地层压力与时间的关系曲线

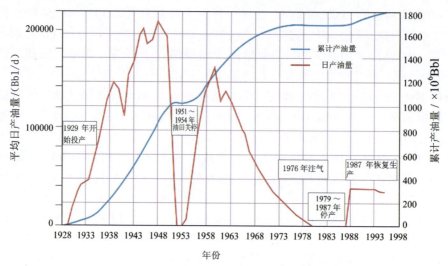

图10-36　Haft Kel 油气藏生产历史曲线

1987年，该油气藏重新投入生产，在钻井过程中钻遇了新的储集层，产量迅速达到了35000Bbl/d，没有出现水侵现象，并保持稳产，截至1995年底累积产量增加了$1 \times 10^8 Bbl$。1995年的气油界面海拔深度比1976年低了400ft。据估算，整个注气区域可采出$3.4 \times 10^8 Bbl$原油。如果储层压力从100psi增加到1512psi，毛细管压力将进一步降低，

从而产量可增加 1×10⁸Bbl。据油气藏生产数据显示，水驱油效率约为 17%，若油层压力增加到 1512psi，气驱效率可达到 32%[图 10-37（a）；Saidi，1996]。Haft Kel 油气藏不仅发育了高角度裂缝，还发育有水平裂缝，这种裂缝延伸方向的差异性严重影响了从油柱高度到裂缝块体高度毛管压力的连续性，导致注气驱的实际采收率仍然没达到理论的最大采收率 60%[图 10-37（b）]。到 1995 年底，油气藏累积产量达到 17.9×10⁸Bbl，采出程度为 20.6%。

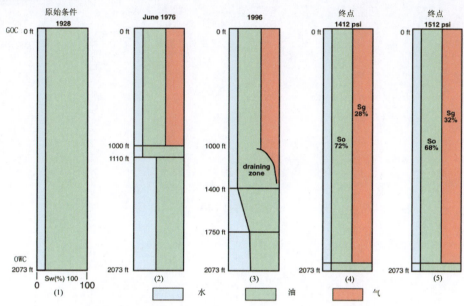

（a）不同时期或不同压力下 Haft Kel 油气藏 Asmari 组内流体饱和度的分布图

（1）1928 年的流体饱和度原始分布状态；（2）1976 年开始注气时流体饱和度分布状态；（3）1996 年流体饱和度分布状态；（4）地层压力 1412psi 时的流体饱和度分布状态；（5）地层压力为 1512 psi 时的流体饱和度分布状态

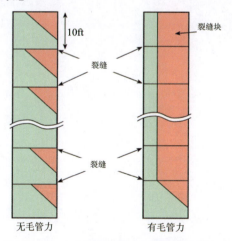

（b）裂缝块中的采油机理

图中：OWC 代表油水界面，GOC 代表气油界面

图 10-37　流体饱和度分布图及裂缝块中的采油机理（Saidi，1996）

第 四 篇

阿曼盆地典型碳酸盐岩油气藏地质特征

第11章 阿曼盆地油气藏地质总体特征

11.1 盆 地 位 置

阿曼盆地跨过阿曼（占 98.9%）和也门（占 1.1%）两国，总面积 $1.531×10^5km^2$，是中东地区除阿拉伯盆地和扎格罗斯盆地之外的第三大含油气盆地。阿曼盆地位于阿拉伯板块东南边缘，海岸线长 1600km，全境多为海拔 200～500m 的高原，海拔 3352m 的沙姆山为盆地内的最高峰。阿曼盆地北部边界为阿曼山的前缘推覆体，东部边界为侯格夫隆起带，西边紧邻鲁卜-哈利次盆地，东南边为阿拉伯海。阿曼盆地由北向南走向由南—北折向东北—西南方向，呈新月状弧形分布（图 11-1）。

11.2 构造演化特征

阿曼盆地被中阿曼隆起带分割为南北两个次盆，南阿曼次盆地由南阿曼盐盆和东翼两个构造单元构成，北阿曼次盆地分别由北法胡德（Fahud）盐盆、哈巴（Ghaba）盐盆和阿法（Afar）地区三个构造单元构成（图 11-1～图 11-4）。

阿曼盆地起始于震旦纪的克拉通内裂谷，随后在古生代演化为内陆凹陷，在中生代随着冈瓦纳板块的解体演化为被动边缘；晚白垩世—中新世，阿曼山推覆体的逆冲作用在盆地的东北部形成了前陆，晚中新世时阿拉伯板块和欧亚板块发生碰撞，新特提斯洋最终闭合，逐渐演变形成了阿曼盆地现今的构造格局（图 11-2～图 11-4）。

晚震旦世—早寒武世，阿曼盆地内的部分盐盆接受了浅海相碳酸盐岩、碎屑岩和蒸发岩沉积，最早的碎屑岩沉积为冰川碎屑岩，碳酸盐岩层序内发育有生油岩；晚奥陶世—早志留世和晚石炭世—早二叠世，又沉积了两期冰川沉积物；泥盆纪—石炭纪时，板块向北的位移导致了轻微的挤压，这期间发生了几期盐构造运动，淡水被冰体阻塞造成了盐的溶解；晚二叠世—古新世由于新特提斯洋的张开，包括阿曼盆地在内的阿拉伯板块的北缘为一被动大陆边缘，其中发育了广泛的台地碳酸盐岩沉积，同时沉积了部分海相烃源岩，在隆升断块边缘发育了生物碎屑建造，区域展布的页岩构成了有效的盖层。晚中新世时，海相沉积环境逐渐被陆相沉积环境所替代，形成了阿曼盆地现今沉积地貌。

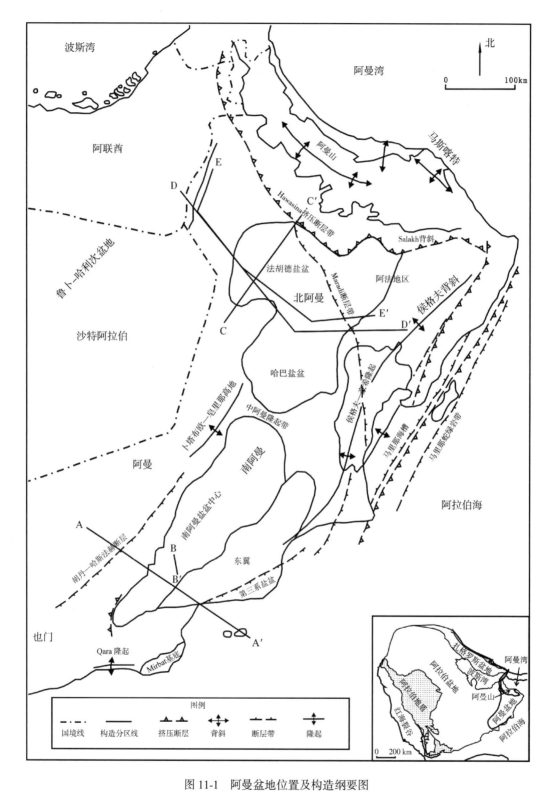

图 11-1　阿曼盆地位置及构造纲要图
A-A′剖面见图 11-3；B-B′剖面见图 11-6；C-C′剖面见图 11-2；D-D′剖面见图 11-4；E-E′剖面见图 11-7

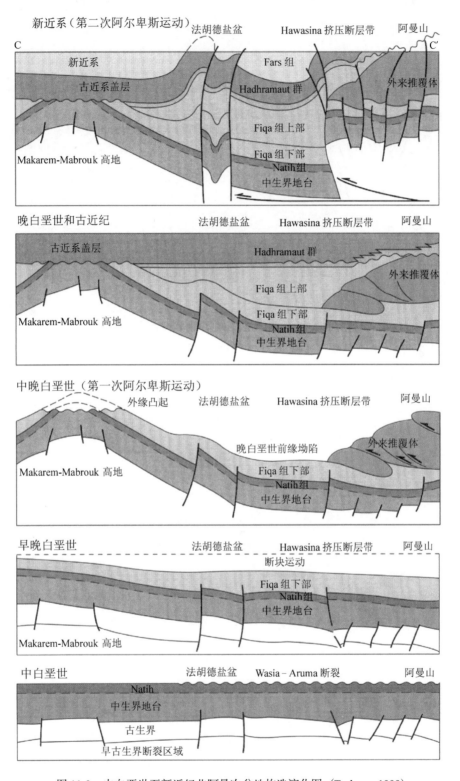

图 11-2　中白垩世至新近纪北阿曼次盆地构造演化图（Terken，1999）

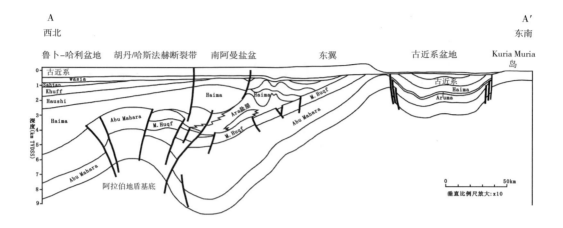

图 11-3　南阿曼次盆西北—东南走向构造、地层横剖面图

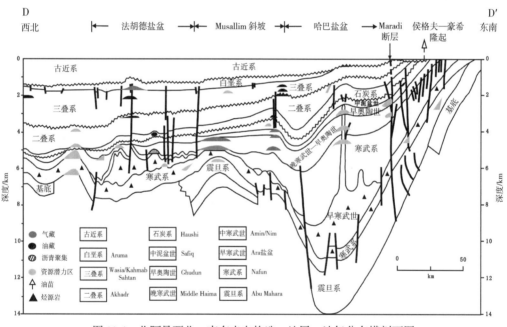

图 11-4　北阿曼西北—南东走向构造、地层、油气分布横剖面图

11.3　地层沉积特征

11.3.1　沉积演化背景

　　覆盖于阿曼盆地结晶基底之上的为 Huqf 群地层，该群地层在同生裂谷到裂谷后早期的晚震旦世至早寒武世期间沉积而成，为一套硅质碎屑岩、碳酸盐岩和蒸发岩的混积层序（图 11-5）。震旦系底部 Abu Mahara 组地层为海侵层序，受冰川融化影响造成海平面上升，沉积了含海绿石的泥岩和浅海砂岩（Sharland et al.，2001）。震旦世中晚期同

生裂谷碎屑岩逐渐减少，由于气候干旱，逐渐形成南阿曼、Ghaba 和 Fahud 等含盐盆地。裂谷作用使阿曼盆地沉降变深，沉积了包括 6 个（A1—A6）段的 Ara 组含叠层石碳酸盐岩—蒸发岩混积层序，厚度近 2000m。震旦系与寒武系间的地层界面位于 A4 段碳酸盐岩旋回的底部。Ara 组蒸发岩间歇性盐构造作用和溶解作用影响了后期地层沉积模式，导致龟背式沉积构造的形成。富含有机物的页岩岩层记录了周期性海进，是该区域丰富的烃源岩。在寒武纪—早志留纪，Haima 群沉积作用受到了间歇性断裂、热拗陷和构造反转等构造事件影响（Al-Marjeby 和 Nash，1986）；Ghaba 盐盆中心 Haima 群厚度超过 6km，以辫状河砂、泥岩沉积为主，含有粗碎屑的冲积扇砾岩、砂岩，风成砂岩层，以及边缘海沉积隔夹层等。

在志留纪—石炭纪中期，由于发生了两次大规模的抬升和侵蚀作用，使得阿曼盆地所在区域缺失了志留系—石炭系中统的大多数地层（Pollastro，1999）。由于盐构造作用的影响，石炭纪中期之前的层序沿 Huqf 轴向北西倾斜（Al-Marjeby 和 Nash，1986）。热隆起和抬升导致石炭纪中期冈瓦纳大陆的解体和新特提斯洋的形成，横切大陆冰盖，阿曼北部成为被动大陆边缘。石炭纪中期—早二叠纪，Al Khlata 地层的碎屑物于冰川消融阶段冰前环境沉积，由于盐盆持续沉降获得的巨大可容纳空间使得 Al Khlata 地层的沉积厚度达到最大，其上覆盖了后冰川海相海进 Rahab 层页岩和薄层砂岩，随后沉积的 Gharif 层的冲积扇—浅海砂岩、页岩是阿曼盆地许多油田的重要储层。晚二叠纪—晚三叠纪海进结束，伴随着 Akhdar 组碳酸盐岩台地沉积，Akhdar 组底部地层（Khuff 层）成为 Gharif 储集层的区域性封盖层。

裂谷作用在二叠纪达到鼎盛时期，到早侏罗世时在阿拉伯板块和亚洲板块开始形成大洋地壳，此时伊朗和 Lut 克拉通从冈瓦那大陆分离；经过隆起和剥蚀以及印度板块的分离，在阿曼东部发育了一个被动边缘。侏罗世时期沉积了 Sahtan 群地层，底部为 Mafraq 组海相碎屑岩地层，向上过渡为 Jubaila 组浅海碳酸盐岩。在早白垩世，Kahmah 和 Wasia 群碳酸盐岩台地沉积仍处于被动边缘构造背景中，其中 Kahmah 上部地层为阿曼盆地重要的油气储层。侏罗纪至白垩纪区域性的沉积改变主要受海平面波动变化影响，构造事件的影响相对较弱。

在晚白垩世，逆冲推覆体与蛇绿岩复合体向西南方向被挤压到阿曼被动边缘北东翼之上，此时阿曼山开始隆起，持续的俯冲和区域性挤压导致前陆盆地的发育。在坎帕阶—早麦斯里希特阶，欧亚板块向南的持续插入引起地壳下降、物质快速沉积，以及北阿曼盐盆的扩张，外加海平面的持续上升，导致泥灰岩、灰岩以及 Aruma 组局部含砂浊积岩的沉积（图 11-5）。晚麦斯里希特阶时期，阿曼盆地变形终止。古新世—始新世阿曼盆地相对稳定，形成了碳酸盐岩台地和 Hadhraut 组局部蒸发岩沉积，直到早渐新世由于欧亚板块和阿拉伯板块碰撞造成的第二次阿尔卑斯事件沉积作用才以终止。中新世之后，在 Hadhramaut 不整合面之上，非均质地沉积了碳酸盐岩台地、泥灰岩和大陆碎屑等沉积物。

11.3.2 地层及其分布特征

阿曼盆地地层出露较为完整，自下而上分别发育震旦系、寒武系、奥陶系、志留系、泥盆系、石炭系、二叠系、三叠系、侏罗系、白垩系、古近系—新近系等地层；其中震旦系、三叠系、侏罗系、白垩系、古近系—新近系地层发育碳酸盐岩，寒武系、奥陶系、志留系、泥盆系、石炭系和二叠系地层发育碎屑岩（图 11-2～图 11-4，图 11-5～图 11-7）。

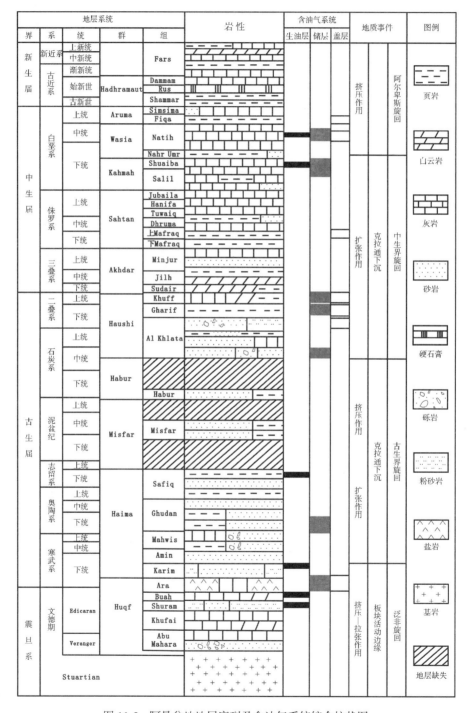

图 11-5　阿曼盆地地层序列及含油气系统综合柱状图

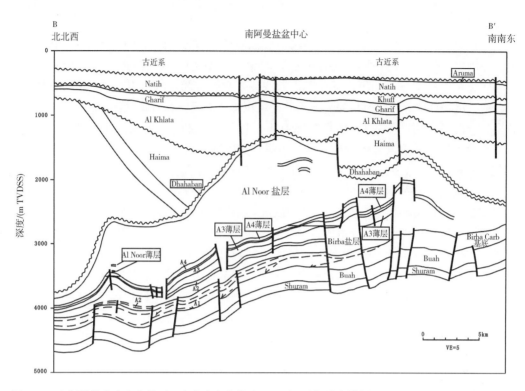

图 11-6　南阿曼盐盆中心北北西—南南东走向构造、地层、油气分布横剖面图，B-B′剖面位置见图 11-1

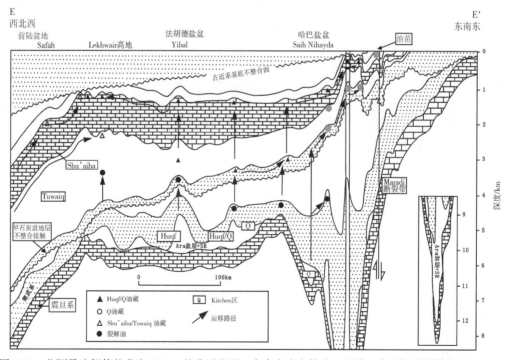

图 11-7　北阿曼法胡德盐盆和 Ghaba 盐盆西北西—东南东走向构造、地层、含油气系统横剖面，E-E′
剖面位置见图 11-1

1. 震旦系

地层自下而上依次为阿布玛哈若（Abu Mahara）组、胡菲（Khufai）组、舒拉姆（Shuram）组、布阿赫（Buah）组和阿拉（Ara）组。阿布玛哈若（Abu Mahara）组是阿曼境内发现的最古老的沉积岩系，与下伏的结晶岩基底呈不整合接触。该组由粉砂岩和交错层理砂岩组成，沉积环境为浅海辫状河流。粉砂岩沉积于浅水环境。胡菲（Khufai）组由沥青质叠层石状白云岩和灰岩组成，沉积环境为低—中等能量潮间—潮上带。舒拉姆（Shuram）组下部由脆性钙质页岩和相对松软、易于风化的粉砂岩组成，上部是一套碎屑岩、颗粒石灰岩和灰泥石灰岩的交互层，颗粒石灰岩以鲕粒石灰岩为主，含粉砂和云母，局部地区颗粒石灰岩含有被磨圆的扁平砾石内碎屑颗粒。由鲕粒石灰岩、交错层理砂岩和粉砂岩组成，沉积环境为极浅海。布阿赫（Buah）组沉积于一个浅水潮上—潟湖环境。下部由薄层纹理状石灰岩和白云岩组成；中部由厚层白云岩组成，该层段内见有大量燧石结核和多层与硬石膏和石膏假晶相伴生的溶解角砾岩岩层；上部主要由薄层纹理状白云岩、蒸发岩和叠层石组成。布阿赫组顶部是一套砂质结晶白云岩与砂岩的交互层。阿拉（Ara）组是一套以碳酸盐岩/蒸发岩为主的沉积层系，夹有厚层的盐岩（石盐）和硬石膏、页岩、粉砂岩和泥岩。碳酸盐岩含油藻席和叠层石，富含有机质，沉积于正常的边际盆地—深水盆地的海盆环境。蒸发岩形成于局限海环境，结果厚层的盐岩得以沉积下来。

2. 寒武系

Hughes-Clarke（1988）将阿曼中部和西部的下寒武统命名为下海马群，并进一步细分为卡瑞姆（Karim）组和上覆的哈若德赫（Haradh）组。下海马群由细—粗粒岩屑和石英砂岩组成，通常含有云母，沉积于冲积扇至河流相的各种沉积环境，甚至有风成沉积。沉积相和岩性的变化可能与下伏阿拉组蒸发岩变形导致的同沉积构造（如边缘向斜、龟背构造等）有关。艾闵（Amin）组（早寒武世—中寒武世）由泥质、云母质、细—粗粒砂岩组成，其下部和上部夹细粉砂岩和砾石层，中部由风成石英砂岩组成。马赫维斯（Mahwis）/安德姆（Andam）组（中寒武世—早奥陶世）分布于南阿曼盐盆，由沉积于陆相洪积环境的细—中粒砂岩组成。该组与下伏的艾闵（Amin）组呈整合接触，但假整合于胡丹（Ghudun）组之下。

3. 奥陶系—志留系

胡丹（Ghudun）组（中奥陶世）由云母砂岩和粉砂岩组成，是海岸平原沉积环境的典型沉积物。不过该组顶、底界附近出现的海绿石、不常见的疑源类动物化石和生物搅动表明了陆缘海沉积环境。萨菲格（Safiq）组（晚奥陶世—早志留世）主要由细—粗粒石英砂岩组成，夹泥质砂岩、粉砂岩和页岩，这些沉积物构成了向上变粗的反沉积韵律，页岩通常富含有机质。该组沉积于局限边缘海环境。萨菲格（Safiq）组是北纬20°以南地区最古老的古生界海相地层，这套层系覆盖于早期沉积的海马群陆相沉积物之上。北纬20°以北的萨菲格组覆盖于安德姆组之上，地层的叠合关系表明存在向南的海侵。

4. 泥盆系—石炭系

地层由下至上发育密斯法尔（Misfar）群、豪希（Haoshi）群下部阿尔克拉塔（Al Khlata）组。密斯法尔（Misfar）群由页岩、石英砂岩和石灰岩组成，沉积环境为陆相。阿尔克拉塔（Al Khlata）组不整合于中泥盆统—下泥盆统密斯法尔（Misfar）群或下古生界海马（Haima）群或震旦系侯格夫（Huqf）群之上，其顶部的页岩形成于咸水—淡水环境，顶界标志冰川作用在阿曼的结束，该组向上过渡为加里弗（Gharif）组。

5. 二叠系

二叠系由下至上发育加里弗（Gharif）组和胡夫（Khuff）组。加里弗（Gharif）组由长石砂岩、粉砂岩和粉砂质页岩组成，该组沉积于辫状河流、湖泊和浅海海岸环境。胡夫（Khuff）组主要岩性为白云岩、石灰岩夹少量硬石膏和页岩，沉积环境为浅海。

6. 三叠系

三叠系由下向上发育苏代尔（Sudair）组、吉勒赫（Jilh）组。苏代尔（Sudair）组由硬石膏和白云岩夹海相页岩组成，沉积环境为低能边缘相。吉勒赫（Jilh）组发育白云岩和鲕粒—球粒石灰岩，沉积环境为潮坪。在南阿曼杜法尔（Dhofar）地区，三叠系的大部分底层被剥蚀。中阿曼的豪希—侯格夫（Haushi-Huqf）地区，二叠系—三叠系的大部分底层称为阿曼群，以碳酸盐岩为主，受陆源影响大，沉积于原环境。

7. 侏罗系

阿曼下侏罗统的第一套地层单元为迈拉特组。依次向上为迈拉特（Marrat）组、兹鲁迈（Dhruma）组、图韦克山（Tuwaiq）组、哈尼法（Hanifa）组、朱拜拉（Jubaila）组。兹鲁迈（Dhruma）组由泥质灰泥石灰岩/含颗粒灰泥石灰岩、白云质颗粒质灰泥石灰岩和泥灰质石灰岩组成，沉积于浅海、潮间环境。图韦克山（Tuwaq）组由灰泥石灰岩、生粒—鲕粒质灰泥石灰岩组成，沉积于潮下—浅滩环境。哈尼法（Hanifa）组由泥质灰泥石灰岩、含颗粒灰泥石灰岩，富含化石的颗粒质灰泥石灰岩和颗粒石灰岩组成，沉积环境为低—高能浅海。朱拜拉（Jubaila）组岩性为含泥质灰泥石灰岩和含颗粒灰泥石灰岩夹白云岩，沉积于低能海相环境。

8. 白垩系

阿曼的下白垩统称为克哈莫（Kahmah）群，中白垩统则称为沃希亚（Wasia）群。沃希亚（Wasia）群分为奈赫尔欧迈尔（Nahr Umr）组和纳提赫（Natih）组。奈赫尔欧迈尔（Nahr Umr）组由泥页岩组成，底部夹杂少量砂岩；纳提赫（Natih）组是一套碳酸盐岩层系，由几个碳酸盐岩旋回组成，旋回底部为泥岩，向上变为颗粒石灰岩和球状及颗粒支撑的颗粒石灰岩。沉积环境从底部的浪基面以下向上变为浅海潮间，在顶部甚至变为海岸环境。阿曼的上白垩统称为阿鲁马（Aruma）群。阿鲁马群发育菲盖（Fiqa）组和锡姆锡迈（Simsima）组。主要岩性为生物碎屑石灰岩、钙质页岩、泥灰岩和砂岩，沉积环境为浅—深开阔海。

9. 古近系—新近系

阿曼古近系—新近系发育海卓芒特（Hadhramaut）群、法尔斯（Fars）组碳酸盐岩。海卓芒特（Hadhramaut）群岩性为页岩、泥灰岩、硬石膏和白云质石灰岩，沉积环境为浅—极浅海。Fars 组由灰岩和白云岩及少量页岩组成。

阿曼的沉积岩厚度约 4000m，以中生代沉积为主，油气主要产自白垩系石灰岩，盖层为上白垩统页岩，下白垩统石灰岩产气，此外始新统、古新统、下侏罗统和二叠—石炭系也是含油气层系。地层从下到上发育了基岩、砂岩、灰岩、粉砂岩、页岩、白云岩以及少量石膏。

阿曼地区碳酸盐岩主要集中在阿尔必—西诺曼阶的纳提赫（Naith）组高孔高渗生物碎屑粒状地层，巴雷姆阶—下阿普特阶 Kharaib 组地层；阿曼南部含盐盆地震旦系—下寒武统阿拉（Ara）组地层，晚二叠世—古近纪 Akhdar 组地层，早白垩世—晚白垩世 Kahmah 组和 Wasia 组，古新世—始新世海卓芒特（Hadhramaut）组，中新世—上新世 Fars 组地层。

11.4　石油地质特征

11.4.1　烃源岩特征

震旦系—下寒武统侯格夫（Huqf）群沥青质白云岩是阿曼盆地主要的烃源岩层，以 I/II 型干酪根为特征，平均 TOC 为 3%。Huqf 群烃源岩不仅为南阿曼次盆该群内部的储层提供油气，在南阿曼次盆中生界碎屑岩产层中的原油也主要来自侯格夫群烃源岩，Huqf 群烃源岩生成的油气甚至通过远距离运移到达北阿曼次盆的古生界或中生界储集体中；Huqf 群烃源岩生成原油的特点是密度大、富含硫、含"X"支键烷烃。

中白垩统的 Natih 组页岩厚达 1400t，主要由沥青灰质泥岩，粒泥灰岩、钙质泥粒灰岩及沥青质页岩组成，以 I/II 型干酪根为特征，TOC 为 1%～6%，局部区域高达 15%，是阿曼盆地中生界储层的又一主要的烃源岩层。Natih 组在晚白垩纪进入生油窗，峰值生油发生在早中新世并持续至今（图 11-8）。

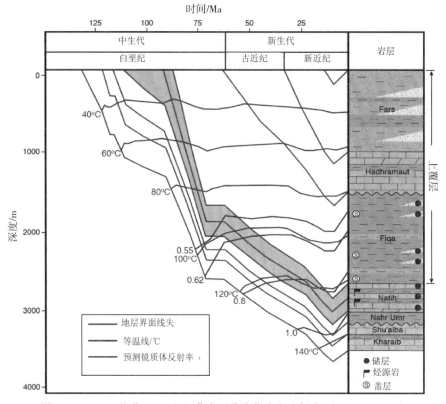

图 11-8　Fahud 盐盆 Natih 组埋藏史、热演化史和生烃史（Terken，1999）

下白垩统 Shu'aiba 组地层发育细粒灰质泥岩，厚 30~100m，以 II/I 型干酪根为特征，平均 TOC 为 4%，是阿曼盆地中生界储层的主要烃源岩层。

震旦系—下寒武统侯格夫群烃源岩，阿曼盆地 80%的油源自侯格夫群烃源岩，该套烃源岩生成了两类性质不同的原油：侯格夫型原油和"Q"原油（图 11-7）。前者源自侯格夫群的舒拉姆（Shuram）组和布阿赫（Buah）组生油岩，后者则源自侯格夫（Huqf）群顶部的另一套生油岩，Terken 和 Frewin（2000）将这套生油岩定义为哈哈班（Dhahaban）组，该组是从阿拉（Ara）组独立出来的一套地层。

此外，位于阿联酋中部鲁卜–哈利盆地的 Shu'aiba 群烃源岩处于生油高峰、Thamama 群烃源岩处于生油、生气高峰，阿曼盆地的部分油气也由可能来自这两套烃源岩层（图 11-9）。

11.4.2　储集层特征

阿曼储集层主要为截然不同的三套储集层：震旦系侯格夫群的碎屑岩—碳酸盐岩储集层、下古生界海马（Haima）群和上古生界豪希（Haoshi）群碎屑岩储集层以及中生界舒艾拜（Shu'aiba）组和纳提赫（Natih）组碳酸盐岩储集层。阿曼盆地发现的油气主要聚集在上石炭统—下二叠统阿尔克拉塔（Al Khlata）组碎屑岩、下二叠统加里弗（Gharif）组碎屑岩、下白垩统舒艾拜（Shu'aiba）组碳酸盐岩和中白垩统纳提赫（Natih）组碳酸盐岩。

纳提赫（Natih）组：该组为一套碳酸盐岩层系，由几个碳酸盐岩旋回组成，旋回底部为泥岩，向上变为生粒石灰岩和球状及颗粒支撑的生粒石灰岩。沉积环境从底部的浪基面以下向上变为浅海潮间，在顶部甚至变为海岸环境。该组广布于阿曼。

舒艾拜（Shu'aiba）组：该组构成了一个沉积旋回，底部为藻粒灰泥石灰岩—生物黏结石灰岩，向上经泥质石灰岩过渡到顶部的富含有空虫和厚壳蛤的泥粒状—颗粒质灰泥石灰岩。沉积环境为浅海，泥质石灰岩沉积时海水要深一些。该组在最南部遭受剥蚀，在盆地其他地方都有分布。

胡夫（Khuff）组：北部的胡夫组主要由白云岩和石灰岩及少量的页岩和硬石膏组成，向南页岩所占比例逐渐增加，到了盆地的最东南端，该组由细粒碎屑岩组成。该组广泛分布于阿曼盆地。

加里弗（Gharif）组：该组由互层的长石砂岩和页岩组成，靠近底部有一层石灰岩。沉积环境为边缘海环境向南经海岸平原过渡为大陆架环境。加里弗组是阿曼盆地最主要的储层。

阿尔克拉塔（Al Khlata）组：该组岩性十分复杂，包括难以分类的陆缘沉积岩、砾质砂岩、砂岩、粉砂岩和黏土岩。沉积环境由陆地到冰水沉积，再到湖相和湖泊—三角洲。该组在阿曼盆地广泛分布。

胡丹（Ghudun）组：由云母砂岩和粉砂岩组成，是海岸平原沉积环境的典型沉积物。

阿拉（Ara）组是一套以碳酸盐岩/蒸发岩为主的沉积层系，夹有厚层的盐岩（石盐）和硬石膏、页岩、粉砂岩和泥岩。

南阿曼主要产层为古生界碎屑岩储层；北阿曼主要产层为中生界储层。阿曼盆地主要储集层特征见表 11-1。

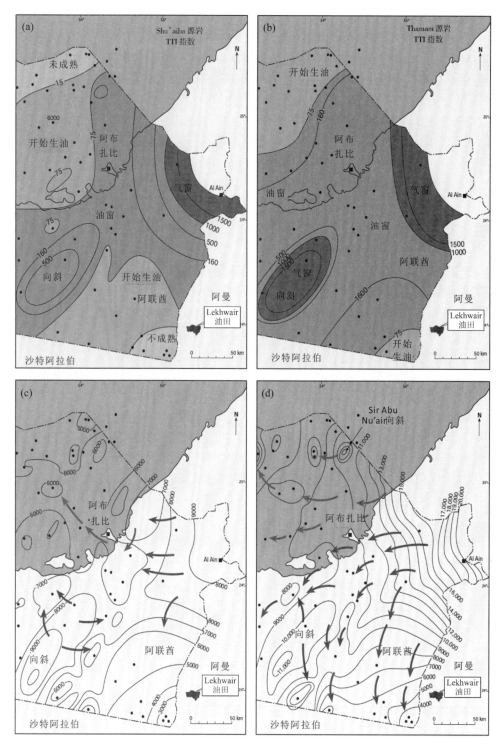

图 11-9 鲁卜-哈利盆地 Shu'aiba（a）群和 Thamama 群（b）烃源岩现今成熟度图，显示了始新世（c）和新近纪（d）的构造与运移路线。阿曼盆地的油气可能来源于鲁卜-哈利盆地或阿曼盆地北西部分地区的烃源岩

表 11-1 阿曼盆地主要储集层特征表

阿曼主要储集层层位	主要岩性	主要沉积环境	原油和凝析油/×10⁶Bbl	天然气/10⁸m³	合计 (×10⁶Bbl 油当量)	油气田个数
晚欧特里期—早巴雷姆期 Lekhwair 组	石灰岩	高能潮坪	—	—	—	—
上白垩统 Natih 组	石灰岩	浅海潮间-海岸	1884.3	1385.6	2699.8/31
上白垩统 Nahr Umr 组	石灰岩	浅海	1.0	—	1.0/1
下白垩统 Shu'aiba 组	石灰岩	浅海	122.5	1046.9	1638.7/25
下白垩统 Kharaib 组	石灰岩	浅海	24.0	22.7	37.5/2
下侏罗统 Mafraq 群	砂岩	高能浅海	35.0	11.9	42.0/2
上二叠统 Khuff 组	石灰岩	浅海	240.0	453.1	506.7/1
下二叠统 Gharif 组	砂岩	辫状河流	2805.8	534.3	3120.5/52
上石炭统 Al Khlata 组	砂岩	陆地-冰水-湖相-湖泊-三角洲	2417.0	348.4	2622.1/85
中寒武统—下奥陶统 Andam 组	砂岩	下海岸平原-边缘海	54.0	2514.5	1534.0/3
下寒武统—中寒武统 Amin 组	砂岩	沙漠、风成相和冲积	271.0	8.6	276.1/11
下寒武统 Ara 组	白云岩、盐岩	极浅海	120.0	9.3	125.5/7
下寒武统 Buah 组	白云岩	潮上-泻湖	20.0	—	10.0/1
震旦系 Shuram 组	石灰岩、砂岩夹错	极浅海	—	—	—
震旦系 Abu Mahara 组	页岩、砂岩	浅水辫状河流	—	—	—

11.4.3　盖层特征

阿曼盆地发育 7 套主要盖层，特征如下所述（白国平，2007）。

下寒武统阿拉（Ara）组：该组的盐岩和少量页岩构成了本组和下伏 Buah 组储层的区域性盖层。

上石炭统—下二叠统阿尔克拉塔（Al Khlata）组：该组的黏土岩和混积岩是 Haima 群储层和组内砂岩储层的局部盖层，该组顶部的若哈勃（Rahab）页岩段构成了半区域性盖层。

下二叠统加里弗（Gharif）组：该组顶部的页岩和泥灰岩构成了加里弗组砂岩储层的半区域性盖层，组内的致密石灰岩和白云岩则构成了半区域盖层。

上二叠统胡夫（Khuff）组：组内的致密石灰岩和白云岩以及少量的页岩是局部白云岩化石灰岩储层和下伏加里弗组砂岩储层的半区域盖层。

下侏罗统：该统的页岩和泥岩是下侏罗统储层的局部盖层。

中白垩统奈赫尔欧迈尔（Nahr Umr）组：该组的泥质石灰岩、泥灰岩和含钙质页岩构成了区域性盖层。

上白垩统菲盖（Fiqa）组：该组的页岩构成了中白垩统纳提赫（Natih）组储集层的区域性盖层（见图 11-5 和图 11-8）。

11.4.4　含油气系统

阿曼盆地有 5 个含油气系统：震旦系—下寒武统侯格夫（Huqf）群含油气系统、下寒武统哈哈班（Dhahaban）组含油气系统、下志留统萨菲格（Safiq）组含油气系统、上侏罗统迪亚卜（Diyab）组含油气系统和中白垩统纳提赫（Natih）组含油气系统（图 11-5）。

侯格夫含油气系统：烃源岩为侯格夫群的富含有机质的钙质页岩和沥青质白云岩，储层包括侯格夫群、海马群和豪希群的储层，盖层为阿拉（Ara）组、豪希（Haoshi）群、奈赫尔欧迈尔（Nahr Umr）组和菲盖（Fiqa）组。

哈哈班含油气系统：烃源岩为哈哈班（Dhahaban）组，由白云石化的石灰岩和硬石膏组成，储层为加里弗（Gharif）组以及哈巴（Ghaba）盐盆的舒艾拜（Shu'aiba）组，胡夫（Khuff）组的页岩和致密石灰岩是加里弗（Gharif）组油藏的盖层，奈赫尔欧迈尔（Nahr Umr）组的海相页岩是舒艾拜（Shu'aiba）组油藏的盖层。哈哈班（Dhahaban）组的天然气和凝析气主要储于下古生界海马群的砂岩中。

萨菲格（Safiq）组含油气系统：烃源岩为萨菲格组海相页岩，储层是豪希（Haoshi）群，盖层为豪希群内页岩。萨菲格（Safiq）组的生油时间大约为晚白垩世—古近纪。该系统出现在鲁卜-哈利次盆地的阿曼部分，在阿曼的西部可能也有分布。

迪亚卜（Diyab）组含油气系统：烃源岩为迪亚卜组内的沥青质海相陆架内盆地相泥质石灰岩。这套烃源岩在阿曼盆地内没有分布，而是出现在西北边的鲁卜-哈利次盆地内。舒艾拜（Shu'aiba）组储层内的油源自迪亚卜（Diyab）组生油岩。盖层为奈赫尔欧迈尔（Nahr Umr）组，这一系统只出现在法胡德（Fahud）盐盆。

纳提赫（Natih）组含油气系统：烃源岩为该组内的两组有机质层段（很可能是沥青质页岩和灰质泥岩，储层为法胡德盐盆内的纳提赫（Natih）组，盖层为菲盖（Fiqa）组。纳提赫组含油气系统在法胡德（Fahud）盐盆内肯定存在，在哈巴（Ghaba）盐盆内也可能存在（白国平，2007）。

11.5 油气资源分布

11.5.1 油气勘探开发简史

1925 年，D'Arcy 勘探公司获得对阿曼地区的油气资源开采权，但在随后两年的勘探过程中并没有发现油田。1937 年，伊拉克石油发展有限公司（PDL）获得勘探开发许可权，二战期间勘探停止，1940 年晚期恢复勘探开发工作。1952 年伊拉克石油发展有限公司放弃在 Dhofar 地区的勘探开发权，与阿曼苏丹、壳牌等其他公司合资成立阿曼石油发展公司（PDO）。1956~1960 年，阿曼石油发展公司（PDO）钻了 4 口无商业价值井，多数股东卖出股份，壳牌则持有该公司 85%的股份。1962 年阿曼石油发展公司（PDO）第一次在 Fahud 盐盆白垩系碳酸盐岩发现了 Yibal 背斜构造型油田，在白垩系 Natih 组发现了天然气，在 Shu'aiba 组发现了石油。随后在 1963~1964 年发现的类似背斜油藏（Natih 和 Fahud 油藏）加速了阿曼盆地油气勘探和开发工作。1968 年，在阿曼北西方向发现 Lekhwair 油田。1970 年以后，随着勘探力度的增加，在阿曼北部和南部又发现了一批油田（Grantham et al.，1990）；Nasir-1 井的目标层本来设定为 Buah 组碳酸盐岩储层，在 1976 年却意外钻穿了 334m 厚的超高压碳酸盐岩地层，进入震旦系—下寒武统的 Ara 群盐层，并在 46m 厚的粗粒结晶砂糖状多孔白云岩和白云岩、石灰岩、硬石膏和泥质页岩的薄互层中获得工业油流，净产层厚度达 36m，原油密度 27°API（Al-Siyabi，2005），从而发现了 Dhahaban 和 Birba 油田。

整个 20 世纪 70 年代阿曼盆地发现油田 23 个，80 年代发现油田增加到 35 个，阿曼逐渐成为中东地区主要的产油国之一。进入 21 世纪之后，阿曼盆地油气勘探的力度持续增加，每年为油气勘探开发的投入超过 10 亿美元，取得了显著的勘探开发成果。截至 2012 年底，阿曼盆地累计发现的油气田超过 230 个；探明原油储量 $7.4 \times 10^8 t$，日产原油 $12.4 \times 10^4 t$；探明天然气 $9 \times 10^{11} m^3$，日产天然气 $2900 \times 10^4 m^3$（据 BP 公司，2013 年）。

11.5.2 油气资源及分布特点

根据 BP 世界能源统计数据 2013 年的统计表制作了阿曼盆地石油/天然气可采储量、产量年度变化直方图，如图 11-10~图 11-13 所示。

结合直方图可以看出，1980~1985 年，阿曼盆地的石油可采储量一直呈上升趋势，上升幅度明显，1986 年，石油可采储量略有下降，达 $5.5 \times 10^8 t$，此后到 2001 年产量依旧呈现上升趋势，上升幅度较平缓。至 2001 年，可采储量达到峰值 $8.1 \times 10^8 t$；自 2001 年以后，石油可采储量又呈下降趋势，下降幅度平稳，至 2012 年石油可采储量达到 $7.5 \times 10^8 t$。

由天然气可采储量年度变化直方图可以看出，1980~1993 年天然气可采储量上升幅度较大；1993~1990 年天然长可采储量依旧呈上升趋势，但上升幅度平缓；1990 年后，天然气可采储量迅速下降，到 1991 年下降至 $0.9 \times 10^{12} m^3$，但从 1991 年以后可采储量又呈现加速增长趋势，1996 年达到 $6.2 \times 10^{12} m^3$；1996~1997 年，天然气可采储量下降；1997~1998 年天然气可采储量又继续上升，但是上升幅度很小；1998~1999 年天

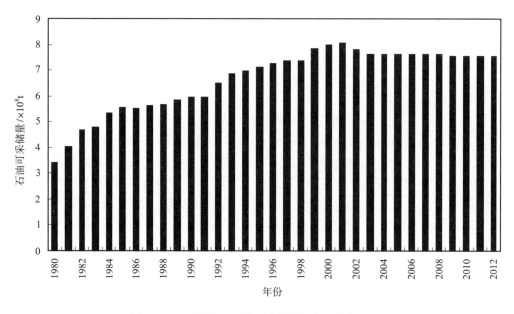

图 11-10 阿曼盆地石油可采储量年度变化直方图

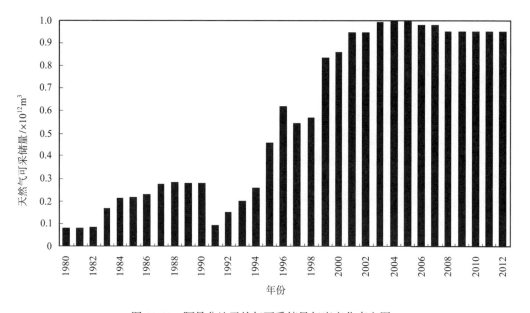

图 11-11 阿曼盆地天然气可采储量年度变化直方图

然气可采储量上升幅度巨大;1999～2005 年上升平稳;2005～2007 年天然气可采储量开始有所下降;2008～2012 年下降幅度平稳。

结合直方图可以看出,阿曼盆地石油产量随时间变化波动幅度较大,石油产量出现三个高峰值。1967～1970 年产量增长迅速,1970 年产量达到第一个波峰 1644.2×10⁴t,1972～1974 年产量下降,但幅度较小,1974 年开始石油产量又继续上升,到1976 年达到第二个波峰,产量达 1822.6×10⁴t;1976 年后产量又继续下降,到 1980 年产量为

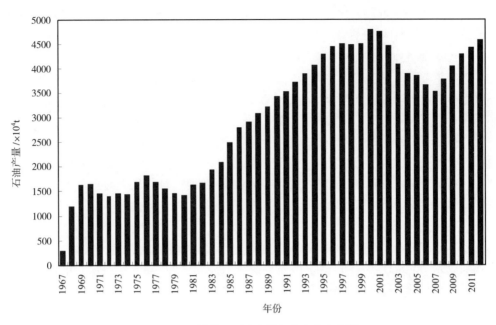

图 11-12　阿曼盆地石油产量年度变化直方图

1411.7×10^4t，1980～2000 年产量开始迅速上升，产量增长幅度巨大，至 2000 年达到第三个波峰值，产量为 4770.9×10^4t，此后产量再次出现下降；到 2007 年，产量降至 3770.9×10^4t，自 2008 年以后产量恢复，此后一直呈现上升趋势。

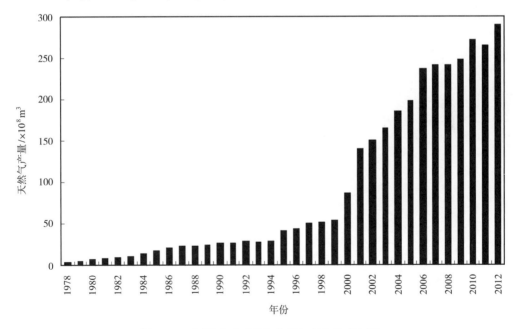

图 11-13　阿曼盆地天然气产量年度变化直方图

　　由天然气产量年度变化直方图可以看出，阿曼盆地天然气产量随黏度总体呈现上升趋势，从 1978～1994 年，天然气产量就一直处在上升趋势，但是上升幅度较小；1994～

1999 年，上升幅度开始有所增加；1999～2006 年，产量增长幅度巨大；2006～2009 年，产量增长缓慢，但还是呈现增长趋势；2010～2011 年，产量略有下降，但此后到 2012 年石油产量都是呈现上升趋势，截至 2012 年，天然气产量达到 $289.6×10^8 m^3$。

阿曼蕴藏着丰富的石油与天然气资源，对整个中东地区来说也是比较重要的。纵向上，阿曼原油主要分布在上古生界豪希群碎屑岩和背斜碳酸盐岩储层，其余油气资源分布在侯格夫（Huqf）群、寒武系—奥陶系碎屑岩和侏罗系碳酸盐岩等储集层中。天然气主要分布在石炭系—二叠系和白垩系。

阿曼的油气田大多分布在阿曼盆地，阿曼的石油总储量一半以上集中在北部的 6 个油田，南部有一个含油的大型构造，中部有 8 个主要的油气田。鲁卜-哈利属地台边缘拗陷是阿曼的主要产油气区。

11.5.3　典型油气田

据不完全统计，阿曼油气田多达 230 余个，其中较大的典型碳酸盐岩油气田主要有：耶巴尔（Yibal）、塞法（Safah）、尼姆尔（Nimr）、赛赫罗尔（Saih Rawl）、法胡德（Fahud）、胡韦赛（Al Huwaisah）、莱赫威尔（Lekhwair）等油田。几个典型的碳酸盐岩油气藏特征如表 11-2 所示。

阿曼典型的油田主要分布在阿曼盆地的南北两个次盆地，例如 Birba 油田、Nimr 油田、Rima 油田、Qaharir 油田和 Mukhaizna 油田位于南阿曼盐盆中心内；Al-Huwaisah 油田、Qarn-Alam 油田、Saih Rawl 油田、Yibal-Shu'aiba 油田、Fahud 油田和 Marrnul 油田等位于北部法胡德盐盆和 Ghaba 盐盆内，还有几个油气田，例如 Lekhwair 油田和Safah 油田等分布在北阿曼盆地西北方向的鲁卜-哈利次盆地旁。油气田及资源分布如图 11-14 所示。

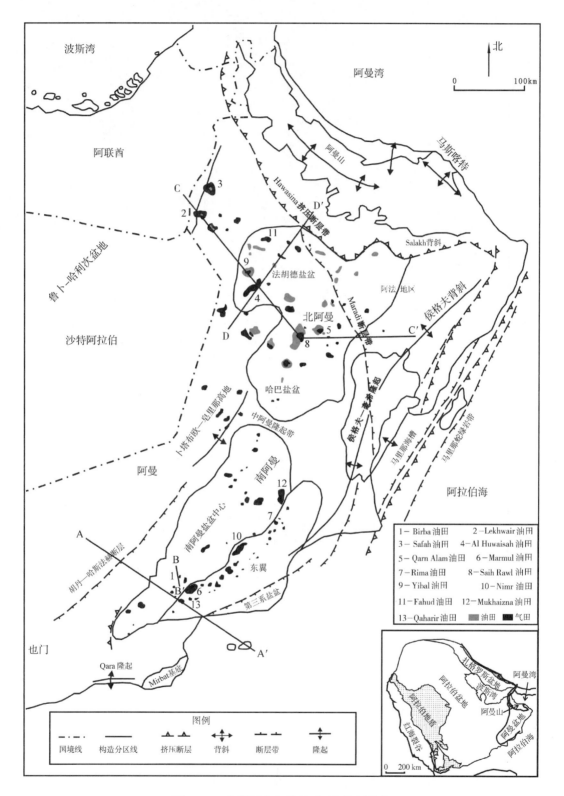

图 11-14　阿曼油气田位置及油气资源分布

表 11-2 阿曼盆地典型油气田地质特征表

油藏名称	构造类型	主力产层	系	沉积特征	储层特征					储量特征			
					岩性特征	空隙类型	孔隙度/%	渗透率/mD	储层结构	原油地质储量/(10⁸Bbl/10⁸t)	原油可采储量/(10⁸Bbl/10⁸t)	天然气地质储量/10⁸m³	天然气可采储量/10⁸m³
Birba	断层封闭单斜构造	A4C'U'组碳酸盐岩	寒武系	碳酸盐岩斜坡	白云岩	晶间孔	12	A: 0.01~370 B: 0.01~80 C: 0.1~170	层状–块状	1.64/0.22	0.59/0.08	—	—
Al Huwaisah	断裂背斜构造	Shu'aiba组	白垩系	浅海边缘陆棚、生物礁碳酸盐岩隆	碎屑泥粒灰岩、生屑粘泥灰岩颗粒灰岩	铸模溶蚀孔洞	厚壳蛤粒屑灰岩和生物黏结灰岩:21; 厚壳蛤碎屑泥粒灰岩和粒屑岩:19; 厚壳蛤碎屑泥粒灰岩:23	厚壳蛤粒屑灰岩和生屑灰岩黏结灰岩:100~2000; 厚壳蛤碎屑粒灰岩和粒屑岩:10~1200;厚壳蛤碎屑泥粒灰岩:5-60	曲状–斑状	14/1.91	3.75/0.51	—	—
Nimr 底碎构造	Mahwis组		寒武系	河流冲积扇	欠压实细到粗砂粗岩,砾岩	粒间孔	28	500~5000	锯齿状/层状–块状	27.05/3.70	(2.9~6.5)/(0.40~0.89)	—	—
	Amin组		奥陶系	风积	欠压实细到粗砂,砾岩	粒间孔	28	500~5000	曲状				
	Al Khlata组		石炭系	冰川河流	欠压实细到粗砂,砾岩	粒间孔	27~30	0.5~6	曲状				
	Gharif组		二叠系	河流	欠压实细到粗砂	粒间孔	28	500~5000	曲状				

续表

油藏名称	构造类型	主力产层	系	沉积特征	储层特征					储量特征			
					岩性特征	空隙类型	孔隙度/%	渗透率/mD	储层结构	原油地质储量/(10^{8}Bbl/10^{8}t)	原油可采储量/(10^{8}Bbl/10^{8}t)	天然气地质储量/10^{8}m^3	天然气可采储量/10^{8}m^3
Qarn Alam	底辟构造	Shu'aiba组	白垩系	高能碳酸盐岩台内台地	含藻泥灰岩和多孔粒灰岩,泥灰岩	—	30	1~25	层状-块状-储层状	10.38/1.42	2.8/0.38	—	—
		Kharaib组				—	30	1~10					
		Lekhwair组				—	30	—					
Saih Rawl	低幅度背斜构造	Gharif/Al Khlata组	奥陶系	河流滨浅海		—	15~20	—		—	—	—	—
		Barik组	寒武系	河流,近滨	细-粗粒砂岩,粉砂岩	原生/次生粒间孔	8~10	1~12 一般>20	层状-块状	—	—	—	424.75
		Miqrat组	二叠系	河流		—	6.8	0.02~10		—	—	—	424.75
Lekhwair	弓隆构造	Shu'aiba组下部	白垩系	陆棚	生物碎屑泥岩,灰泥质颗粒石灰岩,灰泥石灰岩	裂缝	25~30	1~20 平均2	层状-块状	13.34/1.82	3.35/0.46	—	—
Safah	鼻状构造	Shu'aiba组	白垩系	陆棚内盆地边缘	粒泥灰岩/泥岩少量发育的斑状泥晶石石粒灰岩	白垩质微孔	12~30 平均22	平均5	储层状	7.92/1.08	1.59/0.22	—	0.0057
Yibal	弓隆构造	Shu'aiba组	白垩系	陆棚内盆地边缘深海环境	鲕粒灰岩	原生粒间孔	储层含油部位上部25~42;底部6.1m井段内孔隙度14~22	顶部100 底部0.6	层状-块状	6.06/0.83	0.97/0.13	—	—
Fahud	不对称背斜	Natih组	侏罗系	碳酸盐盐岩内陆台地厚壳蛤浅滩	白垩质颗粒灰岩和粒屑灰岩	粒间孔,印模孔	25~32	1~1000	层状-块状	47.05/8.44	9/1.23	—	—

第12章 阿曼盆地古生界典型碳酸盐岩油气藏地质特征

12.1 Birba 孔隙型碳酸盐岩斜坡泥质白云岩断块层状–块状油气藏

12.1.1 基本概况

Birba 油气藏位于南阿曼盐盆中南部（图 11-14），该油气藏自 1978 年发现，1982 年开始投产；油气藏石油地质储量 $1.64×10^8$ Bbl、采收率 36%、可采储量 $5900×10^4$ Bbl。震旦系—下寒武统 Ara 群"U"组 A4C 层碳酸盐发育一个带气顶的油藏。大约在志留纪末，碳酸盐地层受周围盐岩层的构造变形作用，被改造成倾斜断块。Birba 油气藏 A4C 层碳酸盐厚35～55m，沉积于低能、向上变浅的泥质斜坡环境，其中外斜坡底部毫米级厚的波状纹层储层物性最好，渗透率高达370mD；该层孔隙类型以晶间孔为主，与埋藏早期的白云岩化作用息息相关；储层结构为层状—块状。Birba 油气藏油质轻、呈酸性、原油密度 32°API。该油气藏依靠溶解气驱和气顶驱开采，1985 年日产油达到峰值，为6900Bbl/d。由于储层压力下降较快，到 1986 年日产量递减至 1000Bbl/d；1986 年原始地质储量采出程度仅 2.8%，之后油气藏部分生产井关井，到 1991 年所有生产井关井。1993 年，对其中一口井实施顶部注气后，该油气藏恢复生产。1997 年，3 口井生产，日产油量达 8450Bbl/d。随着气油比的增加，产出气量增加，受气体处理能力限制，前两口生产井分别于 1997 年和 2004 年关井，随后又陆续钻了 3 口生产井。到 2008 年 2 月，该油气藏原始地质储量采出程度达到 15%（约 $2500×10^4$ Bbl），基本不产水。此后，计划钻两口新井辅助注气；随着混相注气开发的进行，产出气中的 H_2S 含量逐渐增加。当 Birba 油气藏废弃后，产出的大量天然气可以作为周边油藏实施注气开发的气源。

Birba 油气藏的油气由震旦系—下寒武统 Huqf 群盐内或盐前发育的烃源岩生成（De la Grandville，1982；Pollastro et al.，1999；Al-Siyabi，2005）。Huqf 群烃源岩干酪根类型主要为 I/II 型，平均 TOC 为 3%。南阿曼盐盆西南部靠近 Birba 油气藏的 Harweel-1 井富含有机质的 Ara 群 A3 组页岩夹层 TOC 为 6%（Al-Siyabi，2005）；而碳酸盐岩夹层内的油源岩 TOC 仅为 1%，局部为 2%（Mattes 和 Conway Morris，1990）。

南阿曼盐盆北部的原油被称为"Q"油，由阿曼南部运移而来，运移距离较远，大约超过 400km（Grantham et al.，1990；Pollastro et al.，1999；Terken 和 Frewin，2000）。环绕 Birba 油气藏的南阿曼盆地南部的 Hufq 油源岩在泥盆纪之前生油，此后由于地层抬升限制，生油停止；生出的油气经过二次运移后，在区内的许多圈闭中聚集形成油气藏（Visser，1991）。

12.1.2　构造及圈闭

Birba 油气藏原油储存在碳酸盐岩夹层内，被震旦系—下寒武系 Ara 群的巨厚盐岩层完全包裹封闭。盐构造运动过程中储层变形断裂，形成一个北北西走向的倾斜断块（图 12-1和图 12-2）。圈闭大概形成于志留纪末期（图 12-5 和图 12-6）。该油气藏的东部和南部为断层封闭，西部和北部为断层与地层倾角封闭（图 12-1 和图 12-2）。该油气藏内包含一个带气顶的油藏。被几条东倾和北北西倾的断层切割，但断层并未阻止油气的运移。

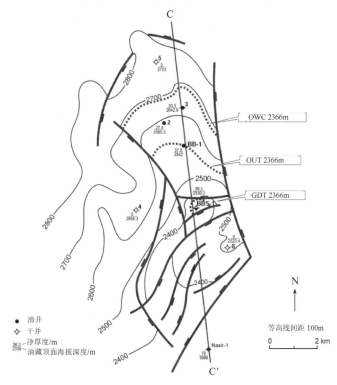

(a) Birba 油气藏顶面构造图

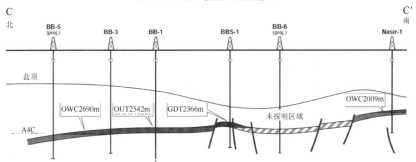

OWC.油水界面；GUT.气顶顶面；GDT.纯气顶底面（或气油过渡带顶面）；OUT.气油过渡带底面（或纯油带顶面）；ODT.纯油带底面（气水过渡带顶面）；WUT.气水过渡带底部（或净水面）

(b) Birba 油气藏横剖面图显示了早期评价井与流体界面的位置

图 12-1　Birba 油气藏顶面及构造剖面图（Riemens et al.，1988）

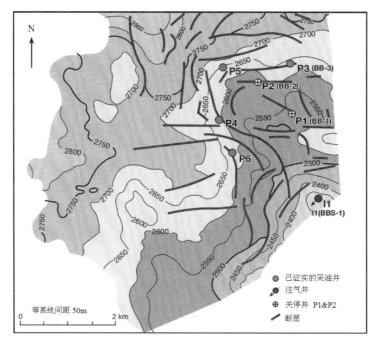

图 12-2　Birba 油气藏 A4C 碳酸盐岩顶面构造图，未标出断层东部和东南部边界（Haynes et al.，2008）

　　Birba 油气藏含油面积 9150ac，因未钻遇流体界面，依靠理论推测获得气顶顶部深度 2335m、底部深度 370m，油层顶部深度 2525m，底部深度 2701m（P5 井），水层顶部深度 2745m（图 12-3）。油气界面和油水界面深度分别为 2411m 和 2701m（Haynes et al.，2008）；气柱高度 76m，油柱高度 290m。该油气藏北北西翼的地层倾角为 6°。

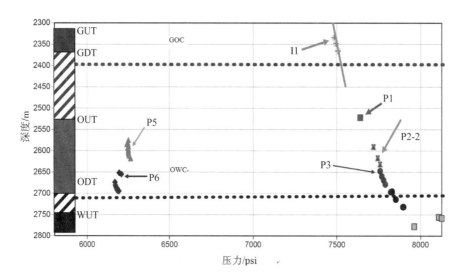

OWC.油水界面；GOC.气油界面；GUT.气顶顶面；GDT.纯气顶底面（或气油过渡带顶面）；OUT.气油过渡带底面（或纯油带顶面）；ODT.纯油带底面（或气水过渡带顶面）；WUT.气水过渡带底部（或净水面）

图 12-3　Birba 油气藏 P1-P6 井和 I1 井压力—深度关系及流体界面位置图（Haynes et al.，2008）

12.1.3　地层与沉积相

　　Birba 油气藏原油储存在下寒武统 Ara 群 A4C 层碳酸盐岩内，其覆盖于 Ediacaran（上文德系）A4E 蒸发岩之上，构成"U"型旋回，是 Ara 群的地层之一。Ara 群包括至少 7 套由构造—海平面升降构成的含硅质碎屑的蒸发岩—碳酸盐岩 3 级沉积旋回（A0/A1–A6）（图 11-5、图 12-4、图 12-5）。"U"组地层与下伏 Birba 组顶部的 A3C 层碳酸盐岩和上覆下寒武统 Al Noor 组的 A5E 层蒸发岩均整合接触（图 12-4）（Amthor et al.，2005）。

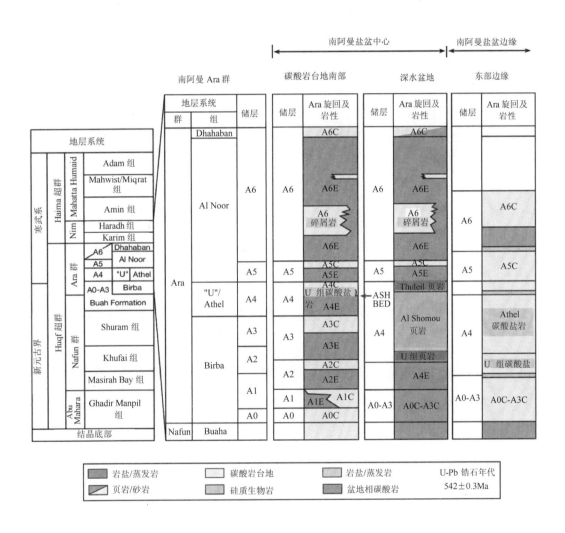

图 12-4　南阿曼盐盆下寒武统 Ara 群地层层序图（Al-Siyabi et al.，2005）。Birba 储层为 A4C "U"层碳酸盐岩

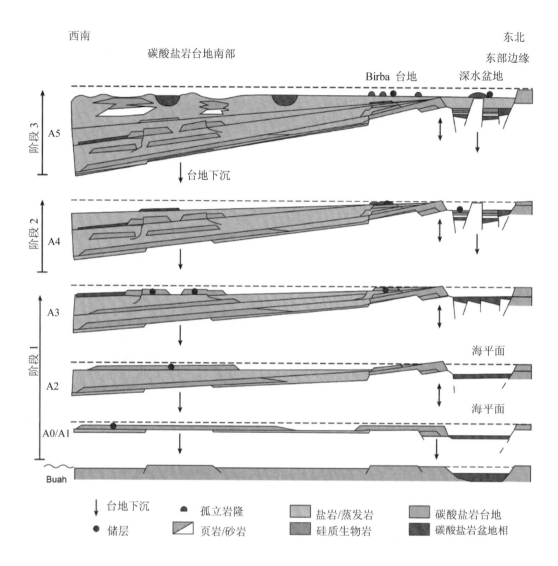

图 12-5　南阿曼盐盆下寒武统 Ara 群蒸发岩—碳酸盐岩沉积旋回演化图（Amthor et al.，2005）

Birba 油气藏中，A4C 碳酸盐岩厚 35～55m，因铀含量较高，GR 测井值较高（图 12-6 和图 12-7）（Mattes 和 Conway，1990）；此外，碳酸盐岩的负碳同位素特征显著。Ara 群的其他层碳酸盐岩则为正碳同位素。A4C 碳酸盐岩沉积于低能泥质斜坡环境（图 12-8 和图 12-9）（Schroder et al.，2005），沉积物受风暴和海浪的作用明显。其底部主要沉积一套浅水、含盐环境的硬石膏（下寒武系蒸发岩过渡带）；上覆碳酸盐岩层为外斜坡深水环境海进期沉积物，呈带状泥纹层和少量波纹层互层，含暗色及浅色白云岩薄层。向上为中斜坡环境沉积的泥粒灰岩、粒状灰岩和少量泥岩。其上为内斜坡浅海环境沉积的泥粒灰岩和粒状灰岩。顶部为碳酸盐—蒸发岩过渡相（图 12-8～图 12-10）（Schroder et al.，2005）。

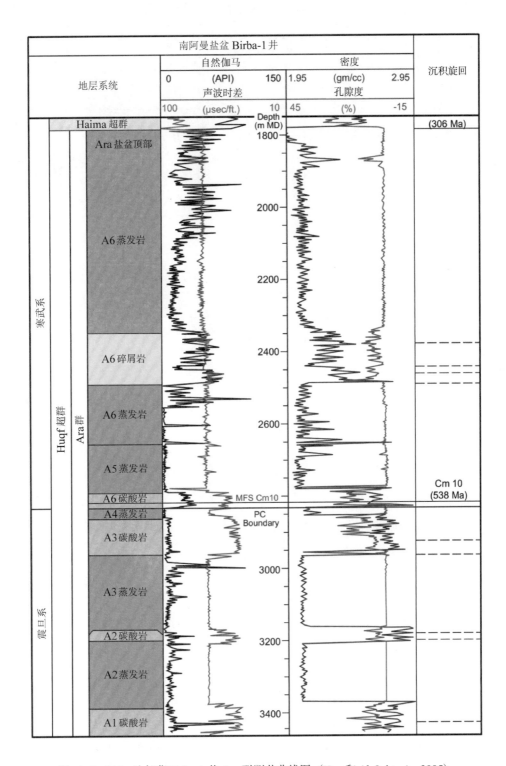

图 12-6　Birba 油气藏 Birba-1 井 Ara 群测井曲线图（Haq 和 Al-Qahtani，2005）

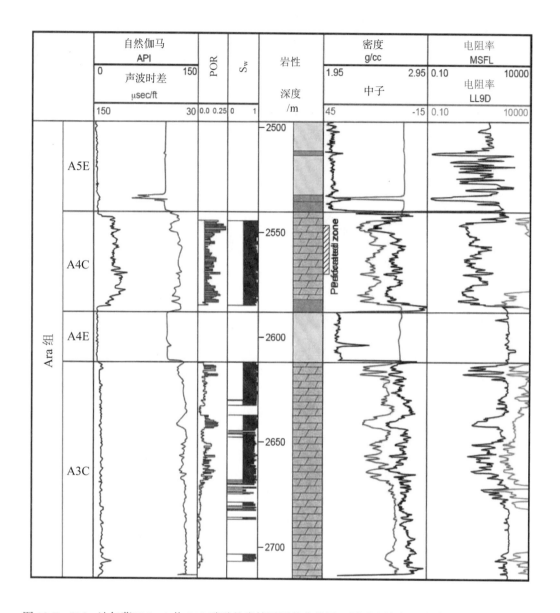

图 12-7　Birba 油气藏 Birba-1 井 A4C 碳酸盐岩储层测井曲线图，同时也给出了孔隙度和含水饱和度曲线（Al-Siyabi，2005）

　　A4 段受构造沉降形成独立的沉积旋回。蒸发岩沉积于低位体系域（LST），上覆开阔浅海上斜坡环境的碳酸盐岩沉积于水侵体系域（TST）和高位体系域（HST）（图 12-11）。TST 沉积物特征为分选较好的叠层石和硫酸盐，呈席状分布于 Birba 地区的外斜坡相中；水侵初期，硫酸盐岩、富含有机质的碳酸盐岩和分选良好的颗粒碳酸盐岩互层沉积形成了叠层石；水侵晚期，富含有机质的碳酸盐岩和分选良好的颗粒碳酸盐岩互层代表了间歇性最大冲刷面的交替出现（图 12-11）。HST 沉积物以分选良好的颗粒碳酸盐为主，有

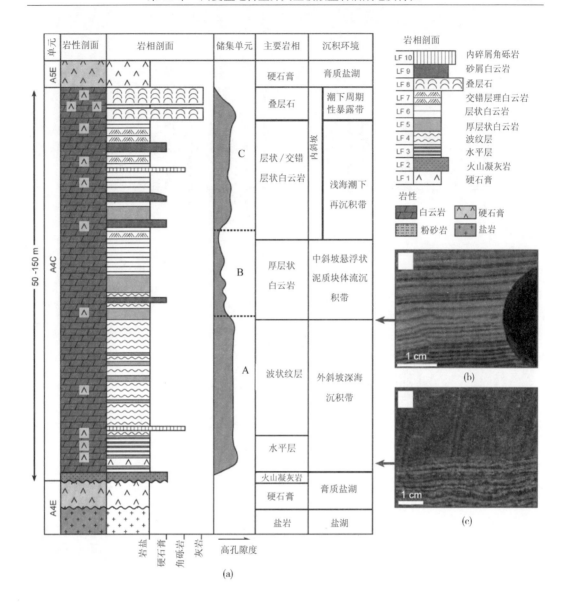

图 12-8　(a) Birba 油气藏 A4C 碳酸盐岩相综合柱状图（Schroder et al., 2005）

(b) 外斜坡相细粒水平纹层浅灰色碳酸盐岩和深灰色硬石膏

(c) 中斜坡块状碳酸盐岩覆盖于外斜坡富有机质波纹层之上（Schroder 和 Grotzinger, 2007）

机质减少；高位体系域晚期，沉积特征以纹层状和波纹层状的颗粒碳酸盐岩、碎屑白云岩和部分风暴岩为主，反映该沉积环境下高于晴天浪基面的水动力作用。高位体系域晚期受盆地退积作用限制，开始逐步沉积蒸发岩；上覆的低位体系域蒸发岩沉积于早期的碳酸盐岩地台之上。

A4 段沉积旋回期间，南阿曼盐盆被数百米深的缺氧盆地分割成南北两个碳酸盐岩地台；南部为开阔大陆架局部碳酸盐堆积形成的孤立台地 Al–A5，Birba 台地包括靠近此大陆架东部边缘的 A4C 碳酸盐岩台地 [图 12-12(a)]；Birba 台地西部的 A4 旋回几乎全

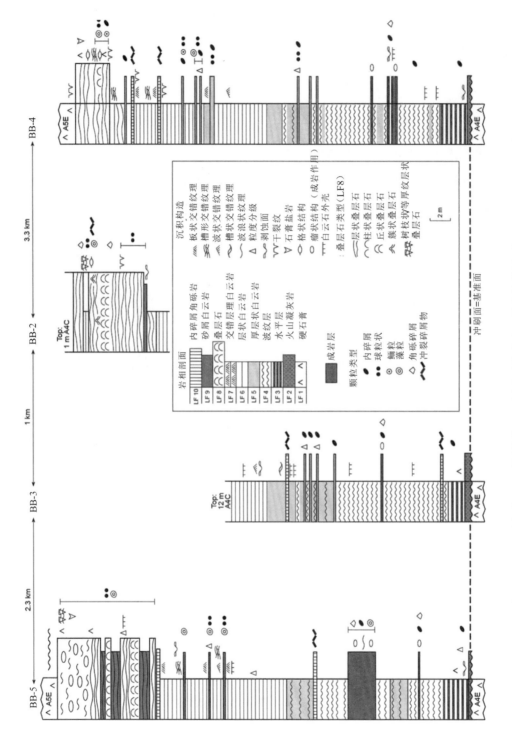

图 12-9　Birba 油气藏 4 口不同井的 A4C 层碳酸盐岩岩心综合柱状图（Schroder et al., 2005）

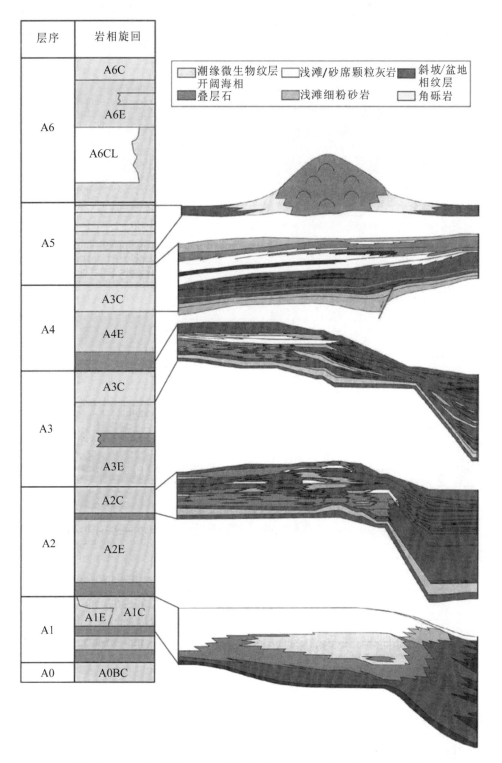

图 12-10　南阿曼盐盆 Ara 群碳酸盐岩台地岩相模式图，反映了台地的几何变化特征（Al-Siyabi，2005）。Birba 组主力储层为 A4C 层碳酸盐岩

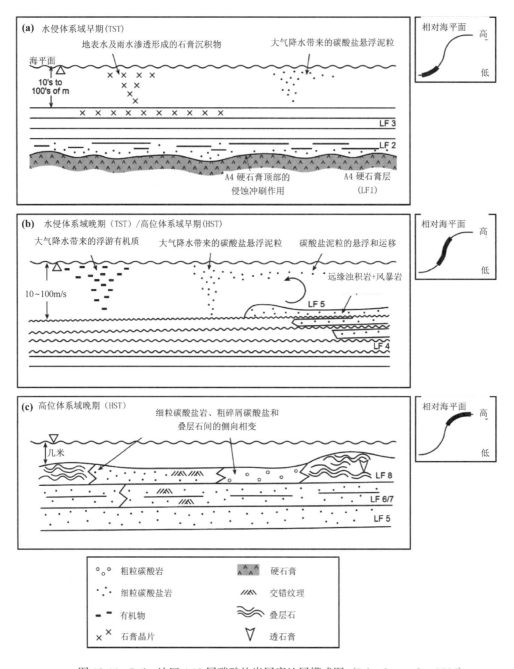

图 12-11　Briba 地区 A4C 层碳酸盐岩层序地层模式图（Schroder et al.，2005）

部沉积了蒸发岩，其中东部毗邻大陆架的下凹深海盆地则沉积了页岩和燧石 [图 12-12(b)]（Schroder et al.，2005）。陆架内台地东部边缘沉积碳酸盐岩，沉积相为凝块叠层石基岩，浅海相和喀斯特地貌；这些碳酸盐岩比 A4 旋回沉积时间更老，A4C 沉积期间大陆边缘可能出露水面，导致西向或北西向倾斜的 Birba 低能碳酸盐斜坡上超 [图 12-12(c)]（Schroder et al.，2005）。

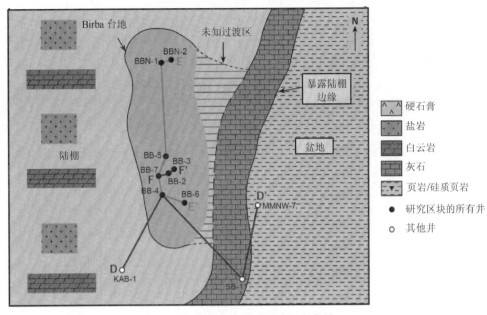

（a）Birba 地区 A4C 碳酸盐岩沉积背景

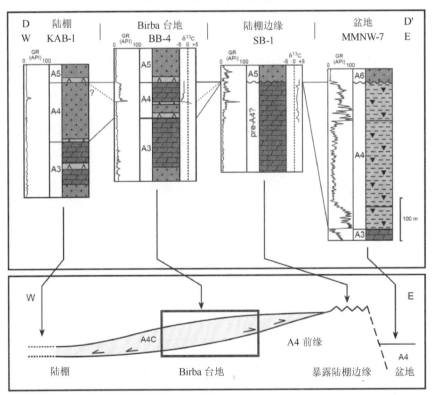

（b）Birba 地区东西向 GR 测井曲线对比图与 A4C 碳酸盐岩测井解释

图 12-12　南阿曼盐盆 Birba 地区 A4C 碳酸盐岩沉积背景及 GR 测井曲线对比（Schroder et al.，2005）

12.1.4 储层特征

Birba 油气藏 A4C 储层呈现出层状–块状结构特征，横向上深水相比复杂的浅水相延伸范围更广一些（Schroder et al.，2005）。根据沉积相和孔渗特征，储层被分为 A、B、C 三个单元（图 12-13 和图 12-14）。A 单元为外斜坡相，呈毫米级的细小纹层状，暗色和浅色白云岩互层，具有较低的 k_v/k_h 值，流动性能最好（图 12-15）。B 单元为中斜坡相，岩性为泥粒灰岩和粒泥灰岩互层，储层物性最差，剔除部分物性极差的储层，仍有一些储层具有产能。C 单元为复杂的内斜坡相，岩性以叠层石、颗粒灰岩和凝块叠层石为主，储层物性中等（Haynes et al.，2008）。

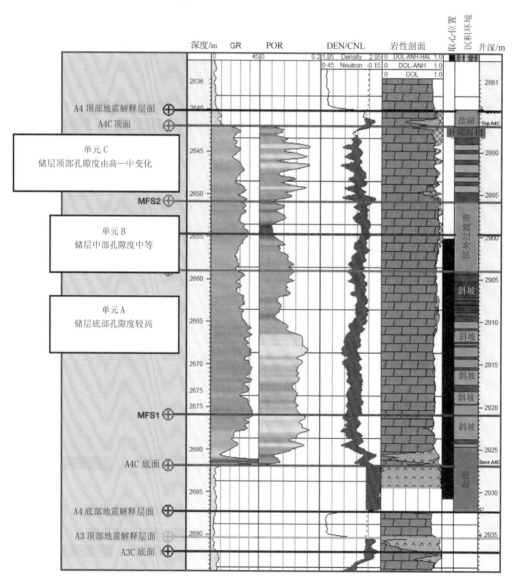

图 12-13　Birba 油气藏 A4C 碳酸盐岩典型测井综合图，展示了各测井曲线，孔隙度与沉积环境垂向变化特征（Haynes et al.，2008）

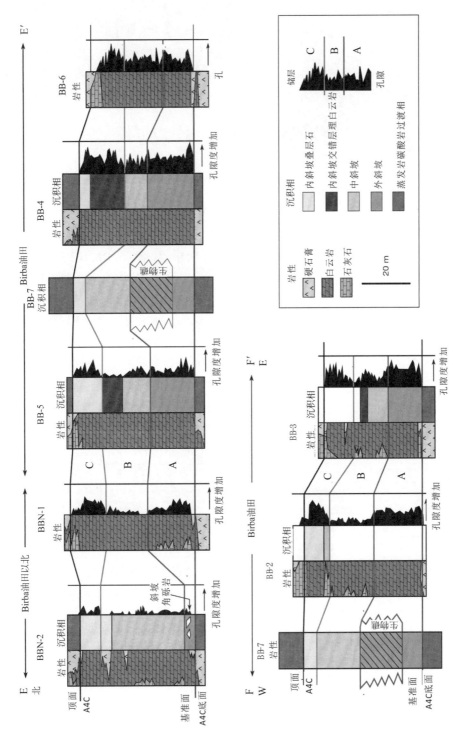

图 12-14 Birba 油气藏以北以及整个 Briba 油气藏 A4C 碳酸盐岩南北向、东西向沉积岩相对比图 (Schroder et al., 2005), 剖面位置见图 12-12

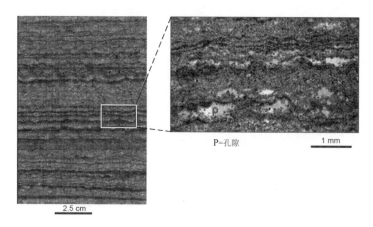

图 12-15　Birba 油田 A4C 碳酸盐岩 A 单元纹层状白云岩相岩心及薄片图，显示了孔隙发育情况
（Haynes et al.，2008）

　　早期钻井识别的净油层厚度为 27～37m（图 12-1）。虽然整个油气藏被断层切割，但并无充足的证据证实断层存在。P1 井和 I1 井间储层连续性比 P1、P2、P3 井间储层连续性差，但干扰试井和压力数据显示这些井之间的连通性却很好（图 12-2）（Haynes et al.，2008）。近期完成的动态模拟模型通过假定垂直向下注气进行历史拟合，同时与测井和岩心数据匹配后证实该研究区为层状油气藏。但因缺乏大量的岩心数据和测试资料，储层裂缝对产量贡献大小尚未确定（Haynes et al.，2008）。

　　A4C 碳酸盐岩储层物性差异较大。虽然储层物性与外斜坡相、斜坡相和内斜坡相有关，但其主要的影响因素是成岩作用（图 12-16）。孔隙类型以早期白云岩化形成的晶间

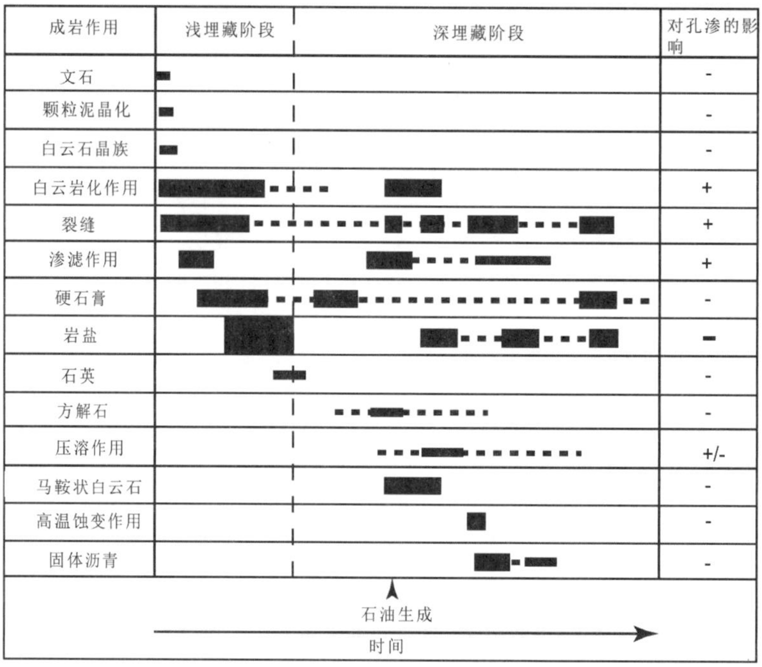

成岩作用	浅埋藏阶段	深埋藏阶段	对孔渗的影响
文石	▪		-
颗粒泥晶化	▪		-
白云石晶族	▪		-
白云岩化作用	■■ ▪▪	■■	+
裂缝	■■ ▪▪▪▪ ▪■ ■■ ■		+
渗滤作用	■	■ ▪▪▪▪	+
硬石膏	■■ ▪	▪■ ■■ ▪▪	-
岩盐	■■■	■■ ▪■ ▪▪ ■■	-
石英	▪		
方解石		▪ ▪■ ▪▪	
压溶作用		▪▪ ▪■ ▪▪ ▪	+/-
马鞍状白云石		■■	
高温蚀变作用		▪	
固体沥青		■■ ▪■	-

石油生成

时间

图 12-16　Birba 油气藏 Ara 群碳酸盐岩成岩序列图（Schoenherr et al.，2009）

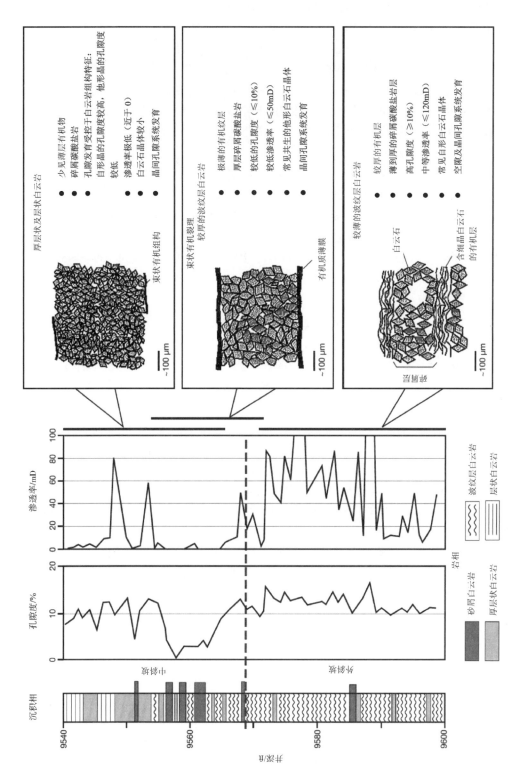

图 12-17　Birba 油气藏 BB-3 井 A4C 碳酸盐岩外斜坡波纹层白云岩及中斜坡厚层状白云岩的孔渗特征 (Schroder et al., 2005)

孔为主（Mattes 和 Conway Morris，1990；Schroder et al.，2000）。成岩作用形成粗粒白云岩和方解石，胶结作用使储层质量下降，盐岩和硬石膏广泛分布于该储层中（Faulkner et al.，2008）。由于盐水作用，由下至上循环逐渐减弱，致使从底部的蒸发岩至顶部储层单元的孔隙度和渗透率值逐渐增大。与 A 单元的纹层状碳酸盐岩相比，C 单元的凝块叠层石和浅海泥粒岩内孔隙大，更有利于被蒸发岩胶结物填充，这是孔隙性随深度变化的直接证据，含油层平均孔隙度为 11.6%，含水层平均孔隙度为 7.7%。由此可见，早期存在的烃类物质保护了碳酸盐岩，避免其受蒸发岩胶结作用的影响，若早期含水则其孔隙将会被胶结。

A 单元波纹层白云岩相（图 12-17）的储层物性最好，孔隙度为 1%～23%，渗透率为 0.01～370mD，k_v/k_h 值较低（Haynes et al.，2008）。B 单元斜坡波纹层状白云岩孔隙度为 1%～16%，渗透率为 0.01～80mD，平均孔隙度为 8%，平均渗透率为 2mD，k_v/k_h 一般。C 单元内斜坡相孔隙度和渗透率分别为 0.1%～21% 和 0.1～170mD（Schroder et al.，2000；Schroder et al.，2005；Haynes et al.，2008）。油气饱和度为 90%～95%，储层润湿性中等（Riemens et al.，1988）。

12.1.5 生产特征

Birba 油气藏的石油原始地质储量 1.64×10^8 Bbl（Riemens et al.，1988）、预测采收率 36%、石油可采储量为 5900×10^4 Bbl [图 12-18(a)]（Haynes et al.，2008）。油质轻、原油密度 32°API，H_2S 含量 1%～2%，CO_2 含量 5%。泡点压力为 5976～7324psi（平均 6900psi），平均气油比 1515SCF/STB。该油气藏开采初期依靠溶解气和气顶驱动开采原油（Haynes et al.，2008）。

1982 年 4 月，A4C 油层开始投产，依靠 P1（BB-1）和 P2（BB-2）两口井开采油气（图 12-1 和图 12-2），依靠注气维持储层压力。到 1984 年 9 月底，采出原油 380×10^4 Bbl 和天然气 50×10^8 ft^3（Riemens et al.，1988）；到 1985 年依靠天然能量驱动采出原油 6900Bbl/d。1986 年储层压力由最初的 7700psi 降至 6100psi，产量也下降为 1000 Bbl/d（OGJ，1983～1998）。在开采 2.8% 的地质储量后，为保持油气藏压力，1986 年中期关闭了部分生产井 [图 12-18(b)]。

1991 年由于进行注气设施的改造，该油气藏所有井关井。P1 井为侧钻井，1992 年 P2、P3 井作为生产井工作（BB-3）。1993 年中期，向 I1 井 A4C 储层实施注气（BBS-1）[图 12-18(b)]，油气藏恢复生产。初始日天然气注气量为 1060×10^4 ft^3/d，后期为 2500×10^4 ft^3/d（Haynes et al.，2008）。最初向含 2% H_2S 和 4% CO_2 的油层中注入不含 H_2S 的气体（CO_2 和 H_2S 含量小于 1%），待气体充满储层孔隙后停止注气。最后，在 P1 和 P2 生产井下倾方向的单元 3 中发现注入气。受天然气处理条件的限制，当油气比大于 6170SCF/STB 时，P1、P2 井分别于 1997 年和 2004 年关井。当时两口井采出的原油产量分别为原始地质储量的 3% 和 7%。1997 年，P1、P2、P3 三口井的累计产量为 8450 Bbl/d（OGJ，1983～1998）。2000 年钻了 P4 水平井，2005 年和 2007 年又分别加钻 P5 和 P6 两口井。2004 年 Birba 油气藏加大生产力度，对附近含硫油气田也实行注气开采。到 2008 年，注入气中已含有 3% H_2S 和 11% CO_2。完井和生产设施使用的碳钢未发现腐蚀，生产也均未见水。

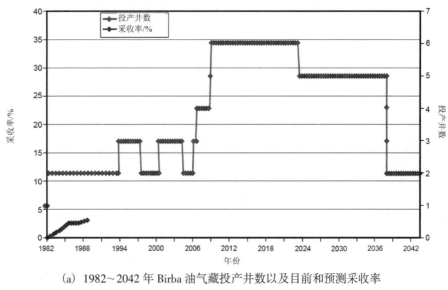

(a) 1982～2042 年 Birba 油气藏投产井数以及目前和预测采收率

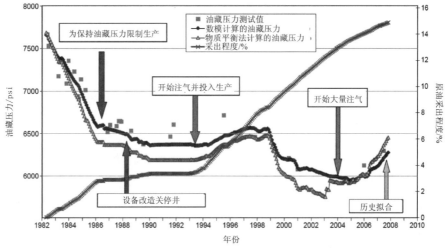

(b) 1982～2009 年 Birba 油气藏生产史、压力史以及原油采收率

图 12-18　Birba 油藏投产井数及生产史

受天然气处理条件的限制，2008 年 P3、P4、P5 井只产油。P3 井所测原油的初始气油比为 1400SCF/STB，实际开采的产量为地质储量的 2.7%。P4 水平井所测原油气油比为 4770SCF/STB，实际开采的产量为地质储量的 2.2%，P4 水平井开采的天然气主要来自第 3 单元。P5 井钻探深度最大，产油层最深。P6 井距注气井 I1 井最近，达到溶解气油比点时开始生产。流体分析表明随着储层压力增大（6092～6309psi），在油气藏顶部附近注入气由非混相气变为混相气。由于不断的开采和注气，到 2008 年 2 月储层压力上升至 6300psi，此时已开采了地质储量的 15%（约 2500×10⁴Bbl）　[图 12-18(b)；Haynes et al.，2008]。

为提高采收率，制定的开发方案如下：①在构造位置较低的侧翼，开采气油比较低的原油；②为维持储层能量，关闭构造高部位的气油比高的井；③注入酸性气体驱动原油向构造底部位井运移，以维持储层压力在泡点压力之上；④在构造低部位的油层内钻加密井，开采残余油。为了提高石油采收率，需注入更高浓度的气体，预测原油采收率可达 30.6%；若加钻 2 口井，在其中一口井注入混合气之后，原油采收率可达到 36% [图 12-18(a)]。此外，在注入气中添加了气体示踪剂可验证储层结构模型和监控该区域的注气方案计划。当油气藏废弃后，所有生产井可作为气源为周边油藏实施注气 (Haynes et al., 2008)。

12.2　Lekhwair 裂缝–孔隙型碳酸盐岩斜坡生屑灰岩、颗粒灰岩背斜构造层状–块状油气藏

12.2.1　基本概况

　　Lekhwair 油藏位于阿曼西北方向的 Mender-Lekhwair 背斜之上，靠近阿联酋和沙特阿拉伯边境（图 11-14）。该油藏自 1968 年发现，于 1976 年开始投产；其石油原始地质储量约为 $13.34×10^8$Bbl。油藏构造为四个以断层为遮挡的圆顶背斜，背斜形成于深层逆冲断层之上。石油储存在巴雷姆阶—下阿普特阶 Kharaib 组碳酸盐岩斜坡和陆棚内以及下阿普特阶 Shu'aiba 组内（图 12-19），Kharaib 组和 Shu'aiba 组之间被 7m 厚的泥质灰岩盖层分隔开。基质渗透率为 1～20mD，平均值为 2mD，油气在裂缝内运移，这些裂缝都是相互连通的。一般而言，Kharaib 组比上覆的下 Shu'aiba 组断裂破碎的程度要低。只有在石油聚集或是油藏形成之后发育的裂缝才是开启的；这些裂缝狭窄，向西北方向延伸，次生垂直裂缝构成了该油藏主要的流动通道。Lekhwair 油藏油质轻，原油密度为 32°API；最初依靠溶解气驱动开采，辅以温和水驱驱替原油进入 Kharaib 组储层中。1979 年，Lekhwair 油藏日产油量达到 24000Bbl/d；1981 年因储层压力下降到泡点压力以下，导致油藏部分井关闭。1984 年，成功试用反五点注水法，1991 年实施了反九点注水法。当原油采出程度达到 20% 时，因裂缝导致了早期水侵。1996 年，开始在平行于主断层倾向方向实施排状注水法来代替反九点法。1993 年，Lekhwair 油藏日产油量达到高峰，为 79700 Bbl/d；2007 年，产量稳定下降到约 33000Bbl/d，依靠直井和水平井加密来维持产量。

12.2.2　构造及圈闭

　　Lekhwair 油藏构造位于深层逆冲断层之上，属于区域性褶皱构造（图 12-20），它形成于晚白垩世，从东南方向向西北方向逆冲（Ozkaya 和 Harris，2004）。该油藏由两个低幅度、断层遮挡的穹窿背斜构成，包括拥有 80% 原始地质储量的 A 区，以及西北方向构造点较低的 B 区（图 12-20）（Alsharhan 和 Nairn，1997；Willets 和 Hogarth，1987）。紧接着又在 B 构造南西方向 1～2km 处发现了两个低幅度、断层遮挡的倾没构造，称为 C 构造和 D 构造（图 12-21）。这四个构造拥有一致的自由水面（Al-Gheithy 和 Al-Suleimani，2008）。由于晚白垩世出现的构造隆起致使区域性的盖层 Fiqa 和 Nahr Umr 组遭受剥蚀，导致 Shu'aiba 组上部的 Shammar 组页岩充当盖层（图 12-22）（Alsharhan 和 Nairn，1997）。在晚始新世—渐新世或晚中新世期间，出现大量构造倾斜破坏，使得油井中普遍出现 5～20m 厚的油水过渡带。后始新世时期，构造倾斜成为重要

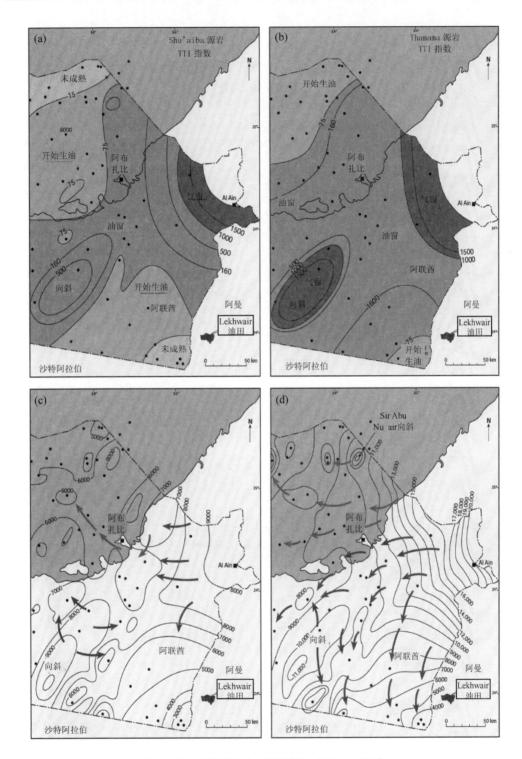

图 12-19　阿联酋鲁卜-哈利盆地（Taher，1997）

(a) Shu'aiba 和 (b) Thamama 群当前烃源岩成熟度图；显示了 (c) 始新世和 (d) 新近纪的构造及油气运移路线。Lekhwair 油藏的油气可能产生于类似的烃源岩

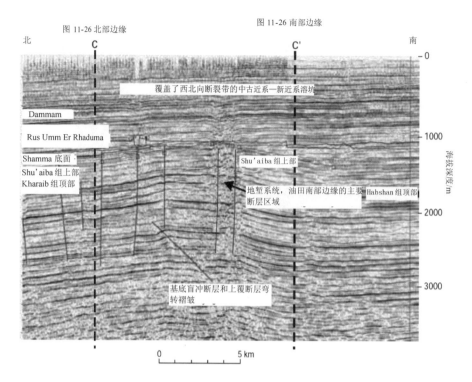

图 12-20　横跨 Lekhwair 构造的南北向地震横剖面（Ozkaya 和 Richard，2005）

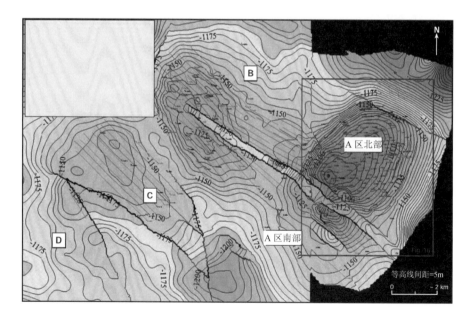

图 12-21　Lekhwair 油藏 Shu'aiba 组顶面构造图，显示四条断层控制的含油区构造
（Al-Gheithy 和 Al-Suleimani，2008）

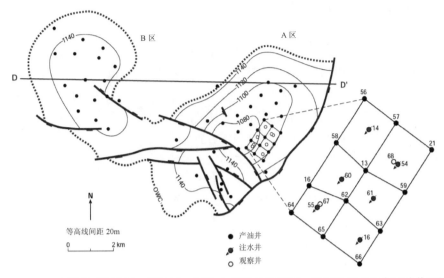

(a) Lekhwair 油藏顶面构造图；显示了 A 区和 B 区的构造特征，以及反五点注水试验井组的位置
(Willetts 和 Hogarth，1987)

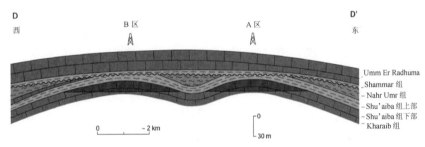

(b) Lekhwair 油藏东西油藏横剖面图 (Hughes Clark，1988)

图 12-22　Lekhwair 油藏顶面构造图与横剖面图

的区域性事件，致使区内其他几个油藏也出现了类似的油水过渡带（Harris，2002；Ozkaya 和 Richard，2005）。

Lekhwair 构造被西北西向和北北西向的断层所切割，它们可能是共轭平移断层或者菱形正断层（Ozkaya 和 Harris，2004）。有证据显示，A 构造北部的西北西向的断层为浅层横移断层并伴生逆冲断层。断裂发生、石油运移以及裂缝胶结等的发生时间表明断层在晚始新世—渐新世较为活跃（Ozkaya 和 Harris，2004）。A 构造被大型北西向地堑系统分割成两个部分，分别为 A 构造北部和 A 构造南部；A 构造一直延伸至 B 构造中部。A 构造北部在北东方向也受大型断层的影响（图 12-21）（Ozkaya 和 Richard，2005），这些断层的断距大于 10m，可以通过 3D 地震测量来确定。当钻水平井的时候，断层往往会造成钻井液漏失。很多断距小于 5m 的小断层虽不能通过 3D 地震测量出来，却也会造成大量的钻井液漏失；由于井距大于 500m，这些小断层在井中也难以识别（Arnott 和 van Wunnik，1996）。

Lekhwair 油藏的油水界面海拔深度约 1140m（Al-Busaidi，1997）。A 构造占地 5430ac，构造顶部深度约 1065m（Al-Gheithy 和 Al-Suleimani，2008），油柱高达 75m。B 构造顶

部约海拔深度 1120m（图 12-21），油柱高度可能达到 20m。构造倾角约 2°或更小。

12.2.3　地层和沉积相

Lekhwair 油藏中的石油保存在巴雷姆阶—下阿普特阶 Kharaib 组地层以及较低部位的阿普特阶的 Shu'aiba 组地层中（图 12-23）。Kharaib 组整合覆盖在欧特里沃阶—巴雷姆阶致密灰岩之上，其上是下阿普哈瓦尔阶泥质灰岩，该灰岩平均厚度 7m（Ozkaya 和 Richard，2005），为有效盖层。Hawar 组之上是被阿普特阶—阿尔必阶 Nahr Umr 组页岩不整合覆盖的 Shu'aiba 组地层。A 构造和 B 构造中 Kharaib 组和 Shu'aiba 组储层中都含油，但是在构造 C 和 D 中仅 Shu'aiba 组含油（Arnott 和 Van Wunnik，1996；Ozkaya 和 Richard，2005）。

Kharaib 组和 Shu'aiba 组浅水白垩灰岩含有深水有孔虫及丰富的厚壳蛤生物化石，均属于巴雷姆阶—阿普特阶新特提斯洋的典型台地相沉积。发现了四类沉积体系（Van Buchem et al.，2002），分别从低角度的碳酸盐岩斜坡、到被碳酸盐岩台地环绕的富含有机质的内陆棚盆地、再到局限内陆棚盆地黏土沉积等的演化序列（图 12-24）。海平面的变化以及较小范围内的构造作用影响了沉积体系的发展（Van Buchem et al.，2002）。

在 Lekhwair 油藏，Kharaib 组厚约 45m，由于反复的浅水循环作用导致成层性不好。Kharaib 组可进一步细分为 4 个层。其中两个薄层（k2、k4）覆盖在 50m 厚的 k5 层之上（图 12-25），k5 层覆盖在能作为良好盖层的 k6 层之上（Cottrell，1981）。在 Lekhwair-7 井（图 12-24），Kharaib 组地层以生物碎屑泥岩为主，其上部为颗粒状的厚壳蛤相沉积（Van Buchem et al.，2002）。

早阿普特阶时期，Kharaib 组地层沉积结束时发生了构造陡然沉降事件，形成了广海陆棚和内陆棚广袤沉积空间构成的 Bab 盆地（Kerans，2005），覆盖了阿曼、阿联酋、卡塔尔、沙特阿拉伯和波斯湾等部分地区。Lekhwair 油藏位于 Bab 的东南部，Shu'aiba 组地层由约 90m 厚的浅水沉积序列组成；其下部由 35m 厚的下 Shu'aiba-B 层组成，上覆以生物碎屑泥岩沉积为主的下 Shu'aiba-A 层，该层含有丰富的深水有机物沉积夹层；Shu'aiba 组的上部大多遭受剥蚀，仅部分区域还残存了由栗孔虫颗粒岩和泥灰岩互层构成的高能浅滩沉积物（Van Buchem et al.，2002；Ozkaya 和 Richard，2005；Al-Gheithy 和 Al-Suleimani，2008）。

Lekhwair-7 井（图 12-23 和图 12-24）中，Shu'aiba 组下部地层由分米级层状泥灰岩和灰岩组成，其上覆盖微生物黏结灰岩和泥灰岩，依次被含有机质夹层的钙质泥岩所覆盖，因此被解释成为向上加深的沉积序列。四级旋回和三级旋回代表的岩层包括分米—米级别的碳酸盐岩和黏土夹层，上部的风暴岩沉积中，夹有栗孔虫及其他深水有孔虫灰岩和颗粒灰岩。上述沉积特征代表了浅水环境前积作用引起的 Bab 前陆盆地的填平补齐（Van Buchem et al.，2002）。

12.2.4　储层特征

Lekhwair 储层结构表现为层状–块状特征，测井曲线显示该油藏在整个油藏范围内厚度基本一致（Arnott 和 Van Wunnik，1996；Al-Busaidi，1997）。Shu'aiba 组储层下部与 Kharaib 组储层的下部被 7m 厚的泥质灰岩分隔开来，该灰岩可充当有效的盖层。Kharaib 组和 Shu'aiba 组下部储层的孔隙度达到 25%～30%，但是渗透率只有 1～20mD，

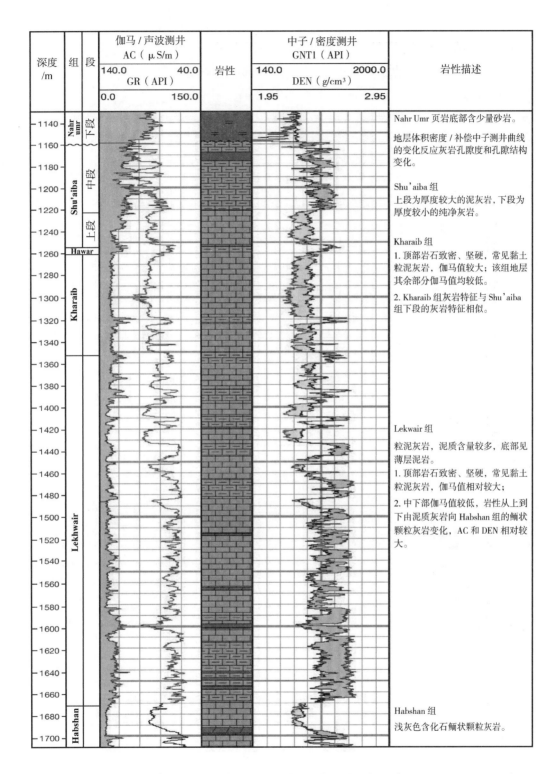

图 12-23　Lekhwair 油藏 Lekhwair-7 井电缆测井曲线及储层岩性特征（Mohammed et al.，1997）

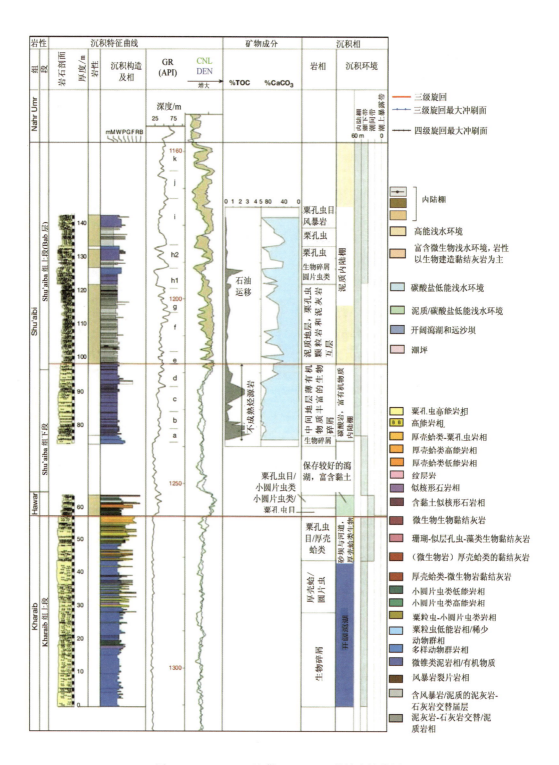

图 12-24　Lekhwair 油藏 Lekhwair-7 井综合柱状图

(van Buchem et al.，2002)

平均仅 2mD，主要依靠裂缝生产（Niko 和 Ovens，1995；Giordano et al.，2007；Al-Gheithy 和 Al-Suleimani，2008）。这些裂缝在构造背景下是连通的，并且大多数形成与断层有关。在 A 构造北部，裂缝密度为每 50m 有 5～25 条，在北部和南部断层边界处，裂缝密度会更高一些（图 12-26）。尽管裂缝系统连接了附近的断层，但是单个小规模的裂缝不能切穿整个储层。一般而言，Kharaib 组储层裂缝密度仅为 Shu'aiba 组的 1/3～1/2，要少得（图 12-27）（Arnott 和 Van Wunnik，1996)。利用贝克休斯测井能预测所有开启和闭合的裂缝（Al-Busaidi，1997）。闭合的和具导流能力的裂缝界面与油水界面一致。晚白垩世—古近纪，Lekhwair 油藏发生断裂、胶结及溶解等多种成岩作用。裂缝在每种成岩作用结束之后都会被再次胶结。只有在油区中生成的裂缝，或者在原油驱替完之后的裂缝才不会闭合。在水区中，小的裂缝和大的裂缝会被依次胶结填充；但断层附近的裂缝，由于开度很大而不能被完全封闭（Arnott 和 Van Wunnik 1996；Harris et al.，2002；Ozkaya 和 Richard，2005）。

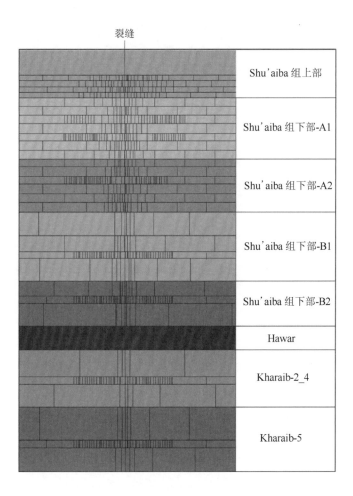

图 12-25　Lekhwair 油藏 Shu'aiba 和 Kharaib 储层单元的精细划分，显示了每个储层单元高角度裂缝的分布密度（Ozkaya 和 Richard，2005）

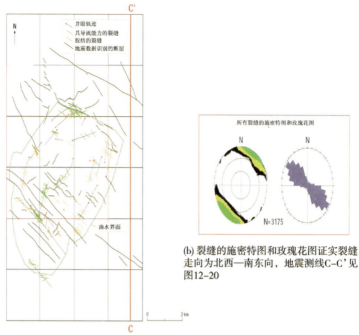

(a) 通过地震数据和水平井观察到的 Lekhwair 油藏 A 构造中断层和裂缝

图 12-26 Lekhwair 油藏 A 构造中断层和裂缝的施密特图与玫瑰花图 （Ozkaya 和 Richard，2005）

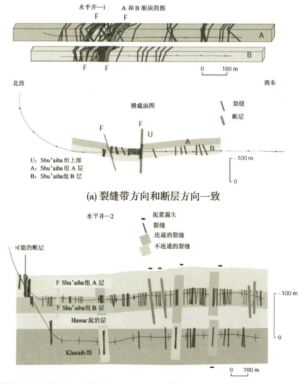

(b) 裂缝带之间的连通关系，Shu'aiba 储层比 Kharaib 储层裂缝更发育

图 12-27 Lekhwair 油藏两口水平井剖面图 (Ozkaya 和 Richard，2005)

　　裂缝的主要延伸方向为西北西向和北北西向，局部发育在北东向狭窄的近乎垂直的密集裂缝带内，平均长度达 150m（图 12-28A），它们构成了主要的渗流通道（Ozkaya和 Richard，2005）。分散的裂缝受层理控制，规模小，大部分被充填或者没有相互连通，流通能力很弱；大裂缝数量上很少，但由于孔径高达 0.2～0.5mm，在流体流动方面起到至关重要作用（Ozkaya 和 Richard，2005）。

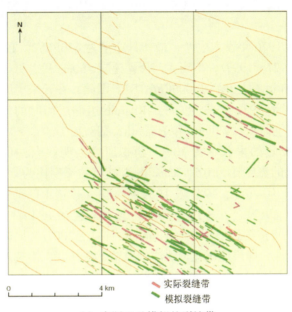

（a）实际以及模拟的裂缝带

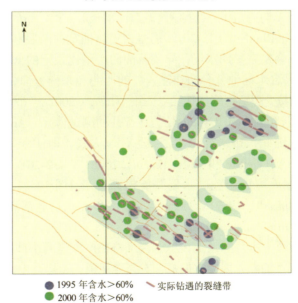

（b）水驱前缘运移特征图

图 12-28　Lekhwair 油藏 A 构造裂缝特征图（Ozkaya 和 Richard，2005）

12.2.5 生产特征

Lekhwair 油藏的石油地质储量约为 13.34×10^8 Bbl（Niko 和 Ovens，1995）。原油密度 38°API，黏度 0.8cp（Giordano et al.，2007）。A 构造在深度 1143m 处的原始地层压力为 1987psia，仅比泡点压力高 73psi（Cottrell，1987；Willetts 和 Hogarth，1987）。B 构造 原始地层压力为 870～1450psi，泡点压力为 936psi（Brinkhorst，1998）。生产初期主要 以溶解气驱为主，辅以弱水驱开采原油（Willetts 和 Hogarth，1987；Al-Gheithy 和 Al-Suleimani，2008）。

Lekhwair 油藏于 1976 年投入生产，最初日产量为 630Bbl/d。1979 年日产量大约为 24000Bbl/d（OGJ，1977～1997），但当生产压差递减 160psi 后，低于了泡点压力，导致 气油比从 525SCF/STB 迅速上升到 1400SCF/STB）。因此，在开采了原始地质储量 3% 后， Shu'aiba 组下部储层于 1981 年被迫关井，Kharaib 组储层当时的日产量为 3150Bbl/d， 依靠温和注水补偿亏空体积（Willetts 和 Hogarth，1987）。

估计原始地质储量的采收率为 10%。模拟研究表明残余油的饱和度高达 25%， Shu'aiba 组下部储层的流度比为 0.5，Kharaib 组储层的流度比为 0.7；通过注水开采可 以将采收率提高 5 倍（Cottrell，1987）。1984 年，在 A 构造顶部试用反五点注水法开采 （Willetts 和 Hogarth，1987），井距约为 500m。该试验包括 17 口注水井以及 16 口生产 井（OGJ，1990），一直持续到 1991 年（Giordano et al.，2007）。同时该试验也证实了大 规模注水计划的可行性，如果使用九点法注水要钻 112 口井，而选择五点法注水则需要 168 口井。当时，总共有 92 口井，包括试验井，原油产量约为 25000Bbl/d，人们希望实 施更大的注水计划将产量提升到 100000Bbl/d（Dudouet 和 De Guillaume，1996）。该方案也 可用来开采天然气，通过气举方式开采，预期天然气产量为 $1.4 \times 10^8 ft^3/d$（OGJ，1990）。

1991 年，在整个 A 构造北部高点实施反九点注水开采方式，井距为 300m（图 12-29）。 1993 年产量达到 79700Bbl/d（图 12-30）。但是由于该油藏的断层和裂缝比预期的要多， 大约有 20% 的生产井会发生早期水侵，导致石油的产量比预期的低（Al-Ghei-thy 和 Al-Suleimani，2008）。高含水的油井分布在注入井的西北和东南方向，因为注入水相对于 基质孔隙来说，更容易受裂缝影响 [图 12-31(a)]（Lang，2002）。举个例子，一口产水率 为 100% 的生产井可以直接反映出 400m 处的注水井的测试情况（Arnott 和 Van Wunnik， 1996）（图 12-29）。因此，1996 年采用了线性注驱方式，即注水井和生产井平行分布 在裂缝的西北方向（Al-Gheithy 和 Al-Suleimani，2008；图 12-26）。这样通过隔离裂缝 层以及刺穿非裂缝层就可以避免高水侵并能提高产量 [图 12-31(b)]（Arnott 和 Van Wunnik，1996；Al-Busaidi，1997）。1996 年，在整个 A 构造北部高点成功安置 6 个高 气油比电动潜油泵（Brinkhorst，1998）。

基质生产井和裂缝生产井的区别在于能否维持稳产。这两个储层的产量均大于 950 Bbl/d，并且属于裂缝性油藏，因为它们都含有裂缝通道。A 构造中，断层两翼南部和北 部的油井采收率都比较高（图 12-32）（Ozkaya 和 Richard，2005）。该油藏通过打加密 井，产量在 1997 年达到高峰值，随后产量一直稳定下降，到 2007 年的日产量为 33000Bbl/d。此时，油藏共产出原油 3.35×10^8 Bbl，相当于原始地质储量的 25%（图 12-33） （Al-Gheithy 和 Al-Suleimani，2008）。

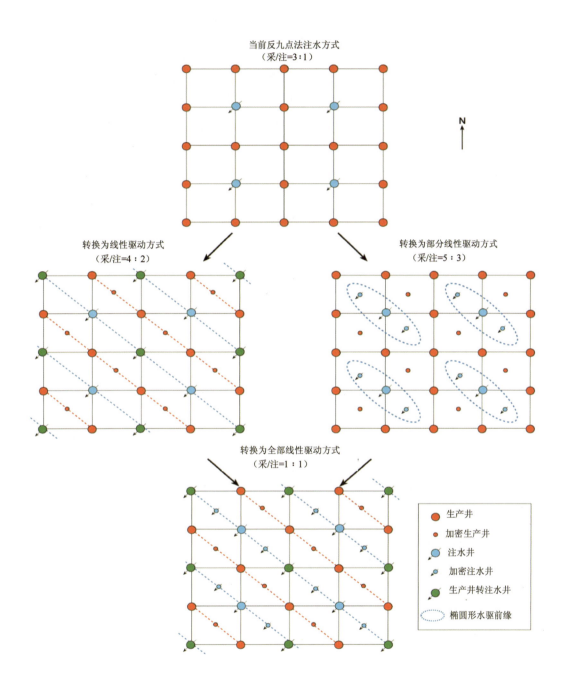

图 12-29 Lekhwair 油藏注水方式图，注水方式从反九点驱动方式到线性驱动方式转变
（Arnott 和 Van Wunnik，1996）

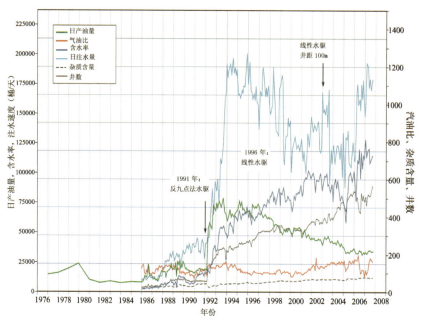

图 12-30　Lekhwair 油藏生产历史曲线图（OGJ，1977～1997，Al-Gheithy 和 Al-Suleimani，2008）

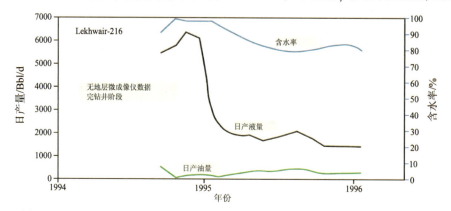

（a）Lekhwair-216 位于注水井附近，无 FMI 测井数据，最初含水率达到 80%～90%

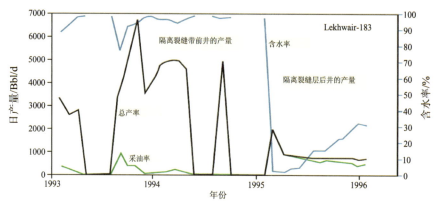

（b）1995 年早期，Lekhwair-183 井中裂缝层被隔离，含水率从约 100% 骤减至 5% 以下

图 12-31　Lekhwair 油藏两口井的生产历史曲线图（Al-Busaidi，1997）

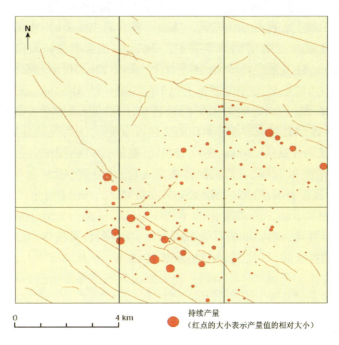

(a) 显示了持续产量的相对大小

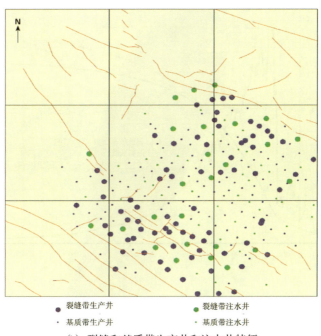

(b) 裂缝和基质带生产井和注水井特征

图 12-32　Lekhwair A 构造的井特征（Ozkaya 和 Richard，2005）

　　在 A 构造北部，水的运动轨迹与裂缝密度相关（图 12-28），除东部侧翼外，水流大都经过裂缝（Ozkaya 和 Richard，2005）。通常，高水侵与注水井的位置无关（Ozkaya 和 Richard，2005）。A 构造北部有超过 300 口井，2008 年又打了许多加密井。大多数井为垂直井，分布在油藏构造高点上。有 35 口水平井，其中包括四口多分枝水平井，它们主要分布在构造两翼上，此处油层较薄（Arnott 和 Van Wunnik，1996）。水平裸眼井的长度大于 1500m（Lang，2002）。在早期井中，Shu'aiba 组下部和 Kharaib 组都是双重完井，但目前是混合完井；许多生产井转化成注水井（图 12-29），很多井都有多个孔眼，有些井在重新开井之前可能已经关井很多年了（Al-Gheithy 和 Al-Suleimani，2008）。通过侧钻小井眼、环原井眼钻成若干超短水平段来延长油藏的开采寿命，并在 A 构造北西方向钻了 Lekhwair-365 和 Lekhwair-366 两口测试井（Lang，2002；Al-Hady et al.，2003）。

2008 年，加密井井距从 300m 变为 150m，期望通过钻加密井使油藏产量的递减速率降低并提高最终采收率。提高采收率的试验方法还包括混合气驱和表面活性剂驱法。历史拟合模型用来模拟油藏的未来发展前景。先计划生产井与注水井井距为 200m 时实施注水驱动，再将井距减小为 100m 后再进行试验。通过此实验就可预测出采收率。实验发现，当孔隙驱替效率增加到 100% 时，可以将原油采收率提高 10%，就目前的驱替效率而言，可以持续稳产到 2045 年（图 12-33）（Al-Gheithy 和 Al-Suleimani，2008）。

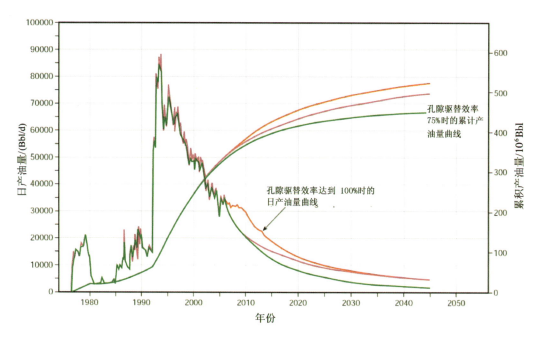

图 12-33　Lekhwair 油藏实际和预测产量曲线图，图中显示了打加密井，孔隙驱替速率达到 100% 可提高原油采收率（Al-Gheithy 和 Al-Suleimani，2008）

1991 年，为了实现大规模注水开采原油，建立了一些新的生产设备。开采出的原油和液化天然气可以出口。气体经过压缩、脱硫、控制露点后可以直接出口或者用于人工举升驱动。采出的水进行回注，从浅层油藏采出的水也可以再重新注回油藏以驱替原油（Al-Gheithy 和 Al-Suleimani，2008）。

12.3　Safah 微晶间孔型内陆棚边缘粒泥灰岩鼻状构造锯齿状油气藏

12.3.1　基本概况

Safah 油藏位于阿曼西北部（图 11-14）。该油藏自 1983 年发现，于 1984 年开始投产。其石油原始地质储量为 7.92×10^8 Bbl，可采储量为 1.59×10^8 Bbl（采收率为 20%）。油气储存于 Mender-Lekhwair 穹窿之上的北北东倾向背斜内，油质轻。沉积环境从研究区往南部或西南部逐渐由碳酸盐岩台地相变为深水内陆棚相，导致阿普特阶 Shu'aiba 组储层在相同方向上逐渐尖灭，局部形成地层圈闭，使得孔隙度也在相同方向上沿构造上倾方向变差。Safah 油藏可分为两个区域：西区储层物性较差、井数少，被一个连续的、宽度为 1km 的沟谷分隔开；东区为一个带气顶的油藏，气柱高度 25ft，油柱高度 100ft；东北区与东南区油层局部连通，东南区油柱高度只有 75ft。Safah 油田纵向上为向上变浅的沉积序列，地层岩性以碳酸盐台地相的细粒泥粒灰岩和泥岩为主，局部发育厚壳蛤或藻类建隆。储层孔隙度普遍较好（12%～30%，平均为 22%），孔隙类型以白垩质微孔为主，渗透率较低（平均为 5mD）。通过试采发现，油藏规模远比初期预测值大，需要通过增加地面生产设施和生产井数以提高产量；通过生产设施的不断完善及生产井数的持续增加，油藏产量连续 11 年保持增长态势。1995 年达到日产油量的高峰 33000Bbl/d；1989 年，通过在东南区实施注气技术，有效减缓了地层压力的衰减，水侵量也有所减少。由于储层的强烈非均质性、较低的渗透率、大量断层的存在以及东北油区内的底水锥进和气窜，使得 Safah 油藏的油气开采比较困难。1990～2000 年，通过增加水平生产井数量，实施酸化增产技术，采收率有所提高。2002 年，有报道指出该油藏正在采用面积注水进行二次开发（APRC，2002）。

油源对比表明 Safah 油藏的油气来源于三种不同的烃源岩（Lindberg et al.，1990）；这些烃源岩的生排烃主要有两个阶段，第一阶段的原油来自北部古构造圈闭，排烃时间相对较早，第二阶段的原油来自东部构造，排烃时间较晚（Boote et al.，2000）。Safah 油藏主要的烃源岩源自晚侏罗世 Tuwaiq 组地层，为内陆棚环境的细粒层状泥灰岩，II 型干酪根。

12.3.2　构造及圈闭

Safah 油藏位于北北东走向的 Mender-Lekhwair 背斜上（图 12-34 和图 12-35），该背斜宽 50～100km，形成于桑托阶（白垩纪晚期）的挤压作用，并将鲁卜-哈利盆地和 Fahud 盐盆分隔开来。Safah 油藏处于构造—地层复合圈闭内，主体构造为北北东向倾伏鼻状构造，构造主轴与 Mender-Lekhwair 背斜相同（图 12-34 和图 12-35）。从油藏主体构造到南部和西南边部，储层由 Shu'aiba 组的浅海灰岩相变为深水盆地内的页岩和泥灰岩相。油藏构造的东、北和西北翼倾角较小，仅为 1°；油气聚集在 Nahr Umr 组含黏土灰质泥岩之下，含油面积约为 25000ac。

Safah 油藏可分为西区和东区两个区域，被一个连续的、北西—北北西向宽度较窄（小于 1km）的由正断层组成的沟谷隔开；东区被低渗透阻挡层进一步分隔成东北区和东南区。上述三个区域在流体 PVT 性质和流体界面深度上略有差异（图 12-36 和图 12-37）。东北区中存在一个气顶，气柱高度约 25ft；气顶之下发育一个油藏，油柱高度 100ft；油

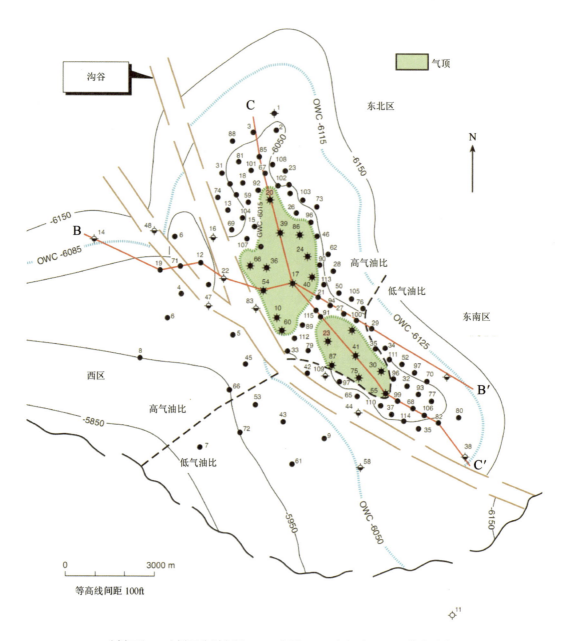

B-B′剖面和C-C′剖面分别在图12-36和图12-37中显示。OWC代表油水界面

图12-34　Safah油藏Shu'aiba组顶面构造图，图中显示了东北区和东南区存在两个气顶
（Vadgama et al.，1991）

水界面位于深度6115ft处，油气界面位于深度6015ft处；构造高点位于深度5990ft处。
两个相邻的构造高点被一个起伏平缓的向斜分隔开，在这两个构造高点内发现了气顶。
东北区的自由水面位于深度6150ft，自由水面之上有一个65ft厚的油水过渡带。油水界面
位置的含水饱和度为40%（图12-38；Hearn和Whitson，1995）。东南区存在一个不饱
和油藏，油柱高度约75ft，油水界面位于深度6125ft处，构造高点位于深度6050ft处。

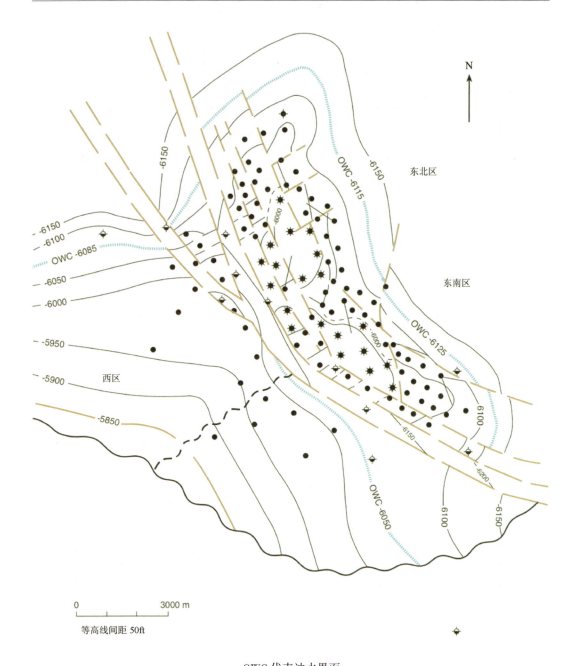

OWC 代表油水界面

图 12-35　Safah 油藏 Shu'aiba 组顶面构造图，图中显示了东北区和东南区内的断层（Chen，1993）

西区同样存在一个不饱和油藏，油水界面位于海拔深度 6050ft 处。尽管 Shu'aiba 组顶部构造图显示多孔储层在构造顶部深度约 5800ft 处消失，但该油藏精确的顶部深度并未确定。

　　由 Safah 油藏的横剖面图（图 12-36）可以发现，东西区间的沟谷被垂直断层环绕，断距约为 30ft。东区被一些平行于沟谷且近于垂直的张性断层截断，断距小于 60ft。

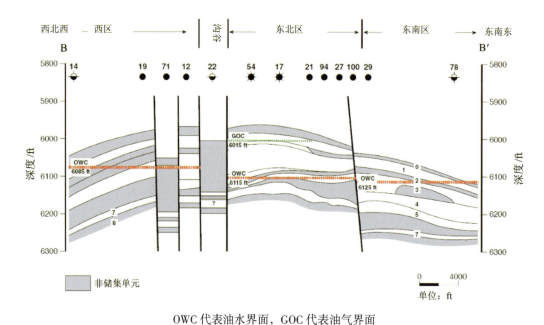

OWC 代表油水界面，GOC 代表油气界面

图 12-36　横穿 Safah 油藏西北西—南东南走向横剖面图（Vadgama et al.，1991）。剖面位置在图 12-34
中显示

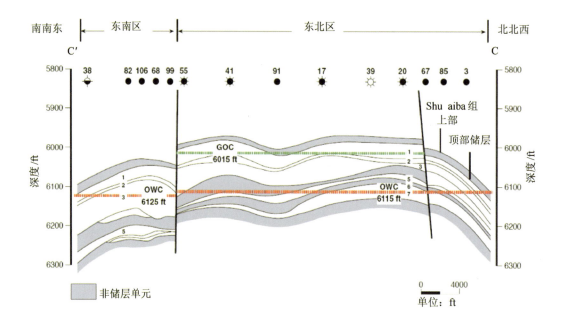

OWC 代表油水界面，GOC 代表油气界面

图 12-37　横穿 Safah 油藏南南东—北北西走向横剖面图（Vadgama et al.，1991）。剖面位置在图 12-34
中显示

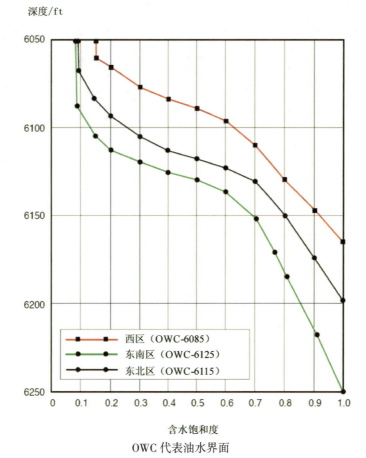

图 12-38　Safah 油藏三个区深度和含水饱和度关系图（Vadgama et al.，1991）。油/水界面位于含水饱和
度为 40%处

1990～2000 年进行三维地震资料采集时发现，区内断层数量不多，断距也不大。最新研究发现，油藏顶面的不规则性是由于厚壳蛤堆积而成的沉积地形所致，而不是之前认为的由断层截断造成（Cleveland et al.，1996）。

12.3.3　地层和沉积相

Safah 油藏的主力产层为 Kahmah 群的 Shu'aiba 组，阿普特阶地层覆盖于 Kharaib 组的致密灰岩之上，两者整合接触。Shu'aiba 组地层横向延伸较远，几乎在整个阿拉伯半岛南部和东部均可识别与对比。Safah 油藏被一个不整合面截断，该不整合面在除阿联酋地区以外的大片区域上可识别追踪。Shu'aiba 组向上变为 Nahr Umr 组盆地页岩相，在 Safah 油藏内，Shu'aiba 组顶部与 Nahr Umr 组呈不整合接触（图 12-39）。

Shu'aiba 组沉积期，在阿布扎比和卡塔尔之间的海域发育了一个内陆棚，东南方向离海岸 100km（图 12-40），Safah 油藏位于浅海陆棚以东和东北，以及内陆棚以西和西南之间的过渡带。Shu'aiba 组储层由向上变浅的厚壳蛤或藻类碳酸盐岩沉积旋回组成，周围是深水陆棚细粒泥灰岩相（Prezbindowski 和 Benmore，1996）。Shu'aiba 组地层沉积时，一些浅水有机物，如大型底栖有孔虫（如圆笠虫）、海胆和厚壳蛤，被周期性地

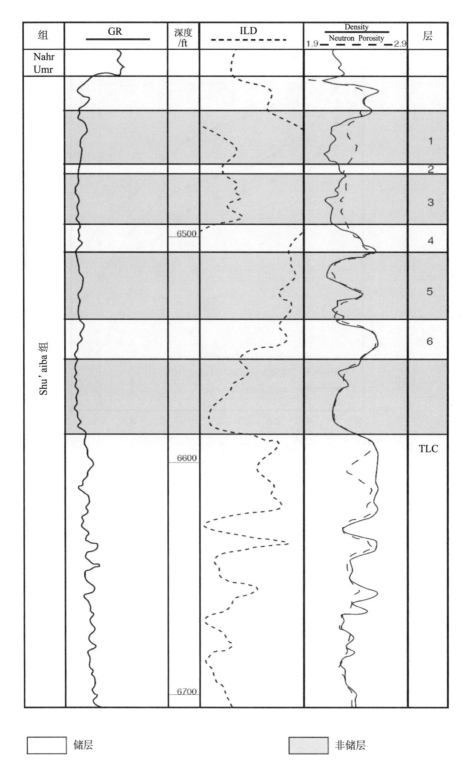

图 12-39　Safah 油藏 Shu'aiba 组地层典型测井曲线，图中显示了该地层内部的小层划分情况
（Vadgama et al.，1991）

迁移到横穿 Safah 油藏西南方向的斜坡内。在相邻的 Lekhwair 油藏中，Shu'aiba 组地层层序向上变浅，Shu'aiba 组下部岩性以生物碎屑泥岩为主，且存在富含有机物的薄夹层，这些沉积物都是在相对较深的水域中沉积的。Lekhwair 油藏 Shu'aiba 组下部岩性为粟孔虫粒状灰岩和泥灰岩夹层，这些沉积物是在能量较高的陆棚环境内沉积的（Van Buchem et al., 2002）。

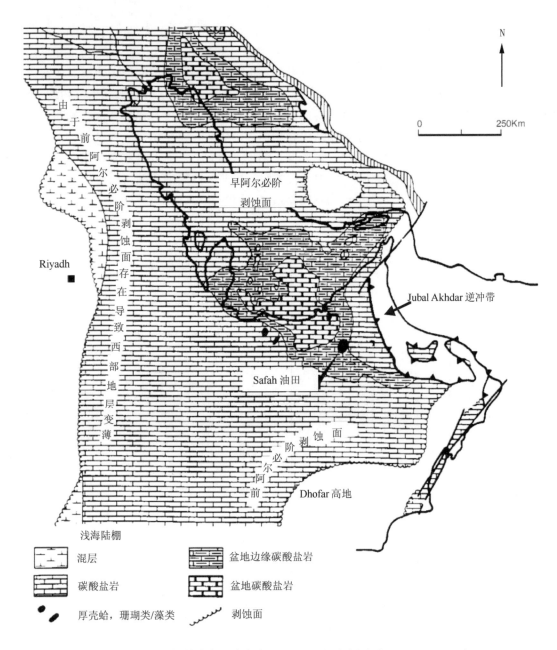

图 12-40　东阿拉伯半岛阿普特阶 Shu'aiba 组沉积相图（Frost et al., 1983）

12.3.4　储层特征

Shu'aiba 组储层的平均总厚度从东北区的 125ft 变化到东南区和西区的 75ft。储层有效厚度从东北区的 110ft 变化到东南区的 50ft，到西区厚度为 0～40ft。储层被划分为七个层段，岩相为横向连续的多孔和致密灰岩互层（图 12-39 和图 12-41）。多孔层段岩性为相对纯净的泥灰岩，而致密层段岩性则为泥质泥灰岩。开发井钻探证实了储层结构比先前预想的非均质程度更严重，因此储层模型也变得异常复杂（Boote et al., 2000）。致密灰岩在整个油田储层内间断出现，利用井数据和地震资料实现对地层岩性的预测，依据这些预测结果可使水平井的设计路径尽量避开这些致密灰岩层段（Cleveland et al., 1996）。该油田被一条沟谷划分为东区和西区，西区的中部凹槽正好处于致密泥质灰岩的位置（图 12-34 和图 12-36），此凹槽成为影响 Shu'aiba 组储层分布的同生沉积构造。总体来说，该油田储层物性由主体构造向西南边部逐渐变差，多孔储层在油藏的西南边缘和南部边缘因沉积相变为深水泥质灰泥岩相而逐渐尖灭，最终消失。西区相比于东北区和东南区来说，净毛比和渗透率普遍较低，黏土含量较高。东北区和东南区之间的压力相连通。RFT（重复地层测试）压力分析表明，东北区西翼的含油气层段内垂向渗透率最好，而东北区东翼含油气层段内垂向渗透率相对较差。

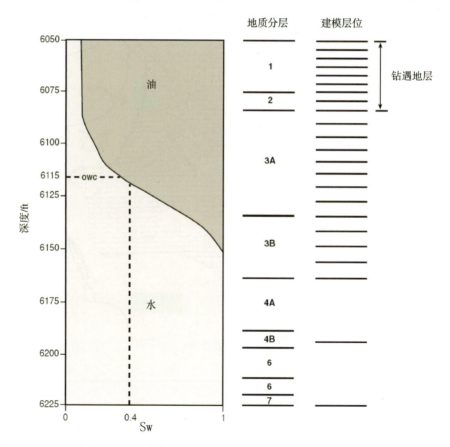

图 12-41　Safah 油藏 Shu'aiba 油藏地质分层和建模分层，东北区深度与含水饱和度关系曲线图
（Hearn 和 Whitson，1995）

Safah 油藏储层上部渗透率较高，平均渗透率为 5mD（McGann et al.，1996）；孔隙度为 12%～30%，平均孔隙度为 22%。含水饱和度较低，部分地区小于 10%。储层润湿性为中到强亲水。对于非混相的天然气驱和水驱，残余油饱和度通常高达 30%（Hearn 和 Whitson，1995）。

储层以微晶间孔为主，主要发育于早成岩作用晚期。储层物性的沉积控制作用非常明显，储层质量最好的岩性为颗粒较粗、富含骸晶的泥粒灰岩；但没有充分的岩相和地球化学方面的证据表明早成岩作用与 Nahr Umr 组底部不整合面的发育有关。局部地区早成岩作用会形成等轴亮晶方解石胶结物和缝合线。微晶质组分溶解后，深埋藏成岩作用将导致次生孔隙发育（Prezbindowski 和 Benmore，1996）。

广泛分布的微晶间孔隙主要由脆性变形和晚期溶解作用形成；微裂缝为流体在孔隙中的流动提供了通道。孔隙直径为 1～15μm，多发育在粒泥灰岩和泥粒灰岩的基质内。储层岩性包括砾状灰岩、珊瑚或层孔虫粒泥灰岩、泥粒灰岩、颗粒灰岩和黏结灰岩。Shu'aiba 组底部的黏土含量较多，同时缝合线强度和裂缝密度也相应增大。次生孔隙常常在微晶方解石晶体、早期等轴亮晶方解石、缝合线和微裂缝形成之后形成（Prezbindowski et al.，1990）。

12.3.5　生产特征

Safah 油藏的原始石油地质储量为 7.92×10^8 Bbl，最终可采石油储量为 1.59×10^8 Bbl，天然气地质储量为 2×10^8 ft³。开采的大部分油气来自东北区，其余油气来自东南区；西区的油气很少，且大多未发育。Safah 油藏油质轻，黏度很低，为 0.4cp。东北区和东南区的 PVT 关系不同，东北区含气更丰富。东北区为带气顶的油藏，初始气油比（GOR）为 950SCF/STB，地层体积系数（FVF）为 1.59RB/STB。东南区为不饱和油藏，初始气油比（GOR）为 580SCF/STB，地层体积系数（FVF）为 1.34RB/STB，泡点压力为 1900psi（Chen，1995）。两个区的原始地层压力均为 3100psia。水侵量较少，主要驱动方式为溶解气驱。

油田最初开发方案确定采用直井开发，油井单井控制面积 65ac，油井单井控制面积 124ac。油田自 1984 年 2 月投产，初始产油量为 2000Bbl/d。初期采出的原油依靠卡车运输，后来利用管道先运输到 Lekhwair 油藏，再转运到马斯喀特北部海岸。早期认为油藏规模很小，生产设施投资较少，使用了一些"二手"设备来进行开采；随着钻井数量的增加，油藏规模变大，于是增加设备并改进钻井方案，平均日产量连续多年增长，1994～1996 年达到产油高峰，约 33000Bbl/d [图 12-42(a) 和图 12-43；McGann et al.，1996；OGJ，1997]。到 1994 年，油田累计产出原油 7000×10^4 Bbl。2001 年 9 月，该油田的平均日产量约 27000Bbl/d（APRC，2002）。

由于水侵量较少，储层压力最初为 3100psi，到 1988 年年末下降到 2865～2965psi。为阻止压力下降并提高原油采收率，开始实施注气开采方案。1989 年早期在东北区开始注气 [图 12-42(b)]，将气顶处的一口高气油比的生产井 Safah-39 井改为注气井。后来，气顶处的另一口高气油比生产井 Safah-24 井也同样改为注气井。注气后，储层压力有所改善，储层的产油量提高且生产井的气油比下降（图 12-44）。1990 年在东南区全面实施了注气工程，将 Safah-68 井和 Safah-32 井均改为注气井，取得了很好的效果。1991

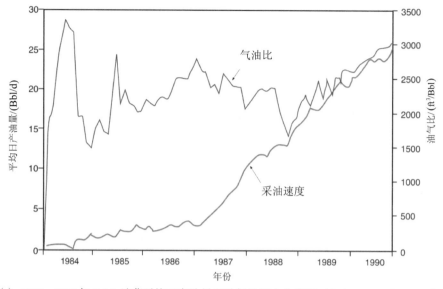

（a）1984～1990 年 Safah 油藏平均日产油量和油气比历史曲线图 （Vadgama et al.，1991）

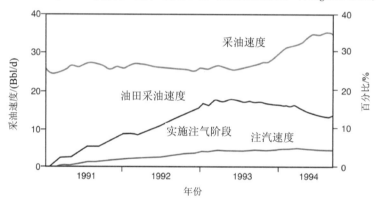

（b）1991～1994 年 Safah 油藏注气指示曲线图 （Chen，1993）

图 12-42　Safah 油藏历史产油量、油气比及注气指示曲线图

年和 1993 年对注气设备进行了改进，扩大了设备容量 （Chen，1995），油田的日天然气注气速度从 1990 年的约 $3450 \times 10^4 ft^3/d$ 增加到 1994 年 9 月的约 $1.3 \times 10^8 ft^3/d$。80% 以上的气都注入油藏的东南区内，剩下的则注入东北区内。 到 1994 年 9 月，通过注气开采出的原油占油藏产量的 13% （Chen，1995）。

　　注入气气源主要来自 Safah 油藏采出的气，对采出的气进行处理后，将少量残余气在高压情况下重新注入储层。尽管注气井的井底压力超过 4000psi，但注气过程中并未发生压裂。注气可使原油蒸发膨胀，降低黏度，从而提高采收率。通过进行大量注气和少量注气的模拟实验发现，在 9 点井网面积内，先注富气再注贫气，20 年后可使采收率达到 42%；如果一直注富气可使采收率达到 49%；如果一直注贫气可使采收率达到 39%。但将注水和注气结合将会使采收率大幅下降 （Hearn 和 Whitson，1995）。

　　通过对比东北区和东南区的增产效果，发现东南区的产油量增长更快，累计产油量

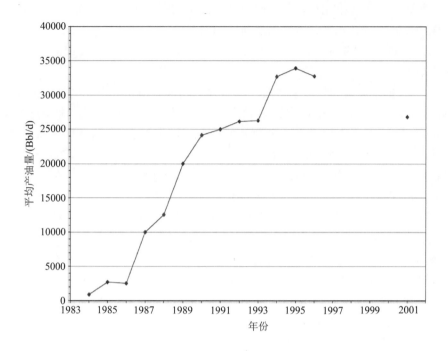

图 12-43　1984~2002 年 Safah 油藏生产历史曲线图（OGJ，1985~1996；APRC，2002）

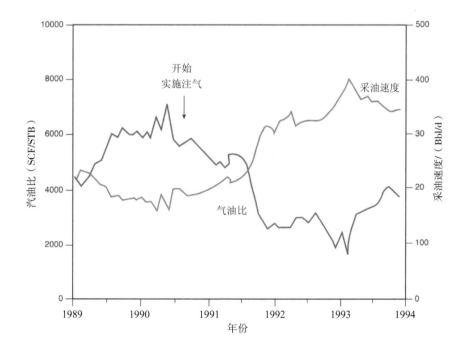

图 12-44　Safah 油藏 Safah-60 井生产历史曲线，图中表明该油藏实施注气后取得了很好的效果
（Chen，1995）

更多，东北区的增产效果相对较差，原因在于：①在东北区的注入气会快速进入垂直井酸蚀形成的孔洞中或者水平井所钻遇的断层和裂缝中；②而且东北区的注采比低于东南区（Chen，1995）。有关油藏模拟的研究表明，注气工程将会使该油田的采收率从 17%增长到 23%。

Safah 油藏的发展很大程度上得益于水平井的钻探，最初在东北区钻了两口水平井，即 Safah-115 井和 Safah-116 井，这两口井的产量可观，日产量分别为 1500Bbl/d 和 1800Bbl/d，且在 1990 年 12 月前，两口井的气油比均小于 2000SCF/STB。有了这两口水平井作为基础，1991~1992 年又钻了五口水平井，在油水界面以上 42~45ft 处进行了水平井裸眼完井。这些水平井的平均生产指数 [约为 5Bbl/(d·psi)] 大概是一口垂直井的 10 倍（Chen，1993）。至 1995 年，已钻 20 口水平生产井。

Safah 油藏的大多数井都采用了酸化增产技术，采用的是乳化酸系统，该乳化酸由 Safah 油藏产出的原油和盐酸组成。向该系统内加入氮气是一项新技术，室内试验和试井证明该项技术可使乳化酸向更深的地层渗透，从而增加产量。采用酸化增产技术前降低水位同样可以达到增产效果。对 Safah-5 井进行测试，发现其生产指数从 0.39Bbl/(d·psi)增加到 0.94Bbl/(d·psi)（Guidry et al.，1989）。由于该地层为塑性地层，因此酸化压裂技术在 Safah 油藏还未获得成功。大多井都采用了气举技术。2002 年，有关报道指出该油藏正在采用面积注水来进行二次开发（APRC，2002）。

第13章 阿曼盆地中生界 Qarn Alam 碳酸盐岩油藏地质特征

13.1 基本概况

Qarn Alam 油藏位于阿曼北部，Ghaba 盐盆中东部（图 11-14），为典型的裂缝型碳酸盐岩台地藻灰岩背斜构造层状—块状油藏。该油藏自 1972 年发现，于 1975 年开始投产。油藏原始石油地质储量为 $10.38×10^8$Bbl，其中可采储量为 $2.08×10^8$Bbl，采取提高采收率措施后，可采储量达到 $3.63×10^8$Bbl（采收率为 20%～35%，大多为 27%）。浅层（地下 250m）重质（原油密度为 16°API）稠油（原油黏度为 220cp）储存在背斜构造中，该背斜形成于晚白垩纪到古近纪刺穿盐丘之上。巴雷姆阶—阿普特阶 Shu′aiba 组、Kharaib 组和 Lekhwair 组为高角度裂缝性浅海碳酸盐岩，油柱高度为 163m。藻类粒泥灰岩和泥粒灰岩的基质孔隙度为 30%，基质渗透率为 1～25mD，平均渗透率为 7mD。Qarn Alam 油藏都是水力连通的，绝大多数原油都储存在基质中，并通过裂缝系统渗流。Qarn Alam 油藏依靠强水驱开采重质稠油。1976 年，油藏日产量达 37740Bbl/d。随着油藏压力下降、次生气顶形成，油水界面快速上升到达裂缝系统，导致油藏含水率达到 95%。到 1995 年，油藏仅产出原油 $2200×10^4$Bbl，此后开始实施提高采收率措施。1996 年 7 月开始实施热力辅助油气重力驱试验，用以测试顶部注气提高重力驱的可行性。该试验实施后，首批 4 口生产井日产油量达到 1260Bbl/d，是油藏预测产量的两倍，这一结果证明该试验是成功的。全油藏 149 口新井实施了热力辅助油气重力驱试验，其中 36 口斜井于 2010 年正式投产，预计注气量为 18000t/d，持续注气时间超过 30 年，这些井四年后日产油量将达到 30000Bbl/d，并持续稳产十年。

13.2 构造及圈闭

Qarn Alam 油藏构造位于刺穿盐丘之上的北北东向、向四周倾没的背斜内（图 13-1 和图 13-2）。早古生代时期，寒武纪 Ara 群的盐底辟构造开始形成，晚白垩世—古近纪继续发育（Peters et al., 2003）。圈闭位于高角度裂缝型碳酸盐岩储层内，其上被厚 80m 的阿尔必阶 Nahr Umr 组页岩所覆盖（图 13-3）。早期二维地震解释资料表明，Qarn Alam 油藏发育少量断层，并在油藏构造顶部发育了一个地堑。1992～1993 年开展大规模的三维地震勘探工作，所钻的 QA-14 井和 QA-15 井均钻遇该地堑，钻遇深度比预期深 20m。三维地震解释资料显示，Qarn Alam 油藏内断层高度发育，但并不存在地堑（图 13-4）。同时还证实油藏构造顶部深度的预测值精确到 10～15m（Macaulay et al.，1995）。当钻遇 Shu'aiba 组时，从 6 口垂直井观测到断层断口处有钻井液漏失，据此可以解释断层和裂缝的发育程度。三维地震成像解释在 Qarn Alam 油藏刺穿盐丘构造附近发育大量倒转的走滑正断层（图 13-5），这些断层产状大多近垂直状，延伸性好，通常为北北东和北北西向（Peters et al.，2003）。

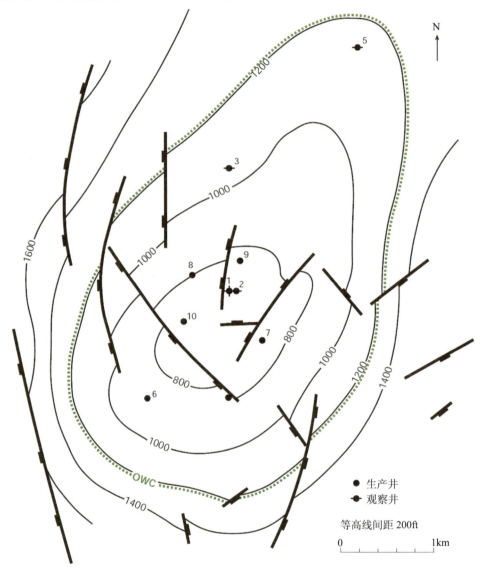

图 13-1　Qarn Alam 油藏 Shu'aiba 组顶面构造图，显示了三维地震资料解释的断层分布特征（Kharusi，1984），同时也显示了早期生产井和油水界面位置

Qarn Alam 油藏长 6km，宽 3km，占地面积约 2700ac。Shu'aiba 组构造顶部深度为212m，原始油水界面深度为 375m，油柱高度为 163m（Shahin et al.，2006）。构造倾角约 9°。

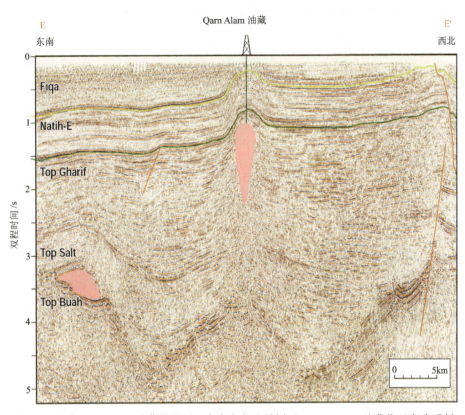

图 13-2　贯穿 Qarn Alam 油藏的北西—南东走向地震剖面，Qarn Alam 油藏位于寒武系刺穿盐丘构造之上 (Peters et al.，2003)

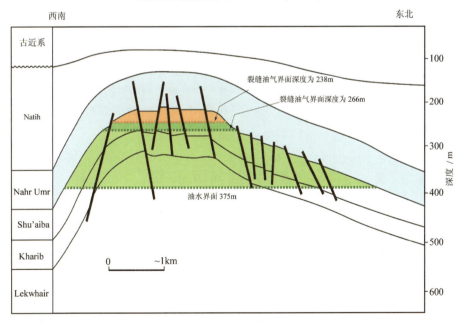

图 13-3　Qarn Alam 油藏北西—南东走向横剖面图，图中显示了在开采一年之后流体界面位置的变化特征 (Al-Shizawi et al.，1997)

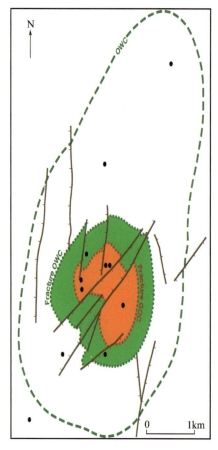
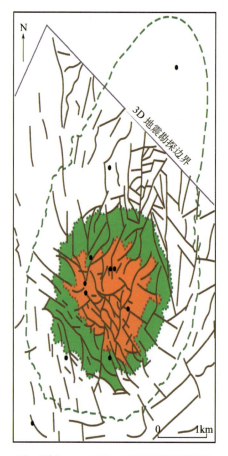

（a）由二维地震资料解释的断层　　　　（b）根据 1994 年的三维地震勘探资料解
　　　　　　　　　　　　　　　　　释的断层（Macaulay et al., 1995）。经过
　　　　　　　　　　　　　　　　　一年的开采后，在构造顶部形成了一个
　　　　　　　　　　　　　　　　　次生气顶，油水界面向上移动至断裂系
　　　　　　　　　　　　　　　　　统。由此产生的断裂油气界面（GOC）
　　　　　　　　　　　　　　　　　和油水界面（OWC）的位置在图中显示

图 13-4　Qarn Alam 油藏简图

13.3　地层与沉积相

Qarn Alam 油藏石油保存在巴雷姆阶—阿普特阶 Kahmah 群 Shu'aiba 组、Kharaib 组和 Lekhwair 组裂缝型碳酸盐岩地层中（图 13-6）（Hartemink et al., 1997）。在阿拉伯半岛的南部和东部，Shu'aiba 组和横向其他组地层都是连续的。Shu'aiba 组顶部被一个局部不整合面剥蚀，其上被 Nahr Umr 组泥页岩覆盖，Nahr Umr 组成为阿曼地区很多油藏的有效盖层，例如 Qarn Alam 油藏。Qarn Alam 油藏 Shu'aiba 组和 Kharaib 组被 Hawar 组低渗透含油层段所分隔（Shahin et al., 2006）。Kharaib 组厚约 45m，Lekhwair 组厚度大于 100m（图 13-3）。

　　Qarn Alam 油藏 Shu'aiba 组裂缝型致密灰岩厚约 55m（图 13-3），由藻灰岩和多孔粒泥灰岩组成（Van Wunnik 和 Wit，1992；Macaulay et al.，1995）。从 Qarn Alam 油藏取出的大多数岩心破碎，因此很难进行沉积相对比和划分（Macaulay et al.，1995）。由于整个油藏的沉积相为高能、内台地（Borgomano，2000）。对某些区域来说，碳酸盐岩沉积于浅–深–浅海大陆架环境。Shu'aiba 组底部地层由藻类颗粒粒泥灰岩–生物黏结灰岩组成；岩相向上由泥质含量逐渐增多的泥质灰岩过渡到无黏土厚壳蛤粒泥灰岩和泥粒灰岩（Hughes，1988）。在 Ghaba 油藏北部和 Qarn Alam 油藏北东约 12km 的地区，这套地层层序发育良好（Al-Awar 和 Humphrey，2000）。在 Ghaba 北部，Shu'aiba 组地层分为上下两段：下段地层主要由藻类骨架粒泥灰岩–生物黏结灰岩组成，夹有孔虫生物碎屑和藻类–有孔虫–厚壳蛤碎屑混合沉积物，代表一种低能、局限浅海环境，例如潟湖相；上段地层主要由粗粒厚壳蛤黏结灰岩、砾状灰岩组成，上段地层最顶部夹粒状生物扰动粒泥灰岩层。厚壳蛤–圆锥虫生物相沉积于开阔浅海高能环境。Shu'aiba 组上段地层可能沉积于浪基面之上开放大陆架 / 斜坡环境。总体而言，Ghaba 北部油藏 Shu'aiba 组地层层序向上逐渐变浅，在地表尖灭，形成 Nahr Umr 不整合面。

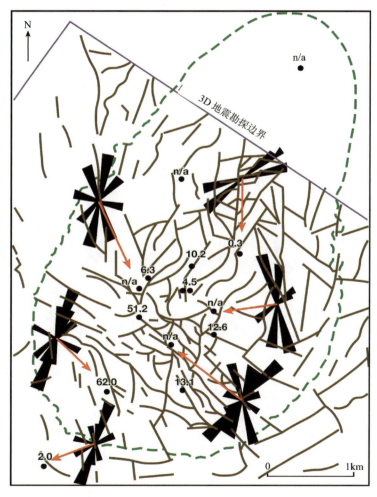

图 13-5　Qarn Alam 油藏 Shu'aiba 组储层裂缝发育特征图（Macaulay et al.，1995）

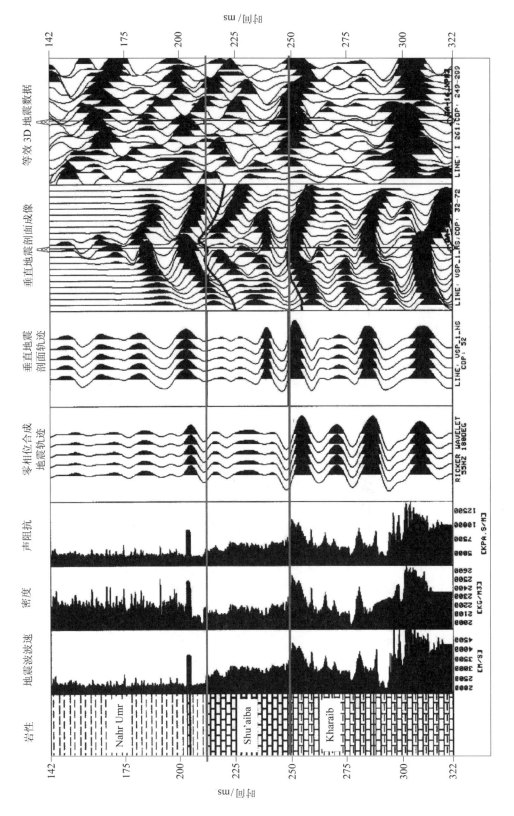

图 13-6 Qarm Alam 油藏 QA-16 井 Shu'aiba 组测井与地震数据剖面对比图 (Al-Shizawi et al., 1997)

13.4　储　层　结　构

Qarn Alam 油藏储层结构表现为层状—块状至锯齿交错状，因此该油藏的沉积相很难划分（Borgomano，2000）。大部分原油储存在基质里面，通过裂缝和溶洞等介质渗流。主力产层 Shu' aiba 组和 Kharaib 组被 Hawar 组低渗透含油层段分隔（Shahin et al.，2006）。为了确定 Hawar 组地层是否为全区的有效隔层，做了几次压力脉冲测试，结果是压力响应微弱，很难获得有效压差。测试结果显示渗透率为 10～25mD 构造顶部以外的井和渗透率大于 2000D 构造顶部井之间存在压力差。Qarn Alam 油藏储层裂缝十分发育，水力连通，但渗透性分布规律存在很大的不确定性（Macaulay et al.，1995；Shahin et al.，2006）。

13.5　储　层　性　质

Qarn Alam 油藏储层的平均基质孔隙度为 30%，基质渗透率为 1～25mD，平均为 7mD（图 13-7）（Macaulay et al.，1995；Zellou et al.，2003；Shahin et al.，2006）。中阿曼盆地内阿普特阶储层的孔隙度和渗透率之间具有典型的相关性，k_v/k_h 比一般达到1.0。在 Qarn Alam 油藏，测得一些未断裂的岩心样品的 $k_v/k_h \geqslant 2.0$，微裂缝的存在（微裂缝最长达 4mm）可以改善垂直渗透率；微裂缝通常发生在钙质胶结生物碎屑岩中，例如藻灰岩和厚壳蛤岩相。压力恢复试井测得的储层裂缝渗透率介于 0.1mD 至 1000mD 以上（图13-5）（Kharusi，1984；Macaulay et al.，1995）。生产测试发现高渗透性储层的产量一般都比较高。Qarn Alam 油藏裂缝带内裂缝宽度为 5～15cm，裂缝彼此相距150～400cm，裂缝走向主要为北东至北西走向。大型裂缝的裂缝宽度可达 15～50cm。储层顶部的裂缝宽度更小，因此 Shu′aiba 组比其下伏 Kharaib 组（1～10mD）和 Lekhwair 组的储层品质好。通过岩性资料分析可知，Qarn Alam 油藏的储层内，18%～33%（平均25%）的裂缝是开启的（Zellou et al.，2003）。该储层亲油，原始含水饱和度约为 5%（Van Wunnik 和 Wit，1992）。

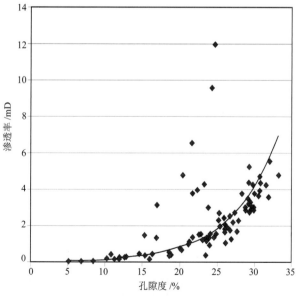

图 13-7　Qarn Alam 油藏 Shu′aiba 组储层孔隙度–渗透率散点图（Al-Bemani，2007）

13.6 生 产 特 征

Qarn Alam 油藏原始石油地质储量为 $10.38×10^8$Bbl，一次采油的采收率约为 4%。实施提高采收率措施后，采收率提高到 20%～35%（可能为 27%），可采储量达 $2.08×10^8$～$3.63×10^8$Bbl（实际可能达 $2.08×10^8$Bbl（Shahin，2007；Penney et al.，2007））。原油为重质油，原油密度为 16°API，黏度高，为 220cp，溶解气油比约为 55SCF/STB（Zellou et al.，2003；Shahin et al.，2006）。Qarn Alam 油藏依靠强水驱开采原油，辅以溶解气驱和重力驱（Macaulay et al.，1995；Zellou et al.，2003；PTAC，2007）。

Qarn Alam 油藏通过 6 口垂直井气举采油，并于 1975 年全面投产，日产量达到峰值时的产量为 37740Bbl/d。1976 年，压力快速下降导致次生气顶膨胀，油水界面位置大幅上升。此后原油产量相对较低，裂缝流体界面维持稳定（图 13-8 和图 13-9）（Macaulay et al.，1995；Zellou et al.，2003）。到 1977 年末，油藏发生水侵，含水率达到 95%，日产量迅速下降（图 13-8）。当时的模拟研究表明，初始产量最大时，约一半原油从孔缝系统采出，剩余的原油则来自基质（Shahin et al.，2006）。水侵到达裂缝系统后，裂缝系统内的水面上升 110m 到达含油层段，油环厚约 30m（油水界面为深度265m），并在含油层段之上形成一个 25m 厚的次生气顶（油气界面深度为 238m）（Macaulay et al.，1995）。该气顶是由压力降低到泡点压力（大约 481psi）时，原油的溶解气与气举时的注入气共同形成（Shahin et al.，2006；PTAC，2007）。尽管裂缝流体界面和油藏的总产量保持稳定，但日产量一直很低（图 13-9）（Macaulay et al.，1995；Penney et al.，2007）。到 1995 年，因原油黏度较高，储层渗透率较低，累计产油量仅 $2200×10^4$Bbl，其中大部分原油产自裂缝系统，只有很少一部分原油产自基质。油藏日产量为 1258Bbl/d，其中 70% 的产量依靠油水重力驱开采，30% 的产量依靠次生气顶形成的气油重力驱开采（Van Wunnik 和 Wit，1992；Macaulay et al.，1995；Penney et al.，2007）。

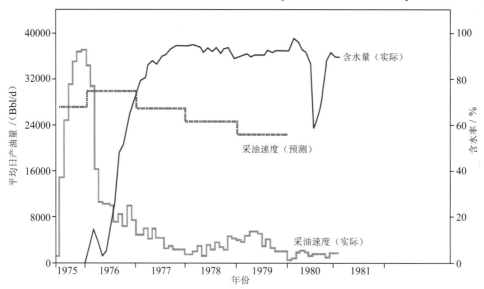

图 13-8　1975～1981 年 Qarn Alam 油藏早期生产史曲线，图中显示原油产量比预期的产量低，含水率快速增加（Kharusi，1984）

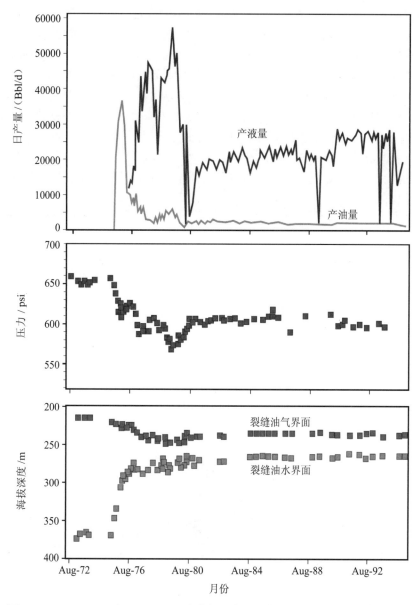

图 13-9　1975～1994 年 Qarn Alam 油藏的生产历史曲线、压力数据和流体界面深度散点图（Macaulay et al.，1995）

　　若能将基质中的剩余油开采出来，可大大提高油藏的采收率。20 世纪 80 年代末进行注热水试验，旨在改变储层岩石的润湿性，即当温度在 150～200℃时，储层润湿性可从亲油变到亲水。但该试验并没有成功（Penney et al.，2007；PTAC，2007），最终结论是：依靠水驱、聚合物驱和蒸汽驱不能采出基质中原油，因为裂缝的存在会改变驱油剂的流动方向。考虑到地层的完整性，火烧油层方法也行不通（Macaulay et al.，1995）。1996 年 7 月，实施了热辅助油气重力排驱，即向油藏顶部注入蒸汽来降低原油黏度进而促进油气的重力驱动（图 13-10）（Al-Shizawi et al.，1997；Moritis，2007），该过程不同于常规的基质蒸汽循环系统，只需要注入很少的气量，常规的注气循环系统不仅要向裂缝系统注入蒸汽，同时还要不断地采收原油（图 13-11）。在热辅助油气重力排驱试验中，蒸汽作为促进重力驱动机制的加热剂被注入储层顶部的气顶内，并利用从裂缝中产生的热能将基质中的原油加热，烃源岩中注入的蒸汽越多，原油黏度降低越快。热的、低黏度的原油开始在基岩中流动（10cp 或者更小）与冷的、高黏度的原油混合，这样冷的高黏油就充当了一个流动隔层，阻止原油从基质中流出进入充满气体的裂缝系统。在裂缝系统中，原油会在重力作用下流到油环中（Bybee，2007；Penney et al.，2007）。重力驱可使采收率增加到 60%。油气生产和溶解气蒸发导致含油体积缩小，气顶范围不断扩大。升高温度使原油黏度降低并不能够使含油层变厚，这个热区层段将继续存在于储层的顶部。

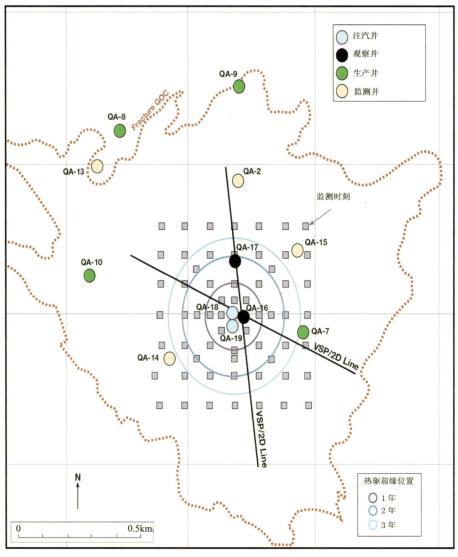

图 13-10　Qarn Alam 油藏热辅助油气重力排驱试验，图中显示了早期注水井、生产井和观察井以及热驱前缘的位置随着时间的变化特征（Al-Shizawi et al.，1997）

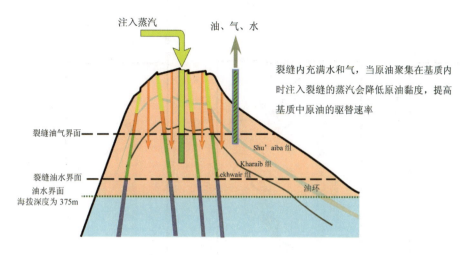

图 13-11　Qarn Alam 油藏注热蒸汽辅助气–油重力驱（TAGOGD）试验过程中蒸汽注入
方案示意图（Penney et al.，2007）

由此可知热辅助油气重力排驱试验是成功的（Moritis，2007）。Qarn Alam 油藏共钻了 28 口井，包括 3 口注蒸汽井（QA-18，QA-19，QA-20）和 8 口生产井（QA-4，QA-6 到 QA-11，QA-21），7 口温度测量井以及 3 口压力测量井（Shahin et al.，2006）。除了对井进行监测外，同时需要定时测量垂直地震剖面高度的变化。最初 4 口生产井的日产量大约 1260Bbl/d，总日产量约 31500Bbl/d（Hartemink et al.，1997；Shahin et al.，2006）。这与早前 630Bbl/d 的日产量形成了强烈的对比（图 13-9），2000 年中旬日产油量达到顶峰，为 3000Bbl/d（图 13-12）（Shahin，2007）。Qarn Alam 油藏最终注气 130×10⁴t（图 13-11），注气过程中没有出现井失效或者注气量减少的现象，基岩和盖层也没有受到损害（Penny et al.，2007）。

这次试验覆盖范围很小，仅覆盖了裂缝发育区域的 2%，随后的裂缝模型证明对全区实施注气方案非常可行，该方案于 2010 年开始在整个油藏范围内应用。作为施工方，阿曼石油开发有限公司计划每天注入 18000t 蒸汽，连续注 30 年，4 年之后可以实现平均日产量突破 30000Bbl/d，并稳产 10 年（图 13-13）。该油藏的原油预计可开采 60 年，在最初三年，气顶压力增加到 116psi，裂缝内油环高度降低 100m，油藏生产面积从 250ac 增加到 2500ac（Penney et al.，2007）。计划钻 149 口新井，其中包括 69 口注水井、抽水井和水处理井、15 口注蒸汽井、36 口生产井、29 口观察井。生产设备包括三台热回收蒸汽发生器，一台日注水量为 226000 桶 /d 的反渗析装置、一套处理液量达到 390000 桶 /d、处理水量达到 453000 桶 /d 的流体处理系统（图 13-14）。此计划还包括建立一套长度约 220km 的集输管线以及一个发电厂。热辅助油气重力排驱试验的实施，可将油藏采收率提高到 20%～35%，平均达 27%（Shahin et al.，2006；Penney et al.，2007；PTAC，2007）。

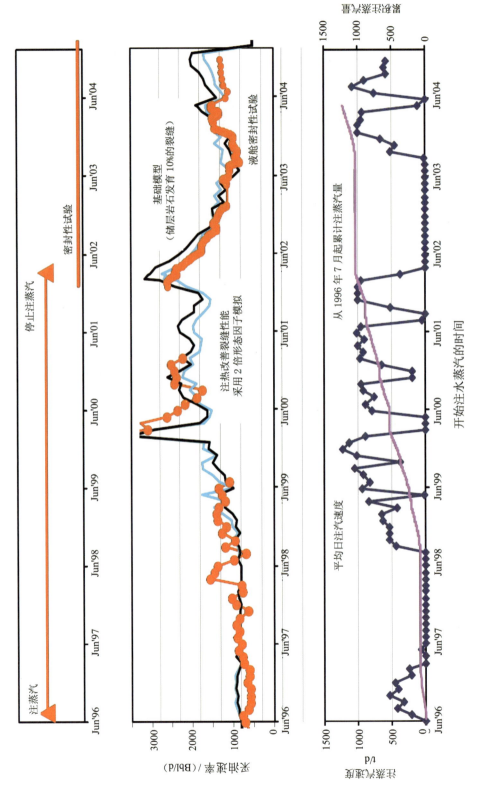

图 13-12　1996～2004 年 Qam Alam 油藏注热蒸汽辅助气-油重力驱（TAGOGD）试验中生产史、历史拟合及注汽曲线（Shahin，2007）

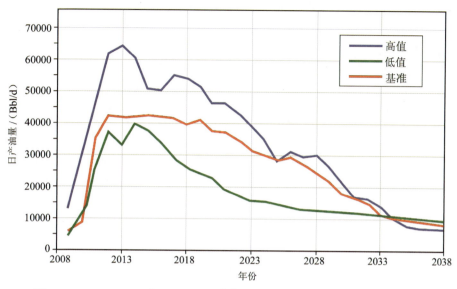

图 13-13　2010～2038 年 Qarn Alam 油藏日注 18000t 蒸汽时预测的原油产量
（Shahin，2007）。低值表示裂缝发育差产量低，高值表示热蒸汽注入后改善了
原油的相对渗透率，从而提高了产量

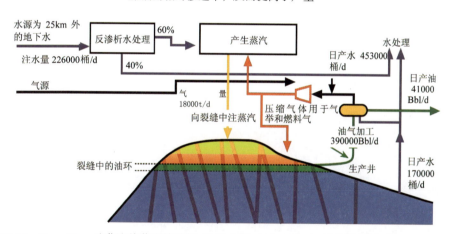

图 13-14　Qarn Alam 油藏注热蒸汽辅助气–油重力驱（TAGOGD）试验示意图（Moritis，2007）

参 考 文 献

白国平. 2007. 中东油气区油气地质特征. 北京: 中国石化出版社.

范嘉松. 2003. 中东地区形成世界级碳酸盐岩油气田的基本要素. 海相油气地质, 8 (1): 61- 67.

胡征钦. 1995. 世界主要产油国系列资料之二——中东地区. 北京: 中国石油天然气总公司信息研究所与外事局.

贾小乐, 何登发, 童晓光. 2013. 扎格罗斯前路盆地大油气田的形成条件与分布规律. 中国石油勘探, 18(5): 54-67.

贾振远, 李之琪. 1989. 高等学校教材碳酸盐岩沉积相和沉积环境. 北京: 中国地质大学出版社.

童晓光, 张刚, 高永生. 2004. 世界石油勘探开发图集(中东地区分册). 北京: 石油工业出版社.

Abduldayem M A, Al Douhan N D, Baluch Z A. 2007. Technological applications redefining mature field economic limits: SPE Saudi Arabia Section Technical Symposium, SPE110979.

Abdullah F H A, Nederlof P J R, Ormerod M P, et al. 1997. Thermal history of the Lower and Middle Cretaceous source rocks in Kuwait: GeoArabia, 2: 151-164.

Abu-Ali M A, Franz U A, Shen J, et al. 1991. Hydrocarbon generation and migration in the Paleozoic sequence of Saudi Arabia. Proceedings-Middle East Oil Show. Society of Petroleum Engineers, 7: 345-356.

Abu-Ali M, Al-Shamsi A S, Bin-Afif T A, et al. 1996. Characterization of the Upper Arab-D reservoir, Abqaiq Field, Saudi-Arabia. GeoArabia, 1: 97.

Ahmed W A, Elzarka M, Al-Dabbas M. 1986. Petrographical and geochemical studies of Cretaceous carbonate rocks, Ain Zalah Oil field, north Iraq. Journal of Petroleum Geology, 9(4): 429-437.

Akresh S B, Al-Obaid R, Al-Ajaji A. 2004. Inter-reservoir communication detection via pressure transient analysis: integrated approach. Abu Dhabi International Conference and Exhibition. Society of Petroleum Engineers.

Ala M A, Kinghorn R R F, Rahman M. 1980. Organic geochemistry and source rock characteristics of the Zagros petroleum-province, Southwest Iran. Journal of Petroleum Geology, 3(1): 61-89.

Alamir A Q. 1972. The presently exploited Iraq fields and their production problems. 8th Arab Petroleum Congress.

Alavi M. 2004. Regional stratigraphy of the Zagros fold-thrust belt of Iran and its proforeland evolution. American Journal of Science, 304(1): 1-20.

Al-Awami H H, Rahman M. 1994. Horizontal drilling experience in Saudi Aramco, in Al-Husseini M I, ed, Geo '94 The Middle East Petroleum Geosciences Conference, Bahrain: Gulf Petrolink, Bahrain, 1: 75-84.

Al-Awami H H, Grover G A, Davis R, et al. 1998. Integrating fluid flow and borehole imaging data in fracture characterization, Hanifa reservoir, Abqaiq Field, Saudi Arabia: GeoArabia, 3: 44.

Al-Awar A A, Humphrey J D. 2000. Diagenesis of the Aptian Shuʾaiba Formation at Ghaba North Field, Oman, Middle East models of Jurassic/Cretaceous carbonate systems. SEPM Special Publication, 69: 173-184.

Al-Bemani S. 2007. Internship Presentation: University of Louisiana at Lafayette, http://www.ucs.louisiana.edu/~saa7216/Internship%20Presentation.ppt.

Al-Blehed M S, Hamada G M. 1999. Emerged drilling technology and its applications in Saudi oil fields in the last ten years. Proceedings SPE Asia Pacific Improved Oil Recovery Conference. Society of Petroleum Engineers.

Al-Busaidi R. 1997. The use of borehole imaging logs to optimize horizontal well completions in fractured water-flooded carbonate reservoirs. GeoArabia.

Aldabal M A, Alsharhan A S. 1989. Geological model and reservoir evaluation of the Lower Cretaceous Bab Member in the Zakum Field, Abu Dhabi, UAE. Proceedings 6th SPE Middle East Oil Show. Society of Petroleum Engineers, 7: 797-810.

Al-Garni S A, Yuen B, Najjar N F, et al. 2005. Optimizing production/injection and accelerating recovery of mature field through fracture simulation model. International Petroleum Technology Conference.

Al-Gheithy A, Al-Suleimani A. 2008. Astep change in field management of the matured water flood: Oman: Proceedings SPENorth Africa Technical Conference and Exhibition. Society of Petroleum Engineers.

Al-Hady A S, LaPrad D, Al Sadi A. 2003. Ultra Short Radius Drilling Trials in PDO. Proceedings SPE 13th Middle East Oil-Show Conference. Society of Petroleum Engineers.

Alizadeh S M S, Alizadeh N, Maini B. 2007. A full-field simulation study of the effect of foam injection on recovery factor ofan Iranian oil reservoir. International Petroleum Technology Conference (Dubai).

Al-Jandal A A, Farooqui M A. 2001. Use of short-radius horizontal recompletions to recover unswept oil in a Maturing Giant Field. SPE Middle East Oil Show. Society of Petroleum Engineers.

Al Laboun A F. 1986. Stratigraphy and hydrocarbon potential of the Paleozoic succession in both Tabuk and Widyan basins, Arabia.

Al-Marjeby A, Nash D. 1986. A summary of the geology and oil habitat of the Eastern Flank Hydrocabon Province of South-Oman. Marine and Petroleum Geology, 3(4): 306-314.

Al-Naqib F M, Al-Debouni R M, Al-Irhayim T A, et al. 1971. Water drive performance of thefractured Kirkuk Field of northern Iraq. SPE Annual Fall Meeting. Society of Petroleum Engineers.

Al-Otaibi N M, Al-Gamber A A, Konopczynski M. 2006. Smart-well completion utilizes natural reservoir energy to produce-high water-cut and low productivity-index well in Abqaiq Field: Proceedings SPE International Oil and Gas Conference and Exhibition in China, Society of Petroleum Engineers.

Al-Otaibi N M, Al-Gamber A A, Konopczynski M R, et al. 2006. Smart Well Completion Utilizes Natural Reservoir Energy to Produce High Water-Cut and Low Productivity Index Well In Abqaiq Field[C]//International Oil & Gas Conference and Exhibition in China. Society of Petroleum Engineers.

Al-Rodhan K R. 2006. The impact of the Abqaiq attack on Saudi energy security. Center for Strategic and International Studies.

Alsharhan A S. 1990. Geology and reservoir characteristics of Lower Cretaceous Kharaib Formation in Zakum Field, AbuD-habi, United Arab Emirates. Geological Society, London, Special Publication, 50(1): 299-316.

Alsharhan A S. 1993. Asab Field-United Arab Emirates, Rub Al Khali Basin, Abu Dhabi. AAPG Treatise of Petroleum Geology, Atlas of Oil and Gas Fields, 69-97.

Alsharhan A S, Nairn A E M. 1994. Geology and hydrocarbon habitat of the Arabian Basin: TheMesozoic of the state of Qatar. Geologie en Mijnbouw, 72: 265-274.

Alsharhan A S, Nairn A E M. 1997. Sedimentary basins and petroleum geology of the Middle East. Amsterdam: Elsevier.

Al Shahristani H, Al Atyia M J. 1972. Vertical migration of oil in Iraq oil fields. Geoche Cosmoche Acta, 38: 1303-1306.

Al-Shizawi A, Denby P G, Marsden G. 1997. Heat-front monitoring in the Qarn Alam thermal GOGD pilot. Proceedings Middle East Oil Show, Bahrain. Society of Petroleum Engineers.

Al-Siddiqi A, Dawe R A. 1999. Qatar's oil and gasfields. Journal of Petroleum Geology, 22(4): 417-436.

Al-Siyabi. 2005. Exploration history of the Ara intrasalt carbonate stringers in the South Oman Salt Basin. GeoArabia. International Petroleum Technology Conference, 10(4): 39-72.

Al-Tamimi Y K. 1990. Rigless acid fracturing through dual completions: an offshore experience in the Upper Zakum Field:Abu Dhabi National Oil Company/ Society of Petroleum Engineers. 37-49.

Al-Tamimi Y K. 1993. Techno-economical comparison of horizontal well completion technique versus rigless acid fracturingin tight carbonate reservoirs offshore Abu Dhabi. Abu Dhabi National Oil Company/Society of Petroleum Engineers Middle East Conference, Society of Petroleum Engineers.

Ameen M S. 1992. Effect of basement tectonics on hydrocarbon generation, migration, and accumulation in northern Iraq. AAPG Bulletin, 76(3): 356-371.

Arnott S K, van Wunnik J N M. 1996. Targeting infill wells in the densely fractured Lekhwair Field, Oman. GeoArabia, 1(3): 405-41.

Amthor J E, Ramseyer K, Faulkner T, et al. 2005. Stratigraphy and sedimentology of a chert reservoir at the Precambrian-Cambrian boundary: the Al Shomou Silicilyte, South Oman Salt Basin. GeoArabia, 10(2): 89-121.

APRC. 2002. Arab Oil & Gas Directory. Paris : Arab Petroleum Research Centre.

Aqrawi A A M, Wennberg O P. 2007. The control of fracturing and dolomitisation on 3D reservoir property distribution of theAsmari Formation (Oligocene-Lower Miocene), Dezful Embayment, SW Iran: International Petroleum Conference.

Arab H. 1991. Bitumen occurrence & distribution in Upper Zakum Field: Abu Dhabi National Oil Company/Society of Petroleum Engineers Middle East Conference, 146-165.

Arab H, Mohamed S, Saltman P. 1994. Facies controlled permeability variation in the Thamama II reservoir and its relationship to water breakthrough, Upper Zakum Field, Proceedings 6th Abu Dhabi International Petroleum Conference. ADSPE Paper 75, 429-448.

Arnott S K, van Wunnik J N M. 1996. Targeting infill wells in the densely fractured Lekhwair Field, Oman: GeoArabia, 1(3): 405-416.

Ayres M G, Bilal M, Jones R W, et al. 1982. Hydrocarbon habitat in the main producing areas, Saudi Arabia. AAPG Bulletin, 66(1): 1-9.

Bailey D L. 1991. A depositional model in the Arabian intrashelf basin: the Upper Jurassic Janifa reservoir of Abqaiq Field, Saudi Arabia. AAPG Bulletin, 75: 536.

Beckman J. 2003. Total boosting production from Al-Khalij, driving Dolphin gas plan forward: Offshore, 39-40.

Beydoun Z R. 1991. Arabian Plate Hydrocarbon Geology and Potential-A Plate Tectonic Approache. AAPG Studies in Geology, 33, 77pp.

Beydoun Z R, Hughes Clarke M W, Stoneley R. 1992. Petroleum in the Zagros Basin: a Late Tertiary foreland basin overprinted onto the outer edge of a vast hydrocarbon-rich Paleozoic-Mesozoic passive-margin shelf, Foreland Basins and Fold Belts. AAPG Memoir, 55: 309-339.

Bishop R S. 1995. Maturation history of the Lower Paleozonic of the eastern Arabian platform. Middle East Petroleum Geosciences. Gulf Petrolink, l: 180-189.

Boote D R D, Mou D, Olson R K. 2000. Safah Field, Oman. From pre-discovery through appraisal and development-a study of the limits in geological prediction under changing uncertainty. Annual AAPG Convention.

Bordenave M L, Burwood R. 1989. Source rock distribution and maturation in the Zagros belt;provenance of the Asmari and Bangestan reservoir oil accumulations. Organic Geochemistry, 16: 369-387.

Bordenave M L, Burwood R. 1995. The Albian Kazhdumi Formation of the Dezful Embayment, Iran: one of the most efficient petroleum generating systems, in Katz, B J, ed, Petroleum Source Rocks: Springer-Verlag, Berlin, 183-207.

Borgomano J. 2000. The Shu'aiba carbonates in Jebel Akhdar, northern Oman: impact on static reservoir modeling for Shu'aiba petroleum reservoirs. AAPG Annual Meeting.

Brinkhorst J W. 1998. Successful application of high GOR ESPs in the Lekhwair Field. Proceedings 8th Abu Dhabi International Petroleum Conference and Exhibition, Abu Dhabi, Society of Petroleum Engineers.

Burchette T P. 1993. Mishrif Formation (Cenomanian-Turonian), southern Arabian Gulf: carbonate platform growth along a cratonic basin margin. Cretaceous carbonate platforms: AAPG Memoir, 6: 185-199.

Burn J. 2008. Abqaiq and eat it too (or more geological analysis of potential Saudi depletion). http://www.theoildrum.com/node/3923#more.

Buza J W. 2008. An overview of heavy and extra heavy oil carbonate reservoirs in the Middle East. International Petroleum Technology Conference.

Bybee K. 2007. Steam injection in fractured carbonate reservoirs. Journal of Petroleum Technology, 59(04): 83-84.

Carmalt S W, St John W. 1984. Giant oil and gas fields, in Halbouty, M. T. , ed. , Future Petroleum Provinces of the World: AAPG Memoir, 40: 11-53.

Carman G J. 1996. Structural elements of onshore Kuwait. GeoArabia, 1(2): 239-266.

Cantrell D L, Hagerty R M. 1999. Microporosity in Arab Formation carbonates, Saudi Arabia. GeoArabia, 4(2): 129-154.

CGES. 2008. "Stealing Iraq's oil!" is the Iraqi press right?: Centre for Global Energy Studies, 22 p:http://www.iraqoilreport. com/Stealing_Iraqs_oil_2_2008. pdf.

Chaube A N, Al-Samahiji J. 1994. Jurassic and Greataceous of Bahrain: Geology and petroleum habitat. Middle East Petroleum Geosciences, Gulf Petrolink, 1: 292-305.

Chen H K. 1993. Performance of horizontal wells, Safah Field, Oman. Proceedings of 8th Middle East Oil Show&Conference. Society of Petroleum Engineers.

Chen H K. 1995. Gas injection in the Safah Field, Oman. Proceedings SPE Middle East Oil Show. Society of Petroleum Engineers.

Choquette P W, Pray L C. 1970. Geologic nomenclature and classification of porosity in sedimentary carbonates. AAPG Bulletin, 54(2): 207-250.

Cleveland M N, McGann G J, Chen H K. 1996. Production geology of the Safah Oil Field, Sultanate of Oman. GeoArabia, 1: 125.

Cottrell C W. 1981. The application of curvilinear coordinate systems to predict the behaviour of pattern. waterfloods in the Lekhwair oilfield, Oman. Journal of Petroleum Technology, 35(07): 385-1, 392.

Crick G, Singh R. 1985. Development and use of a 3D simulator in evaluating reservoir development options-Fateh Mishri-foffshore Dubai. SPE Offshore Europe Conference. Society of Petroleum Engineers.

Daniel E J. 1954. Fractured reservoirs of Middle East. AAPG Bulletin, 38: 774-815.

Danielli H M C. 1988. The Eocene reservoirs of Wafra Field-Kuwait/Saudi Arabia partitioned neutral zone. SEPM Core Workshop, 12: 119-154.

Davies R, Hollis C, Bishop C, et al. 2000. Reservoir geology of the Middle Minagish Member (Minagish Oolite), Umm Gudair Field, Kuwait. Middle East models of Jurassic/Cretaceous carbonate systems. SEPM Special Publication, 69: 273-286.

Davis D W, Habib H H. 1999. Start-up of peripheral water injection. SPE Middle East Oil Show, Society of Petroleum Engineers.

De Haan. 1976. Delineation drilling requirements: Reservoir Evaluation Division, Oil Service Company of Iran, Internal report.

De la Grandville B F. 1982. Appraisal and development of a structural and stratigraphic trap oil field with reservoirs in glacial to periglacial clastics, in Halbouty, M T, ed. The Deliberate Search for the Subtle Trap: AAPG Memoir, 32: 267-286.

Des Autels D, Hussain A, Al-Ansi H A. 1994. Geological and reservoir evaluation of Arab C horizontal wells, Dukhan Field, Qatar. Middle East Petroleum Geosciences, 94: 369-376.

Djaafari A, Samii C. 1963. Case history of the Naft-I-Shah oil field, Iran, United Nations Economic Commission for Asia and-Far East (ECAFE), Mineral Resources Development Series, no. 20, Case histories of oil and gas fields in Asia and the Far-East, 28-32 and 114-116, United Nations Publications, New York.

Dogru A H, Hamoud A A, Barlow S G. 2004. Multiphase pump recoversmore oil in a mature carbonate reservoir. TechnologyToday Series, Society of Petroleum Engineers.

Dudouet M, De Guillaume J. 1996. Main contractor's view point of the Lekhwair turnkey project: case history. Proceedings SPE/IADC Drilling Conference. Society of Petroleum Engineers.

Dunnington H V. 1958. Generation, migration, accumulation, and dissipation of oil in northern Iraq, Habitat of Oil: AAPG Symposium, 1194-1251.

Dunnington H V. 1962, Aspects of diagenesis and shape change in stylolitic limestone reservoirs: 7th World Petroleum Congress, Mexico, 337-352.

Dunnington H V. 1967. Stratigraphic distribution of oil fields in the Iran-Iraq-Arabia basin. Journal of the Institute of Petroleum, 53: 29-161.

Dunnington H V. 1974. Aspects of Middle East oil geology. Geological Principles of World Oil Occurrences Proceedings. Al-berta Banff: 89-156.

Elzarka M H, Ahmed W A M. 1983. Formational water characteristics as an indicator for the process of oil migration and accumulation at the Ain Zalah Field, northern Iraq: Journal of Petroleum Geology, 6: 165-178.

Elzarka M H. 1993. Ain Zalah Field-Iraq, Zagros Folded zone, northern Iraq, in Foster N H, and Beaumont E A, eds, StructuralVIII: AAPG treatise of petroleum geology, atlas of oil and gas fields, 57-68.

Entrepreneur. 2008. Syria-thegas development background. http://www.entrepreneur.com/tradejournals/article/17665980.html.

Ericsson J B, McKean H C, HooperR J. 1998. Facies and curvature controlled 3D fracture models in a Cretaceous carbonate reservoir, Arabian Gulf, inJones G, Fisher Q J, Knipe R J, eds, Faulting, fault sealing and fluid flow in hydrocarbon reservoirs: Geological Society, London, Special Publication, 147: 299-312.

Fada'Q A S, Al-Tamimi Y K. 1991. Horizontal drilling versus acid fracturing: a review of results in the Upper Zakum Field. Proceedings of 7th Middle East Oil Show & Conference, Society of Petroleum Engineers.

Faulkner A, Sayyed S F, Mueller D. 2008. Ara stringer carbonate modeling: a case history: http://www.Search and discovery. net/abstracts/html/2008/geo_bahrain/abstracts/faulkner.htm?q=%2Btext%3Amanama.

Fox A F, Brown R C C. 1968. The geology and reservoir characteristics of the Zakum oil field, Abu Dhabi. 2nd AIME Regional Technical Symposium, Saudi Arabia, 39-65.

Fraser A J, Goff J, Jones R, et al. 2007. A regional overview of the exploration potential of the Middle East. London: 69th Proceedings of the European Association of Geoscientists and Engineers.

Freeman H A, Natanson S G. 1963. A reservoir begins production-a study in planning and cooperation. World Petroleum Congress.

Frost S H, Bliefnick D M, Harris P M. 1983. Deposition and porosity evolution of a Lower Cretaceous rudist build-up, Shu'aiba Formation of eastern Arabian peninsula. SEPM Core Workshop, 4: 383-410.

Geo Arabia. 1999. E&P feature. Iran. GeoArabia, 4: 394.

Gerin G E, Racz L G, Walter M R. 1982. Late Preambrian-Cambrian sediments of the Huqf Group, Sultanate of Oman. AAPG Bulletin, 66: 2609-2627.

Ghneim G J, Ali F B. 1993. Special completion in Zakum Thamama IV to selectively inject into 3 reservoirs. Abu Dhabi National Oil Company/Society of Petroleum Engineers Middle East Conference, Society of Petroleum Engineers.

Ghoniem S A, Al-Zenki F H. 1985. Water salinity of the first Eocene reservoir: its unique behaviour and influence on reservoir engineering calculations. SPE Middle East Oil Technical Conference and Exhibition, Society of Petroleum Engineers.

Gibson H S. 1948. The production of oil fromfields of southwestern Iran. Journal of Institute of Petroleum, London, 34: 347-398.

Giordano R M, Jayanti S, Chopra A, et al. 2007. Astreamline based reservoir management workflow to maximize oil recovery. Proceedings SPE/EAGE Reservoir Characterization and Simulation Conference, Society of Petroleum Engineers.

Global Security. 2007. Kirkuk. http://www.globalsecurity.org/military/world/iraq/kirkuk.htm.

Gomes J S, Trabelsi A M. 1998. Challenges in carbonate reservoir characterization by integrating. horizontal well data: a case study from Dukhan Arab-C reservoir, Qatar. GeoArabia, 3: 93-94.

Grantham P J, Lijmbach G W M, Posthuma J. 1990. Geochemistry of crude oils in Oman, in Brooks, J, ed, Classic Petroleum Provinces: Geological Society, London, Special Publication, 50: 317-328.

Grantham P J, Lijmbace G W M, Posthuma J, et al. 1988. Origin of crude oil in Oman. Journal of Petroleum Geology, 12: 81-88.

Grieves K F C. 1974. Ahwaz Bangestan reservoir geological study. Oil Service Company of Iran (OSCO).

Grover G A. 1993. Abqaiq Hajifa reservoir: geologic attributes controlling hydrocarbon production and water injection. Proceedings SPE Middle East Technical Conference, Society of Petroleum Engineers.

Guidry G S, Ruiz G A, Saxon A. 1989. SXE/N2 matrix acidizing, Proceedings SPE Middle East Oil Technical Conference, Society of Petroleum Engineers.

Hajash G M. 1967. The Abu Sheikhdom-the onshore oilfields history of exploration and development. Proceedings 7th World Petroleum Congress.

Hamad M. 1994. ZADCO's first experience in artificial lifting, Proceedings 6th Abu Dhabi International Petroleum Exhibition, ADSPE Paper 71, 608-622.

Haq B U, Al-Qahtani A M. 2005. Phanerozoic cycles of sea-level change on the Arabian Platform: GeoArabia, 10(2): 127-160.

HarrisK D. 2002. Regionally tilted oil-water contacts or sealing faults in oil fields of northwestern Oman. Geo Arabia, 7(2):246.

Hartemink M, Escovedo B M, Hoppe J E, et al. 1997. Qarn Alam:the design of a steaminjection pilot project for a fractured reservoir. Petroleum Geoscience, 3:183-192

Hart E, Hay J T C. 1974. Structure of Ain Zalah Field, northern Iraq. AAPG Bulletin, 58:973-981.

Hassan T H, Wada Y, Couroneau J C. 1979. The geology and development of the Thamama Zone IV of the Zakum Field, Abu Dhabi: Proceedings of 1st Middle East Oil Technical Conference, Bahrain, SPE 7779, 231-246.

Hassan T H, Wada Y. 1981. Geology and development of Thamama Zone 4, Zakum Field. Journal of Petroleum Technology.

Hassan T H. 1989. The Lower and Middle Jurassic in offshore Abu Dhabi: stratigraphy and hydrocarbon occurrence: Proceedings 6th SPE Middle East Oil Show, Bahrain, Society of Petroleum Engineers, 847-858.

Haynes J B, Kaura N, Faulkner A. 2008. Life cycle of a depletion drive and sour gas injection development:an example froman A4C reservoir, South Oman:Proceedings International Petroleum Technology Conference.

Heading Out. 2006. An oilfield in Arabia:http://www. The oil drum.com/story/2006/8/16/13213/1413.

Hearn C L, Whitson C H. 1995. Evaluating miscible and immiscible gas injection in the Safah Field, Oman. Proceedings 13th-SPE Symposium on Reservoir Simulation, Society of Petroleum Engineers.

Hooper R J, Baron I R, Agah S, et al. 1994. The Cenomanian to Recent development of the southern Tethyan margin of Iran, in Al-Husseini, M. I. , ed. , Geo '94:The Middle East Petroleum Geosciences, 2:505-516.

Hughes C M W. 1988. Stratigraphy and rock-unit nomenclature in the oil-producing area of Interior Oman. Journal of Petroleum Geology, 11(1):5-60

Hull C E, Warman H R. 1970. Asmari oil fields of Iran, in Halbouty M T, ed, Geology of giant petroleum fields. AAPG Memoir, 14:428-437.

Hussain A. 1993. Dukhan Field (onshore Qatar) Uwainat reservoir optimum development scheme. Middle East Oil Technical Conference and Exhibition, Society of Petroleum Engineers.

Ihrahirn M W. 1983. Some contemporary problems od petroleum geology in Kuwait:A Middle East example. Journal of Petroleum Geology, 6:71-82.

INOC. 1979. Principles of the distribution of petroleum deposits in the Mesopotamian Depression:Russian. Study, Iraq National Oil Co, unpublished company report, Baghdad, Iraq.

Insalaco E, Virgone A, Courme B, et al. 2006. Upper Dalan Member and Kangan Formation between the Zagros Mountainsand offshore Fars, Iran:depositional system, biostratigraphy and stratigraphic architecture. Geo Arabia, 11(2):75-176.

IOEPC (Iranian Oil Exploration and Production Company) and IORC (Iranian Oil Refining Company), 1963. Case histories of the discovery and development of Haft Kel and Gachsaran fields in the Dezful Embayment of southwestern Iran:UN Economic Committee for Asia and the Far East, Mineral Resources Development Series, 20:32-54.

IPC. 1956. Geological occurrence of oil and gas in Iraq:Symposium Sobre Yacimientos de Petroleo y Gas:XX Congreso Geologico Internacional, 73-101.

IPM. 1992. Naft Shahr renovated in less than a year due to selfless efforts of our personnel:Iranian Petroleum Ministry (IPM), IRANOIL NEWS, September-October, 71:6-8.

Jafarzadeh M, Hosseini-Barzi M. 2008. Petrography and geochemistry of Ahwaz Sandstone Member of Asmari Formation, Zagros, Iran:implications on provenance and tectonic setting. Revista Mexicana de Ciencias Geoló gicas, 25(2):247-260.

James G A, Wynd J G. 1965. Stratigraphic nomenclature of Iranian Oil Consortium agreement area. AAPG Bulletin, 49(12): 2182-2245.

Jassim S Z, Al-Gailani M. 2006. Hydrocarbons, in Jassim S Z, Goff J C, eds, Geology of Iraq. Dolin, Prague, & Moravian Museum, 232-250.

Jordan C F, Connally T C, Vest H A. 1985. Middle Cretaceous carbonates of the Mishrif Formation, Fateh Field, Offshore Dubai, U A E, Carbonate petroleum reservoirs. New York:Springer-Verlag.

Kalantari H. 2005. Iran announces new oil, natural gas discovery: http://www.rigzone.com/news/article_id27068.

Kerans C. 2005. Sequence stratigraphic and tectonic setting of Aptian (Cretaceous) Shu'aiba reservoirs, Bab Basin, Middle East. Proceedings AAPG International Conference and Exhibition.

Kharusi M S. 1984. Plans for testing hot water, steam, and polymer floods in Oman. Proceedings Second International Unitar Conference, Caracas, 749-759.

Kikuchi S, Fad'q A S. 2000. MLTBS project challenging for reservoir benefits, Proceedings SPE Asia Pacific Conference on Integrated Modelling for Asset Management, Yokohama, SPE Paper 59433.

Konert G, Al-Hajri S A, Al Naim A A, et al. 2001. Paleozoic stratigraphy and hydrocarbon habitat of the Arabian Plate, in Downey MW, Threet J C, MorganW A, eds, Petroleum provinces of the 21st century: AAPG Memoir, 74: 483-515.

Lang K. 2002. Oman tests short-radius technology: E&P Magazine, October, 2p. http://www. epmag. com/archives/production Optimization/3122.htm.

Lawrence P. 1998. Seismic attributes in the characterization of small-scale reservoir faults in Abqaiq Field. Leading Edge, April, 521-525.

Lijmbach G W M, Toxopeaus J M A, Rodeaburg T, et al. 1992. Geochemical study of the crude oils and source rocks in onshore Abu Dhabi. 5th Abu Dhabi Petroleum Conference(ADIPEC), 395-422.

Lindberg F A, Ahmed A S, Bluhm C T. 1990. The role of-oil-to-oil correlation in the development of the Safah Field, Oman: AAPG Bulletin, 74: 705.

Longacre S A, Ginger E P. 1988. Evolution of the Lower Cretaceous Ratawi oolite reservoir, Wafra Field, Kuwait-Saudi Arabia Partitioned Neutral Zone, in Lomando A J, Harris P M, eds, Giant oil and gas fields: SEPM Core Workshop, 12: 273-331.

Luthy S T. 1995. Dual-porosity reservoir modeling of the fractured Hanifa reservoir, Abqaiq Field, SaudiArabia. AAPG Bulletin, 79: 1232.

Macaulay R C, Krafft J M, Hartemink M, et al. 1995. Design of a steam pilot in a fractured carbonate reservoir-Qarn AlamField, Oman: Proceedings International Heavy Oil Symposium, Calgary, Society of Petroleum Engineers.

MacGregor D S. 1996. Factors controlling the destruction or preservation of giant light oil fields. Petroleum Geoscience, 2(3): 197-218.

Majdi A, Mostafa-zadeh M, Sajjadian V A. 2005. Direction and prediction of well priority drilling for horizontal oil and gas wells (a case study): Journal of Petroleum Science & Engineering, 49(1-2): 63-78.

Majid A H, Veizer J. 1986. Deposition and chemical diagenesis of Tertiary carbonates, Kirkuk oil field, Iraq. AAPG Bulletin, 70(7): 898-913.

Malinowski R. 1961. Water injection, Arab-D Member, Abqaiq Field, Saudi Arabia: Proceedings 36th SPE Annual Fall Meeting, Society of Petroleum Engineers.

Marzouk I M, Sattar M A. 1993. Implication of wrench tectonics on hydrocarbon reservoirs, Abu Dhabi, UA E: Proceedings of 8th Middle East Oil Show & Conference, Bahrain, Society of Petroleum Engineers.

Marzouk I, Abd El Sattar M. 1994. Wrench tectonics in Abu Dhabi, United Arab Emirates, in Al-Husseini, M I, ed, Middle East Petroleum Geosciences, 2: 655-668.

Mattes B W, Conway Morris S. 1990. Carbonate/evaporite deposition in the Late Precamrian-Early Cambrian Ara Formation of Southern Oman. Geological Society, London, Special Publication, 49(1): 617-636.

McGann G J, Cleveland M N, Chen H K. 1996. The history and geology of the Safah Oil Field, Sultanate of Oman. GeoArabia, 1: 168.

McGillaway G J, Husseini M I. 1992. The Paleozoic petroleum geology of central Arabia. AAPG Bulletin, 76: 1473-1490.

McQuillan H. 1985. Gachsaran and Bibi Hakimeh Fields, in Roehl P O, Choquette PW, eds, Carbonate Petroleum Reservoirs: Springer-Verlag, New York, 513-523.

Mehmandosti E A, Adabi M H. 2008. Sedimentary characteristics of Ilam Formation in Mansouri and Abteymour wells and Izeh outcrop. GeoArabia, 13: 200.

Metwalli M H, Philip G, Moussly M M. 1972. Oil geology, geochemical characteristics, and the problem of the source-reservoir relations of the Jebissa crude oils, Syrian Arab Republic: 8th Arab Petroleum Congress, Algiers Paper , 66.

Metwalli M H, Philip G, Moussly M M. 1974. Petroleum-bearing formations in northeastern Syria and northern Iraq: AAPG Bulletin, 58: 1781-1796.

Mitwalli M, Singab A. 1990. Reservoir engineering experience in horizontal wells: Abu Dhabi National Oil Company/ Society of Petroleum Engineers, 382-395.

Mobbs P M. 2000. The mineral industry of Iran: U S Geological Survey Minerals Yearbook, 1-35.

Mohammed A R, Hussey J A, Reindl E. 1997. Catalogue of Oman lithostratigraphy: PDO, Muscat.

Moritis. 2007. PDO initiates various enhanced oil recovery approaches. Oil & Gas Journal, 5: 56-65.

Muriby A C, Youssef M, Mostafa A. 1991. Horizontal drilling success offshore Abu Dhabi. Proceedings SPE Middle East Oil Show. Society of Petroleum Engineers.

Murris R J. 1980. Middle East: Stratigraphic evolution and oil habitat: AAPG Bulletin, 64: 597-618.

Murris R J. 1981. Middle East: Stratigraphic evolution and oil habitat: Geologie en Mijnbouw, 60: 67-486.

Murris R J. 1984. Middle East: Stratigraphic evolution and oil habitat: In Demaison G, Murris R J, Petroleum geochemistry and basin evolution: AAPG Memoir, 35: 353-372.

Namba T, Hiraoka T. 1995. Capillary force barriers in a carbonate reservoir under waterflooding, Proceedings SPE Middle East Oil Show. Society of Petroleum Engineers.

Nelson P H. 1968. Wafra Field, Kuwait-Saudi Arabia Neutral Zone. Regional Technical Symposium. Society of Petroleum Engineers.

Nielsen J K, Hanken N M, Torgersen T, et al. 2008. Depositional and diagenetic controls on the reservoir properties of warm-water carbonates of the Asmari Formation (Oligocene-Miocene), Iran: 33rd International Geological Congress .

Niko H, Ovens J. 1995. Waterflooding under fracturing conditions: from theoretical modelling to field process: GeologicalSociety, London, Special Publications, 84: 175-185.

O'Brien C A E. 1953. Discussion of fractured reservoir subjects: AAPG Bulletin, 37(2): 325.

OEC. 1995. Potential map of Iraq, Oil Exploration Co, Baghdad, Iraq.

OGJ. 1953-2008. Worldwide production. Oil & Gas Journal, 51-106.

OGJ. 1983-1998. Worldwide production. Oil & Gas Journal, 81-96.

OGJ. 1985-1996. Worldwide production. Oil & Gas Journal, 83-95.

OGJ. 1975-1986. Annual world hydrocarbon production summaries: Oil & Gas Journal, 73-84.

OGJ. 1977-1997. Worldwide oil production. Oil & Gas Journal, 75-95.

OGJ. 1990. Oman to step up Lekhwair Field production. Oil & Gas Journal, 88(20): 1.

Olarewaju J, Ghori S, Fuseni A, et al. 1997. Stochastic simulation of fracture density for permeability field estimation: Proceedings SPE Middle East Oil Show, Bahrain, 121-136.

Ozkaya S I, Harris K. 2004. Origin and evolution of Lekhwair and Dhulaima structures, North Oman Basin: GeoArabia, 9(1): 114.

Ozkaya S I, Richard P. 2005. Fractured reservoir characterization using dynamic data in a carbonate field, Oman: Proceedings SPE 14th Middle East Oil & Gas Show and Conference. Society of Petroleum Engineers.

Penney R, Baqi AI Lawati S, Hinai R, et al. 2007. First full field steam injection in a fractured carbonate at Qarn Alam, Oman. Proceedings 15th Middle East Oil & Gas Show and Conference.

Peters J M, Filbrandt J B, Grotzinger J P, et al. 2003. Surfacepiercing salt domes of interior North Oman, and their significance for the Ara carbonate 'stringer' hydrocarbon play. GeoArabia, 8(2): 231-270.

Philip G, Metwalli M H, Moussly M M. 1972. Petrographic characteristics of the oil-bearing Jeribe Formation, Jebissa oil field, Syrian Arab Republic: 8th Arab Petroleum Congress.

Pollastro R M. 1999. Ghaba Salt Basin province and Fahud Salt Basin province, Oman: geological overview and total petroleum systems: USGS Open-File Report, 99-50-D, U S. Department of the Interior.

Powers R W. 1962. Arabian Upper Jurassic carbonate reservoir rocks, in Ham W E, ed, Classification of Carbonate Rocks: AAPG Memoir, 1: 122-192.

Prezbindowski D R, Benmore W C, Mou D C. 1990. Structural diagenesis-key to the development of microinter crystalline porosity in a Lower Cretaceous limestone, Safah Field, Oman: AAPG Bulletin, 74: 743.

Prezbindowski D R, Benmore W C. 1996. Reservoir development in the Shu'aiba Formation (LowerCretaceous) at Al Baraka-hand Safah fields, Oman-similarities: AAPG Annual Convention.

PTAC. 2007. Low carbon futures: Petroleum Technology Alliance Canada.

QGPC and AQPC (Qatar General Petroleum Corporation and Amoco Qatar Petroleum Company). 1991. Dukhan Field-Qatar Arabian platform, in Foster N H, Beaumont E A, eds, Structural Trap V: AAPG Treatise of Petroleum Geology, Atlas of Oil and Gas Fields, 103-120.

Riemens W G, Schulte A M, de Jong L N J. 1988. Birba Field PVT variations along the hydrocarbon column and confirmatory yfield tests. Journal of Petroleum Geology, 40(1): 83-88.

Sadooni F N, Alsharhan, A S. 2003. Stratigraphy, microfacies, and petroleum potential of the Mauddud Formation (Albian-Cenomanian) in the Arabian Gulf basin: AAPG Bulletin, 87(10): 1653-1680.

Sahin A, Saner S. 2001. Statistical distributions and correlations of petrophysical parameters in the. Arab-D reservoir, Abqaiq oilfield, eastern Saudi Arabia. Journal of Petroleum Geology, 24: 101-114.

Saidi A M. 1974. Gas injection will hike recovery in Iran's gravity-drainage fields: Oil & Gas Journal, 72(42): 110-113.

Saidi A M. 1987. Reservoir engineering of fractured reservoirs. Paris: Total Edition Presse. 864.

Saidi A M. 1996. Twenty years of gas injection history into well-fractured Haft Kel Field (Iran): SPE International Petroleum

Conference of Mexico, Villahermosa, 123-133.

Saner S, Abdulghani W M. 1995. Lithostratigraphy and depositional environments of the Upper Jurassic Arab-C carbonateand associated evaporites in the Abqaiq Field, eastern Saudi Arabia: AAPG Bulletin, 79: 394-409.

Schoenherr J, Reunig L, Kukla P, et al. 2009. Halite cementation and carbon diagenesis of intra-salt reservoir from the Late Neoproterozoic to Early Cambian Ara Group(South Oman Salt Basin): Sedimentology, 56(2): 567-589.

Schroder S, Matter A, Amthor J E. 2000. Unusual hydrocarbon reservoirs in intrasalt carbonate stringers, Birba area, Infracambrian Ara Group, south Oman: GeoArabia, 5(1): 177.

Schroder S, Grotzinger J P, Amthor J E, et al. 2005. Carbonate deposition and hydrocarbonreservoir development at the Precambrian-Cambrian boundary: the Ara Group in South Oman: Sedimentary Geology, 180: 1-28.

Schroder S, Grotzinger J P. 2007. Evidence for anoxia at the Ediacaran-Cambrian boundary: the record of redox-sensitivetrace elements and rare earth elements in Oman. Journal of the Geological Society, 164: 175-187.

Sengor A M C. 1990. A new model for the late Palaeozoic-Mesozoic tectonic evolution of Iran and implications for Oman. Robertson A H F, Scarle M P, and Ries A C(eds.). The Geology and Tectonics of the Oman Region, Geological Society (Special Publication), 49(1): 797-831.

Setudehnia A. 1978. The Mesozoic sequence in southwest Iran and adjacent areas. Journal of Petroleum Geology, 1: 3-42.

Shahin G. 2007. The physics of steam injection in fractured carbonate reservoirs-engineering development options that minimize risk. http://www.speca.ca/pdf/Luncheon-16Oct2007-Lecture Gordon Shahin.pdf.

Shahin Jr G T, Moosa R, Kharusi B, et al. 2006. The physics of steam injection in fractured carbonate reservoirs-engineering development options that minimize risk: Proceedings SPE Annual Technical Conference and Exhibition. Society of Petroleum Engineers.

Sharland P R, Archer R, Casey D M, et al. 2001. Arabian plate sequence stratigraphy: GeoArabia Special Publication, 2: 371.

Shehata A, Simpson M A. 1997. Utilization of bi-center bit technology to solve undergauge hole problems in the Dukhan Field: SPE/IADC Middle East Drilling Conference, Bahrain, SPE/IADC 39247, 53-59.

Sibley M J, Bent J V, Davis D W. 1996. Reservoir modelling and simulation of a Middle Eastern carbonate reservoir: SPEAnnual Technical Conference and Exhibition. Society of Petroleum Engineers.

Siddiqui T K, Al-Khatib H. 1994. Utilization of horizontal drainholes in developing multilayered reservoir, Proceedings 6th Abu Dhabi International Petroleum Exhibition. ADSPE Paper 65.

Siddiqui T K, Al-Khatib H M, Sultan A J. 1995. Utilization of horizontal drainholes in developing multilayered reservoir. Proceedings SPE Middle East Oil Show. Society of Petroleum Engineers.

Simmons M D. 2001. Arabian plate sequence stratigraphy. GeoArabia special publication, no. 2, Gulf Petrolink, Bahrain, 371.

Speers R G. 1976. Review of the geology of the Bangestan reservoirs in Ab Teymur and Mansuri fields: Unpublished internal report by Oil Service Company of Iran, Report no. P3021, 23.

Stoneley R. 1990. The Arabian continental margin in Iran during the Late Cretaceous, in Robertson, A H F, Searle, M P, and Ries, A C, eds., The geology and tectonics of the Oman Region: Geological Society, London, Special Publication, 49:787-795.

Stoneley R. 1994. Evolution of the continental margins bounding a former southern Tethys. In: Buke C A, Drake C I(eds.). The Geology and Continental Margin: Springer-Verlag, New York, 889-903.

Taher A A. 1997. Delineation of organic richness and thermal history of the Lower Cretaceous Thamama Group, East Abu Dhabi: a modeling approach for oil exploration. GeoArabia, 2(1): 65-88.

Tehrani D P. 1985. An analysis of volumetric balance equation for calculation of oil in-place and water influx. Journal of Petroleum Technology, 37 (10): 1664-1670.

Terken J M J. 1999. The Natih petroleum system of North Oman: GeoArabia, 4: 157-180.

Terken J M J, Frewin N L. 2000. The Dhahaban Petroleum System of Oman: AAPG Bulletin, 84: 523-544.

Thade H C, Manster. 1970. Sulfur isotope abundance and genetic relations of oil accumulations in Middle East basin: AAPG Bulletin, 54: 627-637.

Trocchio J T. 1989. Investigation and effect of fluid conductive faults in the Fateh Mishrif reservoir, Arabian Gulf: 6th SPE Middle East Oil Show. Society of Petroleum Engineers.

Tyson L, Gomes J, Al-Badr A. 1996. New life for a mature reservoir through the judicious application of technology-Arab D, Dukhan Field, Qatar. Abu Dhabi International Petroleum Exhibition and Conference. Society of Petroleum Engineers.

Vadgama U, Ellison R E, Gustav S H. 1991. Safah Field: a case history of field development: Proceedings 7th SPE Middle East Oil Show. Society of Petroleum Engineers.

Van Bellem R C. 1956. The stratigraphy of the "main limestone" of the Kirkuk, Bai Hassan and Qarah Chauq Dagh structures in north Iraq: Journal of the Institute of Petroleum, 42: 233-263.

Van Buchem F S P, Pittet B, Hillgartner H, et al. 2002. High-resolution sequence stratigraphic architecture of Barremian/Aptian carbonate systems in Northern Oman and the United Arab Emirates (Kharaib and Shu'aiba formations). GeoArabia, 7: 461-498.

Van Wunnik J N M, Wit K. 1992. Improvement of gravity drainage by steam injection into a fractured reservoir: an analytical evaluation. SPE Reservoir Engineering, 7(01): 59-66.

Vaziri-Moghaddam H, Kimiagari M, Taheri A. 2006. Depositional environment and sequence stratigraphy of the Oligo-Miocene Asmari Formation in SW Iran: Facies, 52: 41-51.

Verma M K, Ahlbrandt T S, Al-Gailani M. 2004. Petroleum reserves and resources in the total petroleum systems of Iraq: reserve growth and production implications. GeoArabia, 9(3): 51-74.

Videtich P E, McLimans R K, Watson H K S, et al. 1988. Depositional, diagenetic, thermal, and maturation histories of Cretaceous Mishrif Formation, Fateh Field, Dubai: AAPG Bulletin, 72: 1143-1159.

Visser W. 1991. Burial and thermal history of Proterozoic source rocks in Oman. Precambrian Research, 54(1): 15-36.

Waite M W, Weston J R, Davis D W, et al. 2000. Identification and exploitation of a high producing field extension with integrated reservoir ananlysis. SPE Reservoir Evaluation and Engineering, 3(3): 272-279.

Willetts J M, Hogarth R A M. 1987. Lekhwair pilot waterflood, north Oman. Proceedings SPE Middle East Oil Show. Society of Petroleum Engineers.

Willoughby W A, Davies J A. 1979. Dubai's Fateh Field-Mishrif reservoir-history of seawater injection project. SPE Middle East Oil Technical Conference. Society of Petroleum Engineers.

Wilson E N. 1991. Evaluation of Jurassic Arab D reservoir quality in low-relief traps in Qatar. SPE 7th Middle East Oil Show. Society of Petroleum Engineers.

Ziegler M A. 2001. Late Permian to Holocene paleofacies evolution of the Arabian Plate and its hydrocarbon occurrences. GeoArabia, 6: 445-504.

Zellou A M, Hartley L J, Hoogerduijn-Strating E H, et al. 2003. Integrated workflow applied to the characterization of a car bonate fractured reservoir -Qarn Alam Field. Proceedings SPE 13th Middle East Oil Show Conference. Society of Petroleum Engineers.